海洋信息理论与技术系列图书

海 洋 光 学
Ocean Optics

刘文军　田兆硕　潘玉寨　编著

哈尔滨工业大学出版社
HARBIN INSTITUTE OF TECHNOLOGY PRESS

内容简介

本书对海洋光学的相关理论进行介绍,重点介绍海洋光学的基本概念、涉及的光学量及其测量,以及相互关系。本书内容包括绪论、海洋光学概述、吸收和散射、海水中水分子和溶解无机物对光的吸收、海水中溶解有机物对光的吸收、海水中悬浮颗粒物对光的吸收、海洋浮游植物对光的吸收、海洋辐射传输理论、海洋辐射传输的蒙特卡洛模拟、海洋水色遥感等。

本书可以作为与海洋光学相关专业的本科生教材,也可作为海洋信息领域相关研究者共同学习和讨论的参考书。

图书在版编目(CIP)数据

海洋光学/刘文军,田兆硕,潘玉寨编著. —哈尔滨:哈尔滨工业大学出版社,2022.12
　　(海洋信息理论与技术系列图书)
　　ISBN 978 - 7 - 5767 - 0389 - 4

　　Ⅰ.①海…　　Ⅱ.①刘…　②田…　③潘…　　Ⅲ.①海洋光学－高等学校－教材　　Ⅳ.①P733.3

　　中国版本图书馆 CIP 数据核字(2022)第 256026 号

策划编辑　许雅莹
责任编辑　王会丽
封面设计　刘长友
出版发行　哈尔滨工业大学出版社
社　　址　哈尔滨市南岗区复华四道街 10 号　邮编 150006
传　　真　0451－86414749
网　　址　http://hitpress.hit.edu.cn
印　　刷　黑龙江艺德印刷有限责任公司
开　　本　787 mm×1 092 mm　1/16　印张 19.5　字数 455 千字
版　　次　2022 年 12 月第 1 版　2022 年 12 月第 1 次印刷
书　　号　ISBN 978 - 7 - 5767 - 0389 - 4
定　　价　44.00 元

前　　言

　　海洋光学为理解海洋的物理、生物、化学和地质过程提供了一个有价值的工具,海洋光学数据可以提供有关成分、微粒浓度、类型和尺寸分布、初级生产和水体浊度的基本信息。海洋光学数据库是海洋学数据库中最基础的数据库,基于海洋光学的遥感、卫星技术在海洋环境监测方面获得了日益广泛的应用。

　　本书旨在介绍海洋的光学特性,包括光学量(或性质)及其测量,以及相互关系,阐述海洋光学的基本原理。第1章绪论,介绍海洋光学的学科性质、海洋光学测量仪器及沿海海洋研究的光学方法,使读者对海洋光学研究的意义和方法有基本的了解;第2章海洋光学概述,介绍光和辐射、辐射能测量、海水的固有光学特性和表观光学性质、光的反射和海洋的光学成分;第3章吸收和散射,主要介绍吸收和散射的物理原理、相函数等;第4章海水中水分子和溶解无机物对光的吸收,介绍水分子的振动—转动吸收光谱和电子光谱、冰对电磁辐射的吸收原理,详细给出了相关特征参数;第5章海水中溶解有机物对光的吸收,重点介绍简单发色团的吸收特征、海水中溶解有机物的光吸收;第6章海水中悬浮颗粒物对光的吸收,阐述了分散介质的光学特性,重点介绍海洋悬浮颗粒物组成及其光学常数;第7章海洋浮游植物对光的吸收,详细介绍海洋浮游植物对光的吸收特性及模型描述;第8章海洋辐射传输理论,介绍辐射传输方程及其求解方法,以及海洋光学中的能量守恒等;第9章介绍海洋辐射传输的蒙特卡洛模拟理论;第10章海洋水色遥感,重点介绍与海洋水色遥感有关的水色、数据处理、大气校正理论等。

　　本书由刘文军、田兆硕、潘玉寨撰写,希望本书能成为与海洋光学相关专业读者的学习资料和参考书。

　　限于作者水平,书中难免存在不足之处,诚恳地希望读者给予批评和指正,以便提高水平,把更好、更新的内容呈现给读者。

作　者

2022 年 10 月

目　　录

第1章 绪 论

本章阐述了海洋光学的学科性质、海洋光学测量仪器及海洋研究的光学方法。

1.1 海洋光学的学科性质

海洋光学也称为光学海洋学,是一门研究光通过吸收和散射过程与海水相互作用并在海洋中传播的科学。当关注生物来源和溶解物质的吸收和散射时,采用"海洋生物光学"一词;当关注海洋反射光谱进行远程(卫星或机载)观测时,使用"海洋颜色遥感"一词。几乎所有到达海洋的太阳能都作用在上层水体,上层水体中光的传播由海水的光学性质决定。海水中含有各种颗粒和溶解物质,其吸收的能量有助于海水的加热和循环,也支持浮游植物的光合作用。一小部分水下光会返回大气层,可以通过海洋遥感卫星光学仪器记录下来。由于光在海洋中起着至关重要的作用,这些研究领域在现代海洋学中占有重要地位。区域、全球海洋观测工作都包括光学测量,可帮助调查人员诊断和监测坏境。最新的全球物理-生物地球化学耦合模型也包括越来越复杂和越来越精确的光传播处理,其目的是提高对海洋加热和浮游植物初级生产力的预测能力。

海洋光学主要涉及光学方法在海洋学中的应用,主要研究光与海水中的溶解物质、水分子和悬浮粒子之间的相互作用,以及利用光学技术进行海洋探测、遥感,可探索光在海洋中的传播规律并获知海洋的光学性质。海洋光学研究是获知海洋光学性质的主要手段,可利用光的吸收、散射和荧光来研究海洋学中具有挑战性的问题。海洋光学在海洋学及相关领域有着广泛的应用,光学数据提供了关于海洋的生物学、化学、地质学和物理学的有价值信息。海水中存在的各种微粒和溶解物质在很大程度上决定了它的光学性质,找出具有光学活性的成分,并研究其光学行为,是海洋光学的首要任务。海水对光的吸收和散射改变了水下光场的光谱、强度和偏振特性,光的传播方式反过来决定了海洋加热的深度和初级生产的可能深度,光的多少和光谱质量决定海洋的初级生产力,影响海洋的能见深度。了解光在海洋中的传播对于现场遥感测量温度、盐度和浮游植物的生长和动态特性至关重要。海洋光学研究方法包括理论建模、实验室工作、仪器开发、实地研究,以及使用机载和卫星平台上的传感器获得海洋颜色的观测结果,评估海洋的光学性质,并利用各种光学技术更好地了解海洋的组成,以解决生态问题。

海洋光学为理解海洋的物理、生物、化学和地质过程提供了一个有价值的工具。海洋光学是一个多学科的研究领域,发展变革性光学技术,如激光雷达、被动和主动成像系统、水中全息成像显微镜和最先进的固有光学特性传感器需要高度跨学科的海洋光学团队,包括与海洋工程领域和海洋学所有主要学科的合作。利用海洋光学,可以极大地促进海洋生态(包括海洋中有害藻类和污染物扩散)的研究。光学数据可以提供有关微粒浓度、类型、尺寸分布、初级生产力和水体浊度的基本信息。此外,光学数据可以与物理、生物、化学和地质数据相关联,以识别和跟踪沿海海洋中的水团运动。

海洋浮游植物依赖于光和光的利用率,因此光学和生物光学知识对于理解海洋生态和碳循环至关重要。太阳辐射的穿透深度受水体光学性质的影响,光的穿透及由此产生的热结构和热量收支,都会因水本身以及上层海洋中微粒和溶解物质的吸收和散射而改变。海洋中热量的吸收和散发的变化对地球生态具有重大影响。许多海洋环境问题可以用海洋光学来解决,海水浑浊度或透明度的变化是浓度、尺寸分布或水体成分类型变化的指标,例如沉积物、浮游植物,包括有害藻类、溶解有机物和污染物。水下能见度对工业活动也很重要。此外,基于光学的海洋颜色遥感技术的出现,能够对海洋过程和特征进行概括性的研究。

海洋光学的理论基础是海洋辐射传输理论,运用蒙特卡洛法建立相应的辐射传递模型,使用模型和传感器来具体量化和表征海水中的各种微粒和溶解物质的特性,包括浮游植物、有害藻类、微粒、沉积物等。更好地理解海洋中的光传播在基础研究和应用研究中有重要的应用,包括:

(1) 遥感海洋颜色以确定生物地球化学参数。

(2) 评估水体和底栖环境(如珊瑚礁和海草床)的生产力和化学反应所需的光。

(3) 预测水下能见度和清晰度。

(4) 成像系统的建模和性能优化。

(5) 评估生物有机体及海洋生物的伪装。

海洋光学遥感主要是通过卫星利用可见光、红外与微波波段对海洋进行多光谱成像或利用机载激光雷达对海洋进行探测,能够对海洋水色、海洋环境、海洋动力过程等信息进行大范围长时间的数据采集监测。海面光辐射研究是建立海洋光学遥感模型的重要依据,日光射入海洋后,经过辐射传递过程产生的由海洋表层向上的光谱辐射场,是光学遥感探测海洋的主要信息来源。根据实测的海水水体光谱辐射数据,可推导光谱反射率、漫射衰减系数等水体光学参数,估算海洋光合作用及其初级生产量,满足水色遥感现场光辐射测量、海洋光谱分析和生物－光学算法开发等需求。

水体能见度的研究是利用海洋辐射传输方程导出海水对比度传输方程和水体图像传输方程,研究海水中的视程和图像传输问题。水下光学成像技术是认识海洋、开发利用海洋和保护海洋的重要手段和工具,该技术已经被广泛应用于水中目标探测、海底资源勘探、水下工程安装、救生打捞等领域。研究海水光学传递函数与海水固有光学参数的关系是水中图像系统质量分析的重要依据。

激光为海洋光学的研究提供了一个强大的工具,开辟了海洋光学研究的新时代。研究激光在水中受到的散射、吸收及其所遵循的传输过程极大地促进了海水激光荧光和海水受激拉曼散射的研究,为激光探测海水深度、海水的化学分析、海洋的温度以及盐度随深度的分布打下了基础。利用激光与海洋物质的相互作用来研究分子结构及动态特性,可以获得与海洋样品相关的化学信息,如组成成分及成分的动态变化等。利用珊瑚、礁石等产生的特殊光谱信息,结合光谱成像技术,可以对海洋地形地貌及其属性进行详细判断,也为海底测绘提供了更多宝贵信息。

1.2　海洋光学测量仪器

测量海洋光学性质的仪器可分成以下两类。

1. 测量海水固有光学性质的仪器

由于固有光学性质不受环境条件的影响,可采样在实验室中测量,也可在现场测量,因此这类仪器又分为实验室仪器和现场测量仪器两种。测量固有光学性质的仪器主要包括线性衰减系数测定仪和光散射仪。线性衰减系数测定仪是测定准直光束在海水中衰减的仪器,从光源发出的光,经准直发射系统后成为准直光束,光束在海水中传播一定光程后产生衰减,然后被光电系统接收,测得光束透射率,可确定海水的线性衰减系数。

透射率的测量过程中会产生一定的误差,其来源主要有以下几种。

(1) 由于准直接收系统具有一定的视场角,因此接收到的辐射通量中包含了一部分很强的前向小角度散射光,使测得的透射率偏大,这是透射率测量的主要误差,一般可通过合理的光学系统设计来降低这种误差。

(2) 介质的多次散射光中,有一部分进入接收系统,使测量值偏大,若光束截面较小,可消除这种误差。

(3) 机械加工精度和材料热膨胀的影响,使水中光程测量不准而产生误差,提高机械加工精度和选用热胀系数小的合适材料,可以减小这种误差。

(4) 光源的电压不稳定或光源老化,以及光电器件灵敏度变化所引起的测量误差。采用双光束比较测量,可以完全消除这种误差。在海洋光学测量中,比较测量的方法被广泛采用。

由于海水的线性衰减系数和波长有关,故通常根据需要在光路中加入不同带宽的滤光片或采用棱镜、光栅作为色散元件进行光谱分析,这样可得到透射率随波长变化的连续曲线。

光散射仪是一种用来测量海水散射函数的仪器,因海水散射函数随波长的变化不大,故测量时一般不做光谱分光。测量的原理是:从光源发出的光,经过准直接收系统变成准直光束,入射到水中时受到散射;当准直接收系统光轴和入射的光束成 θ 角时,就能接收到相应角度的散射光并被光电器件转换为电信号;在 θ 方向接收到的一个小体积水体辐射的散射光与散射体积及其上的辐照度成正比,比例系数就是散射函数。由于散射光很弱,所以在散射仪中都采用光电倍增管作为光电接收器件,以提高接收灵敏度,并做适当的信号处理。为了保证测量的精度,要求光源的发光强度在测定过程中保持稳定,并采用双光路比较测量,对散射体积随角度的变化进行实时校正。

2. 测量海水表观光学性质的仪器

表观光学性质都与环境有密切的关系,故必须在现场观测。测定表观光学性质的仪器主要包括辐照度仪、辐亮度仪和辐亮度偏振仪。

辐照度仪是海洋表观光学性质测量仪器中应用最广泛的仪器,用于测量光谱向下辐照度 E_d 和光谱向上辐照度 E_u,可得到反射比(辐照度比)$R = E_u / E_d$。

为了测量光谱辐照度,在接收面上采用余弦集光器,它接收的光辐射经光谱分光后,被光电接收器件转换为电信号。通常的仪器都配以光学的或电子学的衰减器,以适应从海面到深层的辐照度的大范围变化。光谱分光系统可根据分光的要求,采用滤光片、棱镜或光栅。光电接收器件可以采用硒光电池、硅光电池、光电倍增管等多种。为了准确地测量 E_u 和 E_d,在测量中必须保持余弦集光器的水平状态,所以辐照度仪都安装在水平架上。为了测量辐照度在水中的垂直衰减,常用双辐照度仪系统。其中一个仪器测量水下辐照度,另一个仪器同时测量海面上的辐照度,两者的比值与海面上辐照度的变化无关,故可消除因海面辐照条件的变化而引起的辐照衰减测量误差。

辐亮度仪和辐亮度偏振仪主要用于海洋光学基础研究。辐亮度仪用于测量各个方向的表观辐亮度,其接收系统是准直的光度计,限定接收很小的视场角的辐亮度。光度计在机械控制下沿不同方位角和俯仰角旋转,可接收海水空间 4π 立体角的各个方向的辐亮度。为了研究海洋中表观辐亮度的偏振分布,在辐亮度仪的准直接收系统之前安装有检偏器,后者可自动绕准直系统的光轴旋转,以接收不同偏振方向的辐亮度,这种仪器即为辐亮度偏振仪。

海洋光学的测量仪器很多,除上述基本仪器外,还有量子辐照度仪和光学传递函数仪等。

1.3　沿海海洋研究的光学方法

世界上大多数初级生产发生在大陆架区域,而沿海海洋最易被人类利用并受人类活动的影响,因此对沿海海洋过程的认识至关重要。海洋光学为理解沿海海洋的物理、生物、化学和地质过程提供了宝贵的工具。由于海底和海岸边界效应对远洋过程的影响并不显著,因此沿海海洋比公海复杂得多。此外,沿海生物更具多样性,沿海海洋的时间和空间变异尺度更短。沿海海洋研究必须包含跨学科的传感器和系统,能够在与物理、生物、化学和地质过程相关的多个适当的时间和空间尺度上取样。利用部署在不同观测平台上的光学仪器,结合数据同化和生态系统建模工作,可促进沿海海洋研究的进展。一些有前途的观测工具包括:① 新的光学、生物光学和光学化学传感器;② 可在原位平台、飞机和卫星部署的高光谱光学仪器;③ 新的观测平台,包括卫星、船舶、自主水下机器人、水下滑翔机及系泊系统和海底三脚架等。利用各种互补的海洋观测平台,可以大大提高人们对沿海海洋生态和海洋健康的认识。

1. 卫星(遥感)

卫星和飞机对海洋光学特性的遥感测量,主要采用光谱辐射计对太阳照射的海洋表面进行观测,通过测量进入传感器孔径的辐射,利用各种扫描机制生成二维场或图像,以提供海洋近海天气光学观测,为了克服海面反射太阳光的复杂性、大气散射和吸收的高度可变性以及向下和向上两种辐射分布的双向性,需要若干修正因子。此外,必须测量或估算地表向下辐照度,以产生必要的标准化,以有意义的定量方式比较不同时间的不同海洋特性。图像和数据受到云层覆盖和沿海大雾的影响,遥感数据仅限于海洋上部的光学深度,沿海水域通常小于 1 m。卫星遥感的时空覆盖受到卫星轨道力学性质和光照观测几何关系的严格限制。对于特定的感兴趣区域,其海洋颜色图像通常每天可获取一到两次。飞机遥感器在空间覆盖和部署时间上也受到限制。因此,卫星和飞机信息必须辅以现场观测,以校准遥感器,提供连续的时间序列,并表征海洋光学性质的重要垂直结构特性。利用遥感海洋颜色数据,可以对叶绿素、生物量和初级生产力以及光学吸收和后向散射系数进行概括性推断。

2. 船舶

船舶取样是沿海海洋研究的有效手段,船舶取样的优势在于:① 针对具体研究的、详细的面向过程的测量;② 提供具有深度和远距离的近连续数据。船舶取样可以在每个剖面或部署之间进行光学仪器的校准和清洁,以提供准确的、新校准的、基本上没有生物污染的数据;船舶平台可以部署质谱仪、分子探针和放射性测量系统等先进分析仪器。

3. 自主水下机器人、水下滑翔机

自主平台每次部署成本低,可以在船舶无法进入的环境中进行采样,在重复段上具有良好的空间覆盖和采样能力;水下机器人及水下滑翔机的主要缺点是功耗大,必须定期充电,因此,如果没有扩展底座,就不能用于长期部署。

4. 系泊系统和海底三脚架

利用系泊系统和海底三脚架,可以在几分钟到几十年的时间尺度上研究沿海海洋的环境变化,这些平台最大的缺点是传感器易被生物污染。数据遥测和系泊电缆网络的使用可以为研究人员提供实时或近实时的海洋时间序列数据。海洋光学浮标可用于连续观测海面、海水表层、真光层乃至海底的光学特性,在水色遥感现场辐射定标和数据真实性检验、海洋科学观测、近海海洋环境监测和海洋科学方面有着重要的应用价值。

光学、激光、计算科学、光学遥感和海洋科学的发展,开拓了海洋光学研究的新领域。计算和相关理论算法的发展,可以用蒙特卡洛法定量地计算各种复杂模型的海洋辐射传递过程,使海洋辐射传递基础研究日趋完善,并较好地解决了激光在水中的传输、海面向上光辐射与海水固有光学性质之间的关系等问题。随着新型光学仪器的开发和数据采集方法的实现,光学数据合成和分析将得到改进和扩展。自主海洋观测平台将用于收集跨学科的数据,以推进沿海海洋生态研究,包括海洋健康(如有害藻和污染物扩散)、碳收支、热收支和影响热收支的参数以及全球变暖的影响因素。海洋光学对这些研究至关重要,因为光学数据提供了有关微粒浓度、类型和尺寸分布、初级产量和水柱浊度的基本信息。此外,光学数据可以与补充的物理、生物、化学和地质数据相关联,以识别和跟踪沿海海洋中的水团运动。最重要的是,光学研究方法可以通过商用仪器和相对简单的算法及模型来实现。

国家中长期科学和技术发展规划纲要把海洋环境立体监测等海洋技术列入重点发展规划,以提高我国在海洋生态环境监测领域的自主创新能力。利用先进的光电技术、海洋技术和计算技术,开发能够对海洋环境参数、浮游植物种群动态要素、浮游植物光合作用速率等重要的藻类生理参数进行一体化综合监测的新技术和新方法。

第 2 章　　海洋光学概述

本章阐述了海洋光学的有关概念,奠定了海洋光学定量研究光与海洋相互作用的基础,主要包括以适合辐射传输理论的数学方式来指定方向和其他几何概念,定义辐射和辐照度、吸收系数和散射系数、体散射函数等各种量,为讨论水的吸收和散射特性以及辐射传输理论的数学结构奠定了基础。

2.1　光 和 辐 射

2.1.1　光的偏振:斯托克斯矢量

海洋光学许多(但并非全部)工作可以在不考虑光的偏振状态的情况下完成。然而,偏振携带着重要的信息,越来越多地被用于通过遥感提取环境信息和增强水下能见度。

光是一种电磁波,这种波的电场矢量振荡方向垂直于传播方向。如果光的电场矢量方向在时间上随机波动,这种光就称为非偏振光;如果光的电场矢量方向被很好地限定,这种光就称为偏振光。偏振是光的一个重要特性,理解和操纵光的偏振对许多光学应用至关重要。可见波长振荡的频率在 10^{14} Hz 量级,由于仪器的限制,无法直接测量。假设朝着一个光源或"光束"看,电场矢量端点的轨迹为直线,即电场矢量只沿着一个确定的方向振动,其大小随相位变化、方向不变,这种光称为线偏振光,如图 2.1 所示。

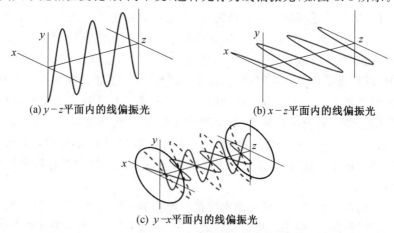

(a) y-z 平面内的线偏振光　　　　　　　(b) x-z 平面内的线偏振光

(c) y-x 平面内的线偏振光

图 2.1　线偏振光

线偏振光的电场沿传播方向限制在三种平面内,线偏振光可分解为两个垂直的、振幅相等的、没有相位差的线偏振光。在光的传播过程中,空间每个点的电场矢量做旋转运动,电场矢量端点描出圆轨迹的光称为圆偏振光,如图 2.2 所示。迎着光线方向看,凡电场矢量顺时针旋转的称为右旋圆偏振光,凡电场矢量逆时针旋转的称为左旋圆偏振光;圆偏振光的电场由两个相互垂直的线性分量组成,它们振幅相等,但相位差为 $\pi/2$。圆偏振光看上去与自然光一样,但是圆偏振光的偏振方向是按一定规律变化的,而自然光的偏振方向是随机变化的。若光的电场矢量端点描出一个椭圆轨迹,这种光称为椭圆偏振光,如图 2.3 所示。椭圆偏振光中的旋转电矢量是由两个频率相同、振动方向互相垂直、有固定相位差的电场矢量振动合成的。线偏振光和圆偏振光可视为椭圆偏振光的特例。

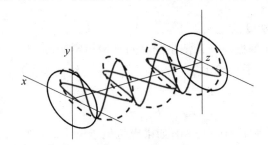

图 2.2　圆偏振光

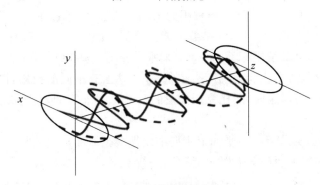

图 2.3　椭圆偏振光

斯托克斯矢量是一个由四个实数组成的数组,用来定量地确定光的偏振状态,通常写为

$$\boldsymbol{S} = \begin{bmatrix} I \\ Q \\ U \\ V \end{bmatrix} \tag{2.1}$$

$\boldsymbol{S}$ 只是一个有四个元素的数组,它不是几何意义上的矢量。要定义斯托克斯矢量,首先选择一个便于解决问题的坐标系 $(\boldsymbol{x}, \boldsymbol{y}, \boldsymbol{z})$。在实验室坐标系中,坐标系的 $\boldsymbol{x}$ 平行于光学工作台,$\boldsymbol{y}$ 轴垂直于光学工作台,$\boldsymbol{z} = \boldsymbol{x} \times \boldsymbol{y}$ 在光传播的方向上。在实验室里,$\boldsymbol{x}$ 被称为“平行”(与台面平行)方向,$\boldsymbol{y}$ 被称为“垂直”方向,或者 $\boldsymbol{x}$ 和 $\boldsymbol{y}$ 可以分别称为“水平”和“垂直”。该坐标系中的电场矢量分解为 x 和 y 分量,即 $\boldsymbol{E} = E_x \boldsymbol{x} + E_y \boldsymbol{y}$,分量 E_x 和 E_y 取决于位置和时间。对于在真空中传播的光,光电场与纵向传播方向垂直,是横向的,$\boldsymbol{E}$ 的 z 分量为零。对于 x 平面上的线偏振光,有 $E_x \neq 0$,而 $E_y = 0$;对于 y 平面上的线偏振光,有 $E_x = 0$,而 $E_y \neq 0$。

在光学频率下,无法测量波动电场 $\boldsymbol{E}(t)$ 本身的瞬时值,但可以对相应的辐照度 E_{avg}

进行时间平均（在许多波周期内）测量，对应于光场 $E(z,t)=E_0 e^{ikz-i\omega t}$ 的时间平均辐照度为

$$E_{avg} = \frac{1}{2}\sqrt{\varepsilon_m/\mu_m}\ |E_0|^2 \tag{2.2}$$

式中，ε_m 是介质的介电常数；μ_m 是介质的磁导率。

因此，如果使用准直的单色光束，斯托克斯矢量的定义和实际测量是基于可测量的时间平均辐照度的。

斯托克斯矢量参数 Q 的定义如下。

设 E_{x-avg} 为用线性偏振滤光片测量的时间平均辐照度，该滤光片放置在光束中，并朝向 x（或在实验室体系中平行或水平）方向；设 E_{y-avg} 为线性偏振器沿 y（或垂直）方向测量的时间平均值，那么 Q 的定义为

$$Q \equiv E_{x-avg} - E_{y-avg} \tag{2.3}$$

因此，如果极化位于 x 平面，则 $Q>0$；如果极化位于 y 平面，则 $Q<0$。

选择 x 和 y 可以区分 x 平面或 y 平面上的线性偏振状态，假设偏振平面在 x 平面或 y 平面之间，如图 2.4(a) 所示，这是两种不同的偏振状态，但两者在 x 平面和 y 平面上投影相同，因此 Q 值相同，由此可知，Q 参数不能区分偏振的实线平面和虚线平面。线性偏振状态可以通过选择第二组坐标系 (x',y') 来唯一指定，选择 (x',y') 轴与 (x,y) 轴成 $45°$ 角，如图 2.4(b) 所示，实线和虚线箭头在 (x',y') 轴上有不同的投影，因此可以区分开。对于图中箭头所示的偏振面，斯托克斯矢量的 U 参数是非零的，其定义为

$$U \equiv E_{x'-avg} - E_{y'-avg} \tag{2.4}$$

式中，$E_{x'-avg}$、$E_{y'-avg}$ 是在 x'、y' 平面上定向的线性偏振器测量的辐照度时间平均值。

因此，如果偏振平面与 x 平面成 $45°$ 角，平行于 x'，则 $U>0$，$Q=0$；如果偏振平面与 x 平面成 $-45°$ 角，平行于 y'，则 $U<0$，$Q=0$。对于不在 x、y 或 x'、y' 平面上的线偏振光，Q 和 U 都是非零的（或为正，或为负），这取决于极化平面对这两组轴的倾角。参数 Q 和 U 指定线偏振光的偏振状态。

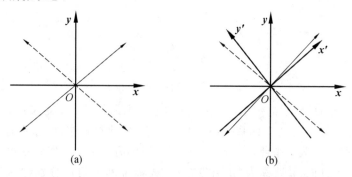

(a)   (b)

图 2.4 线性偏振状态与参数 Q、U 的定义

另一个参数 V 用来指定圆偏振光的状态，圆偏振器可以测量左右圆偏振辐照度的时间平均值，分别用 E_L 和 E_R 表示。参数 V 定义为二者之差，即

$$V \equiv E_R - E_L \tag{2.5}$$

因此，对于右旋圆偏振光，$V>0$；对于左旋圆偏振光，$V<0$。

对于随机偏振光而言,由于所有方向和旋度的电场快速波动,因此上述所有时间平均值都是相等的,在这种情况下 $Q=U=V=0$。为了解释这种情况,设 I 为总辐照度,不考虑偏振状态。这是在光束中不使用任何偏振滤波器的情况下测量的,I 也是根据时间平均值给出的,有

$$I \equiv E_{x-\text{avg}} + E_{y-\text{avg}} = E_{x'-\text{avg}} + E_{y'-\text{avg}} = E_R + E_L \tag{2.6}$$

式中,I 总是正的。

需要注意的是,Q、U 参数的值取决于 (x, y) 轴的选择,但 I 和 V 的值与此选择无关。如果光束完全偏振(无论处于何种偏振状态),则

$$I^2 \equiv Q^2 + U^2 + V^2 \tag{2.7}$$

如果光束是非偏振光,或是偏振光和非偏振光的混合物,则此关系成为不等式:

$$I^2 > Q^2 + U^2 + V^2 \tag{2.8}$$

偏振度用百分数表示,定义为

$$\rho = 100 \frac{\sqrt{Q^2 + U^2 + V^2}}{I} \tag{2.9}$$

线性偏振度定义为

$$\rho = 100 \frac{\sqrt{Q^2 + U^2}}{I} \tag{2.10}$$

圆偏振度定义为

$$\rho = 100 \frac{V}{I} \tag{2.11}$$

右旋圆偏振光的偏振度为正值,左旋圆偏振光的偏振度为负值,它们的测量不依赖于坐标系的选择。

上述 Q、U 和 V 的定义是根据可测量的辐照度做出的,关于斯托克斯矢量的理论公式,可以用传播波的麦克斯韦(Maxwell)方程的解来表示:

$$\boldsymbol{S} = \begin{bmatrix} I \\ Q \\ U \\ V \end{bmatrix} = \begin{bmatrix} E_{\parallel} + E_{\perp} \\ E_{\parallel} - E_{\perp} \\ E_{+45°} - E_{-45°} \\ E_R - E_L \end{bmatrix}$$

$$= \sqrt{\frac{\varepsilon_m}{\mu_m}} \begin{bmatrix} \langle E_{\parallel}(t) E_{\parallel}^*(t) + E_{\perp}^*(t) E_{\perp}^*(t) \rangle \\ \langle E_{\parallel}(t) E_{\parallel}^*(t) - E_{\perp}^*(t) E_{\perp}^*(t) \rangle \\ \langle E_{\parallel}(t) E_{\perp}^*(t) + E_{\perp}^*(t) E_{\parallel}^*(t) \rangle \\ \langle E_{\parallel}(t) E_{\perp}^*(t) - E_{\perp}^*(t) E_{\parallel}^*(t) \rangle \end{bmatrix}$$

$$= \frac{1}{2} \sqrt{\frac{\varepsilon_m}{\mu_m}} \begin{bmatrix} E_{0\parallel} E_{0\parallel}^* + E_{0\perp} E_{0\perp}^* \\ E_{0\parallel} E_{0\perp}^* - E_{0\perp} E_{0\perp}^* \\ E_{0\parallel} E_{0\perp}^* + E_{0\perp} E_{0\parallel}^* \\ i[E_{0\parallel} E_{0\perp}^* - E_{0\perp} E_{0\parallel}^*] \end{bmatrix}$$

$$= \frac{1}{2} \sqrt{\frac{\varepsilon_{\mathrm{m}}}{\mu_{\mathrm{m}}}} \begin{bmatrix} |E_{0\parallel}|^2 + |E_{0\perp}|^2 \\ |E_{0\parallel}|^2 - |E_{0\perp}|^2 \\ -2\mathrm{Re}\{E_{0\parallel} E_{0\perp}^*\} \\ 2\mathrm{Im}\{E_{0\perp} E_{0\parallel}^*\} \end{bmatrix}$$

$$= \sqrt{\frac{\varepsilon_{\mathrm{m}}}{\mu_{\mathrm{m}}}} \begin{bmatrix} \langle E_{\parallel}(t) E_{\parallel}^*(t) + E_{\perp}^*(t) E_{\perp}^*(t) \rangle \\ \langle E_{\parallel}(t) E_{\parallel}^*(t) - E_{\perp}^*(t) E_{\perp}^*(t) \rangle \\ \langle E_{\parallel}(t) E_{\perp}^*(t) + E_{\perp}^*(t) E_{\parallel}^*(t) \rangle \\ \langle E_{\parallel}(t) E_{\perp}^*(t) - E_{\perp}^*(t) E_{\parallel}^*(t) \rangle \end{bmatrix} \tag{2.12}$$

表 2.1 中显示了各种偏振状态下斯托克斯矢量的参数模式。

表 2.1　各种偏振状态下斯托克斯矢量的参数模式

数组	非偏振	平行偏振	垂直偏振
$\begin{bmatrix} I \\ Q \\ U \\ V \end{bmatrix}$	$\begin{bmatrix} 1 \\ 0 \\ 0 \\ 0 \end{bmatrix}$	$\begin{bmatrix} 1 \\ 1 \\ 0 \\ 0 \end{bmatrix}$	$\begin{bmatrix} 1 \\ -1 \\ 0 \\ 0 \end{bmatrix}$
$+45°$	$-45°$	右旋圆偏振光	左旋圆偏振光
$\begin{bmatrix} 1 \\ 0 \\ 1 \\ 0 \end{bmatrix}$	$\begin{bmatrix} 1 \\ 0 \\ -1 \\ 0 \end{bmatrix}$	$\begin{bmatrix} 1 \\ 0 \\ 0 \\ 1 \end{bmatrix}$	$\begin{bmatrix} 1 \\ 0 \\ 0 \\ -1 \end{bmatrix}$

2.1.2　单位

海洋光学中采用的国际单位制(SI)基本单位见表 2.2,所有其他量的单位都可以从这些单位中推导出来。

表 2.2　国际单位制基本单位

物理量	基本单位	符号
长度(length)	米(meter)	m
质量(mass)	千克(kilogram)	kg
时间(time)	秒(second)	s
电流(electric current)	安培(Ampere)	A
温度(temperature)	开尔文(Kelvins)	K
物质的量(amount of substance)	摩尔(mole)	mol
发光强度、照度(luminous intensity)	坎德拉(candela)	cd
平面角(plane angle)	弧度(radian)	rad
立体角(solid angle)	球面度(steradian)	sr

对命名和符号的选择遵循国际海洋物理科学协会的标准,这是当今海洋光学中普遍使用的专业术语。

2.1.3 几何学的有关定义

几何学的有关定义是三维空间中指定方向和角度所需的数学工具,这些数学概念是说明有多少光以及它是朝什么方向运动的基础。

1. 方向

海洋光学研究中经常需要指明方向,为了在欧几里得三维空间中做到这一点,设定 i、j、k 是定义右手笛卡儿坐标系的三个相互垂直的单位矢量,i 是海面上风吹过的方向(顺风方向),k 是垂直于水面的平均位置向下的方向,j 在矢量积 $j = i \times k$ 给出的方向上。选择"基于风"的坐标系简化了海洋表面波谱的数学描述,尤其是当讨论有风吹过的海面的辐射传输时必须这样做。在海洋学中,选择 k 向下是很自然的,因为深度通常是从平均海平面的原点向下测量的。

选定了 i、j、k 的方向,任意方向可以确定如下。

设 ζ 表示指向所需方向的单位矢量,ζ 在 i、j、k 方向的三个分量分别为 ζ_1、ζ_2 和 ζ_3,因此这个矢量可以表示为 $\zeta = \zeta_1 i + \zeta_2 j + \zeta_3 k$,或者为了表达方便,可以表示为 $\zeta = (\zeta_1, \zeta_2, \zeta_3)$;由于 ζ 是单位长度,其分量满足 $\zeta_1^2 + \zeta_2^2 + \zeta_3^2 = 1$。

ζ 的另一种描述是由极坐标仰角 θ 和方位角 ϕ 给出的,如图 2.5 所示。由于径向坐标 r 的长度是 1,为了简洁起见,这里去掉了径向坐标;仰角 θ 的测量是从 k 方向开始,方位角 ϕ 的测量是沿 k 看向原点时从 i 沿逆时针方向确定的。$\zeta = (\zeta_1, \zeta_2, \zeta_3)$ 和 $\zeta = (\theta, \phi)$ 两者之间的联系为

$$\zeta_1 = \sin\theta\cos\phi, \quad \zeta_2 = \sin\theta\sin\phi, \quad \zeta_3 = \cos\theta \tag{2.13}$$

并且 $0 \leqslant \theta \leqslant \pi, 0 \leqslant \phi < 2\pi$。逆变换为

$$\theta = \arccos\zeta_3$$

$$\phi = \arctan\frac{\zeta_2}{\zeta_1} \tag{2.14}$$

利用余弦参数可以得到 ζ 的另一个有用的描述为

$$\mu \equiv \cos\theta = \zeta_3 \tag{2.15}$$

$\zeta = (\zeta_1, \zeta_2, \zeta_3)$ 的分量和 $\zeta = (\mu, \phi)$ 的分量之间的关系为

$$\begin{cases} \zeta_1 = \sqrt{1-\mu^2}\cos\phi \\ \zeta_2 = \sqrt{1-\mu^2}\sin\phi \\ \zeta_3 = \mu \end{cases} \tag{2.16}$$

并且 $-1 \leqslant \mu \leqslant 1, 0 \leqslant \phi < 2\pi$。因此,方向 ζ 可以用三种等效的方式表示,即笛卡儿坐标系中的 $(\zeta_1, \zeta_2, \zeta_3)$ 和极坐标中的 (θ, ϕ) 或 (μ, ϕ)。

2. 立体角

立体角的概念与三维空间中方向的规定密切相关,是二维平面角度测量的延伸。如图 2.6(a) 所示,半径为 r 的圆的两个半径之间的平面角 θ 为

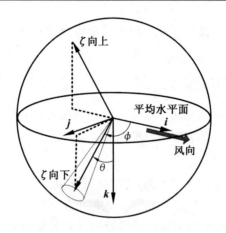

图 2.5 极坐标 (θ, ϕ) 的定义

$$\theta = \frac{弧长}{半径} = \frac{l}{r} \quad (\text{rad}) \tag{2.17}$$

因此,整圆的角度测量值为 2π(弧度 rad)。在图 2.6(b) 中半径为 r 的球体的表面上显示一块面积为 A 的区域,其定义的立体角 Ω 为

$$\Omega = \frac{面积}{半径的平方} = \frac{A}{r^2} \quad (\text{sr}) \tag{2.18}$$

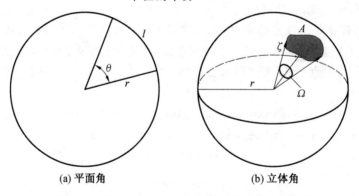

(a) 平面角　　　　　　　　(b) 立体角

图 2.6 与平面角和立体角定义相关联的几何图形

由于球的面积为 $4\pi r^2$,因此全方位的立体角为 4π。平面角和立体角都与圆或球体的半径无关,平面角和立体角都是无量纲。但它们分别被赋予了弧度和光度的"单位",用以说明它们是角度的度量。将立体角定义为球体表面积除以球体半径的平方,为计算立体角微分量提供了所需的方便形式。图 2.7 中的灰色区域表示半径为 r 的球体表面上面积为 $dA = (r\sin\theta d\phi)(rd\theta)$ 的微元面积,因此,在方向 $\boldsymbol{\zeta} = (\theta, \phi)$ 上的立体角微元 $d\Omega$ 为

$$d\Omega = \frac{dA}{r^2} = \frac{(r\sin\theta d\phi)(rd\theta)}{r^2} = \sin\theta d\theta d\phi = d\mu d\phi \quad (\text{sr}) \tag{2.19}$$

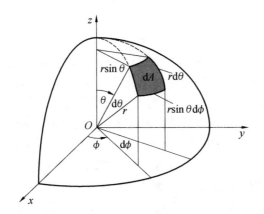

图 2.7　球面坐标系中立体角微元的几何表示

2.2　辐射能测量

海洋光学的精确测量工作需要一种更客观的测量辐射能流的方法,探测和测量辐射能的两种主要光探测器是热探测器和量子探测器。在热探测器中,辐射能被吸收并转化为热能,探测器对吸收介质的温度变化做出反应,热探测器包括普通温度计、热电偶、辐射热计和日射强度计。量子探测器对入射光子的数量产生响应,量子探测器包括照相胶片和各种光伏、光电导和光电发射探测器。

光伏电池由两种不同物质部分接触组成。入射到光伏元件上的光在元件的两个不同部分之间产生电位差,因此,电流在含有电位差的电路中流动。该电流可由电路中的电流表测量得到。当没有光线照射到元件上时,电路中不会产生电位差,因此不会产生电流。一般来说,入射到电池元件上的光子数量越多,产生的势能就越大,电路中随之产生的电流就越大。

在 1873 年的实验中发现,当光线照射到金属硒上时,它的导电率会增加。这种效应可以通过构建一个由硒(或性能类似的物质)、电动势(如电池)和电流表组成的串联电路来测量辐射能。落在含有硒的光电导上的光子数量越多,光电导的导电性就越大,因此电路中的电流就越大。即使没有光线照射到光伏电池上,也会有一些暗电流流过,因为光电导物质即使在没有光线的情况下也具有非零的导电性。

1887 年,赫兹在同一个实验中发现了光发射效应(通常称为光电效应),在这个实验中,他验证了电磁波的存在。基本光发射电池包括一个真空管,该真空管包含负电荷电极(阴极,通常由碱金属(如铯、钠或钾)构成)和正电荷电极(阳极)。当光入射到光电阴极上时,光子将电子从电极表面逐出,这些光电子被拉到阳极的间隙,从而在包含电池、电流表和电动势源的串联电路中产生电流,电动势源补充光电阴极上的电子供应,并保持电极间的电位差。原则上,如果没有光照射到光电阴极上,电流就不会流动,但实际上,由于电子在阴极中随机热运动而自发发射,所以会有一个小的暗电流流动。

2.2.1 光探测器

光电倍增管(Photo-Multiplier Tube,PMT)是一种特殊的光电发射元件。PMT 不是只有一个光电阴极和一个阳极,而是有一系列的阳极,每一个阳极的正电压都比前一个高。入射光照射时从光电阴极释放出来的电子被吸引到第一个阳极上。当这些原始电子撞击第一个阳极时,它们会击打松散的额外电子,然后这些电子被吸引到第二个阳极上。撞击第二个阳极的电子释放出更多的电子,这些电子被吸引到第三个阳极,依次进行直到最后一个阳极。这种电子级联使 PMT 能够极大地放大(通常是 100 万倍)仅由光电子产生的电流,是非常敏感的光探测器。然而,PMT 响应对温度非常敏感,响应随时间变化并不稳定(由于电子轰击引起的动态极变化),运行需要稳定的高压电源。

半导体二极管是一种光探测器,在用作光探测器时,它们被称为光电二极管。例如,在一个典型的 PN 结硅光电二极管中,入射到 PN 结上的光将电子从硅原子中释放出来,由此产生的带正电的硅离子被晶格固定在一定的位置上,而那些自由电子则可以响应外加的电动势而移动。因此当光电二极管包含在一个带有电动势源和电流表的串联电路上时,这些电子就产生电流,二极管起到类似光电导的作用。光电二极管不会像光电倍增管那样放大光电流,因此光电二极管比光电倍增管灵敏度小得多。此外,光电二极管具有良好的稳定性,易于校准,所需功率小,而且非常坚固和价格低。当作为光探测器工作时,对二极管 PN 结施加外部电动势,以分离光电子及其母离子,从而产生被测电流。然而,如果允许电子与离子复合,那么多余能量将转换为光子从 PN 结中发射出来。这些光子与从半导体原子中释放电子所需的光子具有相同的能量。当以这种方式操作时,二极管被称为发光二极管(Light Emitting Diode,LED)。LED 具有与光电二极管相同的一般特性(稳定性、低成本等),通常用作海洋学仪器(如光束透射计)的光源。

另一种光探测器是电荷耦合器件(Charge Coupled Device,CCD),它是现代光电相机(数码照相机和摄像机)的核心。CCD 由线性的、面积很小的硅点阵列组成。当光线照射到阵列上时,电子从每个硅点释放,与落在硅点上的辐射能呈比例关系,从而测量每个点释放的电荷。由于硅点的位置是准确知道的,释放电荷的模式提供了一张落在 CCD 阵列上的能量图。当与标准摄像机镜头结合时,CCD 阵列(代替普通胶片)可以记录摄像机所看到的场景图像。

2.2.2 几何辐射度量

通过在水密组件中安装一个或多个辐射能探测器,并通过适当地引导到达探测器的光子的方向,可以测量作为水体内任何位置方向函数的辐射能流量。通过在仪器中添加适当的滤光片,还可以测量光场的波长依赖性和偏振状态。通过这些测量,可以对自然水域的辐射传输进行精确描述。因此,需要讨论几何辐射测量学,即欧几里得几何和辐射测量学的结合。

1. 辐亮度

非偏振光谱辐射测量仪的原理图如图 2.8 所示,该设计仪器中收集管一端的孔和内部挡光板系统允许光子以小于或等于 α 的角度进入孔内,落在面积为 ΔA 的半透明扩散体表面上,扩散体使探测器附近区域的光场均匀,因此只需要对内部光场的一部分进行采样,来测量进入仪器的总能量,然后过滤通过扩散体的所有波长的光子,以便只有波长间隔为 $\Delta\lambda$ 且以波长 λ 为中心的光子才能到达辐射能探测器。对于 $\cos\alpha=1$ 的精度,扩散体表面上任何点所看到的孔的立体角 $\Delta\Omega$ 都是相同的,这是仪器所对应的立体角。该仪器指向 $-\zeta$ 方向,以便收集以 ζ 方向为中心的立体角 $\Delta\Omega$ 中行进的光子。假设仪器的尺度与光场空间位置的变化相比较小,可以将仪器视为位于位置的水体中。对探测器的电流或电压的输出进行适当校准,以时间 t 为中心,在时间间隔 Δt 期间进入仪器的辐射能量为 ΔQ,无偏振光谱辐亮度的定义为

$$L(\boldsymbol{x},t,\boldsymbol{\zeta},\lambda)\equiv\frac{\Delta Q}{\Delta t\Delta A\Delta\Omega\Delta\lambda}\quad(\mathrm{J\cdot s^{-1}\cdot m^{-2}\cdot sr^{-1}\cdot nm^{-1}})\tag{2.20}$$

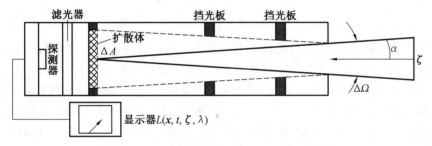

图 2.8　非偏振光谱辐射测量仪的原理图

在实际中,Δt、ΔA、$\Delta\Omega$ 和 $\Delta\lambda$ 的间隔被取得足够小,以便在各种参数域上获得 L 的有用分辨率,但也不能太小以免遇到衍射效应或低能量光子发射噪声的波动。用 ζ 表示光子行进的方向,这是辐射传输理论中的惯例;$\boldsymbol{x}=(x_1,x_2,x_3)=x_1\boldsymbol{i}+x_2\boldsymbol{j}+x_3\boldsymbol{k}$ 观察方向,即仪器指向的方向为 $-\boldsymbol{\zeta}=(\pi-\theta,\phi+2\pi)$。在无穷小参量间隔的概念极限下,光谱辐亮度为

$$L(\boldsymbol{x},t,\boldsymbol{\zeta},\lambda)\equiv\frac{\partial^4 Q}{\partial t\partial A\partial\Omega\partial\lambda}\tag{2.21}$$

光谱辐亮度是海洋光学中最基本的辐射量,它指定了光场的空间($\boldsymbol{x}$)、时间(t)、方向($\boldsymbol{\zeta}$)和波长(λ)之间的构成关系,所有其他辐射量都可以从 L 中推导出来。

虽然光谱辐亮度是一个非常有用的概念,足以满足海洋光学的大多数需要,但它是一个准确描述光的电场和磁场的近似。因此,在某些情况下,辐射不能充分描述光场。当这种情况发生时,必须借助麦克斯韦方程,自己计算电场和磁场。此外,由于仪器制作困难以及特定应用通常不需要如此详细的方向信息,因此最常用的测量辐射量是各种辐照度。

2. 平面辐照度

光谱平面辐照度测量仪的原理图如图 2.9 所示,如果不存在收集管,那么来自整个半球方向的光子就可以到达探测器,此时仪器的指向向上($-\zeta_3$ 或 $-i_3$),以便检测向下的光子,测量的光谱向下平面辐照度为

$$E_{\mathrm{d}}(\boldsymbol{x},t,\lambda)\equiv\frac{\Delta Q}{\Delta t\Delta A\Delta\lambda}\quad(\mathrm{W\cdot m^{-2}\cdot nm^{-1}})\tag{2.22}$$

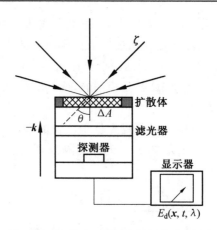

图 2.9   光谱平面辐照度测量仪的原理图

在这个定义中,隐含的假设是收集器表面的每个点对从任何角度入射到表面上的光子都同样敏感。然而,收集器作为一个整体,对向下方向的所有光子不具有同等的敏感度。想象一束准直的光向下方向传播,假设此光束大于集电极表面,则可以看到集电极表面的整个区域ΔA;但是,同样大的光束以相对于仪器轴的角度 θ 传播会看到集电极表面的有效面积为ΔA｜cos θ｜,即面积ΔA 投影到垂直于光束方向的平面上的面积,也即相同的光束会产生与入射光子方向的余弦成比例的探测器响应,这种仪器被称为余弦集光器。辐照度的余弦定律就是指照射平面表面的准直光子束产生的辐照度和光子方向与收集器表面法向夹角的余弦成正比。

因为图中的仪器收集了所有向下移动的光子,但是探测器的有效表面积由光子入射角 θ 的余弦加权,仪器本质上是 $L(\boldsymbol{x},t,\boldsymbol{\zeta},\lambda)|\cos\theta|$ 所有向下方向的积分,因此光谱向下平面辐照度与光谱辐照度之间的关系为

$$E_d(\boldsymbol{x},t,\lambda)=\int L(\boldsymbol{x},t,\boldsymbol{\zeta},\lambda)\ |\cos\theta|\ \mathrm{d}\Omega$$

$$=\int_{\phi=0}^{\phi=2\pi}\int_{\theta=0}^{\theta=\pi/2}L(\boldsymbol{x},t,\theta,\phi,\lambda)\cos\theta\sin\theta\mathrm{d}\theta\mathrm{d}\phi \qquad (2.23)$$

如果同一仪器方向向下,以探测向上的光子,则测量的量是光谱向上平面辐照度,即

$$E_u(\boldsymbol{x},t,\lambda)=\int_{\phi=0}^{\phi=2\pi}\int_{\theta=\pi/2}^{\theta=\pi}L(\boldsymbol{x},t,\theta,\phi,\lambda)\ |\cos\theta|\ \sin\theta\mathrm{d}\theta\mathrm{d}\phi \qquad (2.24)$$

因为在选择坐标系时,当 $\boldsymbol{\zeta}$ 向上时,则 $\cos\theta<0$,所以注意在式(2.24)中必须取 $\cos\theta$ 的绝对值。

3. 标量辐照度

光谱标量辐照度测量仪的原理图如图 2.10 所示,该仪器对向下方向的所有光子同样敏感,这里的球形扩散体确保了仪器对任何方向的光子都同样敏感,扩散体表面上的每个点的行为类似于余弦集光器,则集光器的有效面积为 $\Delta A=\pi r^2$,r 是扩散体的半径;大的吸收屏蔽层阻挡向上传播的光子,吸收屏蔽层的上表面被假定为完全吸收,因此它不能将向下移动的光子反射回扩散体中。如果此仪器如图所示向上,测量得到的光谱向下标量辐照度 E_{od} 与光谱辐照度的关系为

$$E_{od}(\boldsymbol{x},t,\lambda) = \int L(\boldsymbol{x},t,\boldsymbol{\zeta},\lambda)\mathrm{d}\Omega$$

$$= \int_{\phi=0}^{\phi=2\pi} \int_{\theta=0}^{\theta=\pi/2} L(\boldsymbol{x},t,\theta,\phi,\lambda)\sin\theta\mathrm{d}\theta\mathrm{d}\phi \tag{2.25}$$

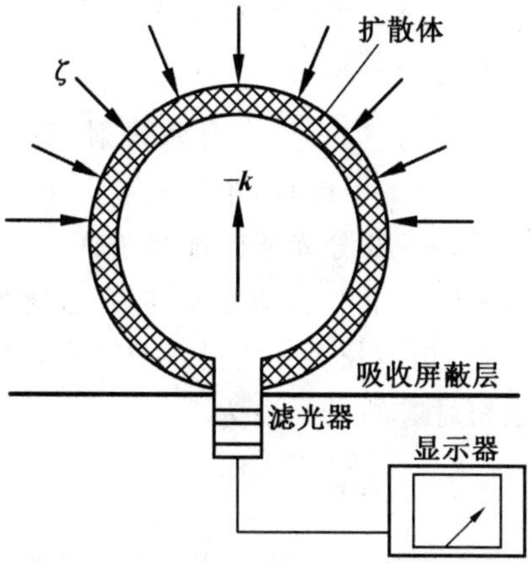

图 2.10　光谱标量辐照度测量仪的原理图

如果图中的仪器倒转向下,则收集的是向上移动的光子,测量得到的是光谱向上的标量辐照度 E_{ou};如果吸收屏蔽层被移除,光子将向各个方向移动,那么测量的量是光谱总标量辐照度,即

$$E_o(\boldsymbol{x},t,\lambda) = \int L(\boldsymbol{x},t,\boldsymbol{\zeta},\lambda)\mathrm{d}\Omega$$

$$= E_{od}(\boldsymbol{x},t,\lambda) + E_{ou}(\boldsymbol{x},t,\lambda) \tag{2.26}$$

4. 矢量辐照度

光谱矢量辐照度定义为

$$\boldsymbol{E}(\boldsymbol{x},t,\lambda) = \int L(\boldsymbol{x},t,\boldsymbol{\zeta},\lambda)\boldsymbol{\zeta}\mathrm{d}\Omega \tag{2.27}$$

$\boldsymbol{\zeta}$ 的垂直分量是 $\boldsymbol{k} \cdot \boldsymbol{\zeta} = \cos\theta$,因此矢量辐照度的垂直分量可以写为

$$\boldsymbol{E}_3 = \boldsymbol{k} \cdot \boldsymbol{E} = \int L(\boldsymbol{x},t,\boldsymbol{\zeta},\lambda)\cos\theta\mathrm{d}\Omega = E_d - E_u \tag{2.28}$$

当 $\boldsymbol{\zeta}$ 向下时,$\cos\theta > 0$;当 $\boldsymbol{\zeta}$ 向上时,$\cos\theta < 0$。$E_d - E_u$ 被称为净向下辐照度。这种净向下的辐照度通常被称为"矢量"辐照度。严格地说,它只是矢量辐照度的垂直分量。如果辐射分布水平均匀,则矢量辐照度的水平分量为零。

例如,各向同性辐射分布的辐照度。考虑各向同性或方向均匀的辐射分布,对所有的 $\boldsymbol{\zeta}$ 而言,$L(\boldsymbol{x},t,\boldsymbol{\zeta},\lambda) = L_o(\boldsymbol{x},t,\lambda)$,则向下平面辐照度为

$$E_d(\boldsymbol{x},t,\lambda) = \int_{\phi=0}^{\phi=2\pi} \int_{\theta=0}^{\theta=\pi/2} L_o(\boldsymbol{x},t,\lambda)\mid\cos\theta\mid\sin\theta\mathrm{d}\theta\mathrm{d}\phi = \pi L_o(\boldsymbol{x},t,\lambda) \tag{2.29}$$

同样

$$E_u(\boldsymbol{x},t,\lambda) = \pi L_o(\boldsymbol{x},t,\lambda) \tag{2.30}$$

因此净向下辐照度为零。标量辐照度为

$$E_{od}(\boldsymbol{x},t,\lambda) = \int_{\phi=0}^{\phi=2\pi} \int_{\theta=0}^{\theta=\pi/2} L_o(\boldsymbol{x},t,\lambda)\sin\theta\mathrm{d}\theta\mathrm{d}\phi = 2\pi L_o(\boldsymbol{x},t,\lambda) \tag{2.31}$$

以同样的方式可以得到

$$E_{ou}(\boldsymbol{x},t,\lambda)=2\pi L_o(\boldsymbol{x},t,\lambda) \tag{2.32}$$

所以总的标量辐照度为

$$E_o(\boldsymbol{x},t,\lambda)=4\pi L_o(\boldsymbol{x},t,\lambda) \tag{2.33}$$

5. 光合有效辐射(PAR)

对植物光合作用有效的光谱成分称为光合有效辐射,波长范围为 $380\sim710$ nm,与可见光基本重合。光合作用是一个量子过程,也就是说与化学转换有关的是可用光子的数量,而不是它们的总能量。只有一部分光子的能量进入光合作用,多余的能量以热的形式出现或被重新辐射。此外,无论光子的运动方向如何,叶绿素同样能够吸收光子。

光谱总标量辐照度 $E_o(\boldsymbol{x},\lambda)$ 是波长为 λ 的沿各个方向传播的光子经过位置点 x 处的单位面积的总辐射功率,与之相对应的光子数为

$$n=\frac{E_o(\boldsymbol{x},\lambda)\lambda}{hc} \tag{2.34}$$

因此,在浮游植物学研究中,水下光场的一个有用的测量方法是光合有效辐射 E_{PAR},它的定义式为

$$E_{PAR}(\boldsymbol{x})=\int_{380\,nm}^{710\,nm}E_o(\boldsymbol{x},\lambda)\frac{\lambda}{hc}d\lambda \quad (photons \cdot s^{-1} \cdot m^{-2}) \tag{2.35}$$

由式(2.35)可知,光合有效辐射 E_{PAR} 是一个宽带量,通常仅用 $400\sim700$ nm 的可见光波长来估算,当然在公式的积分中可以包括近紫外波长。通常用 E_d 而不是 E_o 来估算光合有效辐射 E_{PAR},因此可能对 E_{PAR} 低估 30% 或更多,因为 E_d 总是小于 E_o。

E_{PAR} 是光如何促进光合作用的一个不完善指标,这是因为不同种类的浮游植物,甚至同一物种在不同的环境条件下,具有不同的色素组分,不同色素的浮游植物吸收光的波长不同。

光合有效辐射有三种计量系统,具体介绍如下。

(1)光学系统。光学系统以对亮度的响应特征为基础,使用的仪器有照度计等。所观测到的物理量是辐射源所发射的可见光波段的光通量密度,用光照度来度量。

(2)能量学系统。能量学系统以热电偶为传感器,从能量角度测定辐射量的仪器有天空辐射表、直接辐射表、净辐射表、分光辐射表等。用某一特征波长范围内即光合有效波段内的辐照度来度量。

(3)量子学系统。量子学系统以硅、硒光电池等为传感器,从光量子角度测定辐射量的仪器有光量子通量仪等。用光量子通量密度来度量。

光合有效辐射可用仪器直接测定,也可以通过太阳直接辐射进行估算。为取得太阳直接辐射和散射辐射与光合有效辐射之间的比例系数,可将日射仪或天空辐射表和光合有效辐射仪进行同步观测,计算出日、月、季和年的系数值及其相互关系。

6. 强度

光谱强度 I 的定义为

$$I(\boldsymbol{x},t,\boldsymbol{\zeta},\lambda)=\frac{\Delta Q}{\Delta t\Delta\Omega\Delta\lambda} \quad (W \cdot sr^{-1} \cdot nm^{-1}) \tag{2.36}$$

或者

$$I(\boldsymbol{x},t,\boldsymbol{\zeta},\lambda)=\int_{\Delta A}L(\boldsymbol{x},t,\boldsymbol{\zeta},\lambda)\mathrm{d}A \tag{2.37}$$

式中，ΔA 是集光器对应于立体角 $\Delta\Omega$ 的表面积；$\mathrm{d}A$ 是面积微元；积分公式代表标量强度 I_0。

正如辐照度一样，可以通过在公式的被积函数中插入适当的因子来定义各种平面、标量和矢量强度。

光谱量有时用单位频率间隔而不是单位波长间隔来表示，二者之间可以相互转换。考虑波长间隔 $\mathrm{d}\lambda$ 中包含的辐射能 $Q(\lambda)\mathrm{d}\lambda$，在相应的频率间隔 $\mathrm{d}\nu$ 中包含相同的能量 $Q(\nu)\mathrm{d}\nu$。因为波长的增加（$\mathrm{d}\lambda>0$）意味着频率的降低（$\mathrm{d}\nu<0$），因此

$$Q(\lambda)\mathrm{d}\lambda=-Q(\nu)\mathrm{d}\nu \tag{2.38}$$

因为 $\lambda=c/\nu$，所以

$$Q(\nu)=-Q(\lambda)\frac{\mathrm{d}\lambda}{\mathrm{d}\nu}=\frac{c}{\nu^2}Q(\lambda)=\frac{\lambda^2}{c}Q(\lambda) \tag{2.39}$$

7. 太阳光谱

在地球与太阳的平均距离上，来自所有波长光子的太阳辐射为

$$E_{\mathrm{S}}=(1\,368\pm5)\ \mathrm{W}\cdot\mathrm{m}^{-2} \tag{2.40}$$

式中，E_{S} 在历史上被称为太阳常数，它的值在时间尺度上的变化只有百分之一，也被称为太阳总辐照度。

此外，由于地球围绕太阳的轨道椭圆度，地球接收到的太阳总辐照度在一年中的变化范围是 $1\,322\sim1\,413\ \mathrm{W}\cdot\mathrm{m}^{-2}$。

在海洋光学中很少关注 $E_{\mathrm{S}}(\lambda)$ 对 λ 的详细依赖关系，通常只需要带宽为 $\Delta\lambda\approx5\sim20\ \mathrm{nm}$ 范围内 $E_{\mathrm{S}}(\lambda)$ 的平均值即可，这相当于水下测量和遥感常用光学仪器的带宽。表 2.3 给出了不同波长下太阳总辐照度的分布，太阳能量的三分之二是在与海洋光学相关的近紫外到近红外波段。

表 2.3　不同波长下太阳总辐照度的分布

光波段	波长间隔 /nm	太阳总辐照度 /($\mathrm{W}\cdot\mathrm{m}^{-2}$)	百分数 /%
紫外线及以上	$\leqslant350$	62	4.5
近紫外线	$350\sim400$	57	4.2
可见光	$400\sim700$	522	38.2
近红外	$700\sim1\,000$	309	22.6
红外线及以下	$\geqslant1\,000$	417	30.5
合计	—	1\,367	100.0

与海洋光学相关的不是大气顶部的太阳辐射，而是实际到达海面的太阳光。到达地球表面的太阳辐射的大小及光谱依赖于天空中的太阳角（白天、日期和纬度）和大气条件（云量、湿度、气溶胶、臭氧浓度等）。表 2.4 所示为海平面可见光波段（$400\sim700\ \mathrm{nm}$）的典型太阳总辐照度。根据云量和大气条件，这些值可以显示出相当大的变化性。

表 2.4 海平面可见光波段(400 ～ 700 nm) 的典型太阳总辐照度

环境	太阳总辐照度 /(W · m^{-2})
大气上方	522
非常晴朗的大气层,太阳位于正中	500
晴朗的大气层,太阳高度角为 60°	250
朦胧的大气层,太阳高度角为 60°	175
朦胧的大气层,地平线附近的太阳	50
乌云密布,太阳位于正中	125
乌云密布,太阳在地平线附近	10
晴朗的大气层,接近天顶的满月	1×10^{-3}
晴朗的大气层,只有星光	3×10^{-6}
多云的夜晚	3×10^{-7}
清晰的大气层,来自一颗明亮恒星的光	3×10^{-9}
清晰的大气层,来自一颗几乎看不见的恒星的光	3×10^{-11}

2.3　海水的固有光学性质和表观光学性质

　　海水的光学性质是研究光在海水中传输特性的重要参数,它的研究对遥感探测海洋环境参量具有重要的意义,可为海洋科学研究、开发和应用提供理论基础。海水中通常含有大量的可溶性有机物、悬浮颗粒物和各种各样的活性有机体,这些物质都会对海水的光学性质产生影响。

　　天然水无论是淡水还是盐水,都含有溶质和颗粒物,这些溶质和颗粒物都具有光学意义,在种类和浓度上都有很大的变化。因此,天然水体的光学性质表现出很大的时空变化,很少与纯净水的光学性质相似。组分性质和光学性质之间的耦合意味着光学测量可以用来推断有关水生生态系统的信息。事实上,正是光学特性与自然水域的生物、化学和地质成分之间的联系,决定了光学在水生研究中的关键作用。海洋光学利用了海洋学的生物、化学、地质和物理分支学科的成果,这些分支学科也融入了光学。这种协同作用在生物地球、海洋光学、海洋光化学、混合层热力学、激光雷达测深和生物生产力、泥沙量、污染物或水深和底质类型的"海洋颜色"遥感等领域都有体现。

　　水体的大尺度光学性质可以分为两类相互独立的性质,分别是固有光学性质(Inherent Optical Properties, IOP)和表观光学性质(Apparent Optical Properties, AOP)。固有光学性质是指仅依赖于介质的特性,与介质内的环境光场无关,它的两个基本参数分别是吸收系数和体散射函数。表观光学性质是指既依赖于介质又依赖于环境光场的几何(定向)结构,并且显示出足够规则的特征和稳定的性质,可以作为水体的有用描述。常用的表观光学性质参量包括各种反射系数、平均余弦和漫射衰减系数。如辐射度和各种辐照度的辐射变量不是表观光学性质,它们虽然取决于亮度和固有光学特性,但不能满足足够稳定的要求,因此不能作为对水体的有用描述。例如,如果太阳在云的后面,水体本身保持不变,辐照度 E_u 和 E_d 可以在几秒内改变一个数量级;但不管周围的照明条件如何,E_u/E_d 的比值几乎保持不变,E_u/E_d 包含关于水体本身的有用信息。因此,E_u/E_d 是一个很好的表观光学性质的量。辐射传输理论提供了固有光学性质和表观光学性质之间的联系。

2.3.1　固有光学性质

固有光学性质是不随入射光照条件的变化而变化的量,可以用相应的光学参数来表征。固有光学参数是研究光学传输特性必需的参数,是可表征水体组分的物理量,主要包括吸收系数、散射系数、体散射函数等。海水的固有光学性质主要依赖于海水的组分,当光在海水中传输时,水分子及海水中存在的各种物质都会影响光场分布。在研究光在海水中的传输过程时,海水对光场的作用主要表现为对光场的衰减,衰减作用归结于海水介质各组分的吸收及散射作用。海水主要由纯水、矿物质、无机盐、藻类细胞及其碎屑、悬浮泥沙、细菌等构成,这些物质的存在会影响海水的光学性质。其中溶解的矿物质、碎屑、细菌等对海水的光学性质影响甚微,可忽略不计。因此影响海水光学性质的组分包括水分子、浮游植物、有色溶解有机物(CDOM)及非色素悬浮颗粒。

由于水分子和各种成分(浮游植物、非藻类颗粒和有色溶解有机物)的附加作用,自然水体的固有光学特性是决定光在水环境中传播的重要因素,因此也决定了光在水环境中的量值变化以及整个水体光场的光谱组成。后向散射系数和吸收系数等 IOP 也是水体出射光的重要决定因素,对水环境光学遥感观测的解释和应用具有重要意义。利用卫星遥感测量海洋颜色估计海水的 IOP,为不间断地长期获取全球海洋内海水的光学性质和相关生物地球化学重要成分的信息提供了独特的帮助。

当光子与物质相互作用时,光子可能消失,其能量被转换成另一种形式,如热量或化学键中包含的能量,这个过程称为吸收。海水对光的吸收表现为在水中传输光能量的衰减,即部分光子能量转换为热动能、化学势能等其他形式的能量,这些过程为热力学不可逆过程,部分光子消失,表现为入射方向上光场的衰减。不同于海水的吸收,散射只改变了光子的传播方向。光子在散射过程中,光能并没有损失,但水下光场分布则发生了变化。因此海水散射的过程中,光束中的部分光子方向改变,表现为入射方向上光场能量转移至其他方向上。海水对光的散射主要取决于水分子和海水中尺寸与入射光波长相当的悬浮粒子。由于 CDOM 对海水光学性质的影响只表现为单一的吸收作用,因此海水的散射性质取决于纯水、浮游植物及非色素悬浮颗粒的散射。

1. 吸收系数和散射系数

海水等介质的吸收和散射特性由其固有光学性质来描述,也就是说,一定体积的水具有明确的吸收和散射特性,无论是否有光要被吸收或散射。这意味着可以在实验室对水的固有光学性质进行测量,也可以在海洋中进行原位测量。吸收系数是描述介质如何吸收光的固有光学性质,体散射函数同样描述了介质如何散射光。知道了这两个固有光学性质,也就知道了所有关于介质与非偏振光相互作用的知识。其他的固有光学性质有时可以很方便地用吸收系数和体散射函数来定义。

　　用于定义固有光学性质的几何结构如图 2.11 所示,考虑一个小体积 ΔV 的水,其厚度为 Δr,由波长为 λ、光谱辐射功率为 $P_{\mathrm{i}}(\lambda)$ 的单色光束照射,入射功率 $P_{\mathrm{i}}(\lambda)$ 被水体吸收的部分为 $P_{\mathrm{a}}(\lambda)$,以 ψ 的角度从光束中散射出去的部分为 $P_{\mathrm{s}}(\lambda,\psi)$,剩余的功率 $P_{\mathrm{t}}(\lambda)$ 在方向没有变化的情况下通过水体传输。设 $P_{\mathrm{s}}(\lambda)$ 为分散到各个方向的总功率,此外,假设在散射过程中没有光子发生波长变化。根据能量守恒,有

$$P_{\mathrm{i}}(\lambda) = P_{\mathrm{a}}(\lambda) + P_{\mathrm{s}}(\lambda) + P_{\mathrm{t}}(\lambda) \tag{2.41}$$

　　吸收率 $A(\lambda)$ 是水体内被吸收的入射功率 $P_{\mathrm{a}}(\lambda)$ 与入射功率 $P_{\mathrm{i}}(\lambda)$ 的比,表达式为

$$A(\lambda) = \frac{P_{\mathrm{a}}(\lambda)}{P_{\mathrm{i}}(\lambda)} \tag{2.42}$$

散射率 $B(\lambda)$ 是入射功率的一部分,它从光束中散射到各个方向,表达式为

$$B(\lambda) = \frac{P_{\mathrm{s}}(\lambda)}{P_{\mathrm{i}}(\lambda)} \tag{2.43}$$

透射率 $T(\lambda)$ 是通过水体而不与介质相互作用的入射功率的部分,表达式为

$$T(\lambda) = \frac{P_{\mathrm{t}}(\lambda)}{P_{\mathrm{i}}(\lambda)} \tag{2.44}$$

则

$$A(\lambda) + B(\lambda) + T(\lambda) = 1$$

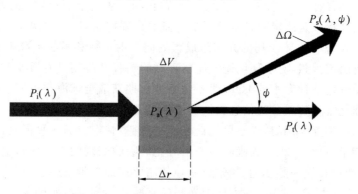

图 2.11　用于定义固有光学性质的几何结构

　　海洋光学中常用的固有光学性质是吸收系数和散射系数,分别是介质中单位距离的吸收系数和散射系数。在图 2.11 中,让厚度 Δr 接近于零,在这种情况下,仅吸收入射功率的一小部分,用 $\Delta A(\lambda)$ 表示,吸收系数 $a(\lambda)$ 定义为

$$a(\lambda) = \lim_{\Delta r \to 0} \frac{\Delta A(\lambda)}{\Delta r} = \frac{\mathrm{d}A(\lambda)}{\mathrm{d}r} \quad (\mathrm{m}^{-1}) \tag{2.45}$$

同样,散射系数 $b(\lambda)$ 定义为

$$b(\lambda) = \lim_{\Delta r \to 0} \frac{\Delta B(\lambda)}{\Delta r} = \frac{\mathrm{d}B(\lambda)}{\mathrm{d}r} \quad (\mathrm{m}^{-1}) \tag{2.46}$$

式中,$\Delta B(\lambda)$ 是散射功率的一小部分。

　　光束衰减系数 $c(\lambda)$ 定义为

$$c(\lambda) = a(\lambda) + b(\lambda) \quad (\mathrm{m}^{-1}) \tag{2.47}$$

　　另一个常用的固有光学性质是单次散射反射率,它的定义为

$$\omega_0(\lambda) = \frac{b(\lambda)}{c(\lambda)} \tag{2.48}$$

在主要由散射引起光束衰减的水域和波长处，ω_0 接近于 1；在主要由吸收引起光束衰减的水域和波长处，ω_0 接近于 0。单次散射反照率是光子在任何给定的相互作用中被散射（而不是被吸收）的概率，因此 $\omega_0(\lambda)$ 也被称为光子在任何给定的光子和物质相互作用中存活的概率。

固有光学性质取决于海洋中颗粒物和溶解物质的成分、形态和浓度，成分是指组成颗粒或溶解物质的物质，特别是指该物质相对于周围水的折射率；形态是指颗粒的大小和形状；浓度是指在一定体积的水中颗粒的数量，由颗粒的粒径分布来描述。不同的物质吸收的波长有很大区别；不同形状的粒子即使体积相同，散射光的方式也不同；不同体积的粒子即使形状相同，散射光的方式也不同。

由于海洋中溶解物质和颗粒物的物理特性随数量级的变化而变化，所以固有光学性质也随之变化，如在波长 440 nm 处，纯水的吸收系数和散射系数都小于 0.01 m^{-1}，然而，在含高浓度浮游植物、矿物颗粒和溶解有机物的混浊海水中，吸收系数和散射系数可以比纯水中的大 4 个数量级，在给定的散射角度和波长下体散射函数在公海和沿海水域之间也可以按数量级变化。了解海洋的各种成分如何决定固有光学性质是海洋光学的一个基本问题。表 2.5 中总结了海洋光学中常用固有光学性质的术语、单位和符号。

表 2.5　固有光学性质的术语、单位和符号

物理量	国际单位制	符号
吸收系数	m^{-1}	a
散射系数	m^{-1}	b
后向散射系数	m^{-1}	b_b
前向散射系数	m^{-1}	b_f
光束衰减系数	m^{-1}	c
体散射函数	$m^{-1} \cdot sr^{-1}$	β
体散射相位函数	sr^{-1}	$\tilde{\beta}$
单次散射反射率	无单位	ω_0

2. 体散射函数

考虑散射功率的角分布，有两个假设：① 介质是各向同性的，即在给定的点上，它对光的影响在各个方向上是相同的，这是一个合理的假设，因为在自然水域中粒子被湍流随机定向；② 光是非偏振的。如果这两个假设成立，那么散射过程是方位对称的。这意味着散射只取决于散射角 ψ，它是从未散射光束的方向测量的。图 2.12 所示为用于定义体散射函数的几何图形，很显然 $0 \leqslant \psi \leqslant \pi$。

在这两个假设下，$B(\psi, \lambda)$ 是入射功率散射到以 ψ 为中心的立体角 $\Delta\Omega$ 的部分，如图 2.12 所示。立体角 $\Delta\Omega$ 包括图中所示两个环内的所有方向，对应于散射角 ψ 和 $\Delta\psi$ 之间的所有方向。单位距离和单位立体角的角散射 $\beta(\psi, \lambda)$ 是

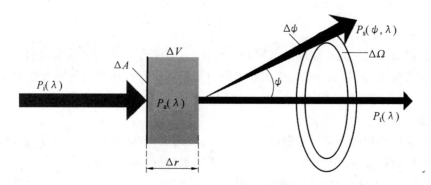

图 2.12　用于定义体散射函数的几何图形

$$\beta(\psi,\lambda)=\lim_{\Delta r\to0}\lim_{\Delta\Omega\to0}\frac{\Delta B(\lambda)}{\Delta r\Delta\Omega}=\lim_{\Delta r\to0}\lim_{\Delta\Omega\to0}\frac{P_s(\psi,\lambda)}{\Delta r\Delta\Omega P_i(\lambda)}\quad(\text{m}^{-1}\cdot\text{sr}^{-1})\qquad(2.49)$$

回顾光谱辐射强度的定义,散射到给定立体角 $\Delta\Omega$ 内的光谱功率就是散射角 ψ 的强度乘立体角 $P_s(\lambda,\psi)=I_s(\lambda,\psi)\Delta\Omega$。此外,如果入射功率 $P_i(\lambda)$ 落在区域 ΔA 上,则相应的入射辐照度为 $E_i(\lambda)=P_i(\lambda,\psi)/\Delta A$,入射光束照射的水的体积为 $\Delta V=\Delta r\Delta A$,那么式(2.49)可以表示为

$$\beta(\psi,\lambda)=\lim_{\Delta V\to0}\frac{I_s(\psi,\lambda)}{E_i(\lambda)\Delta V}\qquad(2.50)$$

式(2.50)所示 $\beta(\psi,\lambda)$ 即为体散射函数,对应单位体积水、单位入射辐照度及散射强度的物理理解,也可以理解为单位体积的微分散射。

在立体角所有方向上对 $\beta(\psi,\lambda)$ 进行积分,得到单位入射辐照度和单位体积水的总散射功率,也就是散射系数为

$$b(\lambda)=\int\beta(\psi,\lambda)\mathrm{d}\Omega=2\pi\int_0^\pi\beta(\psi,\lambda)\psi\mathrm{d}\psi\qquad(2.51)$$

式(2.51)来源于假设,即散射光在入射方向上是方位对称的。这种积分通常分为前向散射 $0\leqslant\psi\leqslant\pi/2$ 和后向散射 $\pi/2\leqslant\psi\leqslant\pi$ 两部分。相应的前向散射系数和后向散射系数分别为

$$b_f(\lambda)=2\pi\int_0^{\pi/2}\beta(\psi,\lambda)\sin\psi\mathrm{d}\psi\qquad(2.52)$$

$$b_b(\lambda)=2\pi\int_{\pi/2}^\pi\beta(\psi,\lambda)\sin\psi\mathrm{d}\psi\qquad(2.53)$$

后向散射系数也可以定义为

$$B_b(\lambda)=\frac{b_b(\lambda)}{b(\lambda)}\qquad(2.54)$$

这里给出了散射角大于 $90°$ 的散射光的偏离,这个量是遥感的基本物理量,因为大部分从海洋向上离开的光来自最初向下的太阳光,但它是反向向上散射的。

体散射相位函数 $\tilde\beta$ 的定义为

$$\tilde\beta(\psi,\lambda)=\frac{\beta(\psi,\lambda)}{b(\lambda)}\quad(\text{sr}^{-1})\qquad(2.55)$$

这里的相位角是入射到物体上的光和物体上反射的光之间的夹角,因此,体散射相位函数

$\widetilde{\beta}$ 与电磁波的相位无关。将体散射函数 $\beta(\psi,\lambda)$ 表示为散射系数 $b(\lambda)$ 与体散射相位函数 $\widetilde{\beta}$ 的乘积,其中 $b(\lambda)$ 表示总散射的幅度大小,$\widetilde{\beta}$ 表示散射光子的角分布。体散射相位函数归一化条件为

$$2\pi\int_0^\pi \widetilde{\beta}(\psi,\lambda)\sin\psi\mathrm{d}\psi = 1 \qquad (2.56)$$

这种归一化意味着后向散射部分可以通过下式进行计算:

$$B_b(\lambda) = 2\pi\int_{\pi/2}^\pi \widetilde{\beta}(\psi,\lambda)\sin\psi\mathrm{d}\psi \qquad (2.57)$$

体散射相位函数的不对称参数 g(或平均余弦)是散射角 ψ 所有散射方向余弦的平均值,即

$$g = \langle\cos\psi\rangle = 2\pi\int_0^\pi \widetilde{\beta}(\psi)\cos\psi\sin\psi\mathrm{d}\psi \qquad (2.58)$$

非对称参数是测量体散射相位函数形状的一种方便方法。例如对于小的 ψ,$\widetilde{\beta}$ 非常大,则 g 接近 1;如果 $\widetilde{\beta}$ 关于 $\psi=90°$ 左右对称,则 $g=0$。海水的典型 g 值为 $0.8\sim0.95$。

上面假设散射是方位对称的,所以体散射函数的方向或角度形状只取决于散射角 ψ。但在偏振光的情况下并非如此,即使介质是各向同性的,线偏振光在不同方位(相对于偏振面测量)的散射也会不同;如果介质中含有非随机取向的非球形粒子,即使是非偏振光也会在不同的方位上产生不同的散射,大气是一种光学各向异性介质,散射不是方位对称的。

3. 固有光学性质的测量

在固有光学性质的定义中,吸收系数和散射系数的定义是以无限薄的水为单位的。这里有必要重新定义这些概念,以便它们可以应用于测量仪器中对有限厚度水进行实际测量。

4. 吸收系数的测量

将光束衰减系数 c 定义为

$$c(\lambda) = \frac{\mathrm{d}C(\lambda)}{\mathrm{d}r} \quad (\mathrm{m}^{-1}) \qquad (2.59)$$

式中,$\mathrm{d}C(\lambda)$ 是衰减,或是光通过无限小厚度 $\mathrm{d}r$ 的薄片时吸收或散射的一部分功率,$\mathrm{d}C(\lambda)=\mathrm{d}A(\lambda)+\mathrm{d}B(\lambda)$。

然而,任何仪器都必须在确定的厚度 R 进行测量,这一典型厚度通常为 $0.01\sim1\mathrm{~m}$。

图 2.13 所示为测量光束衰减的几何示意图,图中显示了一个有限厚度的水域,其入射功率为 P_i,透射功率为 P_t,为了简便,其中省略了波长参数。在水域内,入射功率在通过厚度为 r 的水域后大小变为 P;水域厚度从 r 变为 $r+\mathrm{d}r$,则入射功率从 P 变为 $P+\mathrm{d}P$,因为传输功率随着厚度的增加而减小,因此 $\mathrm{d}P<0$。

用功率的变化表示衰减,可以将式(2.59)改写为

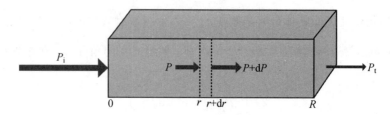

图 2.13 测量光束衰减的几何示意图

$$c = \frac{\mathrm{d}C}{\mathrm{d}r} = -\frac{\dfrac{\mathrm{d}P}{P}}{\mathrm{d}r} \tag{2.60}$$

$$c\mathrm{d}r = -\frac{\mathrm{d}P}{P} \tag{2.61}$$

式中，负号表示 $\mathrm{d}P$ 为负，而所有其他数量为正。

假设区域内的介质是均匀的，所以 c 与 r 无关。可以把等式从 $r=0$ 积分到 $r=R$，分别对应于功率 P_i 和 P_t，即

$$\int_0^R c\,\mathrm{d}r = cR = -\int_{P_\mathrm{i}}^{P_\mathrm{t}} \frac{\mathrm{d}P}{P} = -\ln\frac{P_\mathrm{t}}{P_\mathrm{i}} \tag{2.62}$$

所以 c 可以表示为

$$c = -\frac{1}{R}\ln\frac{P_\mathrm{t}}{P_\mathrm{i}} \tag{2.63}$$

式(2.63)根据测量得到的入射功率和透射功率及有限厚度给出了光束衰减系数，测量光束衰减系数 c 的示意图如图 2.14 所示，图中，P_s 表示分散到各个方向的功率。式(2.63)是测量光束衰减的关键，然而，在测量中还有与仪器设计相关的另外一些细节之处。在这一设计中假设入射光是完全准直的(所有光子都在完全相同的方向上移动)，并且探测器忽略了所有散射光。在实际的仪器中，这两个要求都不能完全满足，即使是激光束也有一些发散。任何探测器都有一个有限的视场(FOV)或接收角，例如，如果探测器的接收角为 1°，则探测器将检测散射 1° 或散射更小的光以及未散射的光，这种情况下对散射光的探测会使出射功率过大，从而使 c 过小。这个误差的大小既取决于探测器的视场，也取决于水的体散射函数，它决定了有多少光经历了小于视场角的散射。因为体散射函数通常是未知的，特别是在非常小的散射角下，所以很难校正特定测量中的误差。

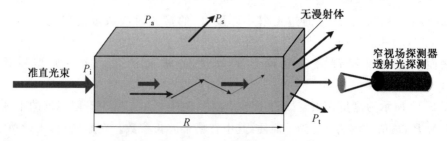

图 2.14 测量光束衰减系数 c 的示意图

如果没有散射，那么用于测量光束衰减的仪器将给出吸收系数 a。因为在海水中始终存在一些散射，则需要修改图 2.14 中所示的测量设计。当测量 a 时，由于散射而从光

束中丢失的任何光都将归于因吸收而丢失的光,所以希望探测器收集尽可能多的散射光。由于大多数散射都是通过小角度进行的,因此一种常见的仪器设计是在测量室的末端使用尽可能大的探测器来收集前向散射光。图 2.15 所示为用于测量吸收系数 a 的示意图,图中 P_s(大于接收角)表示散射到大于探测器视场的角度时所损失的功率。这种设计仪器通常收集通过几十度角向前散射的光(取决于特定仪器的设计),可收集大部分散射光。然而,一些光仍然会通过较大的角度散射而丢失,如图 2.15 中的 P_s。

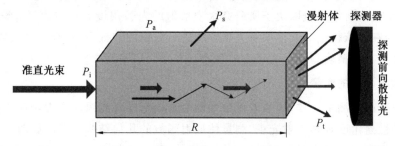

图 2.15　用于测量吸收系数 a 的示意图

为了获得准确的吸收测量,有必要进行散射校正,即估算大于接收角的散射光 P_s,并在计算 a 时考虑该损失,则计算 a 的公式为

$$a = -\frac{1}{R}\ln\frac{P_t + P_s(\text{大于视场角})}{P_i} \tag{2.64}$$

在式(2.64)中,P_t 包括未散射光和通过小于探测器视场角度散射的光功率;P_s 项加上了因散射角度大于视场角而导致的未测量的功率损失,估计 P_s 的值是困难的,因为在大于仪器视场角度上的散射量通常取决于未知的体散射函数。一种考虑吸收测量中散射的方法是将整个测量室置于一个积分球内,积分球是一个空心球,其内部涂有高反射性白色材料,其在可见波长处的反射率大于99%,是一个漫反射镜,球体的内表面将入射光反射到各个方向,经过多次反射后使内部光场均匀并且各向同性,因此,可以仅在球体内的一个位置测量功率,以计算球体内的总功率。

采用吸收率 A,式(2.64)可以表示为

$$a = -\frac{1}{R}\ln\frac{P_t + P_s(> \text{FOV})}{P_i} - \frac{1}{R}\ln\frac{P_i - P_a}{P_i} = -\frac{1}{R}\ln(1 - A) \tag{2.65}$$

因为

$$\ln x = \lg x / \lg e$$

所以式(2.65)又可以写为

$$a = -\frac{2.303}{R}\lg(1 - A) = \frac{2.303}{R}D \tag{2.66}$$

式中,D 为光密度或吸光度,$D = -\lg(1 - A)$。分光光度计通常将其测量值输出为 D 值,从中可以根据样品的厚度 R 计算得到 a。

5. 散射系数的测量

通过收集积分球中的所有散射功率并利用下式,可得散射系数 b 为

$$b = -\frac{1}{R}\ln\frac{P_s}{P_i} \tag{2.67}$$

　　还可以测量体散射函数,然后通过对体散射函数在所有散射角上的积分得到 b。散射系数 b 通常通过测量光束衰减系数 c 和吸收系数 a 来获得,即

$$b = c - a \qquad\qquad (2.68)$$

因此这就需要很好地克服测量 a 和 c 的实际困难,从而获得有用的准确值。要获得 a 和 c 的准确值,需要知道体散射函数以便对 c 中的有限视场误差进行校正,并对 a 的测量进行散射校正。由于体散射函数很少被测量,为了获得 a 和 c 以及 b 的值,必须对散射进行假设,因此获得的散射系数值取决于所研究水中散射的先验假设。这在海洋光学中是可以接受的,因为在不依赖于对其他固有光学性质进行假设的前提下,很难设计仪器来对每个固有光学性质进行精确测量。

6. 体散射函数的测量

　　与光束衰减的测量一样,体散射函数的测量采用窄准直光束和窄视场探测器,探测器位于给定的散射角度观察入射光束,测量体散射函数的几何结构示意图如图 2.16 所示。入射光束和探测器有限视场的交叉定义了一定体积(ΔV)的水,光从入射方向 $\hat\zeta$ 散射到散射方向 $\hat\zeta'$,$\hat\zeta$ 和 $\hat\zeta'$ 之间的夹角 ψ 定义为散射角,沿 $\hat\zeta$ 方向进入体积 ΔV 的入射功率为 P_i,在以 $\hat\zeta'$ 方向为中心的立体角 $\Delta\Omega$ 的探测器有限视场中,沿 Δr 的路径长度产生的散射功率为 P_s。根据体散射的定义,给出测量体散射函数的公式为

$$\beta(\psi) = \frac{P_s(\psi)}{P_i \Delta r \Delta \Omega} \qquad\qquad (2.69)$$

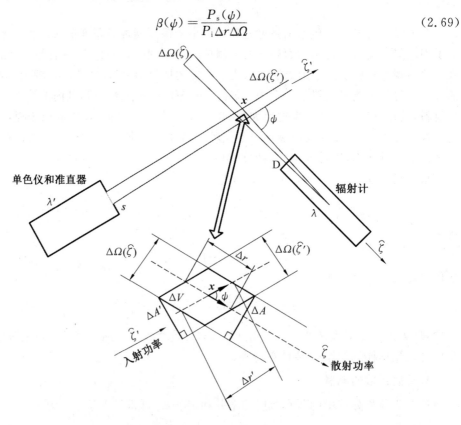

图 2.16　测量体散射函数的几何结构示意图

相当于

$$\beta(\psi) = \frac{I_s(\psi)}{E_i \Delta V} \qquad (2.70)$$

式(2.70)中也有隐含的假设,假设散射体积 ΔV 足够小,以致仅在该体积内发生单次散射,但散射体积 ΔV 也要足够大,以致包含散射粒子的代表性样本;必须修正从源到散射体再到传感器的整个路径上入射和散射光束的衰减,该路径假定已知光束衰减系数 c。

在海水中,吸收和散射总是很重要的。根据水的成分和波长,一个过程可以影响另一个过程,但两者都不能忽略。因此,一个固有光学性质不能独立于其他固有光学性质进行测量。

2.3.2　表观光学性质

海洋光学的主要目标之一是通过光学测量方法了解水体的一些情况,如水中物质成分和含量。理想情况下,可以测量吸收系数和体散射函数,来了解关于水体整体光学性质的所有知识。然而,在海洋光学的早期,除了测量光束衰减系数外,很难测量到固有光学性质。另外,辐射变量的测量相对容易,如上行和下行平面辐照度,这导致了用表观光学性质而不是固有光学性质来描述水体的整体光学特性。从容易测量的光场得到的"好的"表观光学性质将会提供关于水体的有用信息,如水成分的类型和浓度。表观光学性质是指既依赖于介质(固有光学性质)又依赖于辐射分布的几何(方向)结构性质,以及显示出足够的规则特征和稳定性,可以作为描述水体的有用的性质。表观光学性质主要包括辐亮度、辐照度、上行辐照度、下行辐照度、遥感反射率等。将易于测量的下行辐照度 E_d 作为描述表观光学性质的一个量, E_d 满足表观光学性质的定义,它取决于固有光学性质和辐射分布,如果水体的吸收或散射特性发生变化, E_d 也将变化;如果太阳角改变,即辐射的方向结构改变, E_d 也将变化;如果太阳落在云的后面,即使水体成分保持不变, E_d 也会在几秒钟内发生一个数量级的变化。由于通过表面波聚焦传输的辐射, E_d 也可以在海面附近快速(在 0.01 s 的时间尺度上)随机波动,因此 E_d 没有"显示出足够的规律性和稳定性,无法成为水体的有用描述",仅仅测量 E_d 无法获得水体本身的信息。对 E_d 的光谱测量表明,若水是蓝色的,叶绿素含量可能较低;若水是绿色的,叶绿素含量可能较高。然而,由于叶绿素对太阳角度、云层或表面波等外部环境影响的敏感性,因此无法期望通过测量 E_d 来推断叶绿素浓度。其他辐射变量如 E_u、L_u 甚至全辐射分布也是如此,它们满足表观光学性质定义的前半部分,而无法满足后半部分。因此,辐射和辐照度本身都不是表观光学性质。

考虑上行辐照度和下行辐照度的比值:

$$R(z, \lambda) = \frac{E_u(z, \lambda)}{E_d(z, \lambda)} \qquad (2.71)$$

如果 E_d 因太阳位置、云层覆盖或表面波的变化而变化,则 E_u 将成比例地变化,因为 E_u 主要来自决定 E_d 的相同向下辐射的向上散射,所以 E_u/E_d 比值受外部环境变化的影响远小于外部环境变化对 E_u 和 E_d 各自的影响。因此,辐照度反射率 $R = E_u/E_d$ 作为水体本身的一个描述值得进一步研究。但随着太阳天顶角的变化,可以预料 E_u/E_d 至少会有一个小的变化,这是因为体散射函数的不同部分将有助于向上散射。

对 E_d 的对数求导,可得到漫射衰减系数 K_d,其表达式为

$$K_d(z,\lambda) = -\frac{d[\ln E_d(z,\lambda)]}{dz} = -\frac{1}{E_d(z,\lambda)}\frac{dE_d(z,\lambda)}{dz} \qquad (2.72)$$

如果 E_d 突然改变,则导数的第二种形式表明 E_d 的幅度变化将抵消,而 K_d 的值保持不变。可见,K_d 满足表观光学性质的稳定性要求;同时,K_d 还取决于固有光学性质,因为改变固有光学性质会迅速改变辐照度随深度的变化。因此,漫射衰减系数 K_d 是另一个值得考虑的用于描述表观光学性质的量。

很容易想到可以由辐射变量得到其他比值和深度导数,如 L_u/E_d,L_u/L_d,$-d(\ln E_u)/dz$,$-d(\ln L_u)/dz$ 等。必须对每个可能成为表观光学性质的量进行研究,以确定哪些表观光学性质提供了有关水体的最有用信息,哪些表观光学性质受太阳位置等外部环境条件的影响最小。表 2.6 列出了常用的表观光学性质,R_{rs} 仅是波长的函数,K_{PAR} 仅是深度的函数,其他表观光学性质都是深度和波长的函数。

表 2.6　常用的表观光学性质

表观光学性质名称	符号	定义	单位
任何方向的辐射 $L(\theta,\phi)$ 的 K 系数	$K(\theta,\phi)$	$-d[\ln L(\theta,\phi)]/dz$	m^{-1}
上行辐亮度 L_u 的 K 系数	K_{Lu}	$-d(\ln L_u)/dz$	m^{-1}
下行辐照度 E_d 的 K 系数	K_d	$-d(\ln E_d)/dz$	m^{-1}
下行辐照度 E_u 的 K 系数	K_u	$-d(\ln E_u)/dz$	m^{-1}
标量辐照度 E_o 的 K 系数	K_o	$-d(\ln E_o)/dz$	m^{-1}
光合有效辐射 PAR 的 K 系数	K_{PAR}	$-d(\ln PAR)/dz$	m^{-1}
辐照度反射率	R	E_u/E_d	无单位
遥感反射率	R_{rs}	L_w(空气中)/E_d(空气中)	sr^{-1}
遥感比率	RSR	L_u/E_d	sr^{-1}
辐射分布的平均余弦	$\bar{\mu}$	$(E_d - E_u)/E_o$	无单位
下行辐射的平均余弦	$\bar{\mu}_d$	E_d/E_{od}	无单位
上行辐射的平均余弦	$\bar{\mu}_u$	E_u/E_{ou}	无单位

漫射衰减系数,通常称为 K 系数。在典型的海洋条件下,当入射光由太阳和天空提供时,在离水面足够深处,各种辐射和辐照度在均匀的水中都会随着深度的增加近似呈指数衰减,不受边界影响。因此,可以方便地给出 $E_d(z,\lambda)$ 对深度的依赖关系:

$$E_d(z,\lambda) = E_d(0,\lambda)e^{-\int_0^z K_d(z,\lambda)dz} \qquad (2.73)$$

式中,$K_d(z,\lambda)$ 是光谱下行辐照度的漫射衰减系数。

对于其他辐射变量及相应的 $K(z,\lambda)$ 系数可以给出类似的方程。正如前面关于表观光学性质的讨论,为了将光测量与水的性质联系起来,$K(z,\lambda)$ 系数应该强烈地依赖于水的固有光学性质,对于外部环境条件的依赖性较弱,如太阳位置、天空条件或表面波。K

系数在边界附近可以是正的或负的,负 K 表示辐射变量随着深度的增加而增加。如果水的固有光学性质依赖于深度,那么 K 系数也会随深度而变化,即使在均匀的水中,随着深度的变化,K 系数也不是常数,这也是表面边界效应的一种表现。辐射变量并不总是随着深度的增加呈指数下降,尽管这通常是均匀水的一个很好的近似值。在海面附近,各种 K 系数有很大的不同,这是由于边界效应对辐射传输方程及其解的影响。根据太阳的相对位置,表面边界以不同的方式影响不同方向的辐射。

引入 K 系数的优点为:①K 系数被定义为比率,因此不需要绝对辐射测量;②K 系数值与浮游植物叶绿素浓度(通过吸收系数)密切相关,因此它们提供了生物学和光学之间的联系;③ 大约 90% 的水体漫反射光来自 $1/K_d$ 深的水面层,因此 K_d 对遥感有一定的意义;④ 辐射传输理论提供了 K 系数与其他量之间的一些有用关系,如吸收系数、光束衰减系数和其他表观光学性质参量。

2.4　光 的 反 射

光的反射是最常见的表观光学性质,它们是海洋遥感的基础。在海洋水色遥感早期,研究并开发了辐照度反射率 R 与叶绿素浓度相关的算法。遥感反射率 R_{rs} 已成为海洋遥感的首选表观光学性质。

光谱辐照度反射率(或辐照度比)$R(z,\lambda)$,定义为光谱上行辐照度与下行辐照度的比值,因此 $R(z,\lambda)$ 是由余弦收集器进行测量的,测量所有向下方向传播的辐射中有多少被反射到向上的任何方向上。图 2.16 所示为辐照度反射率 $R(z,\lambda)$ 的光线示意图,深度 z 可以是水体内的任意深度,也可以是海面上方空气中的任意高度。

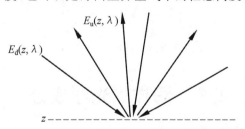

图 2.17　辐照度反射率 $R(z,\lambda)$ 的光线示意图

辐照度反射率的优点在于它可以由一个单一的、未校准的平面辐照度探测器测量。可以测量下行辐照度 E_d,然后将探测器"颠倒"以测量 E_u,省略了从探测器单位(电压、电流或数字计数)转换到辐照度单位($W \cdot m^{-2} \cdot nm^{-1}$)所需的校准。

光谱遥感反射率 R_{rs} 定义为

$$R_{rs}(\theta,\phi,\lambda) = \frac{L_w(\text{空气中的}\ \theta,\phi,\lambda)}{E_d(\text{空气中的}\ \lambda)}\quad (sr^{-1}) \tag{2.74}$$

式中,"空气中"表明 R_{rs} 是使用离开水的辐亮度 L_w 和水面上方空气中的 E_d 来评价的。

遥感反射率是指入射到水面的下行辐照度中有多少最终通过水面,并沿特定的方向 (θ,ϕ) 以 $\Delta\Omega$ 为中心的小立体角返回,图 2.18 所示为遥感反射率 R_{rs} 光线示意图。

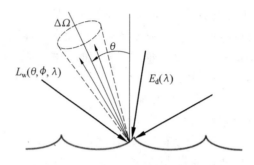

图 2.18　遥感反射率 R_{rs} 光线示意图

　　尽管 R_{rs} 通常只计算最低点的观测方向,但在实际遥感中,它通常是由机载或卫星遥感器观测到的偏离最低点的方向。R_{rs} 的优点是对环境条件(如太阳角或天空条件)的敏感度低于 R,这也是它取代 R 作为遥感技术的原因。然而,R_{rs} 的测定比 R 更困难,首先 L_u 和 E_d 的测量需要不同的传感器,这些传感器必须精确校准;其次离水辐亮度 L_w 不能直接测量,只能测量表面上方的总上行辐亮度 L_u。L_u 是离水辐亮度 L_w 和海洋表面向上反射(L_r)的太阳及天空辐射的总和,图 2.19 所示为在海面上测量 L_u 的光线示意图。因此,L_w 必须通过测量海面上方的总上行辐亮度 L_u 来估算,或者从海面以下一定距离测量得到 L_u,再向上通过海面进行推算。

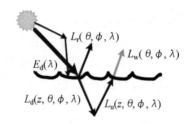

图 2.19　在海面上测量 L_u 的光线示意图

2.5　海洋的光学成分

　　在海洋中,影响光学特性的成分通常集中在以下几类中。

(1) 海水(水 + 无机溶解物)。

(2) 浮游植物。

(3) 有色(或发色团)溶解有机物(CDOM)。

(4) 非浮游植物有机颗粒。

(5) 无机粒子。

(6) 泡沫。

　　以上组分根据测量的光学性质来识别,并且通常按相似的光学性质来分组。例如,颗粒物和溶解物之间的区别在操作上由过滤器类型(孔径)进行定义。类似地,通常把所有非浮游植物粒子都集中在一个单元中,因为它们的光学性质非常相似。有时,所有颗粒物也被集中在一起,形成悬浮颗粒物,或部分形成有机颗粒物。

海洋中的水分子在吸收太阳光方面起着最重要的作用,这不仅是因为水分子的数量(占海水中所含分子的 96％ 以上),而且还因为水分子的吸收特性,即对红外波段的光强烈吸收,此外海水中还有许多其他物质也能吸收这种能量。海水作为一种复杂性的物质意味着它的光学性质与纯水有本质的不同,海水中含有大量溶解的矿物盐和有机物、固体有机和无机颗粒的悬浮物,以及各种活微生物,还有气泡和油滴。其中许多成分直接与太阳光相互作用,即吸收或散射光子。还有许多成分间接与太阳光相互作用,例如光合作用能调节海洋生态系统中物质的循环,并在这一过程中影响海水中大多数光学活性成分的浓度。

海水中悬浮颗粒(如气泡、油滴和湍流)的出现以及海水的不均匀性,意味着从光学角度看,它是混浊介质、光吸收体和散射体,其光学性质随成分组成和浓度的变化而变化,并取决于特定时间的物理条件,如太阳在地平线上的高度、天气条件和辐射波长。由于海水中大量组分之间的相互作用,因此在海水的吸收光谱中观察到的不是离散的光谱吸收线,而是宽的吸收带,在光谱的不同区域发生不同程度的重叠,吸收带实际上形成了一个具有局部极大值和极小值的吸收连续谱。海水成分的庞大数量及其吸收光谱的连续性妨碍了对每个成分的光学性质进行讨论,尽管如此,还是可以区分那些能够显著吸收进入海水的太阳辐射的组分。

一般来说,以下组分的光学性质明显不同,包括水分子及其相关形式、海盐离子、溶解有机物(Dissolved Organic Matter,DOM)、活的浮游植物和悬浮的浮游植物样颗粒,以及其他颗粒有机物(Particulate Organic Matter,POM)(如有机碎屑、浮游动物和类浮游动物颗粒)、悬浮矿物颗粒、油滴和气泡等成分。描述和讨论这些具有光学意义的物质的吸收特性,以及它们与光相互作用在海水中所起的作用是海洋光学的基础内容之一。

除了水分子和盐离子外,在海洋开阔水域中与光有相互作用的大多数其他物质都起源于浮游植物细胞中有机物的光合作用。光合作用过程严格依赖于浮游植物细胞中叶绿素 a 的浓度。因此,水体中吸光物质混合物的浓度与叶绿素 a 浓度相关,叶绿素 a 浓度既可以作为水体营养性的指标,也可以作为水体光学性质的参数。当地海洋生态系统中的水是影响水域光学性质的唯一物质来源,这些物质是当地海洋中自生的,被称为 Ⅰ 类水体,这类水域不受河流、海岸或其他外部来源的各种物质流入的影响,超过 98％ 的海洋水域是 Ⅰ 类水体。由当地生态系统外部进入的物质在与光的相互作用中发挥重要作用的水域称为 Ⅱ 类水体,在这一类水体中,吸收特性和其他光学特性对叶绿素 a 浓度的依赖性更为复杂,必须借助统计方法,分别针对特定海洋区域和一年中的不同季节,根据经验确定。这种划分仅仅是对现实的一种近似,这对于模拟自然和研究普遍现象是十分必要的。事实上,海水总是含有某些并非来自当地生态系统的外来物质,如风沙、火山灰、其他大气尘埃以及洋流携带的大河。尽管如此,这些外来物质在 Ⅰ 类水体开放海域的光学性质方面通常起次要作用。

第 3 章　　吸收和散射

本章阐述了吸收的物理原理和散射理论,分析了分子的振动跃迁、转动跃迁及电子跃迁,给出了用于描述散射的两种相函数,简要叙述了拉曼散射。

3.1　概　　述

海洋对光的吸收是地球获取大量太阳辐射资源并将其转化为其他形式能量的一个基本过程。虽然光也被大气和陆地吸收,但其规模比海洋小得多,因为大气的吸收能力较低,陆地的表面积只有海洋的三分之一左右。

考虑到地球的自转周期和其表面的不均匀性,以及地球的表面积是其横截面的四倍,地球的平均日照量为 342 W·m^{-2},即约为太阳常数(1 365 W·m^{-2})的四分之一。如果考虑到大气反射造成的辐射损失为太阳辐射的 26%,大气吸收造成的辐射损失为太阳辐射的 19%,则海洋的平均日照为原始值的 55%,即为 188 W·m^{-2},这是海面的时间和空间平均下行辐照度。此外,到达海洋的光中约 6% 是在海面反射的,这就是海洋的平均反照率。因此被海面每平方米下面的水体吸收并转化为其他形式能量的平均辐射能通量为 177 W。以世界海洋总面积 3.61 亿 km^2 为例,它不断吸收约 6.4×10^{10} MW 的太阳辐射通量。这些能量消耗在加热和蒸发海水、通过传导加热大气、蒸发潜热、海面的热辐射以及使水团运动中,因此最后只有不到 1% 的能量用于驱动海水中有机物的光合作用和光化学反应。

光在海洋中传播时,光子要么被吸收,要么被散射。散射改变光子的传播路径,而吸收则导致路径中传播的光子减少。从量子力学的观点来看,这种吸收的能量通量意味着,在每平方米的海洋下,每一秒钟平均发生 10^{20} 次光子与海水组成分子之间的碰撞以及后者对前者的吸收。光子与物质粒子的每一次基本碰撞的效果都严格依赖于光子的能量 $E = h\nu$。散射对光谱的依赖性较小,而吸收则高度依赖光谱特性。因此,了解入射到海洋上的光的光谱特性,以及它在不断深入水中时所经历的变化就变得至关重要。大量研究表明,在平均条件下,入射到海面上的阳光中红外波段成分约占 50%,可见光部分约占 45%,紫外线组成部分约占 5%。红外辐射被海水强烈吸收,其所有能量在进入海水后被很薄的海水表层吸收,在深度近为 1 m 的海水中已经没有多少红外辐射。可见光谱中的不同部分在海洋中传播的也不同,蓝绿光($\lambda \approx 450$ nm)在透明的海水中穿透最远,而黄绿光($\lambda \approx 550$ nm)在含有大量有机物的海水中穿透力最强。

3.2　吸收的物理原理

原子或分子中电子的能量是量子化的,这种物理事实在数学上的反映是相关的量子数是离散值(整数或半整数)。光是一个传播的电磁场,可以认为光子是一个局部空间区域具有快速波动的电场。如果电场以频率 ν 振荡,则光子具有的能量为

$$E = h\nu = \frac{hc}{\lambda} \tag{3.1}$$

式中,h 为普朗克常数,$h = 6.625\,17 \times 10^{-34}$ J·s;c 为光速;λ 为波长。

当光子接近原子或分子时,原子或分子中的电子开始"感受"到光子的电场。设 E_1 为原子或分子中一个子壳层中电子的能量,设 E_2 为另一个子壳层中不含电子的较高能量。如果光子频率对应于这两个能级之间的能量差,即

$$\nu = \frac{E_2 - E_1}{h} \tag{3.2}$$

则电子有可能吸收光子,并利用光子的能量从当前能量为 E_1 的子壳层"跃迁"到能量为 E_2 的高能子壳层,原子或分子处于激发能状态。这个吸收激发过程的时间尺度为 10^{-15} s,这是物质吸收光的基本方式。如果光子频率与任何子壳层能量差不对应,那么光就不能被吸收,光子继续前进。

图 3.1 所示为分子的三个电子能级图及其对应的光吸收,本节不讨论这些能级对应于特定分子中的哪个壳层或子壳层。通常情况下,分子的低能子壳层都被电子占据。可见光很可能将最外层(最高能量)的一个电子激发到未被占据的能级(将电子从 1 s 壳层提升到更高的壳层通常需要紫外线),图 3.1(a)中的箭头表示电子吸收不同波长的光子,并从低能级跃迁到更高能级;图 3.1(b)显示了分子吸收光谱中相应的吸收线。

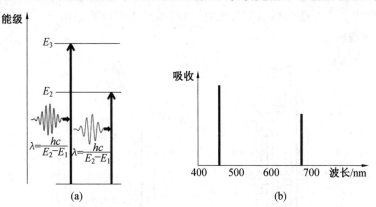

图 3.1　分子的三个电子能级图及其对应的光吸收

对于含有多个原子的分子,除了电子能级外,分子也有振动模式,如图 3.2 所示,图中的球体代表附着在大分子上的原子。这些振动模式的能级也是量子化的,也就是说,分子只能以特定的频率振动,这取决于分子的结构和所涉及的原子。激发振动模式所需的能量通常比激发电子从一个子壳层到另一个子壳层所需的能量少,因此,量子化振动能级之

间的间距小于电子轨道之间的间距。分子振动频率范围为 $10^{12} \sim 10^{14}$ Hz,对于频率 $\nu =$ 10^{13} Hz,波长 $\lambda = c/\nu = 30\ \mu m$,其位于中红外波段,因此红外光可以激发分子从一种振动模式到另一种振动模式(电子能级不变),相应的振动能量差为 $\Delta E_v = h\nu = hc/\lambda = 0.04$ eV。

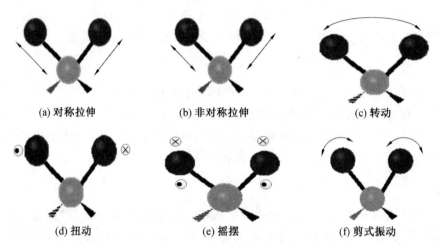

(a) 对称拉伸　　　　　(b) 非对称拉伸　　　　　(c) 转动

(d) 扭动　　　　　　(e) 摇摆　　　　　　(f) 剪式振动

图 3.2　分子的不同振动模式

现在假设一个电子跃迁,它对应于一个蓝色波长 440 nm,相应的电子能量转移是 $\Delta E_e = h\nu = hc/\lambda = 2.82$ eV。如果振动模式允许的能级等于电子跃迁 ± 振动能级,则能量转移可以是 $\Delta E_e \pm \Delta E_v$,相应的波长是 $\lambda = hc/(\Delta E_e \pm \Delta E_v)$,对于目前的例子来说, $\lambda = 434$ nm 或 446 nm,即波长向 440 nm 电子跃迁线的任一侧移动 6 nm。

当电子能级和分子振动能级都包含在能级图中时,如图 3.3 所示,图 3.3(a) 中的细水平线表示分子的振动能级,细竖直线箭头说明了振动模式的存在,导致子壳层之间电子跃迁波长附近发生更多可能的振动能级跃迁,这些跃迁为吸收光谱增加了更多的谱线,如图 3.3(b) 中的细线所示。

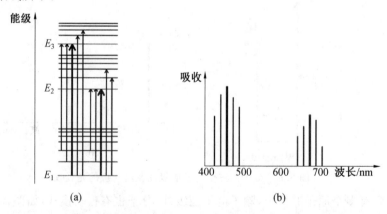

图 3.3　包含电子能级和分子振动能级的能级图及其对应的光吸收

除了分子中原子的振动模式外,分子还有转动模式,也就是说,整个分子可以以一定的频率绕着一个轴旋转,这个频率也是量子化的。将分子从一个转动模式激发到另一个转动模式需要很少的能量,通常在微电子伏到毫电子伏范围内,因此微波辐射能量就足够了。当与转动模式相关联的附加能量状态包含在能量图中时,如图 3.4(a) 中的虚线所示,允许的能量级变得非常接近,与电子跃迁或电子－振动跃迁相比,吸收线波长的相应变化在亚纳米范围内。包含有电子、振动模式、转动模式的最终结果是,由此产生的分子吸收光谱是密集的吸收线集合。当用光谱响应大于 1 nm 的仪器测量时,它是波长的连续函数,即表现为连续光谱。图 3.4(a) 中的虚线表示间距很近的转动模式能级。细垂直线表示能级之间的激发,包括电子、振动模式和转动模式激发。所得到的吸收光谱在大多数仪器的分辨率下是连续的。

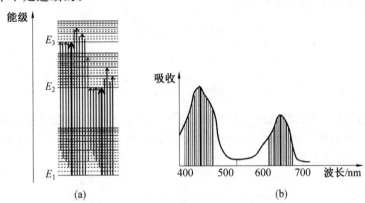

图 3.4　包含电子、振动模式和转动模式能级的示意图

光在具有吸收和散射的介质中传播时功率衰减的示意图如图 3.5 所示,准直光束的入射功率为 P_0,在厚度为 Δx 的介质中存在吸收和散射的情况下,吸收和散射的功率分别为 P_a 和 P_s,透射功率为 P_t,则有

$$P_0 = P_a + P_s + P_t$$

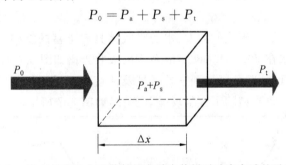

图 3.5　光在具有吸收和散射的介质中传播时功率衰减的示意图

为了确定介质吸收的功率,有必要测量透射和散射的功率。首先考虑一种非散射介质情况,测量的无量纲透射率 T 是通过介质传输的入射功率的分数,可表示为

$$T = \frac{P_t}{P_0} \tag{3.3}$$

吸收率 A 是吸收的入射功率的分数 $(1-T)$,可表示为

$$A = \frac{P_a}{P_0} = \frac{\Delta P}{P_0} = \frac{P_0 - P_t}{P_0} \tag{3.4}$$

吸收系数 a(单位 m^{-1})是单位距离的吸收率,可表示为

$$a = \frac{A}{\Delta x} \tag{3.5}$$

对于无限薄的介质层,可以表示为

$$a = \frac{A}{\Delta x} = \frac{\Delta P/P_0}{\Delta x} = \frac{\Delta P}{\Delta x P_0} \tag{3.6}$$

取极限 $\Delta x \to 0$,重新排列此表达式得到

$$a\Delta x = \lim_{\Delta x \to 0} \frac{\Delta P}{P_0} \tag{3.7}$$

对介质吸收层积分,得到吸收系数为

$$\int_0^x a\mathrm{d}x = -\int_{P_0}^{P_\mathrm{t}} \frac{\mathrm{d}P}{P} \tag{3.8}$$

则

$$a = -\frac{1}{x}\ln\frac{P_\mathrm{t}}{P_0} \tag{3.9}$$

吸收光谱的特征和强弱取决于颗粒物、溶解成分及水本身的浓度和组成。固有光学性质是保守量,因此吸收系数的大小与吸收物质的浓度呈线性变化。理论上,吸收系数可以表示为各成分吸收系数之和,即

$$a(\lambda) = \sum_{i=1}^N a_i(\lambda) \tag{3.10}$$

实际上,不可能测量每个单独的吸收组分的吸收特性,因此单个组分可以根据它们的光学性质,或基于分析组分的相似性,分组成类似的吸收组分,即

$$a(\lambda) = a_\mathrm{w}(\lambda) + a_\mathrm{phyt}(\lambda) + a_\mathrm{NAP}(\lambda) + a_\mathrm{CDOM}(\lambda) \tag{3.11}$$

式中,下标 w、phyt、NAP 和 CDOM 分别表示水、浮游植物、非藻类颗粒和有色溶解有机物。

由于水分子不同振动模式的激发,水的吸收谱具有丰富的结构。水的吸收率受温度和盐度的影响。纯水在 $200 \sim 1\,000$ nm 范围的吸收光谱如图 3.6 所示,纯水在可见光谱的蓝色区域吸收较低,从蓝色区域到紫外区域及从蓝色区域到红外区域吸收增加。近红外光谱区域中纯水吸收光谱随水温呈现显著变化,如图 3.7 所示。

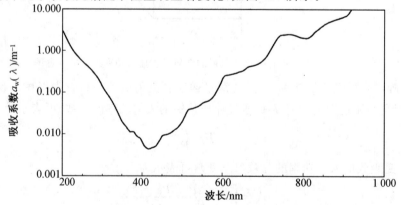

图 3.6　纯水在 $200 \sim 1\,000$ nm 范围的吸收光谱

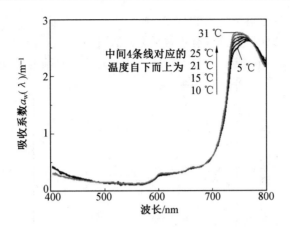

图 3.7　纯水吸收光谱随水温的变化

混合藻类组成的浮游植物总吸收光谱如图 3.8 所示,由于叶绿素 a 的普遍存在,通常在蓝色光谱区域和红色光谱区域出现吸收峰值。

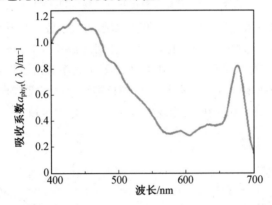

图 3.8　混合藻类组成的浮游植物总吸收光谱

混合组分的普通非藻颗粒吸收光谱如图 3.9 所示,其中包括活的浮游动物和细菌,以及浮游植物的非色素部分(细胞壁、膜等)、碎屑物质和无机颗粒。在蓝色光部分吸收最强,近似呈指数下降到红色光部分。

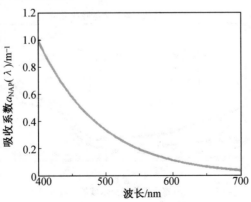

图 3.9　混合组分的普通非藻颗粒吸收光谱

混合组分的常见有色溶解有机物(CDOM)吸收光谱如图 3.10 所示,与非藻类颗粒的吸收非常相似,部分原因是成分(有机物质)相似,但通常表现出更陡的指数斜率。该成分组成可以通过0.2 mm 或 0.7 mm 标称孔径过滤器从非藻类颗粒中分离出来。

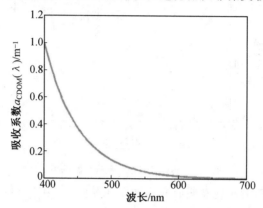

图 3.10　混合组分的常见有色溶解有机物(CDOM)吸收光谱

对于悬浮物和溶解物浓度非常低的清澈开阔水域,吸收系数主要由水控制,其吸收光谱如图 3.11(a) 所示,其中水的吸收占主导地位,由于最小吸收波长为蓝色光,因此海水呈蓝色;对于具有高浓度悬浮物和溶解物质的富营养化沿海水域,吸收系数由该物质支配,最小吸收波长移向绿色光,其吸收光谱如图 3.11(b) 所示,其中颗粒物和溶解有机物的吸收占光谱的蓝色和绿色部分,图 3.11 中不同颜色的吸收光谱线表示来源于不同的水域。

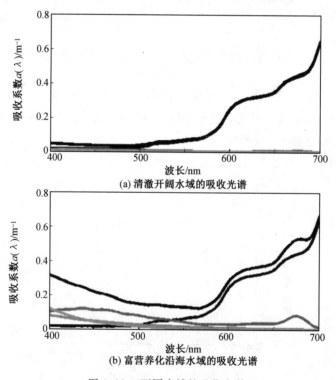

图 3.11　不同水域的吸收光谱

3.3　散　　射

光的散射可以被认为是当电磁波（即入射光）遇到障碍物或非介质均匀性时发生的光的重新定向。当电磁波与离散粒子相互作用时，分子内的电子轨道受到与入射波电场相同频率 ν_0 的周期性扰动。电子云的振荡或扰动导致分子内电荷的周期性分离，称为诱导偶极矩。振荡诱导偶极矩是电磁辐射的一个来源，从而产生散射光。粒子散射的大部分光以入射光的相同频率 ν_0 发射，这一过程称为弹性散射，图 3.12 所示为由入射电磁波引起的诱导偶极矩的光散射。粒子散射光中也有一小部分的频率大于或小于入射光的频率，这一过程称为拉曼散射。综上所述，将光散射过程描述为入射电磁波与散射物体的分子（原子）结构之间的复杂相互作用，因此，光散射不仅仅是入射光子或电磁波从遇到物体的表面"反弹"的问题。

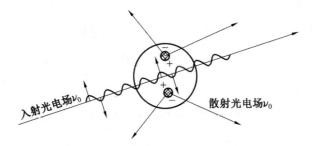

图 3.12　由入射电磁波引起的诱导偶极矩的光散射

3.3.1　基本定义

体散射函数 $\beta(\lambda, \psi)$ 描述了波长 λ 处由粒子悬浮物向角度 ψ 方向散射的光的角分布：

$$\beta(\lambda, \psi) = \frac{1}{E(0, \lambda)} \frac{\mathrm{d}I(\Omega, \lambda)}{\mathrm{d}V} \quad (\mathrm{m}^{-1} \cdot \mathrm{sr}^{-1}) \tag{3.12}$$

式中，$\mathrm{d}I(\Omega, \lambda)$ 为辐射强度；Ω 为立体角；$E(0, \lambda)$ 为入射辐照强度；$\mathrm{d}V$ 为体积元。

通常假设散射是方位对称的，因此 $\beta(\lambda, \psi) = \beta(\lambda, \theta)$，其中 θ 是光传播的初始方向和散射光的方向之间的角度，与方位无关。对于球形粒子或随机取向的非球形粒子，方位对称假设是有效的，这一假设适用于动荡的水环境。

不考虑散射光的角度分布，散射光的总大小由散射系数 b 给出，它是体散射函数在所有角度上的积分，则

$$b = \int_0^\pi \beta(\psi) \mathrm{d}\Omega = \int_0^{2\pi} \int_0^\pi \beta(\theta, \phi) \sin\theta \mathrm{d}\theta \mathrm{d}\phi = 2\pi \int_0^\pi \beta(\theta) \sin\theta \mathrm{d}\theta \tag{3.13}$$

式中，ϕ 是方位角。

散射通常用相函数来描述，相函数是体散射函数对总散射的归一化，它提供有关体散射函数形状的信息，而不考虑散射光的强度，则

$$\tilde{\beta} = \frac{\beta}{b} \tag{3.14}$$

定义散射光的其他参数包括后向散射系数 b_b ,则

$$b_b = \int_{2\pi}^{4\pi} \beta(\psi) d\Omega = 2\pi \int_{\pi/2}^{\pi} \beta(\theta) \sin \theta d\theta \tag{3.15}$$

定义后向散射比为

$$\tilde{b} = \frac{b_b}{b} \tag{3.16}$$

3.3.2　Henyey－Greenstein 相函数

在1941年,Henyey－Greenstein提出了用相函数描述星际尘埃散射,Henyey－Greenstein 相函数近似于实际相函数,其形状的解析公式为

$$\tilde{\beta}_{HG}(g,\psi) = \frac{1}{4\pi} \frac{1-g^2}{(1+g^2-2g\cos\psi)^{3/2}} \tag{3.17}$$

可以调整参数 g 以控制 $\tilde{\beta}_{HG}$ 中前、后散射的相对量, $g=0$ 对应于各向同性散射, $g \to 1$ 产生高峰值的前向散射。对于任意 g , $\tilde{\beta}_{HG}$ 满足归一化条件:

$$2\pi \int_{-1}^{1} \tilde{\beta}_{HG}(g,\psi) d(\cos\psi) = 1 \tag{3.18}$$

对 g 的物理解释来自于

$$2\pi \int_{-1}^{1} \tilde{\beta}_{HG}(g,\psi) \cos\psi \, d(\cos\psi) = g \tag{3.19}$$

因此 Henyey－Greenstein 参数 g 只是 $\tilde{\beta}_{HG}$ 的散射角余弦的平均值。可以对 $\tilde{\beta}_{HG}$ 中的 ψ 在 $\pi/2$ 到 π 进行积分,以获得反向散射部分,即

$$B_{HG} = \frac{1-g}{2g} \left(\frac{1+g}{\sqrt{1+g^2}} - 1 \right) \tag{3.20}$$

由于 Henyey－Greenstein 相函数对小角度和大角度散射测量的拟合较差,有时采用 Henyey － Greenstein 相函数的线性组合来改善小角度和大角度的拟合。 双项 Henyey－Greenstein(TTHG) 相函数为

$$\tilde{\beta}_{TTHG}(\alpha, g_1, g_2, \psi) = \alpha \tilde{\beta}_{HG}(g_1, \psi) + (1-\alpha) \tilde{\beta}_{HG}(g_2, \psi) \tag{3.21}$$

通过选择 g_1 接近1获得增强的小角度散射,通过取 g_2 为负获得增强的后向散射; α 是介于 0 和 1 之间的权重因子。对于非高峰值的相函数,如大气雾度相函数,可以用 TTHG 相函数得到合理的拟合;然而, $\tilde{\beta}_{TTHG}$ 在很小角度上的相函数拟合始终不能令人满意。由于数学上的简单性,Henyey－Greenstein 相函数被广泛应用于其他领域,其中就包括海洋学。然而,因为海洋粒子的物理性质与星际尘埃有很大的不同,Henyey － Greenstein 参数和测量的海洋相函数之间存在差异。海洋学中的 Henyey－Greenstein 相函数以及其他简单的分析模型现在已经被更复杂但更接近于现实的 Fournier － Forand 相函数所取代。

3.3.3　Fournier － Forand 相函数

1994 年,Fournier 和 Forand 根据反常衍射近似到精确的米氏(Mie)理论得到每一颗粒子的散射,导出了具有双曲粒径分布的粒子系统相函数的近似解析形式,这个相函数为

$$\tilde{\beta}_{FF}(\psi) = \frac{1}{4\pi} \frac{1}{(1-\delta)^2 \delta^{\nu}} \left\{ \nu(1-\delta) - (1-\delta^{\nu}) + [\delta(1-\delta^{\nu}) - \nu(1-\delta)]\arcsin^2\left(\frac{\psi}{2}\right) \right\} +$$

$$\frac{1-\delta_{180}^{\nu}}{16\pi(\delta_{180}-1)\delta_{180}^{\nu}}(3\cos^2\psi - 1) \qquad (3.22)$$

其中

$$\begin{cases} \nu = \dfrac{3-\mu}{2} \\ \delta = \dfrac{4}{3(n-1)^2}\sin^2\dfrac{\psi}{2} \end{cases} \qquad (3.23)$$

式中，μ 是双曲分布的斜率参数，海洋颗粒尺寸分布的 μ 值通常为 $3\sim 5$；n 是粒子的折射；δ_{180} 是 $\psi = 180°$ 时的 δ 值。

对式(3.22)进行积分可以得到后向散射部分为

$$B = \frac{b_b}{b} = 1 - \frac{1 - \delta_{90}^{\nu+1} - 0.5(1-\delta_{90}^{\nu})}{(1-\delta_{90})\delta_{90}^{\nu}} \qquad (3.24)$$

式中，δ_{90} 是 $\psi = 90°$ 时的 δ 值。

3.3.4　散射理论

光散射理论可以分为两种理论框架：一种是瑞利散射理论，按照最初的公式，它适用于小的、介电的(非吸收的)球形粒子；另一种是米氏散射理论，它包含一般的球形散射解(吸收或不吸收)，不受粒子大小的特殊限制。因此，米氏理论可用于描述大多数球形粒子散射系统，包括瑞利散射。米氏散射的关键假设：① 粒子是一个球体；② 粒子是均匀的。

图 3.13 所示为米氏散射的球坐标散射几何，对应于单个球形粒子上的单个入射光线。利用这个坐标系，可以定义米氏散射参数，m_0 表示周围介质的折射率；m 表示散射粒子的折射率，通常用复数表示为 $m = n - \mathrm{i}k$，n 表示光的折射，即 n 等于真空中的光速除以介质中的光速，而复数项 k 与吸收有关，值得注意的是，对于任何物质，k 的值从来都不完全为零，接近于零的物质被称为电介质。物质的吸收系数 $a(\mathrm{cm}^{-1})$ 与折射率的复数部分 k 的关系为 $a = 4\pi k/\lambda$。

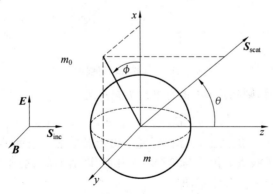

图 3.13　米氏散射的球坐标散射几何

对于每个散射角 (θ, ϕ)，相对于散射面的垂直和水平偏振的散射辐射强度分别表示为

$$I_\phi = I_0 \ \frac{\lambda^2}{4\pi^2 r^2} i_1 \sin^2\phi \tag{3.25}$$

$$I_\theta = I_0 \ \frac{\lambda^2}{4\pi^2 r^2} i_2 \cos^2\phi \tag{3.26}$$

式中，I_0 为入射光强度；i_1、i_2 为角强度函数。

对于理想球形粒子，偏振入射辐射产生相似的偏振散射辐射，因此，可以根据散射平面的偏振态重新定义散射问题。因此，式(3.26)可以根据微分散射截面进行重新定义，即

$$I_{VV} = I_0 \ \frac{1}{r^2} \sigma'_{VV} \tag{3.27}$$

$$I_{HH} = I_0 \ \frac{1}{r^2} \sigma'_{HH} \tag{3.28}$$

式(3.27)和式(3.28)中，下标分别指入射光和散射光的偏振状态，其方向由散射平面确定。具体而言，下标 VV 是指相对于散射平面的垂直偏振入射光和垂直偏振散射光（即 $\phi = 90°$）。类似地，下标 HH 是指相对于散射平面的水平偏振入射光和水平偏振散射光（即 $\phi = 0°$）。对于非偏振入射光，散射辐射强度为

$$I_{scat} = I_0 \ \frac{1}{r^2} \sigma'_{scat} \tag{3.29}$$

式中，σ'_{scat} 是 σ'_{VV} 和 σ'_{HH} 的平均值。

值得注意的是，上述量对散射角 θ 的依赖性是通过微分截面的，它们提供了关于单个散射光的光强度表达式，这些方程也可以根据进入立体角的散射能量率重新考虑，角散射辐射强度如图 3.14 所示。

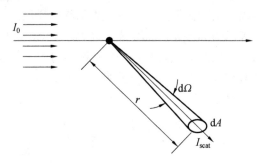

图 3.14　角散射辐射强度

利用微分散射截面，则到达 dA 的总散射能量率为

$$\dot{E}_{scat} = I_0 \sigma'_{scat} d\Omega \tag{3.30}$$

立体角 $d\Omega = dA/r^2$。虽然上述方程解释了由于光散射而引起的入射辐射再分配，但入射辐射也可能被粒子吸收。由于与单个粒子相互作用而从入射光束中吸收的入射总能量率可直接用消光截面 σ_{ext} 来计算，即

$$\dot{E}_{removed} = I_0 \sigma_{ext} \tag{3.31}$$

消光截面表示因散射和吸收而从入射光束中损失的能量，因此消光截面可以表示为

$$\sigma_{ext} = \sigma_{abs} + \sigma_{scat} \tag{3.32}$$

式中，σ_{abs}、σ_{scat} 分别是吸收散射截面和总散射截面。

根据米氏理论，用角强度函数 i_1 和 i_2 定义的微分散射截面为

$$\sigma'_{VV} = \frac{\lambda^2}{4\pi^2} i_1 \tag{3.33}$$

$$\sigma'_{HH} = \frac{\lambda^2}{4\pi^2} i_2 \tag{3.34}$$

如前所述，对式（3.33）和式（3.34）进行平均，以定义非偏振入射光的微分散射截面，从而得出

$$\sigma'_{scat} = \frac{\lambda^2}{8\pi^2}(i_1 + i_2) \tag{3.35}$$

式（3.35）中，强度函数为

$$i_1 = \left| \sum_{n=1}^{\infty} \frac{2n+1}{n(n+1)} [a_n \pi_n(\cos\theta) + b_n \tau_n(\cos\theta)] \right|^2 \tag{3.36}$$

$$i_2 = \left| \sum_{n=1}^{\infty} \frac{2n+1}{n(n+1)} [a_n \tau_n(\cos\theta) + b_n \pi_n(\cos\theta)] \right|^2 \tag{3.37}$$

式（3.36）和式（3.37）中，角相关函数 π_n 和 τ_n 用勒让德（Legendre）多项式表示为

$$\pi_n(\cos\theta) = \frac{P_n^{(1)}(\cos\theta)}{\sin\theta} \tag{3.38}$$

$$\tau_n(\cos\theta) = \frac{dP_n^{(1)}(\cos\theta)}{d\theta} \tag{3.39}$$

式中，参数 a_n 和 b_n 的定义为

$$a_n = \frac{\Psi_n(\alpha)\Psi'_n(m\alpha) - m\Psi_n(m\alpha)\Psi'_n(\alpha)}{\xi_n(\alpha)\Psi'_n(m\alpha) - m\Psi_n(m\alpha)\xi'_n(\alpha)} \tag{3.40}$$

$$b_n = \frac{m\Psi_n(\alpha)\Psi'_n(m\alpha) - \Psi_n(m\alpha)\Psi'_n(\alpha)}{m\xi_n(\alpha)\Psi'_n(m\alpha) - \Psi_n(m\alpha)\xi'_n(\alpha)} \tag{3.41}$$

尺寸参数 α 的定义为

$$\alpha = \frac{2\pi r m_0}{\lambda_0} \tag{3.42}$$

式中，λ_0 为入射光在真空中的波长；r 为球形粒子半径；m_0 为周围介质的折射率。Ψ 和 ξ 是根据第一类半整数阶柱贝塞尔函数 $J_{n+1/2}(z)$ 定义的，即

$$\Psi_n(z) = \left(\frac{\pi z}{2}\right)^{1/2} J_{n+1/2}(z) \tag{3.43}$$

$$\xi_n(z) = \left(\frac{\pi z}{2}\right)^{1/2} H_{n+1/2}(z) = \Psi_n(z) + iX_n(z) \tag{3.44}$$

式中，$H_{n+1/2}(z)$ 是第二类半整数阶柱汉开尔（Hankel）函数；参数 X_n 是根据第二类半整数阶柱贝塞尔函数 $Y_{n+1/2}(z)$ 定义的，即

$$X_n(z) = -\left(\frac{\pi z}{2}\right)^{1/2} Y_{n+1/2}(z) \tag{3.45}$$

总消光和散射截面表示为

$$\sigma_{ext} = \frac{\lambda^2}{2\pi} \sum_{n=0}^{\infty} (2n+1)\text{Re}\{a_n + b_n\} \tag{3.46}$$

$$\sigma_{\text{scat}} = \frac{\lambda^2}{2\pi} \sum_{n=0}^{\infty} (2n+1)(|a_n|^2 + |b_n|^2) \tag{3.47}$$

3.4　偏振光散射的斯托克斯矢量

光场的偏振状态由斯托克斯矢量的四个分量指定,其元素与电场矢量 E 的复振幅分解成与选择的参考平面平行($E_{\parallel}$)和垂直($E_{\perp}$)的方向有关。相干斯托克斯矢量描述了在一个精确方向上传播的准单色平面波,矢量分量在垂直于传播方向的平面上,其单位为单位面积上的单位功率(即辐照度)。具体来说,相干斯托克斯矢量可以定义为

$$S = \begin{bmatrix} I \\ Q \\ U \\ V \end{bmatrix} = \frac{1}{2}\sqrt{\frac{\varepsilon_{\text{m}}}{\mu_{\text{m}}}} \begin{bmatrix} E_{\text{o}\parallel}E_{\text{o}\parallel}^* + E_{\text{o}\perp}E_{\text{o}\perp}^* \\ E_{\text{o}\parallel}E_{\text{o}\parallel}^* - E_{\text{o}\perp}E_{\text{o}\perp}^* \\ E_{\text{o}\parallel}E_{\text{o}\perp}^* + E_{\text{o}\perp}E_{\text{o}\parallel}^* \\ \text{i}[E_{\text{o}\parallel}E_{\text{o}\perp}^* - E_{\text{o}\perp}E_{\text{o}\parallel}^*] \end{bmatrix} \tag{3.48}$$

式中,ε_{m} 是介质的介电常数,单位为 Farad/m 或 SI 单位制 $A^2 \cdot s^4 \cdot kg^{-1} \cdot m^{-3}$;$\mu_{\text{m}}$ 是介质的磁导率,单位为 Henry $\cdot m^{-1}$ 或 $kg \cdot m \cdot s^{-2} \cdot A^{-2}$;电场的单位是 Newton/coulomb 或 $kg \cdot m \cdot s^{-3} \cdot A^{-1}$,因此,相干斯托克斯矢量元素的单位是 $kg \cdot s^{-3}$ 或 Watt $\cdot m^{-2}$(即辐照度);E^* 是复共轭,因此斯托克斯矢量的分量是实数。

漫散射斯托克斯矢量的定义和式(3.48)一样,但它描述了围绕特定方向的一小范围上传播的光,并且单位为 $W \cdot m^{-2} \cdot sr^{-1}$(即辐亮度)。广义矢量辐射传输方程中出现的是扩散斯托克斯矢量。

3.4.1　坐标系

要描述偏振光的散射,首先要选择坐标系,并根据散射计算的需要,详细说明如何在这些坐标系中求解斯托克斯矢量。图 3.15 所示为计算斯托克斯矢量的坐标系,其中图 3.15(a) 所示为 (x,y,z) 笛卡儿坐标系,该坐标系在空间中是固定的,用于定义球坐标系 (r,θ,ϕ)。图 3.15(b) 所示为沿 $\boldsymbol{\xi}'$ 方向传播的光的斯托克斯矢量 S'。$(h',v',\boldsymbol{\xi}')$ 为用于在垂直于和平行于入射子午面(图中的阴影区)的方向上分解斯托克斯矢量的局部坐标系(随 θ'、ϕ' 变化)。在海洋学的背景下,这个图可以被"倒转",选择平面 xy 为平均海平面,x 的选择视方便而定(如指向顺风或东方或太阳的方向),z 向下指向水中。在海洋学中,深度和方向是在三维笛卡儿坐标系中定义的,在平均海面上从 0 向下测量的深度为正;极角 θ 的定义是从位于 $+z$ 方向的 0 到 $-z$ 方向的 π;$+x$ 的选择为了方便视情况而定,例如,指向太阳或指向顺风方向(在这种情况下,$\pm y$ 与风向垂直);使用以风为中心的坐标系可以更容易地模拟具有不同顺风和横风斜率统计数据的随机海面。方位角 ϕ 是迎着 $+z$ 方向看时从 $+x$ 方向沿逆时针测量的,如果太阳在 $+x$ 方位方向上那么 $\phi=0°$,则来自太阳的未散射光子随后在 $\phi=180°$ 的 $-x$ 方向上传播。

在 (r,θ,ϕ) 坐标系增加方向上的单位矢量,分别为

$$\boldsymbol{r} = \sin\theta\cos\phi\,\boldsymbol{i} + \sin\theta\sin\phi\,\boldsymbol{j} + \cos\theta\,\boldsymbol{k} \tag{3.49}$$

$$\boldsymbol{\theta} = \cos\theta\cos\phi\,\boldsymbol{i} + \cos\theta\sin\phi\,\boldsymbol{j} \tag{3.50}$$

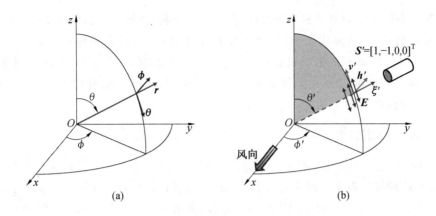

图 3.15　计算斯托克斯矢量的坐标系

$$\boldsymbol{\phi} = -\sin\phi\,\boldsymbol{i} + \cos\phi\,\boldsymbol{j} \tag{3.51}$$

用 $\boldsymbol{\xi}$ 表示指向光传播方向的一个单位矢量,由角度 (θ,ϕ) 给出(在图 3.15(b) 中,$\boldsymbol{\xi}' = \boldsymbol{r}$)。$\boldsymbol{\xi}$ 的分量为

$$\boldsymbol{\xi} = \xi_x \boldsymbol{i} + \xi_y \boldsymbol{j} + \xi_z \boldsymbol{k} = (\xi_x, \xi_y, \xi_z) \tag{3.52}$$

式中

$$\xi_x = \sin\theta\cos\phi \tag{3.53}$$

$$\xi_y = \sin\theta\sin\phi \tag{3.54}$$

$$\xi_z = \cos\theta \tag{3.55}$$

在辐射传输理论中,方向 (θ,ϕ) 总是指光的传播方向;因此,光是沿着 $+z$ 或 $\theta=0$ 的方向直线传播。为了检测 (θ,ϕ) 方向上的辐射,仪器指向观察方向 $(\theta_v,\phi_v) = (\theta-\pi,\phi+\pi)$。$\boldsymbol{\xi}'$ 或 (θ',ϕ') 等通常表示入射或未散射的方向,而 $\boldsymbol{\xi}$ 或 (θ,ϕ) 等表示最终或散射的方向。

通常需要在垂直于和平行于给定平面的方向上分解斯托克斯矢量,该平面可以是子午线平面、水体中的散射平面,也可以是光入射到空气－水或底面上的入射、反射和透射光的平面。以下约定定义了单位矢量,其中,矢量 $\boldsymbol{p}$ 表示平行于平面的矢量,矢量 $\boldsymbol{s}$ 表示垂直于平面的矢量。垂直矢量 $\boldsymbol{s}$ 的方向选定为入射方向和最终方向的叉乘方向,平行矢量 $\boldsymbol{p}$ 的方向定义为传播方向叉乘垂直方向,因此垂直方向叉乘平行方向给出光传播的方向,即 $\boldsymbol{s} \times \boldsymbol{p} = \boldsymbol{\xi}$,"$\times$"表示矢量叉乘。

对于入射方向 $\boldsymbol{\xi}'$ 和入射子午面中指定的相关斯托克斯矢量 $\boldsymbol{S}'$,第一矢量取为 z,第二矢量是传播方向。因此在图 3.15(b) 中 $\boldsymbol{h}' = z \times \boldsymbol{\xi}' / |z \times \boldsymbol{\xi}'|$,在这种情况下 $|z \times \boldsymbol{\xi}'| = \sin\theta'$,并且 $\boldsymbol{h}' = \boldsymbol{\phi}$。类似地,$\boldsymbol{v}' = \boldsymbol{\xi}' \times \boldsymbol{h}' = -\boldsymbol{\theta}$,$\boldsymbol{h}' \times \boldsymbol{v}' = \boldsymbol{\xi}'$。子午线平面垂直于平均海面,因此,刚刚定义的 $\boldsymbol{h}'$ 矢量与平均海面平行,通常被称为"水平"方向;$\boldsymbol{v}'$ 位于垂直平面上,被称为"垂直"方向。对于最终方向 $\boldsymbol{\xi}$ 及其在最后子午线平面中的斯托克斯矢量 $\boldsymbol{S}$,第一矢量是方向 $\boldsymbol{\xi}$,第二矢量是 z。这种用于指定垂直和平行方向的矢量叉乘算法便于进行海面反射和透射计算,在这种计算中,除了光子进入或离开海面区域时的入射方向和最终方向,光可以从一个倾斜的波面传播到另一个倾斜的波面而无须参考子午面。

斯托克斯矢量的 Q 分量和 U 分量描述了相对于特定坐标系的偏振平面的线性偏振，I 分量是总辐射，V 表示圆偏振，这些量不依赖于坐标系，并且在坐标系的旋转下是不变的。图 3.15(b) 中的双箭头线段表示平行于子午线平面的电场矢量 E 的振动平面，即垂直平面偏振。因此，图中所示的分量 $S'=[1,-1,0,0]^{\mathrm{T}}$ 表示大小为 $1\ \mathrm{W}\cdot\mathrm{m}^{-2}\mathrm{sr}^{-1}\mathrm{nm}^{-1}$ 的 100% 垂直偏振的辐射。

3.4.2   散射几何

如上所述，输入和输出斯托克斯矢量的元素是相对于子午线平面定义的。如图 3.16 所示，从入射方向 ξ' 散射到最终方向 ξ 是依据所包含的散射角 ψ 和散射平面来定义的，图中显示了用于指定偏振光散射的坐标系和旋转，散射面部分用灰色表示。依据入射角、散射角和方位角，使用式(3.52)来表达入射方向 ξ' 和散射方向 ξ，给出散射角为

$$\cos\psi=\xi'\cdot\xi=\xi'_x\xi_x+\xi'_y\xi_y+\xi'_z\xi_z$$
$$=\cos\theta'\cos\theta+\sin\theta'\sin\theta\cos(\phi-\phi') \tag{3.56}$$

在图 3.16 中，考虑入射光在 $\xi'=r$ 的方向上传播，方向 ξ' 是由极坐标和方位方向 (θ',ϕ') 指定的。z 轴和光传播的方向 ξ' 定义了入射子午面，此光束的 4×1 漫散射斯托克斯矢量 $S'=[I',Q',U',V']^{\mathrm{T}}$ 分别参考上面定义的"水平"和"垂直"方向的 $+h'$ 和 $+v'$ 来描述，上标 T 表示转置；水平单位矢量 $+h'$ 与子午线平面垂直，垂直向量 $+v$ 与子午线平面平行。

要计算入射斯托克斯矢量 S' 如何散射到最终矢量 S，必须首先将入射子午线平面 S' 中的水平和垂直分量转换("旋转")为与散射平面平行和垂直的分量。将 v' 和 h' 绕 ξ' 轴旋转后的坐标系标记为 p(平行于散射平面) 和 s(垂直于散射平面)。

$s'\times p'$ 仍然给出传播的方向 ξ'，如图 3.16 所示，旋转角度 α' 将 v' 转换为 p'(并将 h' 转换为 s')，迎着光束的方向看即 $-\xi'$ 的方向，逆时针旋转角度被定义为正。

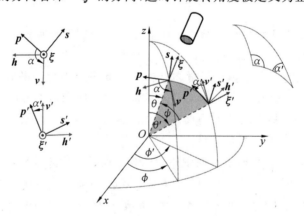

图 3.16   散射平面、入射子午线平面和最终子午线平面

ξ' 和 ξ 在它们各自的子午线平面中表达计算单个散射时，旋转角可以从球面三角中由 z、ξ' 和 ξ 定义的三角形获得，如图 3.16 中左侧上下两个插图所示。给定 θ'、ϕ'、θ、ϕ，对于 $\psi\neq0$、π 并且 $0\leqslant\phi-\phi'\leqslant\pi$，球面三角给出旋转角 α' 和 α 如下：

$$\cos\alpha'=(\cos\theta-\cos\theta'\cos\psi)/(\sin\psi\sin\theta') \tag{3.57}$$

或

$$\sin \alpha' = -\sin \theta \sin(\phi - \phi') / \sin \psi \tag{3.58}$$

和

$$\cos \alpha = (\cos \theta' - \cos \theta \cos \psi) / (\sin \psi \sin \theta) \tag{3.59}$$

或

$$\sin \alpha = -\sin \theta' \sin(\phi - \phi') / \sin \psi \tag{3.60}$$

如果 $0 < \phi - \phi' < 2\pi$，那么 α' 和 α 由这些方程的负数给出，散射角 ψ 由式(3.56)给出，旋转和散射角度仅取决于方位角的差 $\phi - \phi'$。当 θ'、θ 或 ψ 为零时是特殊情况，对于 $\psi = 0$，设 $\alpha' = \alpha = 0$，并且由于 $\phi' = \phi$，因此 $\sin(\phi' = \phi) = 0$；对于 $\psi = \pi$，设 $\alpha' = \alpha = 0$，并且由于 $\phi = \phi' + \pi$，因此 $\sin(\phi' = \phi) = 0$。如果 $\sin \theta' = 0$，式(3.57)和式(3.59)可替换为

$$\cos \alpha' = -\cos \theta' \cos(\phi - \phi') \tag{3.61}$$

$$\cos \alpha = \cos \theta' \tag{3.62}$$

$$\cos \alpha' = \cos \theta \tag{3.63}$$

$$\cos \alpha = -\cos \theta \cos(\phi - \phi') \tag{3.64}$$

在计算海平面波面间的多次散射时，光线从一个波面反射到另一个波面可以经历多次散射，然后入射光线最终离开海面区域，需要旋转到最终子午线平面。从图 3.16 中的插图可以看出，旋转角度可以从 $\arccos(\boldsymbol{v}' \cdot \boldsymbol{p}')$ 和 $\arccos(\boldsymbol{p} \cdot \boldsymbol{v})$ 得到，其中"·"表示矢量点积或内积。图 3.17 对不同方向的初始矢量和最终矢量旋转角度的计算进行了说明。

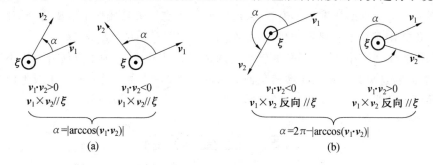

图 3.17　不同方向的初始矢量和最终矢量旋转角度的计算

一旦入射斯托克斯矢量在散射平面中确定，则应用散射矩阵来获得最终斯托克斯矢量，然后将其表示在 $(\boldsymbol{s}, \boldsymbol{p}, \boldsymbol{\xi})$ 所定义的散射平面坐标系中，则最终方向为 $\boldsymbol{s} \times \boldsymbol{p} = \boldsymbol{\xi}$。最后，最终斯托克斯矢量的平行和垂直分量必须表示为由 $(\boldsymbol{h}, \boldsymbol{v}, \boldsymbol{\xi})$ 所确定的最终子午线平面内的水平分量和垂直分量，这需要通过如图 3.16 中所示的逆时针旋转 α 的角度来实现，其中 α 是图中所示球面三角形的"内部"角度。如果 $R(\gamma)$ 表示通过角 γ 的逆时针(正)旋转，$M(\psi)$ 表示通过散射角 ψ 的散射，则这个散射过程可以象征性地表示为

$$S = R(\alpha) M(\psi) R(\alpha') S' \tag{3.65}$$

当迎着光束方向观察时，逆时针方向选择为正旋转，斯托克斯矢量旋转矩阵为

$$R(\gamma) = \begin{bmatrix} 1 & 0 & 0 & 0 \\ 0 & \cos 2\gamma & -\sin 2\gamma & 0 \\ 0 & \sin 2\gamma & \cos 2\gamma & 0 \\ 0 & 0 & 0 & 1 \end{bmatrix} \qquad (3.66)$$

这些旋转矩阵有几个明显而重要的性质,即

$$R(\pi + \gamma) = R(\gamma) \qquad (3.67)$$

$$R(\pi - \gamma) = R(-\gamma) \qquad (3.68)$$

$$R(-\gamma) = R^{-1}(\gamma) = R^{T}(\gamma) \qquad (3.69)$$

$$R(\gamma_1)R(\gamma_2) = R(\gamma_1 + \gamma_2) \qquad (3.70)$$

式(3.67)表明,以 π 的角度旋转坐标系,将 s 和 p 转换为 $-s$ 和 $-p$,使斯托克斯矢量保持不变,这与前面关于方向 $-s$、$-p$ 与斯托克斯矢量的 s、p 等价的说法是一致的,也就是说,斯托克斯矢量是指一个平面,而不是指该平面上的某个特定方向。值得注意的是,在三维空间中绕由单位矢量 $u = u_x i + u_x j + u_x k$ 确定的特定轴旋转角度 γ 的完全形式为

$R_{3D}(u,\gamma)$

$$= \begin{bmatrix} \cos\gamma + u_x^2(1-\cos\gamma) & u_x u_y(1-\cos\gamma) - u_z\sin\gamma & u_x u_z(1-\cos\gamma) + u_y\sin\gamma \\ u_y u_x(1-\cos\gamma) + u_z\sin\gamma & \cos\gamma + u_y^2(1-\cos\gamma) & u_y u_z(1-\cos\gamma) - u_x\sin\gamma \\ u_z u_x(1-\cos\gamma) - u_y\sin\gamma & u_z u_y(1-\cos\gamma) + u_x\sin\gamma & \cos\gamma + u_z^2(1-\cos\gamma) \end{bmatrix}$$

$$(3.71)$$

当看向 $-u$ 方向时矩阵沿逆时针转动,虽然斯托克斯矢量操作不需要这个矩阵,但它可以用来检查由其他方法确定的量,例如在图 3.17 中,$s' = R_{3D}(\xi', \alpha')h'$。

在海洋光学研究中,坐标系和旋转角度的选择不是唯一的,为了方便可以用不同的选择来描述偏振,这里是一种参考实验桌面的实验室坐标系,而不是参考子午线平面来模拟入射到海面上的光。

3.5　拉 曼 散 射

拉曼散射是一种分子对光的非弹性散射。拉曼散射的物理机制是相当复杂的,但可以对它进行定性解释,处于低能级的分子可以被入射光激发到更高的"虚拟"能级,然后因分子发射光而衰变回到低能级。如果衰变使分子恢复到初始状态,则散射是弹性的,发射光的波长等于入射光的波长,称为瑞利散射;如果衰变到基态以上的分子振动水平,则发射光的波长大于入射光的波长,这是斯托克斯－拉曼散射;如果发射光的波长小于入射光的波长,这是反斯托克斯－拉曼散射。自发拉曼散射强度的量级约是入射光的 10^{-5},甚至更小;受激拉曼散射的强度与入射光的强度量级相近。

拉曼散射作为研究分子结构和能级的一种方法,在不同领域得到广泛应用,在海洋中针对的分子是水,激发光可以是太阳光或激光。水引起的拉曼散射的波长偏移非常大,对应于波数的偏移约为 $3\,400\ \mathrm{cm}^{-1}$,这在可见光波长下对应于大约几十到一百多纳米的偏移;拉曼散射的时间尺度(即分子激发和随后衰变的时间)为 $10^{-13} \sim 10^{-12}$ s;这比叶绿素或 CDOM 分子的荧光时间尺度要快得多,后者为 10^{-9} s 或更长。因此,拉曼散射可以被

认为是一个几乎瞬间的散射过程,而不是吸收光,然后发射新的光。

3.5.1　拉曼散射的定量参数

计算拉曼散射对辐射的贡献所需的量如下。

(1) 拉曼散射系数为 $b_R(\lambda')$,单位为 m^{-1}。

(2) 拉曼波长分布函数为 $f_R(\lambda',\lambda)$,单位为 nm^{-1}。

(3) 拉曼散射相位函数为 $\tilde{\beta}_R(\psi)$,单位为 sr^{-1}。

(4) 拉曼散射的体散射函数 $\beta_R(\xi' \to \xi; \lambda' \to \lambda)$,单位为 $m^{-1} \cdot nm^{-2} \cdot sr^{-1}$。

1. 拉曼散射系数

拉曼散射系数 $b_R(\lambda')$ 表示激发波长 λ' 处的辐照度在移动单位距离内散射到所有发射波长 $\lambda > \lambda'$ 的量,激发波长为 488 nm 时,$b_R = (2.7 \pm 0.2 \times 10^{-4}) m^{-1}$,相关文献中可以找到与波长相关的 b_R 的值。就不同激发波长而言,$b_R(\lambda') = b_R(488)(488/\lambda')^{5.5 \pm 0.4}$ 可用于能量计算。

2. 拉曼波长分布函数

拉曼波长分布函数 $f_R(\lambda',\lambda)$ 与激发波长和发射波长相关,即对于给定的激发波长 λ',在哪些波长处产生散射光谱辐照度,或者哪些波长 λ' 激发产生发射波长 λ。拉曼波长分布函数 $f_R(\lambda',\lambda)$ 用相应的波数分布函数 $f_R(\kappa'')$ 来描述最为方便,其中 κ'' 是波数偏移,单位为 cm^{-1},这是因为拉曼散射光经历了由分子类型决定的频率偏移,并且与入射频率无关。波数 κ 以 cm^{-1} 为单位,其与波长 λ(单位 nm)的关系为 $\kappa = 10^7/\lambda$,与频率 ν 的关系为 $\kappa = \nu/c$,c 是光速。水的 $f_R(\kappa'')$ 形状由高斯函数之和给出,即

$$f_R(\kappa'') = \left[\left(\frac{\pi}{4\ln 2}\right)^{1/2} \sum_{i=1}^{4} A_i\right] \sum_{j=1}^{4} A_j \frac{1}{\Delta\kappa_j} \exp\left[-4\ln 2 \frac{(\kappa'' - \kappa_j)^2}{\Delta\kappa_j^2}\right] \quad (cm) \quad (3.72)$$

式中,κ_j 是第 j 个高斯函数的中心,单位为 cm^{-1};$\Delta\kappa_j$ 是第 j 个高斯函数半高宽处的全宽度,单位为 cm^{-1};A_j 是第 j 个高斯函数的无量纲权重。

表 3.1 给出了 25 ℃ 纯水的 A_j、κ_j 和 $\Delta\kappa_j$ 值,图 3.18 所示为 25 ℃ 纯水根据表 3.1 给出的参数值的拉曼波长分布函数 $f_R(\kappa'')$,该函数显示了一个峰值和一个较宽的基底,这是由式(3.72)中四个高斯函数的总和产生的。对于水而言,波数偏移大约为 3 400 cm^{-1},当入射光波长为 $\lambda' = 500$ nm 时,对应的 $\kappa = 20\ 000\ cm^{-1}$;如果拉曼散射导致该光谱偏移 3 400 ~ 16 600 cm^{-1},则对应的 $\lambda \approx 602$ nm。

表 3.1　25 ℃ 纯水的 A_j、κ_j 和 $\Delta\kappa_j$ 值

j	A_j	κ_j/cm^{-1}	$\Delta\kappa_j/cm^{-1}$
1	0.41	3 250	210
2	0.39	3 425	175
3	0.10	3 530	140
4	0.10	3 625	140

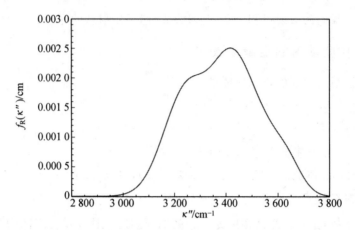

图 3.18 25 ℃ 纯水根据表 3.1 给出的参数值的拉曼波长分布函数

拉曼波长分布函数 $f_R(\kappa'')$ 可解释为概率分布函数,它给出任意入射波数 $\kappa' = 10^7/\lambda'$ 的光如果发生拉曼散射,将散射到一个波数,即

$$\kappa = \kappa' - \kappa'' \tag{3.73}$$

式(3.73)可以表示为

$$\lambda = \frac{10^7}{\dfrac{10^7}{\lambda'} - 3\ 400} \tag{3.74}$$

用于计算给定激发波长下发射光波带的近似中心波长。

拉曼波长分布函数 $f_R(\kappa'')$ 满足归一化条件,即

$$\int_0^{\kappa'} f_R(\kappa'')\mathrm{d}\kappa'' = 1 \tag{3.75}$$

上述积分极限值来自于当 $\lambda \to \infty$ 时,波数 $\kappa'' \to \kappa'$,并且 $\lambda \to \lambda'$,因此 $\kappa'' \to 0$。如果式(3.75)中的变量从 κ'' 变为 λ,则会得出相应的波长分布函数 $f_R(\lambda' \to \lambda)$,因此

$$\int_0^{\kappa'} f_R(\kappa'')\mathrm{d}\kappa'' = \int_{\lambda'}^{\infty} f_R \frac{10^7}{\lambda''} \frac{\mathrm{d}\kappa''}{\mathrm{d}\lambda} \mathrm{d}\lambda$$

$$= \int_{\lambda'}^{\infty} f_R \left[10^7 \left(\frac{1}{\lambda'} - \frac{1}{\lambda} \right) \right] \frac{10^7}{\lambda^2} \mathrm{d}\lambda$$

$$= \int_{\lambda'}^{\infty} f_R(\lambda' \to \lambda)\mathrm{d}\lambda = 1 \tag{3.76}$$

式中,波长单位为 nm。

式(3.76)在最后一个等式中,定义了

$$f_R(\lambda' - \lambda) = \begin{cases} \dfrac{10^7}{\lambda^2} f_R \dfrac{10^7}{\lambda''} = \dfrac{10^7}{\lambda^2} f_R \left[10^7 \left(\dfrac{1}{\lambda'} - \dfrac{1}{\lambda} \right) \right], & \lambda' < \lambda \\ 0, & \lambda' > \lambda \end{cases} \tag{3.77}$$

作为理想的拉曼波长分布函数(单位为 nm)。在 $f_R(\lambda', \lambda)$ 中,一旦入射波长 λ' 确定,就可以确定相应的发射波长 λ。

3. 拉曼散射相位函数

拉曼散射相位函数 $\tilde{\beta}_R(\psi)$ 给出了拉曼散射辐射的角分布,包含所有偏振状态的拉曼

散射相位函数平均值为

$$\tilde{\beta}_R(\psi) = \frac{3}{16\pi} \frac{1+3\rho}{1+2\rho} \left[1 + \frac{1-\rho}{1+3\rho} \cos^2\psi \right] \tag{3.78}$$

式中，ψ 是入射方向和散射辐射之间的散射角；ρ 是去偏振因子，ρ 值取决于波数偏移 κ''，对于 $\kappa'' = 3\ 400\ \text{cm}^{-1}$，$\rho$ 的值为 $\rho \approx 0.18$。

在这种情况下，拉曼散射相位函数为

$$\tilde{\beta}_R(\psi) = 0.068(1 + 0.53\cos^2\psi) \tag{3.79}$$

该相函数的形状与纯水弹性散射的相位函数相似。

4. 拉曼散射的体散射函数

拉曼散射的体散射函数 $\beta_R(\xi' \rightarrow \xi; \lambda' \rightarrow \lambda)$ 通过拉曼散射系数 $b_R(\lambda')$ 规定了拉曼散射强度，通过拉曼波长分布函数 $f_R(\lambda', \lambda)$ 确定散射光的波长分布，以及通过拉曼散射相位函数 $\tilde{\beta}_R(\psi)$ 得到相对于入射光方向的角分布，其中 ξ' 和 ξ 表示光的入射方向和最终方向，其定义为

$$\beta_R(\zeta' \rightarrow \zeta; \lambda' \rightarrow \lambda) = b_R(\lambda') f_R(\lambda', \lambda) \tilde{\beta}_R(\psi) \quad (\text{m}^{-1} \cdot \text{nm}^{-1} \cdot \text{sr}^{-1}) \tag{3.80}$$

拉曼散射可以作为光源项结合到非偏振辐射传输计算中：

$$\cos\theta \frac{dL(z,\theta,\phi,\lambda)}{dz} = -c(z,\lambda)L(z,\theta,\phi,\lambda) +$$

$$\int_0^{2\pi} \int_0^{\pi} \beta(z; \theta', \phi' \rightarrow \theta, \phi; \lambda) L(z, \theta', \phi', \lambda) \sin\theta' d\theta' d\phi' +$$

$$\int_0^{\lambda} \int_0^{2\pi} \int_0^{\pi} \beta_R(\theta', \phi' \rightarrow \theta, \phi; \lambda' \rightarrow \lambda) L(z, \theta', \phi', \lambda') \sin\theta' d\theta' d\phi' d\lambda'$$

$$\tag{3.81}$$

散射角 ψ 由 $\psi = \arccos(\boldsymbol{\xi'} \cdot \boldsymbol{\xi})$ 确定，可以通过式(3.56)求得。

第4章 海水中水分子和溶解无机物对光的吸收

在海洋中,光和其他电磁辐射的主要吸收体是水,这是由于海水中 H_2O 分子在数量上远远大于海水中含有的所有其他物质分子。每 100 个 H_2O 分子中只有 3～4 个其他物质分子,主要是海盐、可溶解的有机物以及大量悬浮颗粒(浮游植物细胞和其他生物)。海水中所含的各种物质虽然数量很少,但从光学角度来看,对海洋区域的区分有非常明显的作用。水在红外辐射(IR)区域是一种非常强的电磁辐射吸收剂,由于这一特性,它在海洋吸收太阳红外辐射并转化为热量方面及对地球上的生命起着突出的和不可或缺的作用。这个过程直接使海洋表层水变暖、蒸发,并使大气加热和循环。

本章描述了水分子吸收的物理原理,介绍了液态水、冰和水蒸气及溶解在水中的海盐和其他矿物质的光谱吸收特性。

4.1 水分子吸收的物理原理

物质在各种状态下的吸收光谱是由该物质吸收光子后原子和分子的量子化能量的变化决定的。能量变化过程包括原子中高能电子跃迁,以及分子中的电子能级、振动能级和转动能级跃迁,所有这些跃迁事实上是同时发生的。

自由运动分子的总能量 $E_M(\Lambda, v, J)$ 由与温度相关的平移运动能量 E_T、绕各种对称轴转动的转动能量 $E_{rot}(J)$、原子在平衡位置附近的振动能量 $E_{vib}(v)$ 和电子的能量 $E_e(\Lambda)$ 组成,其中 Λ、v 和 J 分别是对应的量子数,因此可以将分子总能量表示为

$$E_M(\Lambda, v, J) = E_e(\Lambda) + E_{vib}(v) + E_{rot}(J) + E_T \tag{4.1}$$

式(4.1)中 E_T 是连续变化的,而 $E_e(\Lambda)$、$E_{rot}(J)$ 和 $E_{vib}(v)$ 是量子化的,即只能取离散值,它们的变化取决于分子被激发的程度,并且 $E_e(\Lambda) > E_{vib}(v) > E_{rot}(J)$。

一个分子对能量为 $E=h\nu$ 的光子的吸收或发射,能使分子从一个量子态 (Λ, v, J) 变化到另一个量子态 (Λ', v', J'),量子数的变化遵从量子力学中的选择定则。分子中电子态跃迁的选择定则为 $\Delta\Lambda = 0, \pm 1$;电子跃迁会引起振动态和转动态的变化,振动跃迁和转动跃迁的选择定则分别为 $\Delta v = \pm 1, \pm 2, \cdots$ 和 $\Delta J = 0, \pm 1$。吸收或发射的光子能量等于分子在这两种量子态下的能量之差,即

$$h\nu = E_M(\Lambda', v', J') - E_M(\Lambda, v, J)$$
$$= (E_e(\Lambda') - E_e(\Lambda)) + (E_{vib}(v') - E_{vib}(v)) + (E_{rot}(J') - E_{rot}(J)) + (E_T' - E_T) \tag{4.2}$$

由于能量的吸收或发射,分子的三种能量都会发生变化,从而产生吸收或发射光谱。随着光子的吸收,分子的前三个能量分量的变化产生了三种主要类型的吸收光谱带。吸收光谱带是具有复杂结构的带状谱,由许多谱线组成,形成两个或三个分支,分别用

$R(\Delta J=1)$、$P(\Delta J=-1)$ 和 $Q(\Delta J=0)$ 表示。这些分支中的光谱线位于电磁波谱的紫外线和可见光区域。

在某些电子态下，电子的量子态不变，分子可能只改变其振动和转动能，产生振动 — 转动吸收光谱，这类跃迁吸收或发射相对低能量的光子，且主要位于电磁波谱的红外区域至微波区域。如果一个分子的偶极矩不是零（如水分子），因其从微波或无线电波范围吸收（或发射）光子，所以其转动能量可以改变而不影响电子或振动状态，得到的是一个转动吸收带状光谱。

4.1.1　振动 — 转动吸收光谱

由于水分子在海洋和大气中的数量不计其数，以及其具有重要的光学性质，因此水分子是吸收太阳能过程中最重要的分子。特别是在自然界中，由于水分子对红外辐射（IR）有强烈的吸收作用，因此产生分子中振动 — 转动能态之间的跃迁。地球表层吸收的太阳辐射能量中的 60% 被水分子吸收，其中大气中的水分子吸收约 70% 的能量，海洋中的水分子吸收约 50% 的能量。

水分子与电磁辐射之间的相互作用与其物理性质密切相关，如水分子中原子之间的相对位置等几何参数、动力学、电学和磁学性质等，表 4.1 列出了许多与水分子的光学性质直接相关的物理特性参数。

表 4.1　与水分子的光学性质直接相关的物理特性参数

	名称或符号		参数值及单位（国际单位制）
几何参数	基态 OH 键的平均长度 d_{OH}		$(9.572\pm0.003)\times10^{-11}$ m
	基态 HOH 的平均键角 α_{HOH}		$(1.82\pm8.43)\times10^{-4}$ rad
	基态 H 原子间的平均距离 d_{HH}		1.54×10^{-10} m
力学参数	水分子的静止质量 m_{H_2O}		$2.990\,724\,3\times10^{-26}$ kg
	基态水分子的转动惯量*	$I_{H_2O}^{y}$	$2.937\,6\times10^{-47}$ kg·m²
		$I_{H_2O}^{z}$	1.959×10^{-47} kg·m²
		$I_{H_2O}^{x}$	$1.022\,0\times10^{-47}$ kg·m²
电磁特性	相对介电常数 ε	气态	$1.005\,9$（100 ℃，101.325 kPa）
		液态	87.9（0 ℃），78.4（25 ℃），55.6（100 ℃）
		冰 — Ih 型	99（−20 ℃），171（−120 ℃）
	相对极化率 α/ε_0（α 为极化率；ε_0 为真空的介电常数）		1.44×10^{-10} m³
	平衡态的偶极矩 p_p	气态	6.18×10^{-30} C·m
		液态	9.84×10^{-30} C·m
		冰 — Ih 型	10.31×10^{-30} C·m
	20 ℃ 时的体磁化率 $\chi=\mu-1$（μ 为相对磁导率）		-9.04×10^{-6}

续表4.1

名称或符号		参数值及单位（国际单位制）
特征分子能量	0 K 温度下分子中各组成原子的键能	-1.52×10^{-18} J
	25 ℃ 下分子中各组成原子的键能	-1.62×10^{-18} J
	基态振动能	9.20×10^{-20} J
	基态电子键能	-1.62×10^{-18} J
	基态中各组成原子的能量之和	-3.32×10^{-16} J
	分子在 0 K 温度下的总能量	-3.33×10^{-16} J
	核排斥能	4.01×10^{-17} J
	波长 λ 为 124 nm 的电子激发能	1.60×10^{-18} J
	第一电离势能	2.02×10^{-18} J
	第二电离势能	2.36×10^{-18} J
	第三电离势能	$(2.60 \times 10^{-18} \pm 4.81 \times 10^{-20})$ J
	第四电离势能	$(2.88 \times 10^{-18} \pm 4.81 \times 10^{-20})$ J
	0 K 温度时的总 H—O 键能	-7.62×10^{-19} J
	0 K 温度下 H—O 键的离解能	7.05×10^{-19} J
	0 K 温度下 H—OH 键的离解能	8.19×10^{-19} J
	最低振动跃迁能	3.17×10^{-20} J
	转动跃迁的典型能量	8.01×10^{-22} J
	在沸点时水蒸气形成过程中单分子内能的变化	6.25×10^{-20} J
	0 ℃ 下 Ih 型冰形成过程中单分子内能的变化	-9.61×10^{-21} J
	Ih 型冰向 II 型冰转变过程中单分子内能的变化	-1.12×10^{-22} J
电磁特性天然水体中 $^1 H_2^{16} O$ 的摩尔同位素		总质量百分数
$H_2^{16} O$		99.731 7
$H_2^{17} O$		0.037 2
$H_2^{18} O$		0.199 983
$HD^{16} O$		0.031 069
$HD^{17} O$		0.000 011 6
$HD^{18} O$		0.000 062 3
$D_2^{16} O$		0.000 002 6

注：* 转动惯量。y 轴为穿过分子质心并垂直于 HOH 平面的轴；z 轴为将键角 α_{HOH} 平分的轴；x 轴为垂直于 (y, z) 平面并穿过质心的轴。

　　表 4.1 中三原子水分子（H_2O）具有非线性结构，氧原子和氢原子之间以及两个氢原子之间的距离分别为 $d_{OH} \approx 9.57 \times 10^{-11}$ m 和 $d_{HH} \approx 1.54 \times 10^{-10}$ m。当 HOH 键角 $\alpha_{HOH} \approx 104.5°$ 时，这些距离是平衡状态下的主要距离。这些参数定义了水分子的几何结

构，绕穿过氧原子且垂直于分子平面的轴旋转角度 π 或 2π 不会影响水分子的构型。相对于不同的旋转轴，水分子的三个转动惯量是不同的。

水分子的非对称结构可以比喻为三维非谐振子，这种非对称结构也影响振动状态，非对称结构也是水分子具有永久偶极矩 p_p 的原因，在平衡状态下，$p_p = 6.18 \times 10^{-30}$ C·m。偶极矩的值由于原子间作用力的相互作用而改变，原子间作用力改变了分子中单个原子间的距离，也改变了 HOH 键之间的角度 α_{HOH}，这些相互作用的效应表现为原子在分子电场中围绕其平衡位置振动。一般来说，这种效应取决于特定分子的结构。分子正常振动的模式数 f 取决于其内部自由度 N 的数目，对于线性分子，$f = 3N - 5$；对于非线性分子，$f = 3N - 6$。水分子（$N = 3$）有三种正常的振动模式，由三个振动量子数描述，分别是 v_1（模式 Ⅰ）、v_2（模式 Ⅱ）和 v_3（模式 Ⅲ），图 4.1 所示为用量子数 v_1、v_2 和 v_3 表示水分子在基态和选定的振动激态下的振动模式及其特征振动能级，图中给出了从基态到激发态跃迁过程中吸收的光的近似波长。模式 Ⅰ 是对称拉伸振动，而模式 Ⅱ 的变形振动导致分子弯曲，模式 Ⅲ 为不对称拉伸振动。三个振动量子数 v_1、v_2 和 v_3 的值可以用来描述水分子的振动能态。水分子在基态（非激发态）振动时，三个量子数的值是零，即（v_1，v_2，v_3）=（0，0，0），水分子在这种状态下的振动能为 $E_{vib} = 0.574$ eV $= 9.20 \times 10^{-20}$ J。

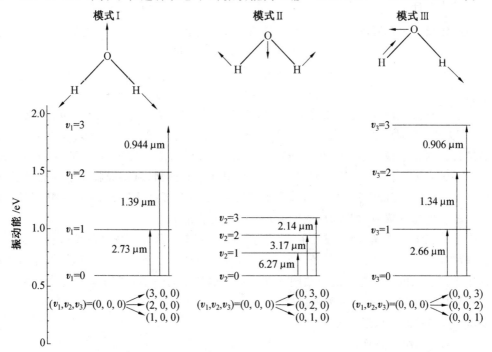

图 4.1　用量子数 v_1、v_2 和 v_3 表示水分子在基态和选定的振动激态下的振动模式及其特征振动能级

激发态分子的振动能更大，每一个激发能级都由相应的更高的振动量子数来描述，如表 4.2 所示，表中给出了水分子只以一种模式振动时在该模式激发态下的振动能。表 4.2 中的数据表明在不同的模式下能量不同，能量最高的是模式 Ⅲ 所对应的非对称拉伸振动，能量稍低的是模式 Ⅰ 所对应的对称拉伸振动，能量最低的振动为模式 Ⅱ 所对应的变形振动。这些差异对与分子不同振动模式相关的吸收光谱带的位置产生了根本性影响，

这些光谱带是由较低和较高振动－转动能级之间的跃迁产生的,其跃迁可以分为若干组,将在下面进行简单的讨论。

表 4.2 水分子在基态和选定单一振动模式激发态的振动能 E_{vib}

振动量子数 (v_1, v_2, v_3)	模式 Ⅰ (v_1) 振动能 E_{vib}/eV	模式 Ⅱ (v_2) 振动能 E_{vib}/eV	模式 Ⅲ (v_3) 振动能 E_{vib}/eV
0	0.574	0.574	0.574
1	1.03	0.772	1.04
2	1.47	0.965	1.5
3	1.89	1.15	1.94
4	2.34	1.33	2.38
5	2.74	1.51	2.80
6	3.12	1.67	3.21
7	3.55	1.83	3.61

1. 基本跃迁

在给定模式下的吸收光谱中将基态到第一激发态的跃迁作为基本吸收带,可表示为

$$(0,0,0) \rightarrow (1,0,0), \quad 模式 Ⅰ$$
$$(0,0,0) \rightarrow (0,1,0), \quad 模式 Ⅱ$$
$$(0,0,0) \rightarrow (0,0,1), \quad 模式 Ⅲ$$

对于三种模式而言,如果知道了每一种模式的基态振动能 E_{vib1} 和第一激发态振动能 E_{vib2},可以很容易地根据这些能量之间的差异计算出水分子这三个基本光吸收带在光谱中的位置。水分子模式 Ⅰ、Ⅱ 和 Ⅲ 的基本光吸收带分别位于波长为 $2.73~\mu\text{m}$、$6.27~\mu\text{m}$ 和 $2.66~\mu\text{m}$ 附近,所有三个波段都位于红外区,其中最长的波段(即吸收光子的能量最低)是模式 Ⅱ 振动对应的跃迁。相反,水分子进行模式 Ⅰ 或模式 Ⅲ 振动时能量状态的变化会导致波长更短的辐射,即吸收(或发射)能量更高的光子。

除了这三个基本光吸收(或发射)带,即对应于从基态到第一激发态或从后一激发态到前一激发态的分子跃迁(满足条件 $\Delta v_1 = \pm 1$,$\Delta v_2 = \pm 1$ 或 $\Delta v_3 = \pm 1$ 的跃迁),水分子的吸收光谱揭示了因不同振动能级之间的能量跃迁而产生的一系列能带。为了分析它们的起源和特征,可以将它们区分为四类跃迁。

(1)基态的谐波跃迁。

(2)基态的组合跃迁。

(3)激发态之间的谐波跃迁。

(4)激发态之间的组合跃迁。

下面对概念的含义及其产生的吸收带的位置进行讨论。

2. 基态的谐波跃迁和组合跃迁

由于水分子中的振动是非谐性的,因此允许在给定的模式下从基态进一步跃迁到更高的激发态,即无论三个振动量子数中的哪一个可能发生的量子数变化为 $(\Delta v_1, \Delta v_2,$

Δv_3）＞1，作为与量子数变化所对应的跃迁，都形成谐波吸收带。对应末态的量子数可以表示为$(v_1', v_2', v_3')=2,3,4\cdots$，如$(v_1, v_2, v_3)=(0, 0, 0) \rightarrow (v_1', v_2', v_3')=(0, 2, 0)$表示振动模式 Ⅱ 从基态到第一谐波态的跃迁。量子力学的选择规则也允许同时改变一个以上的振动量子数，从而使得水分子从基态跃迁到更窄的振动能态，如$(v_1, v_2, v_3)=(0, 0, 0) \rightarrow (v_1', v_2', v_3')=(3, 1, 1)$的跃迁意味着在吸收光子时，分子从基态跃迁到激发态，所有三个量子数都发生了变化，即$\Delta v_1=3$、$\Delta v_2=1$和$\Delta v_3=1$，这是所有三种振动模式跃迁的组合，这种类型的跃迁产生的吸收光谱带为组合吸收带。在分子的吸收光谱中存在大量此类谐波和组合吸收带。然而，在与谐波振动相对应的频带以及在组合频带中，谱线的强度比基本谱线的强度小几个数量级。表 4.3 列出了实验记录的从基态$(0,0,0)$激发的H_2O分子吸收光谱的振动带。

表 4.3　从基态$(0, 0, 0)$激发的 H_2O 分子吸收光谱的振动带

激发态量子数 (v_1', v_2', v_3')	波长 /μm	激发态量子数 (v_1', v_2', v_3')	波长 /μm
0,1,0	6.27	1,2,2	0.733
0,2,0	3.17	2,2,1	0.732
1,0,0	2.73	1,7,0	0.732
0,0,1	2.66	2,0,2	0.723
0,3,0	2.14	3,0,1	0.723
1,1,0	1.91	0,7,1	0.723
0,1,1	1.88	1,2,2	0.719
0,4,0	1.63	0,2,3	0.711
1,2,0	1.48	4,0,0	0.703
0,2,1	1.46	1,0,3	0.698
2,0,0	1.39	0,0,4	0.688
1,0,1	1.38	1,5,1	0.683
0,0,2	1.34	1,3,2	0.662
0,5,0	1.33	2,3,1	0.661
1,3,0	1.21	2,1,2	0.652
0,3,1	1.19	3,1,1	0.652
2,1,0	1.14	0,3,3	0.644
1,1,1	1.14	4,1,0	0.635
0,6,0	1.13	1,1,3	0.632
0,1,2	1.11	3,2,1	0.594
0,4,1	1.02	2,2,2	0.594
2,2,0	0.972	3,0,2	0.592

续表4.3

激发态量子数 (v'_1, v'_2, v'_3)	波长 /μm	激发态量子数 (v'_1, v'_2, v'_3)	波长 /μm
1,2,1	0.968	2,0,3	0.592
0,2,2	0.950	4,2,0	0.580
3,0,0	0.944	1,2,3	0.578
2,0,1	0.942	5,0,0	0.573
1,0,2	0.920	4,0,1	0.572
0,0,3	0.906	1,0,4	0.563
1,3,1	0.847	3,3,1	0.547
1,1,2	0.824	3,1,2	0.544
2,1,1	0.823	2,1,3	0.544
1,1,2	0.806	4,1,1	0.527
0,1,3	0.796	3,0,3	0.506
2,4,0	0.757	5,0,1	0.487
1,4,1	0.754	3,1,3	0.471
0,4,2	0.744	4,0,3	0.444

从表4.3可以看出,水分子的这些谐波吸收带和组合吸收带位于光谱的近红外区,其中一些吸收带扩展到了可见光区,这意味着在跃迁过程中被吸收的光子,其能量超过了在基本跃迁过程中吸收的光子的能量。基本跃迁过程中吸收的光子在光谱中波长为2.73 μm(模式 Ⅰ)、6.27 μm(模式 Ⅱ)和2.66 μm(模式 Ⅲ)的附近,这些波长是水分子吸收光的基本波段的特征,它们构成了波长组的长波边界,这些波长组对应于分子从基态到不同激发态的跃迁产生的所有可能的吸收波段。

理论上可以推知,在光谱的短波段存在与分子离解有关的短波边界,将几个振动—转动吸收光谱从连续吸收光谱中分离出来。这些边界由光子的波长来划定,光子的吸收(与从基态振动态到激发态的跃迁有关,量子数取无穷大的值)导致水分子离解,首先是H—OH键断裂,然后是H—O键断裂。当吸收光子的波长约为0.28 μm时,H—O键(离解能约为4.4 eV)断裂;而H—OH键(离解能约为5.11 eV)的断裂需要吸收的光子对应的波长约为0.24 μm。在这一边界的长波一侧,吸收光谱应由单独的带组成,对应于连续较高振动状态的激发;然而,在短波一侧,光谱应该是连续的,因为在离解后的分子中不可能存在任何量子化的、离散的能级来吸收光子的多余能量,这超出了使分子离解所需的能量,多余能量可以转化为分子离解碎片的动能,而这种动能可以是任意值。因此,从理论上讲,水分子跃迁到非常高的振动能态,不仅存在于电磁波的可见光区,而且还存在于紫外波段中,吸收可见—紫外波段的光子则会导致电子的电离。在没有被电子激发的情况下,仅通过振动—转动激发直接光解水分子实际上是不可能的。由于高能光子的吸收会引起分子的电子能态之间的跃迁,因此光解就变为可能。

3. 激发态之间的谐波跃迁和组合跃迁

除上述基本跃迁及基态的谐波跃迁和组合跃迁(其吸收带位于光谱 $\lambda \leqslant 6.27\ \mu m$ 的近红外和可见光区域,即模式 $\mathbb{I}$ 的基本带)之外,水分子还可以由于振动跃迁在 $\lambda > 6.27\ \mu m$ 的范围内吸收波长较长的辐射,随着表征这些状态的量子数的增加,连续的、更高的振动状态之间振动能量的差异减小。因此,如果振动跃迁(谐波跃迁和组合跃迁)仅在激发态之间发生,那么它们不仅可以由比基态跃迁所需能量更高的光子激发,也可以通过较低能量的光子激发,这是因为初始态和最终态的量子数足够高,并且二者之间的能量差异足够小。

实际上,激发态之间的跃迁概率远远小于基本跃迁或基态的谐波跃迁和组合跃迁,因此因激发态之间的跃迁而导致的吸收带的强度要小得多,这是因为在正常的光照条件下,如当海洋被日光照亮时,没有被激发的分子的数量或在非常低的激发状态下的分子数量远远超过了高激发分子的数量。因此,高激发态分子的跃迁概率比基态或低激发态分子的跃迁概率要低很多数量级。

4. 水的同位素振动态之间的跃迁

在自然水生环境中,或其他含有不同聚集状态的水环境中,除了大量由最常见的氢和氧同位素 ^1H、^{16}O 组成的水分子 H_2O 外,还有由氢和氧的较重同位素组成的水分子,如 $^1H_2^{17}O$、$^1H_2^{18}O$、$^1H D^{16}O$、$^2D_2^{16}O$、$^3T_2^{16}O$,这类分子的参数与普通水 $^1H_2^{16}O$ 的参数有差异,因此,这些较重的水分子的激发态振动能通常较低,这大大增加了由于振动状态之间的跃迁而发射或吸收的光的波长。表 4.4 所示为水及其同位素基态激发下光吸收带的位置。

表 4.4　水及其同位素基态激发下光吸收带的位置

激发态的量子数 (v_1, v_2, v_3)	波长 $\lambda/\mu m$					
	$H_2^{16}O$	$H_2^{17}O$	$H_2^{18}O$	$HD^{16}O$	$D_2^{16}O$	$T_2^{16}O$
0, 1, 0	6.27	6.28	6.30	7.13	8.49	10.05
1, 0, 0	2.73	2.74	2.74	3.67	3.47	4.48
0, 0, 1	2.66	2.67	2.67	2.70	3.59	4.23
0, 2, 0	3.17	—	—	3.59	—	—
0, 1, 1	1.88	—	—	1.96	2.53	—
0, 2, 1	1.45	—	—	1.55	1.96	—
1, 0, 1	1.38	—	—	1.56	1.86	—
1, 1, 1	1.28	—	—	—	1.53	—
2, 0, 1	0.942	—	—	—	1.27	—

5. 水分子振动状态的描述

精确定义分子各种可能状态的振动能量以及由于这些状态变化而吸收或发射的光子的参数,需要繁复的模型并进行量子力学计算或其他复杂的实验程序。对于水及其同位素变量,有一个简单的经验公式,它很精确地描述了基态和整个激发态范围内的振动能,它适用于只有一个振动模式被激发,也适用于具有低或中等激发状态的混合状态(当两个或所有三个模式的各种任意组态被激发时),这个公式使得水分子的振动能 E_{vib} 取决于量子数 v_1、v_2 和 v_3,形式如下:

$$E_{\text{vib}}(v_1, v_2, v_3) = hc\left[\sum_{i=1}^{3}\omega_i\left(v_1 + \frac{1}{2}\right) + \sum_{i=1}^{3}\sum_{k\geqslant i}^{3}x_{i,k}\left(v_i + \frac{1}{2}\right)\left(v_k + \frac{1}{2}\right)\right] \quad (4.3)$$

式中,h 是普朗克常数;c 是真空中的光速;i 是振动模式的数目;k 取从 i 到 3 的值;ω_i 是水分子中键的谐波振动的分量频率,单位为 cm^{-1};$x_{i,k}$ 是非谐常数,描述非谐振子与谐振子振动的偏差,单位为 cm^{-1}。ω_i、$x_{i,k}$ 是表 4.5 中给出的经验常数。

式(4.3)在实际中非常有用,因为它允许简单地定义水分子的各种可能振动状态的能量,因此,也可以定义分子在这些状态之间跃迁时吸收或发射的光子的能量、频率或波长。

表 4.5 描述水分子 H_2O、HDO 和 D_2O 的振动态能量的常数值

分子	常量谐波和非谐波频率常数 $/\text{cm}^{-1}$								
	ω_1	ω_2	ω_3	x_{11}	x_{22}	x_{33}	x_{12}	x_{13}	x_{23}
H_2O	3 832.17	1 648.47	3 942.53	-42.576	-16.813	-47.566	-15.933	-165.824	-20.332
HDO	2 824.32	1 440.21	3 889.84	-43.36	-11.77	-82.88	-8.60	-13.14	-20.08
D_2O	2 763.80	1 206.39	2 888.78	-22.58	-9.18	-26.15	-7.58	-87.15	-10.61

6. 转动跃迁

分子的各种振动状态之间的跃迁伴随着其转动态的变化,但是因为分子的转动并不是一个显著影响海水中液态水吸收光谱的因素。如果使用分辨率足够高的分光光度计来记录气态分子的红外吸收光谱,将看到这些光谱不是平滑的,而是由于分子转动状态的变化,以结构极其复杂的光谱带的形式出现。当转动能减小时($\Delta J=-1$,P 分支),这些光谱带出现在与纯振动跃迁对应的光谱中心线的长波侧;当转动能量增加时($\Delta J=+1$,R 分支),光谱带出现在中心线的短波侧。通常情况下这些光谱带的强度比中心线大,中心线对应于纯振动跃迁,转动能没有变化($\Delta J=0$,Q 分支)。图 4.2 所示为大气中水蒸气的吸收光谱,该光谱对应于三个主要的振动跃迁,并显示部分转动结构,图中 A 为 2.66 μm 波段,对应于模式 III,即 $(0,0,0) \to (0,0,1)$;B 为 2.73 μm 波段,对应于模式 I,即 $(0,0,0) \to (1,0,0)$;C 为 6.27 μm 波段,对应于模式 II,即 $(0,0,0) \to (0,1,0)$。然而,在凝聚态(液态水、冰)中,分子受到相互作用力的影响,转动能级会受到谱线展宽的影响。因此,在液态水中,振动吸收带的转动光谱结构几乎看不见。

分子的振动—转动能态之间跃迁的极限情况是振动量子数不变情况下的跃迁,即纯转动跃迁。因为分子的基本转动能量通常是它们振动能量的 $\frac{1}{100}$,这种转动跃迁涉及低能辐射的吸收或发射,在水分子中诱导这种跃迁所需的光子能量为 $10^{-2} \sim 10^{-3}$ eV(即远红外光),因此,这些分子的光吸收转动光谱带位于光谱的远红外、微波和无线电波区域。

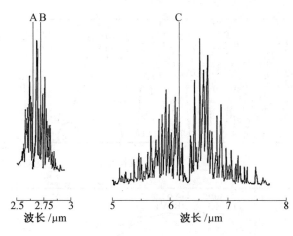

图 4.2　大气中水蒸气的吸收光谱

7. 水分子的振动－转动吸收光谱

量子力学选择规则允许水分子中存在大量的振动－转动能级跃迁,这意味着该分子在红外和微波整个波长范围内的吸收光谱是一个极其复杂的光谱,是由许多不同强度和宽度的波段组成的,如图 4.3 所示的大气中水蒸气的红外和微波对数吸收系数的光谱,稀薄水蒸气对辐射的吸收实际上与离散水分子对辐射的吸收具有相同的性质。图 4.3(a)中将从基态吸收激发到各种振动状态(v_1,v_2,v_3)标记在相关波段上方的括号中,图下方的符号为各波段的标准大气光学代码;图 4.3(b)中($V+R$)表示由于振动转动带和转动带重叠而产生的吸收峰;($R+V$)表示主要由转动跃迁引起的吸收峰。由于红外光谱中气体吸收带的精细结构,因此它由窄的、几乎单色的自然吸收线和它们之间窄的"无吸收间隔"组成。

如图 4.3 所示,近红外区最强烈的带是三个基本吸收带,对应于水分子在相关振动模式下从基态到第一激发态的振动－转动跃迁(标记为 X 和 6.3 μ 的带)。这三个带中最强烈和最宽的对应模式 Ⅱ 中的振动－转动跃迁使分子变形,该波段的中心位于波长为 $\lambda=6.27\ \mu m$ 的附近。该波段具有精细结构(在光谱上不可见),其中出现大量宽度和强度不同的谱线。

与前面的吸收带相比,强度和宽度稍小一些的是因水分子模式 Ⅲ 的振动－转动跃迁而形成的基本吸收带,该波段的中心位于波长为 $\lambda=2.66\ \mu m$ 的附近。在该吸收带附近,位于波长为 $\lambda=2.73\ \mu m$ 附近的水分子基本吸收带,对应于模式 Ⅰ 中的振动－转动跃迁。对应于跃迁$(0,0,1)$ 和 $(1,0,0)$ 的两个波段,以及波长为 $\lambda=3.17\ \mu m$ 附近的谐波波段$(0,2,0)$,部分重叠,共同形成一个非常宽的水分子吸收带,波长范围为 2.3 ～ 3.9 μm(光谱上用 X 标记),这一波段作为一个整体是水分子中最具特征的波段,在自然界中对近红外辐射的吸收起着重要的作用。

在近红外波段,水分子还吸收波长为 0.81 μm、0.94 μm、1.13 μm、1.38 μm 和 1.88 μm 的辐射(图 4.3(a)中用符号 0.8μ、ρ、σ、τ、φ、Ψ 和 Ω 表示的波段)。这些波长的光子被吸收涉及水分子的能量跃迁,根据量子力学选择定则至少两个振动量子数的值同时改变(如 $\lambda=1.88\ \mu m$ 的带主要与跃迁$(0,0,0)\rightarrow(0,1,1)$有关)。这些吸收带的宽度和

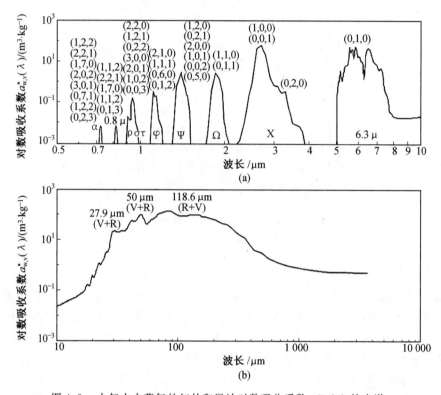

图 4.3 大气中水蒸气的红外和微波对数吸收系数 $a_{w,v}^*(\lambda)$ 的光谱

强度各不相同,但它们比前面讨论的三个基带小很多。在最后的一组波段附近,有与水分子高次谐波振动相对应的窄、低强度吸收带,以及允许的组合带,即水分子的上述振动模式及其高次谐波的组合。值得特别注意的是,那些位于可见光谱(即 $\lambda < 0.8\ \mu m$)部分的组合带,它们在大气中形成一个单一的、相当强的吸收带,在光谱上用符号 α 表示,吸收最大值在 $\lambda \approx 718\ nm$ 处,这是可见电磁波范围内水分子吸收光的唯一清晰可见波段。

图 4.3(b) 所示为远红外波段的吸收,从图中可以看出,水分子对波长范围为 $12 \sim 20\ \mu m$ 的光子有轻微吸收,其对应于模式 Ⅰ 和模式 Ⅱ 中的高次谐波振动,并且其吸收强度是变化的,是随着光在该光谱区域中波长的增加而增加的。在 $20\ \mu m \sim 1\ mm$ 的波长范围内,吸收光谱实际上是一个连续谱,其中波长为 $27.9\ \mu m$、$50\ \mu m$ 和 $118.6\ \mu m$ 的强度比较突出,在这个范围内水分子的连续吸收光谱是由于振动－转动带与纯转动能量跃迁引起的谱线的叠加。

4.1.2　电子吸收光谱

分子不仅因其转动态和振动态的变化而吸收或发射辐射,而且分子中电子组态的变化也使电子能量发生变化,从而导致分子吸收或发射辐射。从一个电子态跃迁到另一个电子态引起的能量变化通常相当大,对应于紫外光区的光子能量,对于大的不饱和分子也可以对应于可见光区的光子能量。电子跃迁涉及如此大的能量变化,必然伴随着振动能量的变化和转动能量的变化,尽管二者的变化很小。水分子的电子跃迁不能形成单个吸收线或发射线,而是形成具有高度复杂精细结构的电子振动吸收带或发射带。

分子电子态的能量取决于其组成原子的电子结构,为了更好地说明这个问题,需要引入原子轨道(AO)和分子轨道(MO)的概念。这些轨道有助于确定原子和分子中单个电子的能量。同样,这些电子能量的变化是由量子力学中的选择定则来确定的,选择定则决定了给定分子吸收或发射的光子的能量。换句话说,其决定了电磁辐射对应的跃迁的光子能量。

1. 轨道

表征原子或分子中一个电子状态的量子力学量是单电子波函数 $\varphi_e = (x, y, z, s)$,它被称为自旋轨道。为了简单起见,可以将自旋轨道表示为仅依赖于其在空间位置坐标的组态函数 $\Psi_e(x, y, z)$ 与自旋函数 $\xi(s)$ 的乘积,即

$$\varphi_e(x, y, z, s) = \Psi_e(x, y, z)\xi(s) \tag{4.4}$$

通过假设"单电子近似"和求解无自旋薛定谔方程,可以确定原子或分子中任何电子的组态波函数 $\Psi_e(x, y, z)$,电子在空间中每一点的能量与 $|\Psi_e(x, y, z)|^2$ 成正比,并决定了电子电荷的空间分布。为了更好地描述电子的位置,可使用轨道的概念,即当处理原子中的电子时采用 AO,当处理分子中的电子时采用 MO。通常假设一个轨道是大部分(如 95%)电子电荷集中空间的体积,换句话说,在这个空间中找到电子的概率是 95%。以这种方式构想的轨道在原子或分子的范围内有各种形状、大小和位置,这取决于原子或分子键的类型和电子的组态。

2. 氢和氧的原子轨道、水的分子轨道

每个原子轨道都由下列量子数的值明确定义,这些量子数可以是零或整数。

(1) 主量子数 $n = 1, 2, 3, 4, \cdots$,它同时是轨道数或电子壳层数。

(2) 轨道量子数 $l = 0, 1, 2, 3, \cdots, (n-1)$,由字母 s,p,d,f,$\cdots$ 表示。电子轨道角动量(OAM)的量子数定义了角动量的标量值,其表达式为 $OAM = [l(l+1)]^{1/2}h/(2\pi)$,$h$ 是普朗克常数。

(3) 磁量子数 $m = -l, -l+1, \cdots, +l$,定义了轨道角动量在 $2l+1$ 个不同方向上投影的标量值等于 $mh/2\pi$。然而,原子中每一个电子的能态都用四个量子数来表征,前三个是 n, l 和 m 表征轨道类型,而电子的第四个量子数是其自旋量子数 s,取值为 $+1/2$ 或 $-1/2$。这与量子力学中的泡利不相容原理是一致的,根据这个原理,原子中的每个电子(以及分子中的每个电子)必须在描述其状态的四个量子数中至少有一个的值与所有其他电子的不同。同样地,每个原子(也包括分子)轨道最多可能包含两个自旋不同的电子。这样定义的四个量子数 (n, l, m, s) 明确地决定了量子数 Λ 所描述的电子能的值,它定义了轨道角动量在分子轴上投影的绝对值。

根据上面的约定,形成基态水分子的氢原子和氧原子的电子构型可以写为

氢(H):$1s^1$

氧(O):$1s^2 2s^2 2p_x^2 2p_y^1 2p_z^1$

每一个组态都以一个等于主量子数的数开始,也就是轨道数;第二个位置的字母表示子壳层,它定义了 s 轨道对应的量子数 $l=0$,p 轨道对应的量子数 $l=1$。这里也给出了有关磁量子数的信息,在 s 子壳层的情况下 $l=0$(即氢为 1s,氧为 1s 和 2s),因此 $m=0$;但对

于氧的 2p 子壳层 $l=1$，m 可以取三个值，分别是 -1、0 和 1，由投影的相关分量表示为 $2p_x(m=0)$、$2p_y(m=-1)$ 和 $2p_z(m=+1)$。各种轨道代码中的上标表示这些子壳层中的电子数（最多容纳两个自旋不同的电子）。

　　图 4.4(b)、(c) 所示为氢和氧的原子轨道在空间中的近似形状和取向，图 4.4(d) 所示为两个氢原子和氧原子的价电子的原子轨道结合形成水分子的分子轨道示意图，类似信息见表 4.6，该表指定了氢和氧原子轨道的组成（第 1 列）、符号（第 3 列）和选定特征（第 2、4、5 列）。水的这些轨道之间的能量关系可通过各种量子力学方法确定，如图 4.4 中的近似形式所示，表 4.7 进一步分析并给出了水的各种分子轨道中电子势能的详细值。

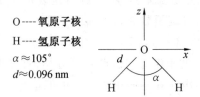

(a) xz 平面内水分子中各原子的位置

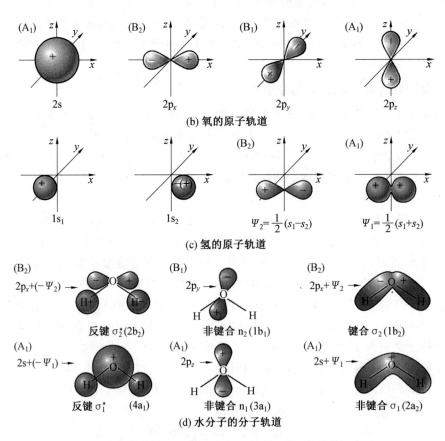

图 4.4　氢和氧的原子轨道示意图及水分子的分子轨道示意图

表 4.6　H₂O 分子轨道(MO)以及形成它的氢和氧的输入轨道(AO)的符号和特征列表

原子轨道(AO)	对称类型	分子轨道(MO) 符号	功能	基态占据
1s H 和 2p$_x$ O	B₂	2b₂	σ_2^*	LUMO
1s H 和 2s O	A₁	4a₁	σ_1^*	—
2p$_z$	B₁	1b₁	n₂	HOMO
2p$_y$	A₁	3a₁	n₁	价电子轨道
1s H 和 2p$_x$ O	B₂	1b₂	σ_2	—
1s H 和 2s O	A₁	2a₁	σ_1	—
1s O	A₁	1a₁	n₀	—

表 4.7　由不同的分子轨道描述水分子中电子的能量　eV

	轨道	气态水	液态水	冰	轨道	水二聚体 H₂O—H₂O	离子 H₃O+—H₂O Cs对称	H₃+—H₂O C₂对称	HO⁻—H₂O
A. LUMO	3b₂	+20.8	—	—					
	2b₂	+8.0	—	—					
	4a₁	+6.0	—	—	4a₁ 质子供体	+7.3	0.6	+0.5	—
					4a₁ 质子受体	+5.3	−0.9	−0.7	+12.6
B. HOMO	1b₁	−12.6	−11.16	−12.3	1b₁ 质子供体	−12.7	−21.0	−21.9	
		−14.0	—	−11.8	1b₁ 质子受体 / 3a₁ 质子供体	−14.1	−22.6	−21.9	−3.2
	3a₁	−14.84	−13.5	−14.2	3a₁ 质子供体 / 1b₁ 质子受体	−14.8	−23.4	−23.1	−6.0
		−14.80	—	—					
		−15.0	—	—	主要 3a₁ 质子受体 / 次要 1b₂ 质子供体	−16.3	−26.9	−27.8	−7.0
	1b₂	−18.78	−17.34	−17.6	主要 1b₂ 质子供体 / 次要 3a₁ 质子受体	−18.7	−28.7	−27.8	−7.0
		−18.60	—	−18.0					
		−19.0	—	—	1b₁ 质子受体	−20.2	−29.0	−28.8	−11.3
	2a₁	−32.62	−30.90	−31.0	2a₁ 质子供体	−35.8	−44.0	−44.6	−25.1
		−32.60	—	—	2a₁ 质子受体	−37.4	−46.3	−45.5	−28.7
		−37.0	—	—		=	—	—	—
	1a₁	−559	−559	−559	O 原子 1s 质子供体	−558.4	−566.7	−567.6	−549.0
					O 原子 1s 质子受体	−560.1	−568.6	−567.6	−551.6

续表 4.7

C.里德伯态	3pb$_1$	-2.43	—	—	—	—	—	—	—	—
	4sa$_1$	-2.00								
	3pa$_1$	-2.62								
	3sa$_1$	-5.18								

　　根据图 4.4 和表 4.6 中给出的信息,可以表示出基态下 H_2O 分子的电子组态,其形式为下面能量递增的轨道序列,即

$$\underbrace{1a_1^2,2a_1^2,1b_2^2,3a_1^2,1b_1^2}_{\text{最高占据分子轨道(HOMO)}}\qquad\underbrace{4a_1 2b_2 \cdots}_{\text{最低空位分子轨道(LUMO)}}$$

每个名称的第一个组成部分代表属于给定分子对称性类型的连续轨道数,见表 4.6 第 2 列 A$_1$、B$_1$、B$_2$;名称第二位置带有下标的字母(a$_1$、b$_1$ 或 b$_2$)重复对称类型的符号,其余表示的是关于原子轨道的信息。

　　轨道可以区分为两组,分别是最高占据分子轨道(Highest-energy Occupied Molecular Orbitals,HOMO)——水分子基态的能量最高的占有分子轨道被电子占据、最低空位分子轨道(Lowest Unoccupied Molecular Orbitals,LUMO)——水分子基态的能量最低的未占有分子轨道。它们由不同的 O 和 H 原子轨道组合而成(图 4.4 和图 4.5),具有不同的性质和完成不同的功能(表 4.6 第 4 列)。图 4.5 所示为水分子能量图,图中显示了水分子及其组成原子的能级:一个氧原子和两个氢原子。水分子能量图上的一对垂直箭头说明了电子对(自旋相反)在基态分子中的分布,Ψ_1 和 Ψ_2 表示两个氢原子的电子波函数,$\Psi_1 = 1/2(s_1 + s_2)$、$\Psi_2 = 1/2(s_1 - s_2)$,能级旁边括号中的符号表示相关的对称类型。HOMO 中的第一个 1a$_1$,它是一个非键轨道(n$_0$),起源于氧(1s)的内部原子轨道,但它是重复的(即相对于氧原子核,电子电荷分布的对称性是球形的)。HOMO 中的第二个 2a$_1$,一部分是氧原子 2s 轨道的贡献,另一部分是氢原子 1s 轨道的贡献,确切地说是它们的函数 Ψ_1 的贡献,如图 4.4(c)所示,因此近似为球形。HOMO 中的 1b$_2$、3a$_1$ 和 1b$_1$ 围绕氧原子正交,没有明显的 sp^3 杂交特征,杂化是指当不同类型的原子轨道混合形成分子轨道出现的情况,在这里指的是氧的 2p 轨道和氢的 1s 轨道。最高能量的 HOMO 中的 1b$_1$,在性质上主要是 p$_z$,没有来自氢 1s 轨道的贡献,并且主要贡献在于"孤对"效应,因此它具有非键轨道(n$_2$)的性质。轨道 2a$_1$、1b$_1$ 和 3a$_1$ 都对 O—H 键起作用,然而,由于 3a$_1$ 主要是由氧的 p$_y$ 轨道形成的,它只是弱成键,所以可以假设它是非成键的(n$_1$)。相比之下,O—H 键主要基于两个 σ 型键轨道,即轨道 1b$_2$ 上的强键合(σ$_2$)和轨道 2a$_1$ 上的弱键合(σ$_1$)。

　　在表 4.6 中除了上面 5 个 HOMO 外,能量更高的轨道有 4a$_1$ 和 2b$_2$,还有更高能量的轨道如 3b$_2$,在基态中没有被占据,因此被归类为 LUMO,它们是反键轨道 σ$_1^*$ 型;4a$_1$ 和 2b$_2$ 是 O—H 反键轨道,它们在 O 原子周围的电子密度最大,而轨道 3b$_2$ 在 H 原子周围的电子密度最大。

　　水分子根据分子中原子的成键能力可分为成键(σ)、非成键(n)和反键(σ*),根据所占据的电子轨道可分为最高占据分子轨道(HOMO)或最低空位分子轨道(LUMO)。

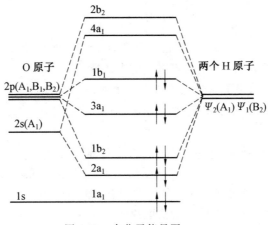

图 4.5　水分子能量图

3. 电子的能态

表 4.7 中 A、B 和第 3、4、5 列给出了用 HOMO 和 LUMO 描述的所有三种聚集态电子的特征能量值,HOMO 中所有成键和非成键电子的能量都是负的,而在 LUMO 中是正的。在自然环境中,除了单个水分子没有相互作用外,各种超分子结构都可以发生相互作用,这些较大的结构可以是电中性的(二聚体、聚合物、晶体元素),也可以是带电的,这在较大或较小程度上适用于所有三种状态的水即气态水、液态水和冰。这也是形成一系列复杂电子态的原因,在数量上与单个分子的态有很大不同。表 4.7 中第 6 ～ 10 列给出了其中一些状态及其特征能量值,从这些数据可以清楚地看出,水分子的这些主要 HOMO 和 LUMO 电子能态与其超分子结构之间的能量差异非常大(几十或几百电子伏)。这些差异中最小的大约是 20 eV,这意味着极短波长(通常小于 100 nm)辐射的吸收或发射是这些状态之间电子跃迁的原因。然而,由于电子跃迁,水不仅吸收非常短的辐射,而且还吸收 $\lambda > 100$ nm 范围内的辐射,这些长波的吸收可能是主能态之间跃迁的结果,见表 4.7 中 A、B 所列。

4. 相互作用轨道与里德伯态

除了表 4.7 中 A、B 列出的主要 HOMO 和 LUMO 电子能态外,水分子电子性质的多样性和复杂性意味着它还具有一系列与主要电子态类似的相互作用电子态(分子轨道),如类 $3a_1$ 轨道、类 $4a_1$ 轨道等。其中,电子的里德伯态(及其相应的轨道)对水的电子吸收光谱的形成起着特别重要的作用,里德伯态既存在于原子中也存在于分子中,通常指一些(一个或两个)最外层的价电子,这与原子电子构型的变化有关。这些态是高激发电子态,轨道的尺寸远大于基态原子或分子核的尺寸,这意味着当其中一个最外层的电子被激发到非常高的能级时,它就会进入一个比其他所有电子离核更远的轨道。这个被激发的电子从这么远的距离作用在由原子核和所有其他电子组成的"原子核"或"分子核"上,实际上它就好像是等于 $1e$ 的点电荷,与氢原子核的电荷相同。只要被激发的电子不太靠近原子核或分子核,它的行为就像一个氢原子的核外电子,因此里德伯态原子和分子的行为在许多方面与高激发态氢原子的行为相似。特别地,在修正了量子缺陷之后,原子里德伯轨道的电子能 E_n 和主量子数 n 之间的关系类似于氢原子的形式:

$$E_n = hcR_y \frac{z_e}{(n-\delta)^2} - E_i \tag{4.5}$$

式中, z_e 是核心电荷, $z_e = 1$; R_y 是里德伯常数, $R_y = 109\ 677.581\ 0\ cm^{-1}$; δ 是里德伯轨道穿透核心产生的量子缺陷; E_i 是给定电子的电离能。

用来描述里德伯轨道的符号也类似于原子轨道的符号, 首先写出主量子数 n (即里德伯轨道数), 然后写出子壳层的表示 (s, p, d, $\cdots$), 最后是电子的类型。 对于水, 有以下几点。

$nsa_1 (n = 1, 2, \cdots)$, $npa_1 (n = 1, 2, \cdots)$ 关于对称性为 A_1 的一个价电子的轨道。

$nsb_1 (n = 1, 2, \cdots)$, $npb_1 (n = 1, 2, \cdots)$ 关于对称性为 B_1 的一个价电子的轨道。

研究表明, 水分子最可能存在 4 种里德伯态, 即 $3sa_1$、$3pa_1$、$4sa_1$ 和 $3pb_1$。

式 (4.5) 中出现的量子缺陷 δ 的值取决于两个量子数: n (轨道数) 和 l (轨道量子数, 对应于子壳层的类型: s、p、d 等), 通常是根据经验确定的, 其中 $\delta(3sa_1) = 1.31$, $\delta(3pa_1) = 0.72$, $\delta(4sa_1) = 1.39$, $\delta(3pb_1) = 0.65$。表 4.7 中 C 给出了在此基础上使用式 (4.5) 计算的水分子里德伯态的电子能量特征, 在这些计算中, 采用单个电子的电离能分别等于表 4.1 中的电离能减去电子 $3a_1$ 的成键能 2.36×10^{-18} J $= 14.73$ eV (对于 nsa_1 和 npa_1 系列的状态); 对于电子 $1b_1$ 的成键能约为 2.02×10^{-18} J $= 12.62$ eV (对于 npb_1 系列的状态)。

从里德伯态 (表 4.7C) 和 HOMO 态 $3a_1$ 和 $1b_1$ (表 4.7B) 中的电子能量可以看出, 这两种轨道之间的能量差异相对较小, 这可以解释 $\lambda > 100$ nm 范围内吸收或发射光谱的形成。然而, 这两种状态之间的跃迁并不能解释高能光子 ($\lambda < 100$ nm) 的吸收是水的光电离和光解造成的。

5. 水分子的电子吸收光谱

对水分子的电子吸收光谱进行研究是一个极其复杂的问题, 而且有相当大的误差, 这是因为这些光谱位于远紫外区, 这是一个经典光谱技术很难进入的区域。图 4.6 所示为水的电子紫外吸收光谱, 图中给出了通过同步辐射获得的水蒸气吸收光谱的测量结果 (图 4.6(b)、(d)), 以及通过 X 射线散射测量的液态水介电函数实部和虚部的光谱数据间接确定的结果 (图 4.6(a)、(c))。

图 4.6 表明吸收光谱包括以下内容。

(1) 一个主要的、非常宽的、最大值约为 65 nm 的、几乎连续的波段, 研究证实这是水在所有三种物质状态下的特征。

(2) 在 $\lambda > 100$ nm 的光谱区域有许多明显的离散特征, 如图 4.6 中 A、B、C 波段的位置, 这对于水蒸气尤其明显。出现这种宽的、几乎连续的主要吸收带的原因是, 它主要由引起光电离和光解的高能光子 (在电磁波的短波区 $-\gamma$ 和 X 射线) 的吸收光谱叠加组成, 当能量高于电离和解离能时, 吸收光谱是连续的。毫无疑问, 与适当间隔的离散能级之间的电子跃迁相对应的其他离散子带也是该带的组成部分, 然而图 4.6(a)、(c) 表明, 这些离散特征在这个宽的连续带中并不特别明显, 这与水在所有物质状态下的情况相似。重叠在这个宽的连续带上的是水分子在气体状态下的一些更细微的特征 (图 4.6(b)、(d)):

A: 在 $145 \sim 180$ nm 区域中相对较宽的子带, 最大值约为 166.5 nm。

B: 在 $125 \sim 145$ nm 区域中相对较宽的子带, 最大值约为 128 nm。

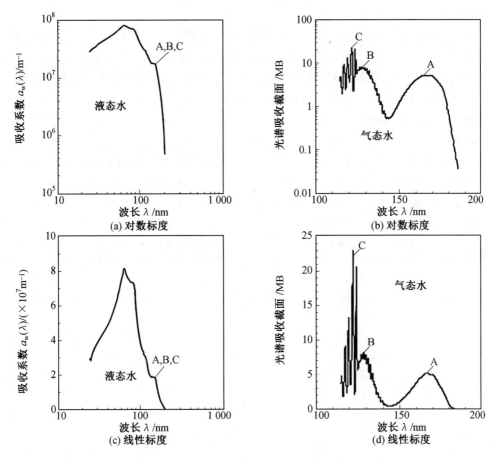

图 4.6　水的电子紫外吸收光谱(1 MB = 10^{-20} m² / molecule)

C：在 115 ~ 125 nm 区域中的一组窄带。

吸收光谱的这三个特征都是通过同步辐射经验获得的，子带 A(145 ~ 180 nm) 是 $1b_1 \to$ 类 $4a_1$ 轨道跃迁的结果，该跃迁已被证明将水分解为 OH + H，该子带具有电子－振动结构，尽管它非常宽且不特别明显。子带 A 的精细结构特征在吸收光谱中的位置以及振动分析的更重要结果见表 4.8A 和图 4.7，该子带也被里德伯结构部分重叠(其中吸收对应于 $1b_1 \to 3sa_1$ 跃迁)。

子带 B(125 ~ 145 nm) 也参与光解，由 $3a_1$ 电子激发产生，在较小程度上也由 $1b_1$ 电子激发到里德伯能级 $3sa_1$ 产生，因此，这些是 $3a_1 \to 3sa_1$ 和 $1b_1 \to 3sa_1$ 跃迁，即里德伯级数跃迁。与子带 A 不同，该子带具有非常独特的振动结构(图 4.8)，表 4.8B 列出了其最显著的特征。

窄带 C(115 ~ 125 nm) 是子带 A 和子带 B 中里德伯跃迁的延伸，并且对应于这些跃迁的以下两个体系。

(1) 里德伯序列收敛到最低离子基态，对应于从 $1b_1$ 电子态跃迁到 nsa_1(主要是 $n = 3$ 和 $n = 4$)、npa_1(主要是 $n = 3$) 和 npb_1(主要是 $n = 3$) 类型的里德伯态。

(2) 里德伯序列收敛到第二离子基态，这是由于 $3a_1$ 电子态被激发到 $3sa_1$ 里德伯态而产生的。

这些序列中的两个体系都具有复杂的振动结构(图 4.9),主要与模式 II 即弯曲振动跃迁有关,在较小程度上与模式 I 跃迁或拉伸有关。表 4.8 中 C、D 给出了由于这些电子跃迁引起的吸收最大值的位置,以及伴随它们的振动状态的各种变化。这两个里德伯序列在频谱的短波侧都有一个边界,由于这个边界,光子的最大能量等于电离能,电离使分子中的单个价电子分离。

(1)$1b_1$ 电子,其电离能约为 12.62 eV,即第一种里德伯序列类型的 $\lambda \approx 98.3$ nm。

(2)$3a_1$ 电子,电离能约为 14.73 eV,即第二种里德伯序列类型的 $\lambda \approx 84.2$ nm。

显然,这些电离也可以是由吸收高能光子(来自短波范围)引起的,多余的能量将被转换成释放的电子的动能,这种跃迁导致连续光谱的形成,这就是为什么在这个光谱范围内观察到水吸收光谱较宽的原因。

表 4.8　水分子在 110 ～ 180 nm 范围内吸收光谱中的主要结构元素

A. $1b_1 \rightarrow 4a_1$ 型跃迁的同时子带 A 中的振动量子数发生变化($\Delta v_1, \Delta v_2, \Delta v_3$)而吸收的光子的能量和波长				B. $1a_1 \rightarrow 3sa_1$ 型跃迁的同时子带 B 中振动量子数发生变化($\Delta v_1, \Delta v_2, \Delta v_3$)而吸收的光子的能量和波长			
序号	($\Delta v_1, \Delta v_2, \Delta v_3$)	能量 /eV	波长 λ/μm	序号	($\Delta v_1, \Delta v_2, \Delta v_3$)	能量 /eV	波长 λ/μm
1	0,0,0	7.069	0.175	1	0,0,0	8.598	0.144
2	0,1,0	7.263	0.171	2	0,1,0	8.658	0.143
3	0,2,0 〉 1,0,0	7.464	0.166	3	0,2,0	8.775	0.141
				4	0,3,0	8.875	0.140
4	0,3,0	7.668	0.162	5	0,4,0	8.978	0.138
5	0,4,0 〉 2,0,0	7.872	0.158	6	0,5,0	9.08	3 0.137
				7	0,6,0	9.198	0.135
6	0,5,0	8.067	0.1537	8	0,7,0	9.294	0.133
7	0,6,0 〉 3,0,0	8.260	0.150	9	0,8,0	9.393	0.132
				10	0,9,0	9.479	0.131
8	0,7,0	8.463	0.147	11	0,10,0	9.574	0.130
9	4,0,0	8.604	0.144	12	0,11,0	9.671	0.128
10	0,8,0	8.658	0.143	13	0,12,0	9.770	0.127
—	—	—	—	14	0,13,0	9.864	0.126
				15	0,14,0	9.995	0.124

续表 4.8

C. $1b_1$ 电子跃迁到选定里德伯能级并同时改变振动量子数（Δv_1，Δv_2，Δv_3）而吸收的光子的能量和波长（子带 C）

D. $3a_1$ 电子跃迁到选定的里德伯能级并同时改变振动量子数（Δv_1，Δv_2，Δv_3）而吸收的光子的能量和波长（子带 C）

序号	组态布置	能量/eV	波长/μm	序号	组态布置	能量/eV	波长/μm
1	$3sa_1$	7.464	0.166	1	$3sa_1 + (0,0,0)$	9.991	0.124
2	$4sa_1$	10.624	0.117	2	$3sa_1 + (0,1,0)$	10.142	0.122
	...			3	$3sa_1 + (0,2,0)$	10.320	0.120
1	$3pa_1 + (0,0,0)$	10.011	0.124	4	$3sa_1 + (1,0,0)$	10.384	0.119
2	$3pa_1 + (0,1,0)$	10.179	0.122	5	$3sa_1 + (0,3,0)$	10.458	0.119
3	$3pa_1 + (0,2,0)$	10.354	0.120	6	$3sa_1 + (1,1,0)$	10.516	0.118
4	$3pa_1 + (1,0,0)$	10.401	0.119	7	$3sa_1 + (0,2,0)$	10.777	0.115
5	$3pa_1 + (0,3,0)$	10.476	0.118				
6	$3pa_1 + (1,1,0)$	10.556	0.117				
7	$3pa_1 + (1,2,0)$	10.721	0.116				
	...						
1	$3pb_1 + (0,0,0)$	10.163	0.122				
2	$3pb_1 + (0,1,0)$	10.360	0.120				
3	$3pb_1 + (0,2,0)$	10.556	0.117				
4	$3pb_1 + (1,0,0)$	10.574	0.117				
5	$3pb_1 + (0,3,0)$	10.763	0.115				
6	$3pb_1 + (1,1,0)$	10.777	0.115				

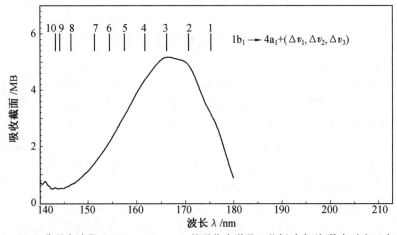

图 4.7　H_2O 分子在波段 A（145～180 nm）的吸收光谱及一些振动序列（数字对应于表 4.8A）

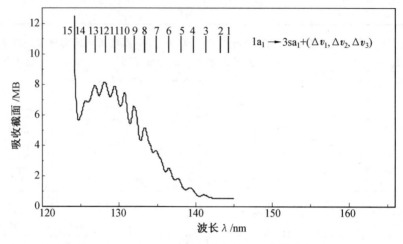

图 4.8　H_2O 分子在波段 B(125 ～ 145 nm) 的吸收光谱及一些振动序列(数字对应于表 4.8B)

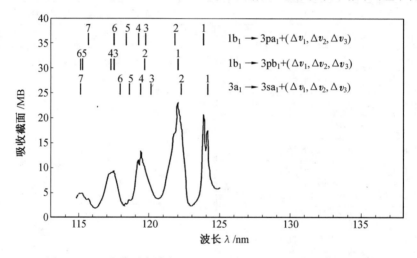

图 4.9　H_2O 分子在波段 C(115 ～ 125 nm) 的吸收光谱及里德伯
序列和一些振动激发模式(数字对应于表 4.8C 和 D)

4.2　纯液态水对电磁辐射的吸收

　　这里所说的纯水是一种化学上纯净的物质,它由在地球自然条件下产生的水分子组成,这些分子的结构中含有不同的氢和氧同位素。在自然界中,水分子通常的结构是 $H_2{}^{16}O$,其最常见的同位素变体是重水分子 $H_2{}^{18}O$、$H_2{}^{17}O$ 和 $HD^{16}O$,这三个分子的比例为 2∶0.4∶0.3,在纯水中的联合浓度不超过 0.3%(±0.1%)。天然水还含有更重的水变体($HD^{17}O$、$HD^{18}O$、$D_2{}^{16}O$、$HT^{16}O$、$T_2{}^{16}O$),但只有微量。表 4.1 给出了不同氢和氧同位素以及几种水同位素变体在海水中的总质量百分数,这些纯水同位素的电磁辐射吸收光谱各不相同,而且都不同于 $H_2{}^{16}O$ 水分子的光谱,它们之间的差异是由于同位素分子具有不同的质量,且其几何结构和特征尺寸都略有不同,因此动力学、电学和磁学性质(如转动惯量或偶极矩)也不同,所以能量状态也不同。水的同位素能量状态之间的单个跃迁对应于不同能量(即不同波长)的光子的吸收。辐射吸收带的位置见表4.4,对于分子的不同同位素,跃迁而吸收的光子的波长是不同的,即吸收波长随着分子质量的增加而增加。不仅是吸收光谱中谱带和谱线的位置不同,而且强度也不同,这些差异也适用于因其他类型的能量转换而引起的吸收 — 电子、旋转和凝聚相的其他跃迁特征(平动、过渡振动、偶极子 — 电场相互作用)。然而,水的同位素吸收特性的多样性对海洋和地球其他盆地的纯液态水的总辐射吸收系数 $a_w(\lambda)$ 的影响并不显著,这是因为水的同位素混合物在自然界中的总浓度通常是 $H_2^{16}O$ 水浓度的 $\frac{1}{1\,000}$,这也是为什么在进一步描述纯水的吸收特性时,只关注由 $H_2^{16}O$ 分子形成的水的吸收特性。

液态水(水蒸气和冰)对紫外线的吸收很强,对短波辐射的吸收更强,另外,它能很强地吸收红外辐射,而较长的电磁波波长更是如此。因此,水分子及其氢和氧组成原子的能级排列的结果是,其辐射吸收光谱通常由两个非常宽的强吸收区域组成,一个在短波侧,另一个在长波侧,介于两者之间在可见光区域有一个相对较窄的最小吸收(图4.10)。光谱中具有非常高透射率的"窗口"位于可见光区域,并且最大透射率即液态水的绝对最小吸收系数 $a_w(\lambda)$ 位于波长为 $\lambda \approx 415\,nm$ 处。

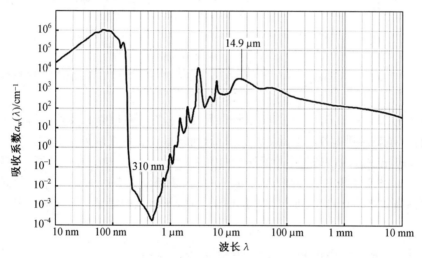

图 4.10   室温下液态水的吸收光谱(从紫外到无线电波)

4.2.1   基本红外吸收带 $(2.3 \sim 8\,\mu m)$

图 4.11 比较了液态水 $a_w(\lambda)$ 和水蒸气 $a_{w,v}(\lambda)$ 的红外、微波和无线电波吸收光谱,图中箭头给出了液态水特征吸收带峰的位置。图 4.11(a) 中符号是大气光学中常用的单个水蒸气吸收带码;由于分子相互作用,纯水分子中基本振动 — 转动跃迁(模式 I、II 和 III,即 $(0,0,0) \rightarrow (1,0,0),(0,1,0),(0,0,1)$)引起的吸收带比水蒸气中的吸收带宽得多。与水蒸气中自由分子的能带相比,液态水的吸收光谱向长波方向移动(除 II 型跃迁外),吸收光谱的展宽和位移形成了一个吸收连续谱。

光谱长波侧的最强吸收带位于 $2.3 \sim 8\,\mu m$ 波长范围内。对应于水蒸气的 X 波带,该波段在液态水中通过组合的基本模式 I 和模式 III 跃迁形成,并在 λ 为 $2.9 \sim 3.0\,\mu m$ 处

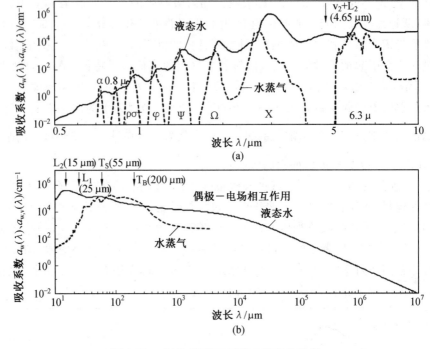

图 4.11　红外、微波和无线电波吸收光谱

T_B、T_S—振动跃迁引起的频带；L_1、L_2—平动引起的频带；$v_2 + L_2$—L_2 平动模式下弯曲振动的组合带

达到峰值。在 $2.3 \sim 8\ \mu m$ 范围内液态水的吸收比水蒸气中相应的吸收更强。在相同的波长范围内，还观察到额外的电磁辐射吸收带，而这些吸收带在水蒸气中自由单分子的吸收光谱中没有出现。这些谱带中最显著的是在 $\lambda = 4.65\ \mu m$ 处达到峰值的宽—强谱带，它是弯曲振动 v_2 和平动模式 L_2 的组合谱带。这一波段导致液态水在 $4 \sim 5\ \mu m$ 的光谱间隔内对辐射的吸收平均比自由、非相互作用的 H_2O 分子组成的等量水蒸气对辐射的吸收大 10^4 倍。

4.2.2　近红外和可见光吸收($0.4 \sim 2.3\ \mu m$)

在 $\lambda < 2.3\ \mu m$ 的波长范围内，纯液态水有一系列宽的重叠吸收带，其强度随着光子能量的增加而降低（图 4.11(a) 的左侧），这些带的强度比前面提到的基本吸收带要小。与离散 H_2O 分子的情况一样，这些谱带是振动—转动谐波和基态的组合跃迁引起的，如图 4.3(a) 所示，但它们较宽，通常向较长波长的方向上偏移。液态水的可见光波段的谱带展宽比水蒸气的更宽，在基本吸收带的情况下，液态水的谐波吸收带和组合吸收带通常比水蒸气的强，但是在这里水蒸气的某些吸收带要强于液态水的吸收带，且主要是大气光学公认符号中指定为 α、0.8μ、ρ、σ、τ 和 φ 的吸收带（图 4.11(a)）；离散分子的这些相对较窄的吸收带的强度大于液态水的吸收系数。

4.2.3　长波辐射吸收 ($\lambda > 8\ \mu m$)

长波辐射光谱区,液态水和水蒸气中的长波吸收光谱差异最大(图 4.11(a)、(b) 右侧)。这里的复杂吸收带归因于各种激发态之间的振动－转动跃迁,并叠加在纯转动跃迁产生的光谱带上。

在波长为 $\lambda > 300\ \mu m$ 的长波侧,水蒸气中自由分子的光吸收比液态水的光吸收小一个数量级以上;在波长为 $8 \sim 50\ \mu m$ 的范围内,水蒸气和液态水的吸收差异更大,且后者的吸收系数比前者大 $3 \sim 4$ 个数量级。一般来说,液态水的吸收系数在红外区和微波区都很高。

导致长波辐射吸收的是凝聚相吸收带,而不是自由 H_2O 分子的转动或振动－转动跃迁。在液态水中,它们是平动 L_1 和 L_2,峰值约为 $15\ \mu m$ 和 $25\ \mu m$;平动 T_S 和 T_B 的峰值约为 $55\ \mu m$ 和 $200\ \mu m$。在更长的波长(微波和无线电波)下,液态水中的长波辐射吸收是由 H_2O 分子的偶极－电场相互作用引起的。由于具有长波辐射吸收特性,液态水在整个红外、微波和无线电波范围内都能强烈吸收电磁辐射,因此纯水对这些波长几乎是不透明的。水的这一极其重要的物理性质在太阳辐射使其变暖和海洋表层蒸发以及在形成地球气候方面起着基础性作用。

4.2.4　紫外线、X 射线和 γ 射线的吸收

纯液态水(水蒸气和冰)对 UV 光的吸收是由于 H_2O 分子中的电子、振动－转动跃迁以及它们的光解和电离,这些过程产生了某些光谱特征,即在 65 nm 处达到峰值的宽吸收带,在 $115 \sim 180$ nm 之间的一组较窄的、结构复杂的吸收带,这些是非常强的波段(图 4.10),在整个电磁光谱中最强,吸收系数在 65 nm 处高达 $10^8\ m^{-1}$。这些能带是水在三种状态下的共同特征,$115 \sim 180$ nm 范围内的能带是由水分子电子里德伯态变化引起的,自由分子(水蒸气)的吸收强度相比于凝聚相的水更强,这种强吸收与短波紫外线辐射有关。

在较长紫外线($\lambda > 180$ nm)的波段吸收强度下降了 9 个数量级,在近紫外和可见光的短波波段区域吸收系数在 $1\ m^{-1}$ 和 $10^{-2}\ m^{-1}$ 之间振荡。因此,可见光辐射在纯海水中的穿透深度相对较大(约 100 m)。实际上,只有在表面以下 100 m 甚至更深的地方,可见光的辐照度下降到其在海面值的 1%;可见光的透射率也大于波长在 $\lambda > 10^{-4}$ Å(1 Å = 0.1 nm) 范围内的短波 X 和 γ 辐射的透射率。

4.2.5　液态水的经验吸收光谱

由于直接或间接测量吸收系数所涉及的技术问题,液态水吸收光谱的实验测定在实践中是非常困难的。在此类研究中,从待检查水样中去除悬浮颗粒尤为重要。即使在过滤后的蒸馏水中和最纯净的海水中,这些微粒的微小数量也会造成光散射,会导致吸收测量的重大误差。这在可见光吸收和近紫外吸收的研究中尤其重要,其中结构纯液态水的光吸收系数非常小,它们实际上可能小于悬浮颗粒的光散射系数或与之相当。表 4.9 中给出了在 $375 \sim 800$ nm 波长范围内测得的蒸馏水中的光衰减系数 $c_w(\lambda)$ 和吸收系数

$a_w(\lambda)$，表 4.10 给出了纯液态水红外吸收系数 $a_w(\lambda)$。

表 4.9　蒸馏水中的光衰减系数 $c_w(\lambda)$ 和吸收系数 $a_w(\lambda)$

λ/nm	$c_w(\lambda)/\mathrm{m}^{-1}$	$a_w(\lambda)/\mathrm{m}^{-1}$	λ/nm	$c_w(\lambda)/\mathrm{m}^{-1}$	$a_w(\lambda)/\mathrm{m}^{-1}$
375	0.045	0.038 3	550	0.069	0.067 6
400	0.043	0.037 9	575	0.091	0.089 8
425	0.033	0.029 1	600	0.186	0.185 0
450	0.019	0.015 9	625	0.228	0.227 2
475	0.018	0.015 5	650	0.288	0.287 3
500	0.036	0.034 0	675	0.367	0.366 4
525	0.041	0.039 4	700	0.500	0.499 5

表 4.10　纯液态水红外吸收系数 $a_w(\lambda)$

$\lambda/\mu\mathrm{m}$	$a_w(\lambda)/\mathrm{m}^{-1}$	$\lambda/\mu\mathrm{m}$	$a_w(\lambda)/(\times 10^3\ \mathrm{m}^{-1})$	$\lambda/\mu\mathrm{m}$	$a_w(\lambda)/(\times 10^3\ \mathrm{m}^{-1})$	$\lambda/\mu\mathrm{m}$	$a_w(\lambda)/(\times 10^3\ \mathrm{m}^{-1})$
0.70	0.60	0.97	0.045	3.05	988	4.80	39
0.725	1.59	0.98	0.043	3.10	778	4.90	35
0.75	2.60	0.99	0.041	3.15	538	5.00	31
0.775	2.40	1.00	0.036	3.20	363	5.10	28
0.80	2.00	1.10	0.017	3.25	236	5.20	24
0.81	1.99	1.20	0.104	3.30	140	5.30	23
0.82	2.39	1.30	0.111	3.35	98	5.40	24
0.83	2.91	1.40	1.23	3.40	72	5.50	27
0.84	3.47	1.60	0.067	3.45	48	5.60	32
0.85	4.30	1.80	0.802	3.50	34	5.70	45
0.86	4.68	2.00	6.91	3.60	18	5.80	71
0.87	5.20	2.20	16.5	3.70	12	5.90	132
0.875	5.60	2.40	50.05	3.80	11	6.00	224
0.88	5.60	2.60	15.32	3.90	12	6.10	270
0.89	6.04	2.65	31.77	4.00	14	6.20	178
0.90	6.80	2.70	88.4	4.10	17	6.30	114
0.91	7.29	2.75	269.6	4.20	21	6.40	88
0.92	10.93	2.80	516	4.30	25	6.50	60
0.93	17.30	2.85	815	4.40	29	6.60	68
0.94	26.74	2.90	1161	4.50	37	6.70	63
0.95	39.0	2.95	1269	4.60	40	6.80	60
0.96	0.042	3.00	1139	4.70	42	—	—

尽管吸收对波长的依赖性存在差异,但根据经验确定的 $a_w(\lambda)$ 的所有经验光谱都证实了在蓝光区域存在最小吸收强度,大约在 $\lambda_{min} \approx 415\ \text{nm}$ 处。然而,一个更重要的问题是,需要找到这些经验结果中哪一个 $a_w(\lambda)$ 的绝对值最接近可见光和近紫外区域的真实值,到目前为止还没有确定的解决办法,但是,对应于 $200 \sim 700\ \text{nm}$ 范围内的各种波长的光,其光谱吸收系数见表 4.11。

表 4.11　液态水在 200 ～ 700 nm 区域的光谱吸收系数

波长 /nm	$a_w(\lambda)/\text{m}^{-1}$	波长 /nm	$a_w(\lambda)/\text{m}^{-1}$	波长 /nm	$a_w(\lambda)/\text{m}^{-1}$	波长 /nm	$a_w(\lambda)/\text{m}^{-1}$
200	3.070	330	0.067 8	460	0.009 8	590	0.135
205	2.530	335	0.062 0	465	0.010 1	595	0.167
210	1.990	340	0.032 5	470	0.010 6	600	0.222
215	1.650	345	0.026 5	475	0.011 4	605	0.258
220	1.310	350	0.020 4	480	0.012 7	610	0.264
225	1.120	355	0.018 0	485	0.013 6	615	0.268
230	0.930	360	0.015 6	490	0.015 0	620	0.276
235	0.820	365	0.013 5	495	0.017 3	625	0.283
240	0.720	370	0.011 4	500	0.020 4	630	0.292
245	0.640	375	0.011 4	505	0.025 6	635	0.301
250	0.559	380	0.011 4	510	0.032 5	640	0.311
255	0.508	385	0.009 4	515	0.039 6	645	0.325
260	0.457	390	0.008 5	520	0.040 9	650	0.340
265	0.415	395	0.008 1	525	0.041 7	655	0.371
270	0.373	400	0.006 6	530	0.043 4	660	0.410
275	0.331	405	0.005 3	535	0.045 2	665	0.429
280	0.288	410	0.004 7	540	0.047 4	670	0.439
285	0.252	415	0.004 4	545	0.051 1	675	0.448
290	0.215	420	0.004 5	550	0.056 5	680	0.465
295	0.178	425	0.004 8	555	0.059 6	685	0.486
300	0.141	430	0.005 0	560	0.061 9	690	0.516
305	0.123	435	0.005 3	565	0.064 2	695	0.559
310	0.105	440	0.006 4	570	0.069 5	700	0.624
315	0.094 7	445	0.007 5	575	0.077 2	—	—
320	0.084 4	450	0.009 2	580	0.089 6	—	—
325	0.076 1	455	0.009 6	585	0.110 0		

4.2.6　水对电磁辐射的吸收对生物进化的影响

液态水在整个光谱范围内从高能量子 γ 到无线电波的吸收光谱如图 4.12 所示。

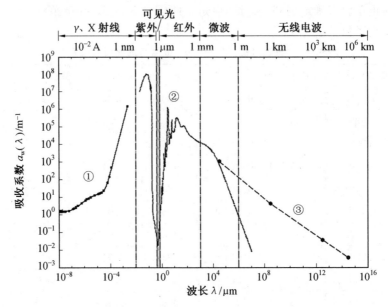

图 4.12　液态水在整个光谱范围内从高能量子 γ 到无线电波的吸收光谱

图 4.12 中的曲线说明了在整个电磁辐射范围从 γ 辐射（约 10^{-5} nm）到无线电波（约 3×10^5 km）中，水的吸收系数对波长的依赖性。图中的 ① 显示了 γ－、X－ 和高能紫外辐射在水中的吸收光谱，这种吸收是由于辐射的高能光子与氧原子、氢核和氧核的内部电子之间的相互作用；图中的 ② 显示了在短波紫外线范围内的吸收光谱，即由核外电子、振动（包括平动和团簇振动）和转动跃迁以及偶极电场相互作用引起的吸收；图中的 ③ 显示了海水中无线电波的吸收光谱，这种情况下的吸收强度更适合地球上的普遍情况。因此，从图 4.12 中可以看出地球上自然的、无所不在的、对生命不可或缺的水对大多数电磁辐射都是不透明的，其特点是在可见光光谱范围内有一个用于辐射传输（低吸收）的深光谱"窗口"。同时，太阳辐射的最大值落在这个窗口内，到达地球表面的太阳辐射大约有 50% 在可见光范围内。在这个充满水的星球上，生物进化已经使绿色的植物（包括海洋浮游植物）得以存在，它们的生命能量来自从这个窗口流入的太阳辐射。

4.3　冰对电磁辐射的吸收

当冰形成时，所有的水分子（在单晶冰的情况下）或绝大多数水分子（在多晶冰或非晶冰的情况下）主要通过氢键与它们相邻的分子相连。由于这些分子间的相互作用，冰可以形成多种几何结构，无论是结晶的还是无定形的，都可以形成并保持，并且这取决于冰形成期间和冰持续期间的热力学条件（如温度和压力）。冰大约有 20 种可能的几何结构，这些结构不仅在几何形状上不同，而且在许多物理性质上也不同，包括密度等基本性质。不同结构冰的密度值可以从 0.92(Ih 型和 Ic 型)到 2.51(X 型),以及在自然条件下是液态水密度更多倍的结构(XIII 型)。

水在不同状态下相对介电常数 ε_r 有很大差异,这是控制物质与电磁辐射相互作用的基本电磁特性之一。在正常条件下,液态水的相对介电常数为 $\varepsilon_r \approx 78.4$。不同类型的冰,其介电常数变化很大,从 IX 型冰的 $\varepsilon_r \approx 3.74$ 到普通 Ih 型冰的 $\varepsilon_r \approx 97.5$ 再到 VI 型冰的 $\varepsilon_r \approx 193$。有鉴于此,这些不同结构形式的冰的光学性质特别是它们的吸收能力,也会有很大的不同。在地球上广泛自然存在的冰为 Ih 型,大多数冰的其他结构不存在于海洋或大气中,它们只在实验室中为实验目的在极高压力下形成。Ic 型冰是一个例外,它是在热带卷云的自然条件下形成的,它的吸收特性接近 Ih 型。因此,对冰的吸收特性的描述仅限于 Ih 型单晶冰和更易获得的由直径约 0.1 cm 的单晶组成的多晶冰,研究表明多晶冰的吸收特性实际上与单晶冰的吸收特性相同,没有气泡和其他颗粒混合物的蒸馏水在自然冻结条件下形成的多晶冰的密度约为 920 kg/m³。水结晶形成六角形排列的四面体单晶冰,具有 Ih 型冰的特征,这种单晶冰是单轴双折射晶体,光轴与晶体的 c 轴重合。

4.3.1 冰吸收的主要光谱特征

冰在近紫外至短无线电波范围内的吸收系数 $a_{w,ice}(\lambda)$ 如图 4.13 所示,在图中还显示了水的相应吸收系数 $a_w(\lambda)$,以便于进行对比。图 4.13 中标记了由于平动和振动跃迁引起的吸收带峰的位置以及冰晶中的偶极—电场相互作用区域。由于分子间的相互作用,$a_{w,ice}(\lambda)$ 和 $a_w(\lambda)$ 的光谱在整个光谱范围内是连续的,这与自由分子或水蒸气的光谱不同。从图中可以看出,冰和水对辐射的吸收有许多共同的光谱特征,也有许多不同点。下面从三个光谱范围对这些特征进行讨论:① $\lambda < 2.5~\mu m$ 的紫外、可见光和近红外光;② $2.5~\mu m < \lambda < 8~\mu m$ 范围的中红外光;③ $\lambda > 8~\mu m$ 的长波辐射。

在吸收光谱为紫外、可见光和近红外光远至 $\lambda \approx 2.5~\mu m$ 范围内,与水的吸收系数 $a_w(\lambda)$ 一样,冰的吸收系数 $a_{w,ice}(\lambda)$ 存在一系列加宽和重叠的吸收带,而且强度随波长的减小而降低(图 4.13(a) 的左侧);在可见光区域的蓝色部分,冰的光谱中有一个绝对最小的吸收系数 $a_{w,ice}(\lambda)$,就像在相应的水光谱中一样,然而,与水的光谱相比,冰的最小值向长波方向略微偏移,位于 $\lambda \approx 475$ nm 处,而水的最小值位置为 $\lambda \approx 415$ nm。短波侧吸收系数 $a_{w,ice}(\lambda)$ 和 $a_w(\lambda)$ 极小值的增加是电子跃迁的吸收引起的,而长波侧的所有吸收带都是振动—转动跃迁引起的。从图 4.13 中紫外区域可以看出,冰的紫外吸收光谱类似于水的紫外吸收光谱。

$a_{w,ice}(\lambda)$ 和 $a_w(\lambda)$ 在可见光和近红外光区光谱中,长波侧吸收带对应于振动—转动跃迁,这与自由分子的一致。在这个光谱区域,它们是基态到激发态的组合和高次谐波跃迁。与水的吸收带相比,冰的吸收带向长波方向移动。另外在可见光和近红外区,冰吸收光谱的轮廓以及不规则性不如水的光谱明显清晰,因此水三个微弱但可辨别的特征吸收带(即波长范围为 510～560 nm、600～680 nm 和 700～800 nm)在冰的光谱中几乎看不到。

波长范围为 2.5～8 μm(中红外光)的特征是,在吸收连续谱的背景下存在纯基本振动—转动吸收带或其与平动的组合,如图 4.13(a) 所示,谱带中的峰值在 3.08 μm、

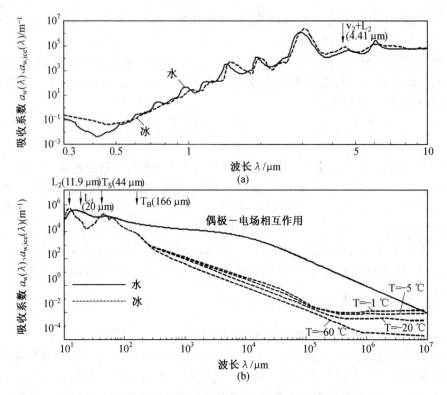

图 4.13 纯冰和纯水在近紫外至短无线电波范围内的吸收系数 $a_{w,ice}(\lambda)$ 和 $a_w(\lambda)$

4.41 μm 和 6.06 μm 处;其中第一个谱带即 $\lambda = 3.08$ μm 附近的吸收带,是波长大于可见光范围内的最强吸收带,它对应于水汽的 X 波段,由基本模式 Ⅰ 跃迁和模式 Ⅲ 跃迁共同形成。第二个波带在约 $\lambda = 4.41$ μm 处最大,是弯曲(v_2)模式 Ⅱ 跃迁和平动模式 L_2 的组合带。第三个波带在约 $\lambda = 6.06$ μm 处达到峰值,是由于频繁弯曲 v_2 即模式 Ⅱ 跃迁形成的。

图 4.13(a) 显示的冰的吸收带的峰值位置、强度和宽度与水的吸收带非常相似,然而,在约 $\lambda = 6.06$ μm 处达到峰值的谱带是一个例外,其比水的光谱峰值(在 $\lambda = 6.08$ μm 处达到峰值)弱一些且要宽得多。尽管如此,水的 $a_w(\lambda)$ 和冰的 $a_{w,ice}(\lambda)$ 在该波长范围(2.5 ~ 8 μm)内最接近。

在波长范围为 $\lambda > 8$ μm 的远红外光、微波和无线电波区域,图 4.13(b) 中显示了水的 $a_w(\lambda)$ 和冰的 $a_{w,ice}(\lambda)$ 光谱之间存在很大的差异,与水的吸收系数相比,冰在这个范围内吸收系数通常要小 1 ~ 3 个数量级。例外的是图 4.13(b) 中左侧在红外区的两个较窄的间隔内,冰和水的系数相似,在水的情况下振动带 L_1(20 μm)和 L_2(11.9 μm)以及团簇振动带 T_S(44 μm)和 T_B(166 μm),是凝聚相的两个特征,但冰的这些谱带要比水明显得多,而且它们也向较短的波长偏移,这在一定程度上是因为冰晶格中的分子振动带与吸收带重叠,这只是冰的特征。

在紫外、可见光和红外光区域,当温度在 0 ~ 30 ℃ 变化时,冰的吸收系数略有变化,只有当温度在 -40 ℃ 以下时,才会对冰的吸收系数产生显著影响;另外,在波长较长的情况下($\lambda > 250$ μm),吸收系数在零度以下都受到显著影响(图 4.13(b) 的中间和右侧部分），吸收强度随着冰温度的下降而急剧下降。 表 4.12 给出了 Ih 型冰在 195 nm ~ 6.75 μm 光谱范围内的常见吸收系数 $a_{\text{w,ice}}(\lambda)$。

表 4.12 Ih 型冰在 195 nm ~ 6.75 μm 光谱范围内的常见吸收系数 $a_{\text{w,ice}}(\lambda)$

λ/μm	$a_{\text{w,ice}}(\lambda)/\text{m}^{-1}$	λ/μm	$a_{\text{w,ice}}(\lambda)/\text{m}^{-1}$	λ/μm	$a_{\text{w,ice}}(\lambda)/\text{m}^{-1}$
0.195	1.025	0.660	0.316	2.350	2.93×10^3
0.210	0.793	0.670	0.354	2.500	4.65×10^3
0.250	0.433	0.680	0.386	2.565	4.26×10^3
0.300	0.231	0.690	0.437	2.600	4.88×10^3
0.350	0.135	0.700	0.521	2.817	1.70×10^5
0.400	0.085	0.710	0.609	3.003	1.83×10^6
0.410	0.077	0.720	0.703	3.077	2.55×10^6
0.420	0.068	0.730	0.740	3.115	2.17×10^6
0.430	0.061	0.740	0.835	3.155	1.74×10^6
0.440	0.055	0.750	0.984	3.300	3.92×10^5
0.450	0.043	0.760	1.171	3.484	6.71×10^4
0.460	0.042	0.770	1.400	3.559	3.74×10^4
0.470	0.041	0.780	1.643	3.775	2.20×10^4
0.480	0.043	0.790	1.877	4.099	3.40×10^4
0.490	0.046	0.800	2.105	4.239	4.30×10^4
0.500	0.048	0.820	2.191	4.444	7.35×10^4
0.510	0.053	0.850	2.705	4.56	8.27×10^4
0.520	0.055	0.910	6.131	4.904	3.31×10^4
0.530	0.060	0.970	1.20×10	5.000	3.02×10^4
0.540	0.068	1.030	2.84×10	5.100	3.08×10^4
0.550	0.071	1.100	1.94×10	5.263	3.34×10^4
0.560	0.074	1.180	5.08×10	5.556	5.43×10^4
0.570	0.078	1.270	1.34×10^2	5.747	8.31×10^4
0.580	0.088	1.310	1.26×10^2	5.848	1.12×10^5
0.590	0.104	1.40	1.78×10^2	6.061	1.43×10^5
0.600	0.12	1.504	4.93×10^3	6.135	1.43×10^5
0.610	0.142	1.587	2.93×10^3	6.250	1.35×10^5
0.620	0.174	1.850	5.45×10^2	6.369	1.22×10^5
0.630	0.207	2.000	9.98×10^3	6.452	1.11×10^5
0.640	0.24	2.105	5.02×10^3	6.579	1.05×10^5
0.650	0.276	2.245	1.13×10	6.757	1.08×10^5

4.3.2 天然冰与纯冰光学性质差异的原因

淡水和咸水水体表面形成的自然冰是一种多成分物质,其性质不同于单晶冰(Ih型),或类似的多晶冰。构成开放水体上天然冰的晶体的大小和形式取决于水的过冷度、结晶过程中的热损失速率、晶体成核速率、水的盐度以及水的风混合程度。除了纯冰的晶体外,海冰还含有盐、气泡和海水中的其他混合物,这些因素导致了天然海冰对电磁辐射的吸收比较复杂,穿透这种冰表面的辐射被冰晶和冰中所含的混合物吸收,同时还被散射,通常散射比吸收强。海冰中辐射的散射强度主要取决于盐水单元和毛细管以及盐水和固体混合物滴出后剩余微孔的含量。光在冰的这些组分上的散射可以看作是光在非均匀介质的连续界面上的反射和折射,因此光通过一层冰是一个特定的过程,在这个过程中冰对光的最终衰减取决于折射面的数量和方向以及冰成分(冰晶、盐水、空气、固体混合物)的折射率和吸收特性。雪对可见光的透明度远不如冰,这主要是雪的结构造成的,雪由夹杂着空气的冰粒组成,这导致光由于多次反射而强烈散射,因此散射程度非常大,辐射能通过雪的传输可被视为扩散过程,由于这一特性,在冰面上覆盖一层 3 cm 厚的雪就足以防止光线通过冰面。

4.4 原子、海盐离子和其他溶解在海水中的无机物质对光的吸收

几乎所有的自然元素都存在于海洋中,大多数元素的浓度很低,且主要以无机物和有机物的溶解形式出现。无机形态不仅表现为原子和简单离子,还表现为分子和复杂离子。各种元素原子和离子的电子状态变化导致从可见光区域开始在电磁光谱的短波端产生一个窄的吸收带。

辐射被这些元素的原子和离子吸收,这是弱束缚电子在其未填充的 d 轨道中被激发的结果。具有其他电子组态的元素的原子和离子通常需要更高的激发能才能发生对光的吸收,因为它们的吸收带位于远紫外区,如氯离子 Cl^- 吸收波长为 181 nm 的辐射。无机物质吸收辐射的这些特征,即单个元素的窄吸收带,尽管存在于海水中,但在所有溶解物质的总吸收背景下几乎检测不到。

溶解于海水中的无机物对紫外和可见光有衰减和吸收作用,因此可以应用这一特性进行定量分析,并且根据某些光谱性质可以区分海水的元素和无机化合物。表 4.13 给出了海水中主要无机吸收体的光谱质量比吸收系数,任何不精确的数值都是由于这些系数的测量涉及严重的技术困难,如为光谱分析准备适当纯样品的问题、光学系数的数值太小、在光谱仪的检测极限附近等。

表 4.13　海水中主要无机吸收体的光谱质量比吸收系数

A. 紫外区

吸收体质量比吸收系数
/(m² · g⁻¹)

波长 λ/nm	200	210	220	230	240	250
溶解氧 O_2 的 a_O^*	0.46	0.18	0.10	0.07	～0	—
溴离子 Br^- 的 a_{Br}^*	—	～1.0	0.40	0.014	～0	—
硝酸盐 NO_{3-} 的 $a_{NO^{3-}}^*$	～40	29.8	13.0	3.2	～0	—
所有盐的 a_S^*	1.8×10^{-4}	1.1×10^{-4}	8.0×10^{-5}	5.5×10^{-5}	2.8×10^{-5}	1.2×10^{-5}
总吸收中盐吸收的近似百分数 /%	＞80				～70	
波长 λ/nm	260	270	280	290	300	400
所有盐的 a_S^*	8.1×10^{-6}	5.7×10^{-6}	4.0×10^{-6}	2.9×10^{-6}	2.6×10^{-6}	$< 1 \times 10^{-7}$
总吸收中盐吸收的近似百分数 /%	～70					＜10

B. 红外区

波长 λ/μm	1.5～9.0	9.0	9.4	9.8	10.2	10.6	11.0	11.8
所有盐的 a_S^* /(× 10⁻⁶ m² · g⁻¹)	～0	2.9	2.9	2.9	5.7	5.7	8.6	1.1×10
总吸收中盐吸收的近似百分数 /%	～0	2	1.9	1.7	2.9	2.4	2.8	2.8
波长 λ/μm	12.3	12.6	13.0	13.4	13.8	14.2	14.6	15.5
所有盐的 a_S^* /(× 10⁻⁶ m² · g⁻¹)	2.0×10	2.9×10	2.9×10	2.9×10	2.6×10	2.4×10	2.0×10	1.7×10
总吸收中盐吸收的近似百分数 /%	3.8	4.3	3.1	2.8	2.4	2.0	1.7	1.4

从表 4.13 可以看出,在实际或潜在影响海水吸收性能的溶解无机物中,溶解气体和海盐两组吸收体非常突出。此外,在某些情况下,过渡金属离子络合物对辐射的吸收也可以对吸收光谱造成改变。下面对这三组吸收体的吸收特性进行讨论。

4.4.1　溶解气体

在海洋与空气的相互作用过程中,大气气体(O_2、N_2、CO_2 等)和气溶胶中所含的各种化合物进入海洋上层水体中,其中一部分被溶解,其余部分以气泡或悬浮物的形式存在。海水中溶解的少量气体对海洋生物的生存和众多地球物理过程速率的控制具有重要意义,但它们对海水的光学性质几乎没有影响,除非考虑到海面上存在波浪起伏、被泡沫覆盖的情况。这一规律的一个例外是溶解 O_2,在 260 nm 以下的紫外区域可以检测到它对光的吸收,在这个波段溶解的无机物对辐射总体吸收的影响通常很小,它主要在曝气良好的水体的表层中很明显。

4.4.2　盐

与溶解气体相比,溶解在海水中的无机物质对电磁辐射吸收的主要贡献来源于这些元素的可溶性盐和不溶性盐,这些盐的主要成分是 NaCl、KCl、MgCl、$MgSO_4$ 和 $CaSO_4$。在开阔海域,这些化合物的浓度(总平均浓度为 34.7 kg/m³)及其相对比例在时间和空间上极其稳定。当与水的强极性分子相互作用时,可溶解的矿物盐分解成正的金属离子和负的酸基,由于它们的电子、振动和转动状态的改变,中性分子和无机离子在电磁光谱的不同范围吸收辐射;水中大多数基本矿物成分的水溶液对辐射的吸收主要发生在光谱的紫外区域(230～300 nm),被吸收的辐射引起离子或分子的电子、振动、转动状态的变化,并由此产生宽度和强度不同的吸收带,这些吸收带在紫外区域的强度随着相互作用辐射能量的增加而单调上升。溴离子 Br^-、硝酸根离子 NO_{3-} 也能在该光谱范围产生强烈吸收。

矿物盐及其离子在红外辐射范围内吸收带的强度很弱,远远小于水的相应谱带强度,因此,在水的红外吸收带的背景下,矿物盐及其离子在红外辐射范围内的吸收带实际上是不可见的,这就是为什么海水吸收红外的经验光谱在所有海洋中几乎是相同的,也就是说与盐度无关。

矿物盐溶液对于可见光辐射而言是光学透明的,也就是说,可见光谱透射矿物盐溶液几乎没有任何吸收损失,这是因为海盐的主要成分中没有一种金属在可见光或近紫外线下具有光谱活性。盐对海水中分子的光散射有着重要的影响,海水中的盐组分对光的散射约占海水中存在的所有分子的光散射的 30%。

4.4.3　无机络合离子

矿物盐和溶解气体对于海水的可见光辐射的吸收特性几乎没有影响,这是绝大多数海水的特征。在适当的环境条件下(适当的 pH 和温度),这些盐离子可以与水分子和其他无机化合物形成配位化合物,起到配体的作用,金属与配体形成络合物可以增强前者的吸收能力。

表 4.14 给出了部分络合离子的吸收峰 λ_{max} 和颜色,这种吸收会使自然水域的颜色发生变化,特别是内陆水域,其光学特性比海水复杂得多,人们对其了解也少得多。尽管如此,上述影响很可能发生在海洋的某些区域,尽管规模较小。

表 4.14　部分络合离子的吸收峰 $\lambda_{\max}$ 和颜色

络合离子	$\lambda_{\max}/nm$	颜色
$[Co(CN)_6]^{3-}$	300	无色
$[Co(NH_3)_6]^{3+}$	330,470	黄红
$[Cr(H_2O)_6]^{3+}$	405,580	紫色
$[Ti(H_2O)_6]^{3+}$	545	紫红色
$[Co(H_2O)_6]^{2+}$	500,900	粉红色
$[CoCl_4]^{2-}$	665	蓝色
$[Cu(NH_3)_4]^{2+}$	640	蓝色
$[Cu(H_2O)6]^{2+}$	790	淡蓝色
$[Ni(H_2O)_6]^{2+}$	500,705,880	绿色
$[Mn(H_2O)_6]^{2+}$	305,350,400,465,555	非常淡的粉红色

第5章 海水中溶解有机物对光的吸收

在海水中,光主要被水分子和复杂的有机化合物吸收,后者可能溶解在水中,或包含在生物体(主要是浮游生物)和有机碎屑中。在紫外和可见光区域,光子的能量足够高,能够引起分子的电子能级之间发生跃迁,因此,光子和有机分子的电子态之间的反应对生物体内发生的一系列生物过程(如光合作用)至关重要,它们还决定了与非生物有机物一起发生的光化学过程的进程。这一章,描述和解释了有机分子电子吸收光谱的物理原理,简要地讨论了海洋中普遍存在的有机分子电子光谱的形成机制,使读者能够了解复杂的多原子分子在海水中的光学性质。

5.1 有机分子中简单发色团的吸收特征

由于分子能量状态的量子化,因此吸收或发射光子(对应于波长或频率)的能量是固定的,并且进一步受到量子力学选择规则的限制。在小分子的情况下,如双原子分子和一些由相当多的原子组成的线性或规则分子,可借助量子力学方程对这些状态和选择规则进行定量定义,尽管是一个烦琐的过程,但仍然可以有几乎 100% 的精确度。然而,在非线性多原子分子的情况下确定这些状态时,如海洋中的有机物质或海洋浮游植物细胞中的色素,问题会变得非常复杂,因为高度复杂的理论和半经验模型,对这类复杂分子的数学描述是极其艰巨和耗时的。

分子的吸收或发射光谱是由整个分子的结构决定的,然而,如果假设这些光谱的各种组分不是由分子的整体造成的,而是由发色团的片段或者仅仅是由发色团造成的,那么解释多原子分子的光谱就变得容易得多。分子中赋予物质颜色的成分称为发色团,是指一组原子和化学键,这些原子和化学键在紫外和可见光谱范围内具有特征性的光谱特征。含有蓝-紫发色团的物质在海洋中非常常见,当它们吸收蓝色光和紫色光时,具有典型的黄色。发色团的概念可以扩展到包括肉眼看不见的紫外线。

线性分子在不同激发态 n 下的电子态用电子量子数 Λ 来描述,它表示总角动量在其分子轴上的投影的绝对值。然而,在非线性分子中,因为核间轴是多向的,这个量子数的大小失去了它的物理意义,在这种情况下,借助于群论的象征意义,可以根据分子对称性的各个组成部分来定义电子的能态。对于海洋中的有机分子而言,这一过程极其复杂,因为这些分子中含有大量不同的、独立的发色团,每一个发色团都需要单独描述。在这种情况下,有机化合物光谱分析中经常采用的一种简化方法是,不对整个分子或发色团的能量状态进行分析,而是分析其独立的单个价电子,换句话说,即在紫外和可见光谱区间内对电子光谱的形成可能起作用的电子。对于电子能态的定量描述,使用单电子近似,根据这个近似,考虑原子或分子中任何电子的运动是关于原子核(或分子核)与其他剩余电子合成的总电场的关系,进一步假设这个电子能级的变化对其他电子没有影响。通过这个假设,可以得到价电子的基态和激发态的描述,虽然在定量上并不总是完全正确,但这样的描述确实提供了复杂分子吸收光谱的清晰图像,这使得解释吸收过程变得更加容易。

表征原子或分子中电子状态的量子力学量是单电子的波函数 $\varphi_e(x, y, z, s)$,又称自旋轨道。与自旋轨道相关的原子轨道和分子轨道描述了电子电荷的空间分布,并以原子或分子内部的各种形状、大小和位置为特征,这取决于原子或分子键的类型和电子组态。图 5.1 和图 5.2 给出了碳和碳氢化合物的原子和分子的价电子轨道(最外层壳层)。其中,图 5.1 所示为原子轨道(AO)结合形成分子轨道(MO)的方式,图 5.2 所示为 H_2CO(甲醛)分子的轨道,在非键轨道 n_O 中有一对孤对电子。然而,事实上,有两个这样的具有不同能量的轨道,因为氧原子中 6 个价电子中的两个被用来形成一个双键 σ_{CO} 和 π_{CO}。

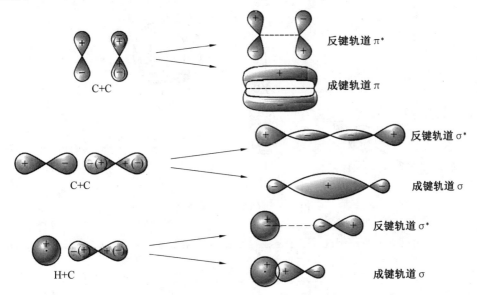

图 5.1　原子轨道(AO)结合形成分子轨道(MO) 的方式

由于价电子在紫外和可见光谱范围内对光的吸收起作用,因此它们可以参与化学键的形成。在有机化合物分子中,通常会遇到三种这样的电子及其相应的分子轨道,即 σ、π、n,它们之间的主要区别在于位置、轨道形状和能级(图 5.2 和图 5.3),这些特征不仅取决于化学键的类型,还取决于分子发色团中原子的种类。单键发色团的特征是 σ 电子,一对这样的电子形成一个 σ 轨道,其对称轴是化学键的轴(图 5.2 中 H_2CO 分子的 σ_{CH} 轨道),这些 σ 轨道是典型的饱和化合物(即具有单键),如脂肪族碳氢化合物。

含有不饱和键的发色团(如双键)也会出现双电子 σ 键(图 5.2 中的 σ_{CO}),其他两个 π 型电子形成双电子 π 轨道(图 5.2 中的 π_{CO}),这些轨道通常将电荷转移到键轴之外形成电子云,其对称轴垂直于键轴。这同样适用于三重键,除了双电子 σ 键,还有能量不同的两个双电子 π 轨道,σ 和 π 电子的同时出现是不饱和烃和芳香族化合物的特征。

由于电子电荷的位置,σ 和 π 轨道都被称为"非局域化的",这意味着电子云已经从单个原子转移到整个键上,这种非局域化轨道可以是键合轨道或反键合轨道,如图 5.1 和图

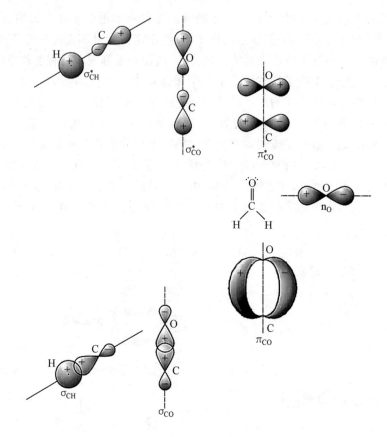

图 5.2　H_2CO 分子的轨道

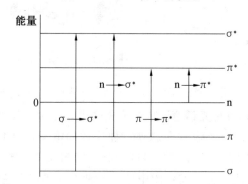

图 5.3　含有三种电子（σ、π、n）的分子能级和可能的电子跃迁（无键 n 电子的能态按惯例等于零）

5.2 中的 σ_{CH}、σ_{CO}、σ_{CC}、π_{CO}、π_{CC} 和 σ_{CH}^*、σ_{CO}^*、σ_{CC}^*、π_{CO}^*、π_{CC}^*。在键合轨道情况下，电子云聚集，是基态分子的特征，但是激发后，电子云会分离，键合轨道变成反键轨道，激发的反键轨道与原子轨道相似。

　　与 σ 和 π 电子不同，有机分子的第三类电子特征 n 电子几乎不参与化学键，被称为非键电子，典型的是含有氧、氮和硫等原子的分子，出现在C═O 、C═S 和—N═N— 等发色团部位。因此它们是不用于生成化学键的价壳层电子，它们的电荷分布在"母体"原子附近，与非定域 σ 和 π 电子不同，n 电子对应于定域 n 分子轨道，形状接近原子轨道，如图

5.2 中的 n_O 轨道——H_2CO 分子中氧原子的两对孤对电子所占据的轨道。

综上所述,简单的发色团在分子中可以是单键、双键或三重键以及孤电子对的形式,根据这些结构元素出现的位置,有机分子可以有不同数量、不同种类和不同相互比例的价电子见表 5.1。

表 5.1　有机分子可以有不同数量、不同种类、不同相互比例价的电子

生色团类型	成键电子的数目和类型	化合物类型
单键	2σ	饱和脂肪烃
双键	$2\sigma + 2\pi$	不饱和烃和芳香烃
三重键	$2\sigma + 2\pi_1 + 2\pi_2$	不饱和烃
一对孤对电子和一个单键	$2\sigma + 2n$	含有氧、硫、氮和卤素的有机分子(不存在于纯饱和烃中)
一对孤对电子和一个双键	$2\sigma + 2\pi + 2n$	
一对孤对电子和一个三重键	$2\sigma + 2\pi_1 + 2\pi_2 + 2n$	

可以通过前面讨论的单电子近似和假设定量求解薛定谔方程来近似地确定电子的量子化能量,图 5.3 以包含三种电子 σ、π、n 生色团(分子)为例说明了解的结果,这些解显示了基态和激发态中各种电子能量之间的相对关系以及可能的能量跃迁(伴随着辐射光子的吸收或发射)。首先考虑基态的分子,因为 n 电子不参与化学键,它的能量通常等于零; σ 和 π 电子的形成涉及能量的释放,因此按惯例成键电子的能量是负的。σ 电子比 π 电子形成的键更稳定,因此 σ 电子的能量比 π 电子的能量低;任何一个价电子(σ 和 π 或 n)吸收一个光子能量之后,它的轨道变成反键,相应地表示为 σ^* 或 π^*,反键态的能量高于非键态 n 的能量,因此按惯例 σ^* 和 π^* 电子的能量是正的,这意味着原子之间是排斥的,从而削弱化学键。图 5.3 仅给出了许多可能的激发 σ^* 和 π^* 能态中最低能级的位置,即对应于最低能量量子吸收的那些能级,当所有成键电子的激发能足够大时,化学键就会断裂。σ、π 和 n 电子的基态与单个分子中激发态 σ^* 和 π^* 之间的能量间隔可以变化,如图 5.3 所示,通常情况下,可能的光谱跃迁排列成以下一系列跃迁能量递减的序列:

$$E_{\sigma \to \sigma^*} > E_{n \to \sigma^*} > E_{\pi \to \pi^*} > E_{n \to \pi^*}$$

因此对应于这些跃迁的量子波长之间的关系为

$$\lambda_{\sigma \to \sigma^*} < \lambda_{n \to \sigma^*} < \lambda_{\pi \to \pi^*} < \lambda_{n \to \pi^*}$$

表 5.2 所示为海洋中最重要的简单有机生色团的主要吸收带。表中给出了有机分子中最常见的简单生色团的某些光学特性,如最大摩尔消光系数 ε 和质量比吸收系数 a_{OC}^*、a_{OM}^*。

表 5.2　海洋中最重要的简单有机生色团的主要吸收带

发色团		分子	主吸收峰波长 λ_{max}/nm	最大摩尔消光系数 ε /(m^3 · mol^{-1} · cm^{-1})	a_{OC}^* /(m^2 · g^{-1})	a_{OM}^* /(m^2 · g^{-1})
$\sigma \to \sigma^*$ 跃迁	H—C	CH_4(气相)	120	15	287	216
	C—C	H_3—CH_3(气相)	135	—	—	—

续表5.2

发色团		分子	主吸收峰波长 $\lambda_{\max}$/nm	最大摩尔消光系数 ε /(m³·mol⁻¹·cm⁻¹)	a_{OC}^* /(m²·g⁻¹)	a_{OM}^* /(m²·g⁻¹)
$n \rightarrow \sigma^*$ 跃迁	C—Cl	H_3C—Cl	173	0.2	3.83	0.92
	C—O	H_3C—OH	184	0.15	2.88	1.08
	C—O—C	H_3C—O—CH_3	188	1.9	18.2	9.5
	C—S—C	H_3CH_2C—S—CH_2CH_3	194	5	24.0	12.8
	S—S	H_3CH_2CS—S—CH_2CH_3	194	5	24.0	9.42
	C—Br	H_3C—Br	204	0.2	3.83	4.84
	$\diagdown N$—	CH_3NH_2	215	0.6	11.5	4.45
		$(CH_3)_3N$	227	0.9	5.75	3.51
	C—I	H_3C—I	259	0.36	6.90	0.58
$\pi \rightarrow \pi^*$ 跃迁	C=C	$H_2C{=}CH_2$	162.5	15.8	151	130
		$RHC{=}CH_2$	175	12.6	—	—
		$R_2C{=}CH_2$	187	8	—	—
		$(H_3C)_2C{=}(CH_3)_2$	196.5	12.6	40.3	34.5
	C≡C	$HC{\equiv}CH_3$（气相）	173	6.3	60.4	55.7
		$RC{\equiv}CH$	187	0.45	—	—
		$RC{\equiv}CR$	191	0.85	—	—
	C=O	$H_2C{=}O$	175	20	383	153
		$(CH_3)_2C{=}O$	188	2	12.8	7.93
	C=N	$(CH_3)_2C{=}NOH$	193	2	12.8	6.30
	C=C—C=O	$H_2C{=}CH{-}CH{=}O$	208	10	63.9	41.1
	C=C=C	$H_5C_2HC{=}C{=}CH_2$	225	0.5	2.0	1.7
$n \rightarrow \pi^*$ 跃迁	C=O	$CH_3OHC{=}O$	197	0.063	0.60	0.21
		$H_2C{=}O$	280	0.02	0.38	0.15
		$(CH_3)_2C{=}O$	279	0.016	0.102	0.063
		$H_3CHC{=}O$	294	0.012	0.115	0.063
	NO_2	CH_3NO_2	278	0.02	0.383	0.075
	N=O	$(CH_3)_3CN{=}O$	300	0.01	0.479	0.264
		$(CH_3)_3CN{=}O$	665	0.020	0.096	0.053
	C=C—C=O	$H_2C{=}CH{-}CH{=}O$	328	0.012	0.077	0.049
	N=N	$H_3CN{=}NCH_3$	350	0.004.5	0.043	0.018
	$\diagdown C{=}S \diagup$	H_2CS	330	—	—	—

表中分子式中的符号 R 表示取代基,通常是 CH₃ 基团。最大摩尔消光系数为

$$\varepsilon = [1/(Ml)] \cdot [\log(I_0/I)] \quad (\text{m}^3 \cdot \text{mol}^{-1} \cdot \text{cm}^{-1})$$

式中,M 是溶液的浓度,单位为 mol·m³;l 是含有所研究溶液的光学池的长度,单位为 m;I 是透过所研究溶液的光束强度;I_0 是入射强度。

以这种方式定义的最大摩尔消光系数 ε 与所讨论物质的相应质量比吸收系数 a^* 之间的关系为

$$a_{\text{OM}}^* = \frac{(\ln 10)\varepsilon}{10A_{\text{M}}} \approx 0.23 \frac{\varepsilon}{10A_{\text{M}}} \quad (\text{m}^2 \cdot \text{g}^{-1}) \tag{5.1}$$

$$a_{\text{OC}}^* = \frac{(\ln 10)\varepsilon}{10A_{\text{C}}} \approx 0.23 \frac{\varepsilon}{10A_{\text{C}}} \quad (\text{m}^2 \cdot \text{g}^{-1}) \tag{5.2}$$

式中,A_{M} 是分子的摩尔质量,单位 g/mol;A_{C} 是分子中碳原子的摩尔质量。

表 5.2 中给出的这些参数的所有数值应视为近似值,实际上,它们取决于环境,如溶剂类型、溶液 pH 或温度。

从表 5.2 中可以看出,$\sigma \to \sigma^*$ 跃迁是气相的特征,位于真空紫外波段,如甲烷(CH₄)中 H—C 生色团的吸收带最大值处的波长为 120 nm,在乙烷(C₂H₆)中为 135 nm。然而,这种类型的辐射不会发生在海洋中,因此,就海洋环境而言,可以忽略所有形式的"纯"饱和碳氢化合物(即仅含 H—C 和 C—C 基团)的光吸收。然而,含有 π 电子的分子(其他种类的电子)有机化合物可分为两类。

(1)"纯"不饱和芳香烃,即含有 σ 和 π 电子,如在海洋中这些来自石油衍生的污染物,也存在于类胡萝卜素中。

(2)与混合物形成孤对电子的化合物,即含有 σ、π 和 n 电子,这类化合物的一个常见的例子是含有羰基(C═O)分子(如甲醛),以及存在于海洋中的一系列复杂的天然有机物质,其中包括含有氮(N)、硫(S)和其他原子的分子,如叶绿素基团和藻胆素。

在第一类中有 $\sigma \to \sigma^*$ 和 $\pi \to \pi^*$ 跃迁,在第二类中不仅有 $\pi \to \pi^*$ 跃迁,还有 $n \to \pi^*$ 和 $n \to \sigma^*$ 跃迁。由表 5.2 可以看出,$n \to \sigma^*$ 和 $\pi \to \pi^*$ 跃迁的吸收带位于电磁光谱的中紫外区域,$n \to \pi^*$ 跃迁的光吸收带位于近紫外和可见光区域,这些波长对应于因电子跃迁而吸收或发射的光子,吸收或发射光谱的强度与跃迁概率 P 成正比。跃迁概率 P 的值取决于给定跃迁和量子力学的选择定则,这里不进行详细的量子力学讨论,只给出几个关键点。

(1)为了使跃迁的概率不为零,一个分子必须存在两个这样的量子态,其中电子态之间的能量差 ΔE 对应于入射光子的能量 $\Delta E = h\nu$,这是主要的选择定则。

(2)根据量子理论,只有初态和末态具有相同多重性,电子跃迁才有可能发生,多重性指的是 $M = 2S + l$,其中 $S = \sum |s_i|$ 是分子中所有电子自旋 $s_i = \pm 1/2$ 的总和。在基态中,分子的自旋通常为 $S = 0$,这是因为在所有低能级轨道和最高非激发轨道中的电子都是成对的,并且根据泡利不相容原理,自旋相反,这意味着其多重性为 $M = 1$ 是单重态,通常用 S_0 表示,如图 5.4(a)所示。当其中一个电子被激发时,泡利不相容原理不再适用,且可能出现两种情况:第一种情况,当电子自旋没有改变时,合成的自旋仍然是 $S = 0$,激发态也是用 S_1 表示的单重态(图 5.4(b));第二种情况,在跃迁过程中,自旋的方向相反,所

以合成的自旋等于 $S=1$、$M=3$，该激发态是用符号 T_1 表示的三重态(图 5.4(c))。在图 5.4 中，状态 S_1 和 T_1 表示这些状态中的电子具有相同的能量，事实上，这是一个近似，因为三重态的能量通常比单重态的能量低一些，图中箭头表示电子自旋的位置和意义，$s=-1/2\downarrow$ 和 $s=+1/2\uparrow$。

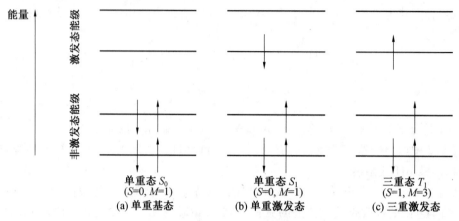

图 5.4　分子态多重态的简单示意图

上述第二条定则，即多重性守恒规则 $\triangle S=0$，这意味着唯一允许的跃迁是具有相同多重性的态之间的跃迁，如单重态－单重态、双重态－双重态或三重态－三重态，原则上不同多重态之间的跃迁是被禁止的，如单重态－三重态。然而，在实际中，这个选择定则和其他许多量子力学模型一样，是一个近似，它没有考虑到分子结构不同部分之间更微妙的相互作用，结果是允许跃迁($\triangle S=0$)的概率接近 1 或 $\dfrac{1}{10}$。除此之外，光谱中还出现了与禁带跃迁($\triangle S\neq 0$)相对应的谱带，但强度要低得多，见表 5.3。

表 5.3　跃迁概率和摩尔消光系数

吸收带类型	跃迁概率 P	摩尔消光系数 $/(m^3 \cdot mol^{-1} \cdot cm^{-1})$
强带(允许)	$0.1\sim 1$	$10\sim 10^2$
弱带(禁止)	<0.01	<1

上面讨论的大多数 $\pi\rightarrow\pi^*$ 跃迁和几乎所有 $\sigma\rightarrow\sigma^*$ 跃迁都是允许的，一些 $n\rightarrow\sigma^*$ 跃迁也是允许的；相反，几乎所有的 $n\rightarrow\pi^*$ 跃迁都伴随着多重性的变化而发生，理论上是禁止的。

包括产生最弱吸收带的 $n\rightarrow\pi^*$ 跃迁，表 5.2 中所示的光谱特征实际上不会扩展至可见光区域；另外，自然界中存在着自然"组合"的有机化合物，如海洋、土壤或动植物组织中的有机物质。这些有机物质具有强烈的可见颜色，如植物细胞中负责光合作用的绿色"叶绿体"，这种颜色不能完全根据迄今为止讨论的简单发色团的光谱特性来解释，但是它们可以用既存在于复杂分子内部、也存在于不同分子之间的发色团相互作用的效果来解释，这导致了复杂发色团的形成。它们对可见光吸收有相当的影响，主要包括 π 轨道共轭链形成的效应和导致形成各种类型稳定键及助色络合物效应，以及引起"电荷转移"的效应。

下面对这些效应中的第一个影响进行讨论,它决定了海洋和其他自然水体中有机化合物的可见颜色。

5.2　具有共轭 π 电子的复合有机分子的吸收特性

π 电子的大迁移率和它们与发色团相当松散的结合(小的负键能)意味着 π 轨道属于同一个分子并且彼此靠近,这种效应被称为 π 轨道的共轭。

5.2.1　线性多烯

有机化合物中 π 轨道最常见的例子是直链分子,分子中 C═C 双键与单键交替(图 5.5),这些化合物被称为线性多烯,在生物学上至关重要。它们的衍生物有维生素和有机色素,其中包括类胡萝卜素类的所有光合浮游植物色素。

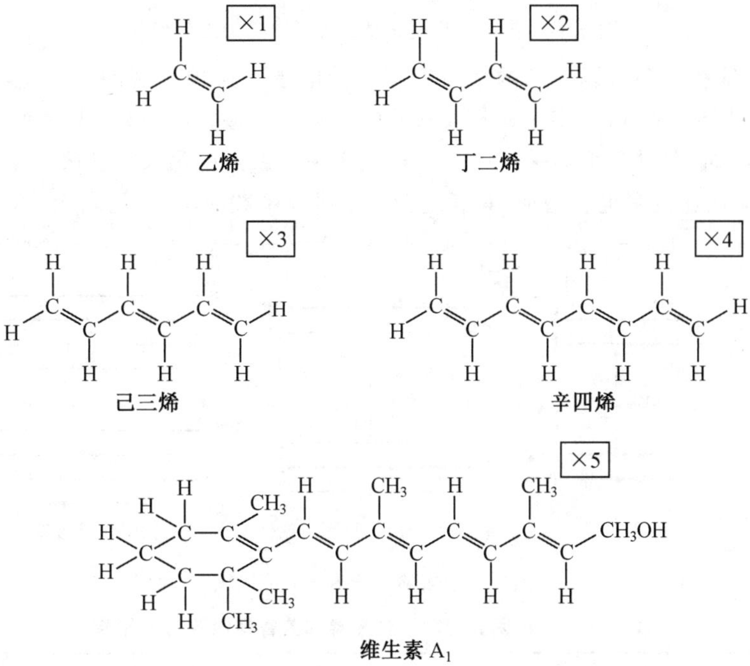

图 5.5　线性多烯及其衍生分子中的共轭 C═C 键例子(共轭的多重性由图中数字给出)

普通和共轭 π 型键分子轨道的近似形状如图 5.6 所示,图中显示了垂直于分子平面的轨道截面。一个由两个自旋相反电子围绕乙烯分子中简单的 C═C 发色团填充形成"普通"的 π 轨道。

然而,在丁二烯分子中有四个 π 电子没有与任何特定的键相连,而是可以沿着整个 C═C—C═C 链自由移动,形成一个双共轭的 π 轨道。作为共轭的结果,π 和 π* 能级在丁二烯中都被分成两个,在己三烯中被分成三个,在辛四烯中被分成四个,依此类推,图 5.7 所示为多烯中 π 和 π* 能级图,图中的圆点表示基态的价电子,$h\nu_{min}$ 表示对应于 $1 \rightarrow 1'$、$2 \rightarrow 1'$、$3 \rightarrow 1'$、$4 \rightarrow 1'$ 跃迁吸收的最小能量。当然,这是泡利不相容原理的结果,根据这

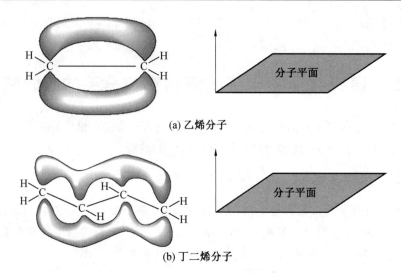

图 5.6　普通和共轭 π 型键分子轨道的近似形状

个原理,每个能级最多可以充满两个自旋相反的电子。这种分裂的结果是,相邻的 π 和 π* 能级彼此接近;越接近,多个键相互共轭的次数就越多;随着共轭的多重性增加,波长 λ_{max} 也随之增加,即对应于 1→1′ 或 2→1′ 或 3→1′ 跃迁的最长波长吸收带,见图 5.7 中的 $h\nu_{min}$;对应跃迁概率也会增加,其表现为摩尔吸收系数的增加,见表 5.4A 中的数据。

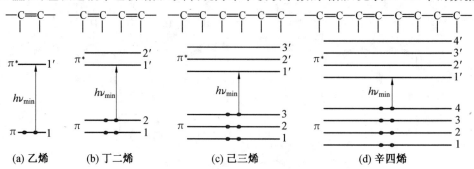

图 5.7　多烯中 π 和 π* 能级图

表 5.4　生色团共轭对线性多烯和芳香烃吸收带的影响

	分子	λ_{max}/nm	$\varepsilon_{max}/(m^3 \cdot mol^{-1} \cdot cm^{-1})$	$\alpha_{OC}^*/(m^2 \cdot g^{-1})$	$\alpha_{OM}^*/(m^2 \cdot g^{-1})$
A. 线性多烯	乙烯	163	10	95	82
	丁二烯	217	21	101	89
	己三烯	252	35	111	101
	辛四烯	304	—	—	—
	维生素 A	328	—	—	—
	γ—胡萝卜素	470	128	61	55

续表 5.4

B. 芳 香 烃	苯	180	65	208	192
		258	0.2	0.64	0.62
	萘	215	71	136	128
		309	0.316	0.61	0.57
	蒽	250	175	240	226
		378	5.3	7.2	6.8
	四苯	275	310	330	313
		475	10	10.6	10.1

注:芳香烃中每种化合物对应的上行为主吸收最大值的特征,下行为不同吸收峰中最长波长的特征。

从表 5.4 中线性多烯的数据可以看出,这些化合物的最后一个是光合色素命名中的 γ – 胡萝卜素,是在一个 11 重共轭C=C 键的基础上构建的,它是一种很强的可见光吸收剂,最大波长为 470 nm,共轭的多重性增加也是分子的电子光谱结构丰富的原因。除了与 $1 \rightarrow 1'$、$2 \rightarrow 1'$、$3 \rightarrow 1'$ 跃迁有关的最长波段外,这些光谱中还存在与 $2 \rightarrow 2'$、$3 \rightarrow 3'$ 等跃迁相对应的较短波段,也有因电子分布的变化而引起的强度稍低的波段,如 $1 \rightarrow 2'$、$2 \rightarrow 1'$。

共轭链的长度对线性多烯颜色的影响可以定性地用量子力学的单电子近似来解释,假设属于共轭链的所有 π 电子都位于长度为 k 的一维势能腔中,腔的长度正好或近似等于链的长度,基态辛四烯价电子的能量图如图 5.8 所示,图中 n 是每个连续能级的量子数,箭头所示为对应于最长波长吸收带出现的跃迁。

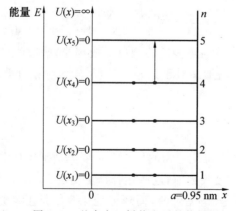

图 5.8　基态辛四烯价电子的能量图

在这个腔中,势能是均匀的,对于 $0 < x < k$,每个离散电子的势能是 $U(x) =$ 恒量 $= 0$;相反,腔外的势能趋于无穷大,即 $U(x < 0) \rightarrow \infty$ 和 $U(x > a) \rightarrow \infty$。描述这种情形的定态薛定谔方程为

$$-\frac{\hbar^2}{2m}\frac{d^2\Psi_e(x)}{dx^2} + U(x)\Psi_e(x) = E\Psi_e(x) \tag{5.3}$$

对于 $U(x) = 0$,式(5.3)可简化为

$$-\frac{\hbar^2}{2m}\frac{\mathrm{d}^2\Psi_e(x)}{\mathrm{d}x^2}=E\Psi_e(x) \tag{5.4}$$

式中,E 是电子的总能量;$\hbar=h/2\pi$,h 是普朗克常数;m 是电子的质量;Ψ_e 是单电子波函数。

式(5.4)的解是

$$\Psi_e(x)=A\sin\frac{n\pi x}{k}, \quad 0<x<k \tag{5.5}$$

式中,A 是常数系数;n 是量子数,表示原子的连续能级电子,$n=1,2,3,\cdots$。

将式(5.5)代入式(5.4)得到对应的能级 E_n 为

$$E_n=\frac{n^2h^2}{8mk^2} \tag{5.6}$$

因此,这些能量取决于共轭链的长度 $k=N\,2R_{\mathrm{CC}}\sin(\alpha/2)$,其中 N 是C=C—C 链的数量,R_{CC} 是两个键C=C 和C—C 的平均长度,α 是键之间的角度,能量的表达式简化为

$$E_n=\frac{n^2h^2}{8ml^2N^2} \tag{5.7}$$

式中,$l=2R_{\mathrm{CC}}\sin(\alpha/2)$。

考虑到泡利不相容原理,可以得出这样的结论,在基态,N 次共轭分子中的最高填充电子能级用量子数 $n=n_1=N$ 来描述,而最低的未填充能级对应于量子数为 $n=n_2=N+1$,这意味着这种分子的最低激发能为

$$\Delta E=E_{n+1}-E_n=\frac{h^2}{8ml^2}\frac{2N+1}{N^2} \tag{5.8}$$

得到第一个长波吸收带波长为

$$\lambda_{\max}=\frac{hc}{\Delta E}=\frac{8mcl^2}{h}\frac{N^2}{2N+1}=K\frac{N^2}{2N+1} \tag{5.9}$$

式(5.9)可以很好地定性描述多烯的颜色形成规律,吸收光的波长 $\lambda_{\max}$ 会随分子中的共轭多重性 N 的增加而增加。对于某些多烯,尽管这种推理非常简单,但可以用来获得近似的定量描述。

5.2.2　环状多烯

除了线性多烯之外,纯有机化合物的另一个重要类别是环状多烯,它的一个特性是因共轭电子的 $\pi\to\pi^*$ 跃迁而吸收辐射,这些化合物主要由 6-碳芳香环化合物表示。苯本身主要吸收紫外线区域的光,是无色的,而环芳烃化合物是可见光的强吸收体,如图5.9 和表 5.4B 所示。图 5.9 所示为苯分子中共轭键 π 分子轨道投影到分子平面上的近似形状。在苯环中的 30 个价电子中,6 个 π 电子形成 3 个强离域分子轨道,其结构比线性多烯中的相应电子复杂得多(图 5.9),因此芳香族化合物的电子结构非常复杂。对各种可能的电子组态的分析表明,共轭电子的三个 $\pi\to\pi^*$ 跃迁是芳香族化合物的典型跃迁,它们的光谱都显示出三个复杂但不同的吸收带,图 5.10 所示为部分芳香烃的摩尔消光系数光谱,这些吸收光谱的结构比线性多烯的吸收光谱复杂得多。芳香环的光谱性质非常独特,非常适合于光谱分析鉴定。就有机化合物而言,芳香烃及其衍生物是对辐射吸收最强的

物质,见表5.4B中的摩尔消光系数和光吸收系数,即使它们可能仅少量存在于海水中,也能相当大程度地"提高"海洋中有机物质的光吸收比系数值。

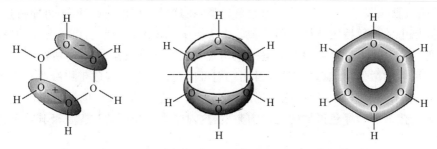

图5.9　苯分子中共轭键 π 分子轨道投影到分子平面上的近似形状

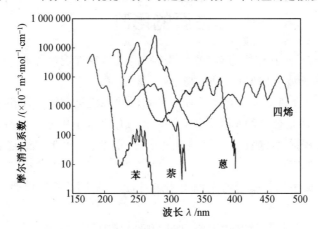

图5.10　部分芳香烃的摩尔消光系数光谱

5.2.3　混合共轭(π 和 n 电子) 和光合色素

共轭 π 电子生色团不仅是纯碳氢化合物的特征,而且是含有杂原子的链或环的化合物的特征,即含有除氢以外的原子附在碳上的有机化合物。如果共轭 π 键含有与来自杂原子的非键 n 电子的连接,则共轭链的这种延长使 n → π* 跃迁吸收的光波长增加,这种效应的典型是氧化多烯,这在海洋中很常见,π — π* 和 n — π* 跃迁引起的吸收带见表5.5。

表 5.5　$\pi \to \pi^*$ 和 $n \to \pi^*$ 跃迁引起的吸收带

发色团	$\pi \to \pi^*$	$n \to \pi^*$
	吸收带 λ/nm	弱吸收带 λ/nm
C=O	166	280
C=C—C=O	240	320
C=C—C=C—O	270	350
O=⟨benzene ring⟩=O	245	435

　　由于共轭价电子在很小的空间中相当集中,因此这些化合物是可见光甚至红外辐射的强吸收体。对这类分子中电子态的理论描述要比线性多烯或纯芳香烃的情况困难得多,描述需要使用复杂的、近似的量子力学模型,在这里不讨论。此外,不可能将这些分子的吸收光谱中的任何特定特征明确地归因于 $\pi \to \pi^*$、$n \to \pi^*$ 跃迁,电子分布的空间不规则性使得色素分子尤其是叶绿素的电子结构及其吸收光谱极其复杂。叶绿素类光合色素具有许多可能的激发单线态的特征,因此它们可以在许多电子吸收带中吸收可见光,这类色素的另一个特点是,在相同的能量范围内有大量可能的三重态,也就是说,对应于来自可见光光谱蓝绿色和绿色区域的光子的激发,这对于光合作用的过程是极其重要的。

5.3　助色基团和配合物对海洋有机化合物光学性质的影响

　　分子内和分子间相互作用将对"纯"有机物的光谱特性造成影响,如助色基团将使生色基团的吸收峰向长波方向偏移并增加其强度。

　　水的存在、矿物盐和微量元素离子等一系列活性无机化合物的存在,以及各种有机化合物之间的反应尤其是金属的水合离子,有助于向有机分子中添加各种官能团形成稳定的络合物,这些过程的光谱效应被定性地进行了分类,下面介绍描述它们特性的有关概念。

　　(1)助色团。助色团是指当与生色团相连时,这个基团改变吸收带的位置和强度,例如 OH、NH_2、Cl。

　　(2)红移。红移是指取代基或溶剂引起的吸收辐射波长的增加。

　　(3)蓝移。蓝移是指取代基或溶剂引起的吸收辐射波长的减小。

　　(4)增色效应。增色效应是指取代基或溶剂引起的吸收强度的增加。

　　(5)减色效应。减色效应是指取代基或溶剂引起的吸收强度的下降。

5.3.1　分子内相互作用

　　天然的官能团,尤其是那些经历分解的官能团,大多是增色的助色剂,并引起红移,这意味着吸收带向长波区移动,并且其强度大大增强,苯及其衍生物的三个主电子吸收带的特性参数见表5.6。图5.11所示为苯及其衍生物的吸收光谱,图中给出了三个主要吸收带的峰的位置和摩尔消光系数,取代基对其他有机分子吸收波长 λ_{max} 的位置和吸收强度的影响与此类似。

表 5.6　苯及其衍生物的三个主电子吸收带的特性参数

苯环上的取代基	吸收带参数					
	波长 λ_1/nm	ε_1	波长 λ_2/nm	ε_2	波长 λ_3/nm	ε_3
纯苯(—H)	255	0.2	202	7.3	182	65
—Cl	265	0.3	215	8	—	—
—Br	265	0.3	215	9	—	—

续表5.6

苯环上的取代基	吸收带参数					
	波长 λ_1/nm	ε_1	波长 λ_2/nm	ε_2	波长 λ_3/nm	ε_3
—I	257	0.7	231	12	—	—
—CH$_3$	262	0.3	205	8.1	187	55
—CCl$_3$	268	0.6	224	7	—	—
—OH	270	1.8	213	6	—	—
—NH$_2$	285	1.7	233	8	200	20
—NH(CH$_3$)	288	1.8	238	14	200	21
—CHO	280	1.5	242	14	—	—
—NO$_2$	280	1.5	252	9.6	—	—
—CH=CH$_2$	282	0.8	245	13	203	22
—CH=CH—NO$_2$	—	—	300	17	229	10

注:表中 $\varepsilon_i(i=1,2,3)$ 表示摩尔消光系数,单位为 $m^3 \cdot mol^{-1} \cdot cm^{-1}$。

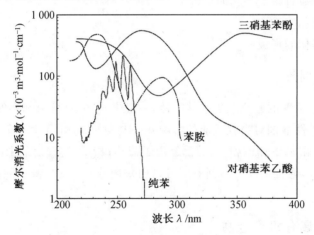

图 5.11　苯及其衍生物的吸收光谱

可以看到,Cl、Br、I 原子和一些基团如 —CH$_3$、—C(CH$_3$)$_3$ 以及许多其他具有稳定电子电荷的基团,起的作用微乎其微;另外,含有非共享电子对的基团,如—NH$_2$(—NR$_2$)、—OH、—SH,同样的亲电基团或电子受体,如 — NO$_2$、>C=O,以及许多具有多个共轭键的取代基,会引发强烈的效应,导致几十纳米量级的位移。两种不同类型的助色团的存在,可以导致更大的红移,苯及其相关衍生物的主吸收带波长位置见表 5.7,表中的化合物的主吸收带位置说明了上述特征。

表 5.7　苯及其相关衍生物的主吸收带波长位置

化合物类型		主吸收带波长 λ/nm
苯 ⬡		255
一个助色团	苯酚　HO—⬡	275
	硝基苯　NO_2—⬡	268
两个助色团	对硝基苯酚　HO—⬡—NO_2	315
	对硝基苯酚阴离子　—O—⬡—NO_2	400

不仅有分子内助色团的作用,而且下列分子间的相互作用都强烈地影响着吸收带的参数。

(1) 有机分子与溶剂的相互作用。

(2) 稳定的金属有机配合物的形成。

(3) 电荷转移相互作用。

(4) 有机聚集体的形成。

5.3.2　溶剂效应

溶剂对吸收带位置的影响取决于其极性,一般来说,非极性溶剂和发色团之间的相互作用很弱;另外,极性溶剂对吸收性能的影响几乎与取代基相同。普遍适用的规则是,所有 $n \rightarrow \pi^*$ 跃迁在溶剂中如饱和烃、醇都经历了蓝移;相反,这些溶剂中的 $\pi \rightarrow \pi^*$ 跃迁几乎总是会发生红移,通常情况下溶剂效应可以用来区分 $n \rightarrow \pi^*$ 和 $\pi \rightarrow \pi^*$ 这两种类型的跃迁。

5.3.3　金属有机络合物

许多天然金属的原子和离子特别是过渡金属,具有发色团性质,即它们吸收可见光和近紫外辐射,这些金属包括 Ti、V、Cr、Mn、Fe、Co、Ni、Cu、Nb、Mo、Tc、Ru、Rh、Pd、Ta、W、Re、Os、Ir、Pt 和 Au,它们中的许多以游离阳离子或水合阳离子的形式作为微量元素存在于海水中, 如 $[Mn(H_2O)_6]^{2+}$、$[Cu(H_2O)_6]^{2+}$、$[Ni(H_2O)_6]^{2+}$、$[Co(H_2O)_6]^{2+}$、$[Ti(H_2O)_6]^{2+}$、$[Cr(H_2O)_6]^{2+}$。此外,它们能与有机分子结合形成有色离子络合物。这些络合物吸收可见光和近紫外辐射的波段,非常接近金属本身的吸收波段,特别是当金属离子位于共轭多烯链的延伸部分时,该链的吸收带的红移可以高达 100 nm,这同样发生在金属本身不是发色团的情况下,如 Al、Ge、Ti、Zr 和 Th。因此,这种与金属阳离子形成的络合物类似于共轭链中出现的助色团。金属离子附着在共轭链的负电性端时,会吸引电子,从而使共轭链延长一个环节,但不会增加共轭电子的数量 n,这种链的长度取决于金属的离子半径,特定金属对吸收波段红移大小的影响形式如下:

$$\frac{1}{\lambda_{\max}} = \frac{U_0}{hc}\left(1 - \frac{1}{2N}\right) + \frac{h}{8mcl^2}\frac{2N+1}{N^2} \tag{5.10}$$

式中，U_0 是沿共轭链的电势。

U_0 取决于金属与有机阴离子键的离子性程度和金属的离子半径，半径越大，与未解离的化合物相比，络合物的 $\lambda_{\max}$ 位移越大，且 $\lambda_{\max}$ 越接近该化合物的自由阴离子吸收的光的波长，自由阴离子吸收光的波长是红移的极限。为了说明这一点，表 5.8 给出了金属离子半径对苯基芴四价金属（以 Metal^{4+} 表示）络合物吸收波段红移的影响，这些结果与实验观察结果一致。

表 5.8　金属离子半径对苯基芴四价金属络合物吸收波段红移的影响

离子	H$^+$	Ge^{4+}	Ti^{4+}	Zr^{4+}	自由阴离子
金属离子半径 /nm	—	0.50	0.65	0.83	—
吸收带的波长 $\lambda_{\max}$/nm	468	508	525	540	560

尽管在这方面的研究已有部分结果和进展，但是金属离子对海水中金属有机络合物光学性质的影响问题还没有最终阐明，特别是络合物的结构和吸收强度之间的关系仍然没有确定的成熟解释。

5.3.4　电荷转移复合物

金属有机络合物的稳定性本身是可变的，这里的稳定性可变是指与光的相互作用无关。分子间电子跃迁是供体－受体跃迁，也称为电荷转移跃迁，这是不太稳定的络合物的特征，发生在双组分系统中，包括不同元素的原子或分子或化学成分，如有机分子或有机－无机混合分子，在吸收光子之前或发射光子之后，它们没有任何方式的连接。电荷转移络合物只有在系统处于激发态时才能存在，一旦一个光子被一种化合物的 π 或 n 电子吸收，这种化合物就具有较低的电离势，成为供体化合物，这个电子就会转移到第二种化合物的未被占据的轨道上，而第二种化合物（即受体）具有较高的电子亲和力。这类情形的三个典型例子是苯酚和 1,3,5－三硝基苯、碘和甲基吡啶（图 5.12(a)）。

各种类型的供体－受体跃迁可以做如下说明，即电荷转移跃迁的特征之一是出现一个新的吸收带，该吸收带独立于依然存在的单独组分光谱中的吸收带，图 5.12(b) 所示为六甲苯及四氰乙烯、四氰乙烯（受体）和六甲苯（供体）的混合物的吸收光谱，混合物的光谱中可见光区的宽吸收带（$\lambda_{\max} \approx 540\,\mathrm{nm}$）是电荷转移效果。

从图 5.12(b) 中可以看到，新的光谱带位于单独组分光谱一定距离处，通常在可见光或近紫外区域。此外，电荷转移谱带较宽而强度较大，没有振动导致的光谱精细结构。在自然条件下，电荷转移络合物对溶解在海水中的大多数有机物的光学性质影响不大。尽管如此，这些相互作用在生物系统中是非常重要的，如在海洋浮游植物细胞光合作用的功能中，涉及光与海水相互作用的二次过程。

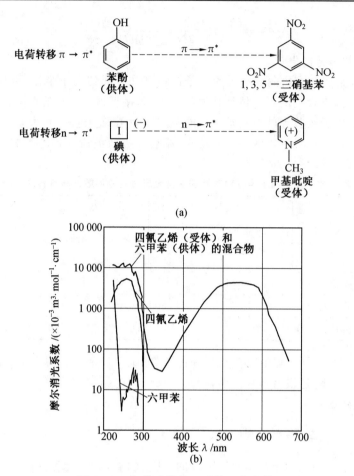

图 5.12　各类型供体－受体吸收光谱

5.4　海水中溶解有机物的光吸收特性

　　紫外线和可见光吸收系数在不同的海洋中变化有两个、三个或更多数量级,由于海盐和其他无机物的影响很小,因此海水的有机成分几乎是造成这种变化的全部原因。光子与分子的价电子相互作用,它们在紫外和可见光谱区域吸收光,导致了这些电子的激发,并且在某些情况下可以引起不同类型的光反应,如预解离、键断裂和合成新的化合物。

　　有机物质通常在 2～30 mm 的光谱范围内吸收红外(IR)辐射,这导致分子的振动能量发生变化,变化的原因是分子中所有能振动的原子团的作用,图5.13 所示为海洋中某些有机官能团的红外光谱吸收范围。由于海洋中有机物的复杂化学结构及其多种可能的振动类型,其红外吸收光谱远比紫外和可见光谱复杂,同时它们显示出特定原子群的许多特征峰,这是红外光谱作为鉴定化学结构和测定各种化合物含量的方法的原因,它已在化学分析中得到广泛应用。

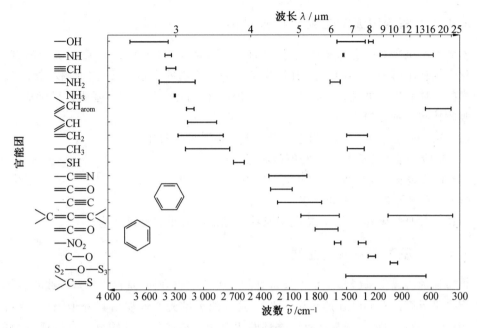

图 5.13　海洋中某些有机官能团的红外光谱吸收范围

5.4.1　海洋中有机物质的存在状态

海洋中的有机物质主要有悬浮有机物(SOM)、颗粒有机物(POM)(包括各种生物和有机碎屑)和溶解有机物(DOM)。

在海洋化学中,溶解有机物的概念只包括能通过 0.45 mm 孔隙过滤器的物质,因此,DOM 应该理解为一种分子溶液,它也可能包含非常细小的未溶解的有机粒子,将有机物划分为 DOM 和 POM 是一个惯例问题。在海洋的内部,海水中 DOM 以小分子和中等分子的化合物为主;在受到陆源有机物流入严重污染的流域,如河口附近,中小型有机分子的比例才更小,这种分子组分的组成强烈地影响了 DOM 在不同水体中的吸收特性,尤其是总质量比吸收系数。

世界海洋中 DOM 的平均质量浓度相对较低,约为 $3 \times 10^3 \, \text{mg/m}^3$,是溶解在海水中矿物盐浓度的 $\dfrac{1}{1\,000}$。因此这就产生了一个问题:为什么溶解在海水中的这些极少量的有机物质能够对光吸收产生如此强烈的影响,并且能够如此清楚地区分海水的光学性质?一般来说,这是由于在前面讨论过的有机化合物的分子结构,但就海洋中的天然有机物而言,人们对这种结构的了解仍然很少,只有 30% ~ 40% 的溶解在世界海洋中的有机化合物的化学结构已经精确地确定,它们主要是有机体分泌的或是其衰变的直接产物的中小型化合物分子,其中包括碳水化合物、氨基酸、碳氢化合物、脂肪酸和酚类;另外 60% ~ 70% 的 DOM 还没有被很好地理解,它们主要包括中等大小的大分子,如蛋白质、脂类或它们的组合,以及含有酚和其他有机基团片段的非常大的聚集体及其金属络合物,其中最稳定的一些化合物是腐殖物质,海洋光学专家称之为黄色物质。

5.4.2 海洋中光的主要有机吸收体

不同的有机物对海水的光吸收有不同程度的影响,由于它们数量庞大,并且对其中许多的化学结构了解不足,不可能单独讨论每一种化合物的光学性质,因此,仅对那些已知对海洋的总体紫外和可见光吸收有显著影响的有机物化合物或化合基团进行讨论。

吸收体有 4 种类型。

(1) 氨基酸及其衍生物(肽和蛋白质片段)主要吸收紫外线。

(2) 嘌呤和吡啶化合物及核酸能吸收紫外线。

(3) 腐殖酸能吸收紫外线 — 可见光辐射。

(4) 木质素主要是吸收紫外线。

除这 4 种吸收体外,石油污染物对某些海域的吸收也有显著影响。

5.4.3 氨基酸及其衍生物

含有氮的游离氨基酸是海水中最常见的一类有机化合物,是很强的紫外线吸收体,它们可能占世界海洋总 DOM 的 $3\% \sim 8\%$,这一组分的光学性质由其分子的化学结构决定,这其中最活跃的吸收剂是含有芳香环的化合物。离散的氨基酸分子直接通过细胞膜从生物体进入海水,也可以通过分解排泄物或死有机体中的蛋白质进入海水。氨基酸分子由两个特征官能团组成,即氨基 $H_2N—$ 和羧基 $—CO—OH$ 以及氨基酸残余物 R,所有这些官能团以下结构结合:

$$\begin{array}{c} O \\ \| \\ H_2N—C—C—OH \\ | \\ H \\ | \\ R \end{array}$$

生物来源的氨基酸总共有 20 多种,不同之处在于其 R 基的结构不同。所有游离氨基酸在远紫外线和中紫外线下都能吸收光,尽管其强度因氨基酸残基 R 的结构而异。一般来说,有两种主要类型的游离氨基酸:"饱和"氨基酸(弱吸收体)和"芳香"氨基酸(强吸收体)。"饱和"氨基酸,其 R 基是饱和的,吸收完全是由于羧基和氨基的电子跃迁引起的,这些跃迁的强度非常低,"饱和"氨基酸参与所有 DOM 的吸收相当小,因此可以忽略。与"饱和"氨基酸相比,"芳香"氨基酸对紫外线辐射有很强的吸收,尤其是在 $200 \sim 300\ nm$ 范围内。"芳香"氨基酸仅占海水中游离氨基酸总量的 4%,但其吸收能力比"饱和"氨基酸高两个数量级,这主要归因于这些化合物中氨基酸含有芳香环。在自然界中,含有苯酚的酪氨酸、含有苯的苯丙氨酸、含有吲哚的色氨酸是生物合成的,这些化合物是苯的助色衍生物,并引发增色效应,正是这个原因,"芳香族"氨基酸是海水中存在的所有有机物质中光吸收能力最强的氨基酸之一,它们具有很高的质量比吸收系数。表 5.9 给出了氨基酸和多肽的主要光吸收特性。

表 5.9　氨基酸和多肽的主要光吸收特性

官能团或化合物			跃迁	光谱范围 λ_{max} /nm	ε 的范围 /(m³·mol⁻¹·cm⁻¹)	a_{OM}^* /(m²·g⁻¹)
A. 特征官能团	氨基酸、肽和蛋白质	团 · 氨基(NH₂)	$n \to \sigma^*$	210～230	0.3～0.9	＜0.3～2
		团 · 亚氨基(NH)				
		团 · 氨(NH₃)				
		羧基 C＝O 键	$\pi \to \pi^*$	170～190	～2	＜0.6～5
		羧基 —C—OH 键	$n \to \pi^*$	190～200	～0.1	＜0.1
	肽和蛋白质	肽键 —C—NH—	$\pi \to \pi^*$	～190	～7	～8
		肽键 —C—NH—	$n \to \pi^*$	～210—220	～0.1	～0.1
B. 氨基酸	组氨酸	半胱氨酸	$\pi \to \pi^*$	211	5.9	8.7
		—S—S— 键	$n \to \sigma^*$	250	0.3	0.3
	芳香族氨基酸	色氨酸	$(\pi \to \pi^*)_{arom}$	192	75	33
				219	47	53
				280	5.6	6.1
		酪氨酸	$(\pi \to \pi^*)_{arom}$	193	48	61
				222	8	10
				274	1.4	1.8
		苯丙氨酸	$(\pi \to \pi^*)_{arom}$	188	60	84
				206	9.3	13
				257	0.3	0.28

海洋中紫外线波段"芳香"氨基酸的质量比吸收系数光谱如图 5.14 所示。

5.4.4　肽和蛋白质

除了具有游离和组合氨基酸特征的中小分子外,含有分子量较大的肽和整个蛋白质分子或其片段在总 DOM 浓度中占更大的比例。阐述它们存在于 DOM 中吸收光的原理,可以由氨基酸分子链组成复杂的线性的或环状空间结构说明,这些氨基酸分子链通过肽键 —(C＝O)—(NH)— 相连,如图 5.15 所示。

图 5.15 中 $R_1,\cdots,R_n$ 表示连续氨基酸分子的氨基酸残基,粗线表示肽键,这些键构成一个新的发色基团,其吸收特性见表 5.9 A。 在实际中,溶解在海水中的所有肽和蛋白质在 200 ～ 300 nm 范围内吸收系数平均光谱的近似估算公式为

$$a_{OM,pep}^*(\lambda) \approx a_N^*(\lambda) + a_{OM,arom}^*(\lambda)k \tag{5.11}$$

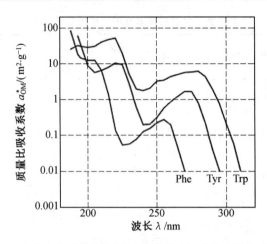

图 5.14　海洋中紫外线波段"芳香"氨基酸的质量比吸收系数光谱
Trp— 色氨酸；Tyr— 酪氨酸；Phe— 苯丙氨酸

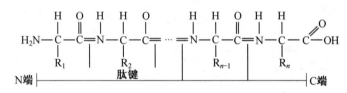

图 5.15　氨基酸分子键

式中，$a_N^*(\lambda)$ 是表 5.9A 中给出的氨、氨基和亚氨基的平均质量比吸收系数，单位为 $m^2 \cdot g^{-1}$，其对海水中 $200 \sim 300$ nm 范围内的总吸收影响较小；$a_{OM,arom}^*$ 是表 5.9B 中"芳香族"氨基酸的平均质量比吸收系数，其对海水中 $200 \sim 300$ nm 范围内的总吸收有很大的影响；考虑到"芳香"氨基酸的百分数以及链中各种氨基酸组分的分子量，取 $k \approx 0.07$。

氨基酸吸收系数的类似公式为

$$a_{OM,af}^*(\lambda) \approx a_N^*(\lambda) + a_{OM,arom}^*(\lambda)k' \tag{5.12}$$

式中，k' 是"芳香族"氨基酸在海水中溶解的游离氨基酸总浓度中的平均参与程度，$k' \approx 0.04$。

相比之下，蛋白质的吸收特性要复杂得多，更难定量描述，它们吸收辐射的能力差异很大，与"纯蛋白质"吸收光的能力明显不同，这是由于蛋白质本体和基团之间发生了各种结合和增色作用，同时还取决于基团的光学性质。大多数蛋白质吸收光谱的一个共同特征是由于"芳香"氨基酸的存在，在 $270 \sim 280$ nm 范围内存在一个明显的吸收带。然而，该条带的强度不同，并且通常随着非蛋白部分质量的增加而减小；许多蛋白质的吸收光谱具有非常复杂的结构，可能延伸到可见光区域甚至近红外区域，例如浮游植物中存在的具有光合色素的蛋白质复合物、蛋白质—叶绿素复合物以及作为细胞酶的血蛋白。鉴于这一复杂性，海洋中所有蛋白质的质量比吸收系数可以使用以下表达式非常粗略地估计：

$$a_{protein}^*(\lambda) \approx k a_{OM,arom}^*(\lambda) + 0.93 e^{-0.007\,68(\lambda-220)} \tag{5.13}$$

式中，λ 的单位为 nm；$a^*_{protein}$、$a^*_{OM,arom}$ 的单位为 $m^2 \cdot g^{-1}$；k 为权重因子，表示肽链中所有芳香分子的质量与链总质量的比率，$k \approx 0.075$。

5.4.5　嘌呤、嘧啶和核酸

紫外线辐射主要吸收体的第二类含氮有机化合物包括核酸及其部分成分，生物体中有两种核酸存在：脱氧核糖核酸（DNA）和核糖核酸（RNA）。DNA 成分是碱基（腺嘌呤、鸟嘌呤、胸腺嘧啶和胞嘧啶）、脱氧核糖、磷酸；RNA 成分是碱基（腺嘌呤、鸟嘌呤、胞嘧啶、尿嘧啶）、核糖、磷酸。在海水中，它们是生物体排泄或死亡的产物，它们的浓度是氨基酸和蛋白质浓度的 $\frac{1}{4} \sim \frac{1}{6}$，然而在某些紫外波段，核酸吸收光的能力比氨基酸更强。在约 $240 \sim 300$ nm 范围内，碱基是海洋中天然存在的所有物质中最强的吸收体。

核酸分子量大，分子量不确定，测定其摩尔消光系数相当困难，因此，这些系数是根据磷的摩尔数定义的（因为一个嘌呤或嘧啶单元对应于磷的每个原子），并表示为 $\varepsilon(P)$。嘌呤和嘧啶衍生物的主要光谱特征见表 5.10。

表 5.10　嘌呤和嘧啶衍生物的主要光谱特征

化合物		λ_{max}/nm	$\varepsilon/(m^3 \cdot mol^{-1} \cdot cm^{-1})$	$a^*_{OM}/(m^2 \cdot g^{-1})$
碱基（嘌呤和嘧啶）	腺嘌呤	$260 \sim 264$	$12.3 \sim 13.4$	22.8
	鸟嘌呤	$273 \sim 275$	$7.35 \sim 8.1$	12.3
	胞嘧啶	$267 \sim 274$	$6.1 \sim 10.2$	12.6
	尿嘧啶	259	8.2	16.8
	胸腺嘧啶	264	7.9	14.4
核苷（碱+糖）	腺苷	$257 \sim 260$	$14.6 \sim 14.9$	12.9
	脱氧腺苷	258	14.1	13.2
	鸟苷	$256 \sim 276$	$9 \sim 12.2$	8.7
	脱氧鸟苷	255	12.3	10.8
	胞苷	$271 \sim 280$	$9.1 \sim 13.4$	10.8
	脱氧胞苷	280	13.2	13.7
	尿苷	$261 \sim 262$	10.1	9.7
	胸苷	267	9.7	8.7

续表5.10

化合物		$\lambda_{\max}/\mathrm{nm}$	$\varepsilon/(\mathrm{m^3 \cdot mol^{-1} \cdot cm^{-1}})$	$a_{\mathrm{OM}}^*/(\mathrm{m^2 \cdot g^{-1}})$
核苷酸（核苷＋磷酸残基）	腺苷酸	$257 \sim 259$	$15.1 \sim 15.4$	10.2
	三磷酸腺苷	$257 \sim 259$	$14.7 \sim 15.4$	6.9
	烟酰胺腺嘌呤二核苷酸磷酸	259	14.4	4.0
		340	6.23	1.7
	烟酰胺腺嘌呤二核苷酸	260	18	5.6
	脱氧腺苷酸	258	14.3	10.1
	鸟苷酸	257	12.2	7.8
	脱氧鸟苷酸	255	11.8	8.0
	胞苷酸	281	13.6	9.8
	脱氧胞苷酸	280	12.3	9.4
	尿苷酸	261	9.7	7.0
	胸苷酸	267	9.6	6.6
核酸	脱氧核糖核酸	258	$6.1 \sim 6.9$	4.4
	核糖核酸	258	7.4	4.5

5.4.6 有色溶解有机物

有色溶解有机物(Colored Dissolved Organic Matter，CDOM)是水中一种重要的光学成分，常支配着蓝色的吸收。它是水中不同溶解物质的吸收（或发射荧光）加权和。海水中的 CDOM 来自水体中浮游植物的自身降解和陆源的溶解性有机物。其中浮游植物自身降解的产物为酪氨酸和色氨酸，陆源溶解性有机物为腐殖酸和富里酸。CDOM 在紫外光波段吸收最强，它可以限制有害紫外辐射穿透深度，一定程度保护了水生生物。CDOM 在蓝光区的吸收区域与叶绿素的最大吸收峰区域重叠，卫星海色遥感时容易过高估计叶绿素 a 的值，干扰定量遥感。CDOM 是一种有用的水团示踪物，也是不同生物地球化学过程的指示物。由于 CDOM 是一类复杂有机混合物，其浓度无法直接测量出，通常用某一波段的吸收系数来表征。由于 CDOM 在紫外可见光光谱区的光吸收特性最高，通常采用 250 nm、355 nm、375 nm、440 nm 处的吸收系数来表征 CDOM 的浓度。CDOM 的光吸收系数随着波长的增加逐渐减小，一般呈负指数增长。

CDOM 吸收谱是指数递减函数描述的可见光谱，即

$$a_{\mathrm{g}}(\lambda) = a_{\mathrm{g}}(\lambda_0)\,\mathrm{e}^{-s(\lambda-\lambda_0)} \quad (\mathrm{m^{-1}}) \tag{5.14}$$

式中，s 为光谱斜率；λ_0 为参考波长。对应于这一公式的吸收基于一个理论假设，即组成 CDOM 的长有机分子是由不同分子通过 π 键叠加而形成。最丰富的单键吸收短波辐射，而较不丰富的多键共振吸收长波辐射。由于在数值上有更多的短键，所以在短波长下光谱更高，这一解释与高分子量物质有关的 CDOM 的小光谱斜率 s 观察结果一致。对于可见光波长，s 的最常见值接近 0.014 $\mathrm{nm^{-1}}$，在可见光范围 s 为 0.007 $\sim$ 0.025 $\mathrm{nm^{-1}}$。这是

最常见的 CDOM 吸收模型，也有其他模型，这些模型可以提供更好的数据拟合。特别是，通常在指数拟合中加入一个常数：

$$a_g(\lambda) = a_g(\lambda_0) \, e^{-s(\lambda-\lambda_0)} + \text{const} \quad (\text{m}^{-1}) \tag{5.15}$$

这个常数代表什么应视具体情况而论。在某些情况下，它解释为溶解成分的散射；在某些情况下，它解释为气泡；等。另一个更有效的模型是幂律模型，即

$$a_g(\lambda) = a_g(\lambda_0) \left(\frac{\lambda}{\lambda_0} \right)^{-s} \quad (\text{m}^{-1}) \tag{5.16}$$

荧光法是确定 CDOM 的主要方法之一，这种物质通常被称为荧光溶解有机物（Fluorescent Dissolved Organic Matter，FDOM）。一般情况下，荧光和吸收是共变的，然而在不同位置吸收和荧光的比例大小变化可以达到几个数量级。CDOM 的荧光通常局限于单个激发（发射）带。利用实验室仪器测量二维激发发射光谱，并根据发射峰的强度和波长来表征 FDOM。由于水体中的有机物来源各异，成分复杂，往往荧光成分不同，因此荧光图谱中荧光峰的位置和荧光强度也不尽相同，可利用这些特性来判断水体有机污染的程度及来源。在入海口和近岸海域，CDOM 和溶解有机物荧光与溶解有机物的相关性是变化的，关系式为

$$a_g(450) = (0.007 - 1.75) \text{DOC} \quad (\text{m}^{-1}) \tag{5.17}$$

用于各种环境样品以及提取腐殖物质的关系式为

$$a_g(450) = (0.33 - 1.23) \text{DOC} \quad (\text{m}^{-1}) \tag{5.18}$$

$$a_g(440) = 0.2(a_w(440) + 0.05 \, \text{Chl}^{0.55}) \quad (\text{m}^{-1}) \tag{5.19}$$

式（5.17）和式（5.18）中的 DOC 是指 DOM 中的溶解有机碳，即 Dissolved Organic Carbon，简称 DOC。

第6章 海水中悬浮颗粒物对光的吸收

海洋水体中的第二类光学混合物由各种有机和无机悬浮颗粒组成,即悬浮物。因为海洋悬浮物对红外辐射的吸收比水和海盐分子对红外辐射的吸收要弱得多,所以本章描述这些物质对可见光和近紫外辐射的吸收,不讨论对红外辐射的吸收。

悬浮颗粒物在海水中对紫外辐射的吸收系数 $a_p(\lambda)$ 通常比溶解有机物(DOM)的吸收系数 $a_{DOM}(\lambda)$ 或黄色物质的吸收系数 $a_y(\lambda)$ 低得多,这是因为有机颗粒物(POM)的质量浓度远小于 DOM 的质量浓度;另外,无机悬浮液一般是弱紫外线吸收剂,其质量浓度远低于溶解无机物的质量浓度。

就可见光而言,悬浮颗粒通常会对海水的整体吸收产生非常强烈的影响,相当于甚至超过黄色物质对吸收的影响。海洋中的悬浮颗粒不仅吸收光,而且对光造成散射,这种散射改变了光的方向,从而扩展了光路。因此,光子被其他悬浮颗粒或水分子和溶解在其中的物质吸收的可能性更大。悬浮颗粒对光的吸收和散射在数量上和光谱上取决于颗粒的化学成分、在水中的质量浓度及物理性质。

在粒子与光的相互作用中,粒子最重要的物理性质之一是它们所组成的物质折射率的实部和虚部,即光学常数,以及它们的形状和尺寸。本章首先描述光与比分子更大的粒子光学不均匀性相互作用的理论原理(如海洋悬浮颗粒),即与分散介质的相互作用;然后描述海洋中悬浮粒子的类型和来源,以及它们最突出的物理和化学性质,确定它们与光相互作用的程度;最后着重研究非藻类颗粒在海水中的吸附特性。

6.1 分散介质的光学特性

固体颗粒悬浮在天然水中是非常常见的,并且经常出现在较大的数值浓度(在 1 cm³ 的水中有 $10^3 \sim 10^4$ 个大于 1 μm 的颗粒),因此,天然水不是光学均匀的分子溶液,而是不连续的多分散介质,这意味着天然水含有各种大小的颗粒,其绝对折射率不同,且通常大于周围水和水中溶解物质的折射率。

分散介质的光学性质(吸收和散射)与具有相同分子组成的均匀介质的光学性质(吸收和散射)有根本的不同。在自然条件下,如在大气或海洋中,气溶胶和水溶胶中的离散分子冷凝时,通常会导致:① 光散射系数相对于分子散射系数的增加;② 光在介质中的吸收系数会下降,并随着不均匀性尺寸的增大而进一步下降。此外,分散介质的吸收和散射特性密切相关,即它们是相互作用的。如果悬浮颗粒物的吸收系数发生变化,但其形状、尺寸和实际折射率没有发生变化,则介质中的散射系数将相应地发生变化。这些变化通常按反方向变化,也就是说,如果粒子物质的吸收系数增加,那么这些粒子散射的光量就会减少,反之亦然。

尽管量子力学定律足以描述溶解物质对辐射的吸收,但它们不足以解释分散介质中的吸收现象。要完整地描述悬浮液的吸收特性,需要考虑介质的"分散性"以及吸收和散射之间相互作用的附加理论,由麦克斯韦方程组导出的经典电动力学理论,特别是米氏理论,提供了这种可能性。

6.1.1　多分散介质中的光吸收:量子力学－电动力学描述

复杂介质的光学性质(包括光的吸收和散射)是由其所含物质的基本物理和化学性质决定的,如化学成分、组分浓度、折射率及悬浮颗粒或分子簇的形状和大小。图6.1所示为用于确定分散介质光学特性的量子力学－电动力学算法示意图,图中显示的是借助量子力学和经典电动力学的数学公式,根据不同介质的物理和化学性质确定其光学性质的理论算法,并给出了解释和描述相关关系的理论。

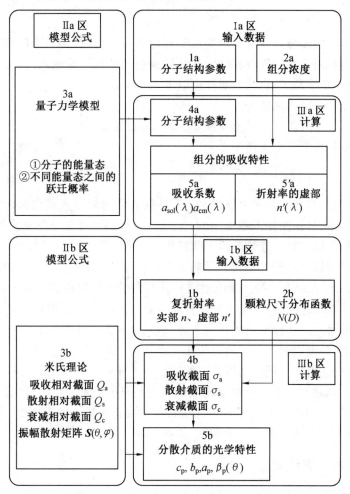

图 6.1　用于确定分散介质光学特性的量子力学－电动力学算法示意图

如图 6.1 所示,确定分散介质的光学性质分为两个不同的阶段,分别对应于 a 区和 b 区的两个独立部分。首先,确定介质均匀组分的吸收特性(a 区量子力学阶段),只有这样才能定义合成的光学性质,考虑介质的色散性(b区电动力学阶段)。图 6.1 中 a 区部分,使用输入数据(Ⅰa 区)、吸收体分子的化学结构(方框 1a)及其在介质中的浓度 c(方框 2a)、量子力学的数学模型(Ⅱa 区,方框 3a),通常可以计算(Ⅲa 区)如下均匀介质的吸收特性。

(1)物质的吸收系数 $a_{sol}^*(\lambda)$(方框 5a)。

(2)物质在介质中均匀分布(溶解)的吸收系数 $a_{sol}(\lambda)$(图中方框 5a)

(3)介质绝对折射率的虚部 $n'(\lambda)$(图中方框 5'a),它描述介质对电磁辐射的吸收。它们由已知的 $a_{sol}(\lambda)$ 或 $a_{sol}^*(\lambda)$ 和 C_i 的值通过下列关系式确定:

$$n'(\lambda) = \frac{a_{sol}(\lambda) \cdot \lambda}{4\pi} \tag{6.1}$$

或

$$n'(\lambda) = \frac{a_{sol}^*(\lambda) C_i \cdot \lambda}{4\pi} \tag{6.2}$$

假设光学不均匀多分散介质由内部光学均匀的粒子组成,第一个阶段可以使用量子力学来描述粒子物质内部的吸收特性。在浮游植物的情况下是胞内的,如果是有机碎屑或悬浮矿物颗粒,则为粒子内,这些属性由以下关系确定。

细胞或颗粒物的吸收系数为

$$a_{cm}(\lambda) \text{ 或 } a_{pm}(\lambda) = a_{sol}^*(\lambda) C_i \tag{6.3}$$

细胞或颗粒物折射率的虚部为

$$n'(\lambda) = \frac{a_{pm}(\lambda) \cdot \lambda}{4\pi} \quad \text{或} \quad n'(\lambda) = \frac{a_{pm}^*(\lambda) C_i \cdot \lambda}{4\pi} \tag{6.4}$$

式中,$a_{sol}^*(\lambda)$ 是源自量子力学的吸收系数;C_i 是吸收体的粒子内或细胞内浓度。细胞物质折射率的虚部 n' 是算法输入数据中的一个元素,可以发现多分散介质的光学特性,如图 6.1 中 a 区和 b 区中算法连续阶段之间的箭头。

与量子力学阶段只考虑光子与分子能量态的作用不同,第二阶段是电动力学算法阶段,该算法阶段(图 6.1b 区)描述了电磁波在含有光学不均匀性的介质中的相互作用,不均匀性是由悬浮粒子造成的,这里的悬浮粒子是指具有各种复杂折射率的空间区域,其尺寸超过了分子的尺寸。在光电场的影响下,这些粒子成为感应偶极子,在空间的各个方向发射二次电磁波(即散射光),二次电磁波相互干扰,从而改变了它们的空间结构和散射能量的绝对值,这些能量以不同的角度方向散射。因悬浮颗粒的作用而引起的波场变化(即强度分布和二次电磁波相对于一次电磁波的其他特征)由光的吸收、散射和衰减的适当系数和函数来描述,如图 6.1 中 Ⅲb 区,这些特性取决于介质的物理特性(Ⅰb 区),如复折射率(方框 1b)和悬浮颗粒的尺寸和形状(方框 2b)。

6.1.2　米氏理论要素

求解电磁场通过光学不均匀区域的麦克斯韦方程,可得到悬浮粒子对光的衰减、散射和吸收随上述物理性质变化的定量描述,然而,粒子本身的几何形状为此类计算设置了边界条件,限制了具有规则形状如球体、圆柱体等粒子少数情况下的可行解的数量。对于任意形状或大小的不规则粒子,可能的解是极其复杂的。

为了计算海洋和大气中的光散射特性,通常使用麦克斯韦方程组的解和米氏理论来计算任何尺寸的各向同性球形粒子(图6.1Ⅱb区)。单个粒子最重要的光学吸收和散射特性由以下特征描述。

(1)振幅散射矩阵 $S(\theta, \varphi)$。

(2)粒子的相对截面,也称光学效率系数,Q_c 表示衰减,Q_s 表示散射,Q_a 表示吸收。

振幅散射矩阵 $S(\theta, \varphi)$ 把入射波和散射波的电场强度的振幅联系起来,θ 和 φ 是球坐标系 (r, θ, φ) 中描述散射方向的角度。令沿 z 轴传播的平面光线入射到位于坐标系原点的粒子上(图6.2)。入射光波的电矢量转换为在点 $P(r, \theta, \varphi)$ 处沿方向 (θ, φ) 散射的光波的电矢量,由矩阵根据以下关系描述:

$$\begin{bmatrix} E_1 \\ E_r \end{bmatrix} = [S(\theta, \varphi)] \frac{e^{-ikr+kz}}{ikr} \begin{bmatrix} E_{l0} \\ E_{r0} \end{bmatrix} \tag{6.5}$$

式中,E_{l0}、E_{r0} 分别是入射波电矢量相对于散射面 (z, r) 的平行分量和垂直分量;E_1、E_r 是散射波电矢量的相同分量;k 是波数,$k = 2\pi/\lambda$。

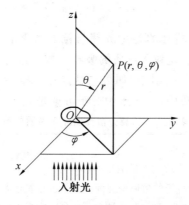

图 6.2　米氏理论粒子光散射的几何框架图

一般情况下,即对于任何形状的各向异性粒子,振幅散射矩阵 $S(\theta, \varphi)$ 的形式为

$$S(\theta, \varphi) = \begin{bmatrix} S_2(\theta, \varphi) & S_3(\theta, \varphi) \\ S_4(\theta, \varphi) & S_1(\theta, \varphi) \end{bmatrix} \tag{6.6}$$

但是在球形和各向同性粒子的情况下,这个矩阵要简单得多,它的两个项 $S_3(\theta, \varphi)$ 和 $S_4(\theta, \varphi)$ 取零值,整个矩阵独立于方位角 φ,即

$$S_1(\theta, \varphi) = S_1(\theta), \quad S_2(\theta, \varphi) = S_2(\theta) \tag{6.7}$$

吸收和散射对光的总体衰减,以及单个散射粒子对光的散射和吸收的单独过程,通常都被视为粒子相关截面对光的直接屏蔽;σ_c 表示衰减截面、σ_s 表示散射截面、σ_a 表示吸收截面。光的衰减、散射和吸收的相应相对截面(光学效率系数)由以下比率定义:

$$Q_c = \sigma_c/S_g, \quad Q_s = \sigma_s/S_g, \quad Q_a = \sigma_a/S_g \tag{6.8}$$

式中,S_g 是粒子的几何横截面,对于球体 $S_g = \pi D^2/4 = \pi r_0^2$,其中 D 是粒子直径,r_0 是粒子半径。估算分散介质光学性质的算法见表6.1,表中给出了该算法完整的、形式化的数学方法程序,用于确定分散介质(单分散和多分散)的光学、吸收和散射特性,将其视为一组等效的各向同性球形粒子,基于米氏理论,将上述光学特性($S(\theta)$、Q_c、Q_s、Q_a)描述为两

个独立自变量的函数。

(1) 粒子尺度参数 x。

$$x = \frac{\pi D}{\lambda}$$

或

$$x = \frac{\pi D}{\lambda_2} = \frac{\pi D n_2}{\lambda} \qquad (6.9)$$

也就是说,如果考虑悬浮在真空中或绝对折射率为 $n_2 = 1$ 的介质中的粒子的光学性质,x 为粒子的周长与真空中光的波长 λ 之比;如果考虑悬浮在折射率 $n_2 > 1$ 的介质中的粒子,则 x 为粒子的周长与粒子周围介质中的波长 λ_2 之比($\lambda_2 = \lambda/n_2$)。

(2) 颗粒物质相对于悬浮介质的复折射率 m。

$$m = n - \mathrm{i}n'$$

或

$$m = \frac{1}{n_2}(n - \mathrm{i}n') \qquad (6.10)$$

式中,n 是复折射率的实部,等于真空中光速与粒子物质中光速的比值;n' 是复折射率的虚部,$n' = a_{\mathrm{pm}}\lambda/4\pi$,其中 a_{pm} 是粒子物质的吸收系数。这意味着,在涉及使用米氏理论的计算中,将粒子物质的绝对复折射率(如果它悬浮在真空中)或相对复折射率(如果粒子悬浮在折射率 $n_2 > 1$ 的介质中,如在水中对于可见光 $n_2 \approx 1.34$)作为输入数据。

表 6.1　估算分散介质光学性质的算法

Ⅰb区:输入数据(图 6.1 中的方框 1b 和 2b)。

颗粒物质的绝对或相对于介质的无量纲复折射率为 $m = n - \mathrm{i}n'$ 或 $m = (n + \mathrm{i}n')/n_2$($n_2$ 为颗粒所在悬浮介质的折射率);介质中粒子的数值密度为 N_v,单位是粒子数 $/\mathrm{m}^3$;单分散介质中粒子的直径为 D,单位是 $\mu\mathrm{m}$;多分散介质中粒子的尺寸(直径)分布函数为 $N(D)$,单位是粒子数 $/(\mathrm{m}^3 \cdot \mu\mathrm{m})$。

Ⅱb区:米氏理论的模型公式(图 5.1 中的方框 3b)。

1. 振幅散射矩阵 $\boldsymbol{S}(\theta, \varphi)$,作为粒径参数的函数 $x = \pi D/\lambda$ 或 $x = \pi D/\lambda_2 = \pi D n_2/\lambda$,已知复折射率 $m = n - \mathrm{i}n'$ 或 $m = (n + \mathrm{i}n')/n_2$,则

$$\boldsymbol{S}(\theta) = \begin{bmatrix} S_2(\theta) & 0 \\ 0 & S_1(\theta) \end{bmatrix} \qquad (\mathrm{T}-1)$$

$$S_1(\theta) = \sum_{n=1}^{\infty} \frac{2n+1}{n(n+1)} \left\{ A_n \frac{\mathrm{P}_n^1(\cos\theta)}{\sin\theta} + B_n \frac{\mathrm{d}}{\mathrm{d}\theta} \mathrm{P}_n^1(\cos\theta) \right\} \qquad (\mathrm{T}-2a)$$

$$S_2(\theta) = \sum_{n=1}^{\infty} \frac{2n+1}{n(n+1)} \left\{ B_n \frac{\mathrm{P}_n^1(\cos\theta)}{\sin\theta} + A_n \frac{\mathrm{d}}{\mathrm{d}\theta} \mathrm{P}_n^1(\cos\theta) \right\} \qquad (\mathrm{T}-2b)$$

式中,$\mathrm{P}_n^1(\cos\theta)$ 是相关的勒让德多项式。

2. 衰减相对截面为

$$Q_c = \frac{2}{x^2} \sum_{n=1}^{\infty} (2n+1)\mathrm{Re}(A_n + B_n) \qquad (\mathrm{T}-3)$$

续表6.1

散射相对截面为

$$Q_s = \frac{2}{x^2} \sum_{n=1}^{\infty} (2n+1)(\mid A_n \mid^2 + \mid B_n \mid^2) \qquad (T-4)$$

吸收相对截面为

$$Q_a = Q_c - Q_s \qquad (T-5)$$

式中,米氏参数 $A_n = f(x, m)$、$B_n = f(x, m)$,已知两个变量 x 和 $y = mx$,则

$$A_n = \frac{\psi_n(x)\psi'_n(y)/\psi_n(y) - m\psi'_n(x)}{\xi_n(x)\psi'_n(y)/\psi_n(y) - m\xi'_n(x)} \qquad (T-6a)$$

$$B_n = \frac{m\psi_n(x)\psi'_n(y)/\psi_n(y) - \psi'_n(x)}{m\xi_n(x)\psi'_n(y)/\psi_n(y) - \xi'_n(x)} \qquad (T-6b)$$

辅助函数 $\psi_n(z)$ 和 $\xi_n(z)$ 是由第一类柱贝塞尔函数 $J_{n+1/2}(z)$ 定义的,其阶数 $(n+1/2)$ 为

$$\psi_n(z) = \sqrt{\frac{\pi z}{2}} J_{n+1/2}(z) \qquad (T-7a)$$

$$\xi_n(z) = \sqrt{\frac{\pi z}{2}} J_{n+1/2}(z) + (-1)^n i J_{-n-1/2}(z) \qquad (T-7b)$$

式中,z 是变量 x 或 y。

Ⅲb区:计算单个粒子和分散介质光学性质的公式(图 6.1 中的方框 4b 和 5b)。

1.对于单个粒子,以波长 λ、复折射率 m 和粒子直径 D 为变量的光学截面函数(计算的光学函数对波长 λ 和粒子直径 D 的依赖性来自于这些函数对粒子尺寸参数 x 的依赖性)为

$$\sigma_j = Q_j \pi D^2/4 \qquad (T-8)$$

式中,$j = c$ 表示衰减,$j = s$ 表示散射,$j = a$ 表示吸收。

2.对于单分散介质(即单位体积内含有 N_v 个相同粒子的介质)的体散射函数为

$$\beta_p(\theta) = \frac{N_v}{2k^3}(i_1(\theta) + i_2(\theta)) \qquad (T-9)$$

光衰减、散射和吸收的体积系数分别为

$$c_p = N_v \sigma_c \qquad (T-10a)$$

$$b_p = N_v \sigma_s \qquad (T-10b)$$

$$a_p = N_v \sigma_a \qquad (T-10c)$$

对于多分散介质(即含有由尺寸分布函数 $N(D)$ 描述的各种尺寸颗粒的介质)的体散射函数为

$$\beta_p(\theta) = \frac{1}{2k^3} \int_{D_{\min}}^{D_{\max}} N(D)[i_1(\theta) + i_2(\theta)] dD \qquad (T-11)$$

光衰减、散射和吸收的体积系数分别为

$$c_p = \int_{D_{\min}}^{D_{\max}} N(D)\sigma_c dD \qquad (T-12a)$$

$$b_p = \int_{D_{\min}}^{D_{\max}} N(D)\sigma_s dD \qquad (T-12b)$$

$$a_p = \int_{D_{\min}}^{D_{\max}} N(D)\sigma_a dD \qquad (T-12c)$$

其中,米氏强度函数分量为

$$i_1(\theta) = \mid S_1(\theta) \mid^2 \qquad (T-13a)$$

$$i_2(\theta) = \mid S_2(\theta) \mid^2 \qquad (T-13b)$$

粒子的前三个光学特性（$S(\theta,\varphi)$、Q_c、Q_s）由米氏理论方程（表 6.1 中式（T－1）～（T－4））直接描述。一方面，吸收相对截面 Q_a 被间接地定义为衰减相对截面 Q_c 和散射相对截面 Q_s 之间的差（式（T－5））；另一方面，这种关系来自于介质中衰减是散射和吸收相加的假设。如果已知单个粒子的这四个基本特性与参数 x 和 m 以及实际分散介质的物理性质（输入数据的 1b 区，表 6.1）的依赖关系，则它们的合成光学性质（衰减系数 c_p、散射系数 b_p 和吸收系数 a_p）以及悬浮粒子对光的体散射函数 $\beta_p(\theta)$ 和光谱分布都可以确定。为此，研究介质的光学性质与单一非均匀性（粒子）之间的关系，必须另外采用海洋和大气光学中常见的单一不均匀性（见 Ⅲb 区，表 6.1 中给出的方程式）。

6.1.3　悬浮颗粒的一些理论光学特性

米氏的理论可以估计悬浮颗粒的基本物理性质（即复折射率和颗粒尺寸）对其光学性质的影响，特别是对其吸收能力的影响。结果表明，在海洋和其他自然水体中各种自然悬浮物的这些物理特性的可变范围内，这种影响是巨大的，如图 6.3 ～ 6.5 所示，从图中可以看出根据米氏理论确定的光衰减和散射的相对截面 Q_c 和 Q_s 以及吸收相对截面 Q_a 对于复折射率 m 和粒径参数 x 的理论依赖性，其中图 6.3 的情况下吸收的相对截面 $Q_a=0$，$Q_c=Q_s$。选择的这些复折射率的大小（实部 n 和虚部 n'），代表不同类型的自然悬浮液。

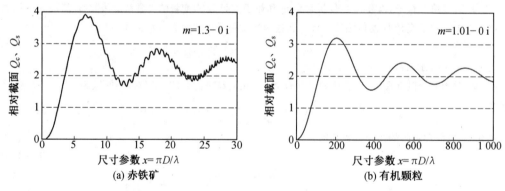

图 6.3　衰减和散射的相对截面 Q_c 和 Q_s 与虚部（$n'=0$）可忽略的粒子的尺寸分布参数 x 和不同实际复折射率 n 之间的关系

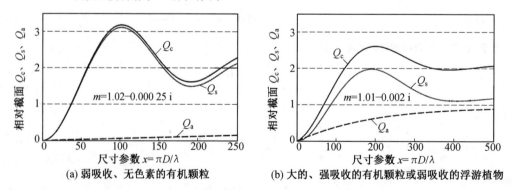

图 6.4　衰减、散射和吸收的相对截面 Q_c、Q_s 和 Q_a 与各种复折射率的悬浮液的粒径参数 x 之间的关系

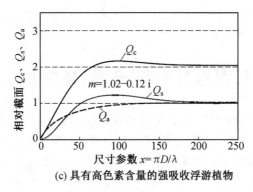

(c) 具有高色素含量的强吸收浮游植物

续图 6.4

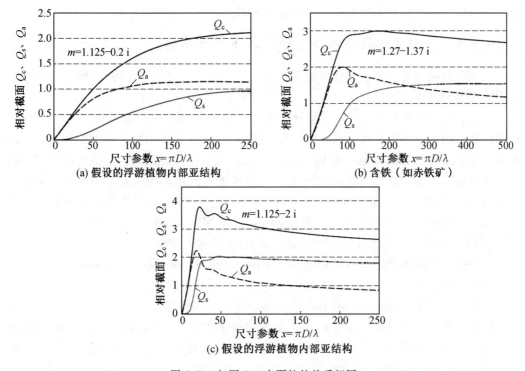

(a) 假设的浮游植物内部亚结构 　　　　(b) 含铁（如赤铁矿）

(c) 假设的浮游植物内部亚结构

图 6.5　与图 6.4 中颗粒的关系相同

（1）与水相比，实际复折射率相对较高的颗粒，高达 $n \approx 1.3$，且复折射率虚部小得可以忽略不计（即 $n' \approx 0$），这类颗粒包括大量矿物颗粒，尤其是不含铁化合物的颗粒，如赤铁矿（图 6.3(a)）。

（2）光学"软"颗粒，即实部相对复折射率 $n \approx 1$，虚部相对复折射率 $n' \approx 0$，它们包括许多不含色素或腐殖质物质的有机颗粒（图 6.3(b)、6.4(a) 和 6.4(b)）。

（3）光学"软"颗粒，复折射率的虚部很小但非零 $1 \gg n' > 0$，这类颗粒包括浮游植物和许多含有腐殖质物质的有机颗粒（图 6.4(c)）。

（4）复折射率实部和虚部都相对较高的粒子（图 6.5）。

从图 6.3～6.5 中可以明显看出，衰减（Q_c）、散射（Q_s）和吸收（Q_a）效率因子值的多样性包括粒子的不同光学常数即它们的复折射率和不同的尺寸,是具有不同物理特性的各种类型悬浮颗粒物的典型特征。

6.2　海洋悬浮颗粒物的来源、化学成分和物理性质

6.1节从数学的角度重点研究了光与悬浮颗粒物的光学不均匀性相互作用问题,结果表明,相互作用取决于粒子的化学组成和基本物理性质,这些性质中最重要的是组成这些粒子的物质光学常数即复折射率的实部和虚部以及粒子的形状和大小。这一节中描述了悬浮颗粒物的主要类型、起源以及如何进入海洋;分析了主要类型悬浮颗粒物决定其光学性质的最重要的化学成分和物理特性;在此基础上,定量地描述了世界海洋中悬浮颗粒物的综合资源以及控制不同海洋中不同深度不同类型粒子出现的规律。

6.2.1　海洋悬浮颗粒物的主要类型、来源和资源

悬浮颗粒物的基本化学成分和物理性质决定了它与光的相互作用,这依赖于悬浮颗粒物的类型和来源。

悬浮在海水中的物质颗粒不仅形状和大小极其复杂,而且化学成分和物理(光学)性质也极其复杂。这些粒子可分为两种主要类型:矿物来源的无机粒子和生物来源的有机粒子。生物来源的有机粒子可分为两类:一类是活微生物,包括细菌、浮游生物、真菌等,其中各种植物和浮游动物物种占优势;另一类是死的有机物,主要由海洋动植物的残骸和分解(代谢)产物组成。在后续的讨论中,将采用以下缩写来表示这些类型和分类。

(1) 悬浮颗粒物(Suspended Particulate Matter,SPM),即所有悬浮物。

(2) 颗粒无机物(Particulate Inorganic Matter,PIM),即悬浮无机物。

(3) 有机颗粒物(Particulate Organic Matter,POM),即所有悬浮有机物。

(4) 活生物体(Living Organisms,LO),即活的有机颗粒物。

(5) 有机垃圾(Organic Detritus,OD),即死的有机颗粒物。

悬浮在海水中的微粒来源显著不同,如无机粒子主要来源于矿物,通过机械作用出现在海洋中或到达海洋,岩石的风化作用产生了无数这样的颗粒,其中许多最终进入土壤,土壤被水侵蚀,使矿物颗粒到达河流,河流将它们输送到大海。矿物颗粒也可以通过大气进入海洋,风将它们从陆地(主要是沙漠地区)聚集起来,然后以灰尘和其他类型大气沉降物的形式沉积在海洋中;火山灰和宇宙尘埃也从大气进入海洋。矿物颗粒进入海洋的量是巨大的,尽管它们不断沉积,但它们在水中的质量非常高。世界海洋悬浮颗粒物资源量的估算值见表6.2。

表 6.2　世界海洋悬浮颗粒物资源量的估算值

存在形式		质量 /($\times 10^9$ t)	占 SPM 的百分数 /%
SPM 总量		1 370	100
PIM 总量		1 307	95.5
POM 总量		62.4	4.5
LO	总量	～2.4	0.175
	浮游植物	0.80	0.058
	浮游动物	1.48	0.108
	自游生物	0.10	0.007
	细菌	0.007	0.000 5
OD 总量		60.0	4.38

风和流入的水也将一定数量的有机颗粒带到海洋中,主要是大气尘埃中存在的生物碎片,如细菌、真菌孢子、花粉粒、种子、茎组织和灰烬等。即便如此,世界海洋中绝大多数有机颗粒物都与海洋生物有关,并在水中形成。如表 6.1 所示,由于所有海洋中浮游植物和细菌的光合作用(初级生产),POM 的年产量约为 600 亿 t。除了这一初级生产力外,还有许多其他过程发生在水中,改变了 SPM 的组成和浓度,如浮游动物的发育或碎屑的形成。除了有机颗粒外,一些矿物颗粒,如生物体骨架的碎片,也间接地来源于生物,因为它们来自于生物体的分解。此外,一些悬浮颗粒可能具有混杂性质,形成有机－无机聚集体是矿物和生物来源物质结合过程的结果,这种聚集体可以在水里形成,也可以从外面带到海里。

与海水中其他外加剂一样,世界海洋中所有类型 SPM 的总资源量只能近似地计算出来。根据这样一个粗略的近似值,在所有海洋的所有深度,SPM 的总质量为 1.37×10^{12} t(表 6.2),海洋中所有有机颗粒物(POM)的近似质量为 62.4×10^9 t(浮游植物＋浮游动物＋自游生物＋细菌＋有机碎屑见表 6.2),颗粒无机物的质量约为 1.31×10^{12} t。

在海洋的不同深度,颗粒物的浓度无论是总量还是各组颗粒物的含量都是不同的,它们的最大值经常出现在接近光合作用峰值的深度,有机颗粒含量随深度的增加而下降。悬浮颗粒物的垂直分布取决于悬浮颗粒的类型和尺寸,也取决于沉积过程和给定海域中水体的动力学特性。

6.2.2　矿物颗粒的化学组成和光学常数

海洋中无机颗粒物的主要来源是大气中的矿物沉降物和河流以各种粒度的淤泥形式带到海洋中的土壤物质,它们的物理和化学成分都非常复杂,主要由无定形或结晶的物质颗粒组成,可分为若干大小等级,如黏土、粉质黏土和沙子,这些颗粒可以是均匀的,也可以是许多矿物的集合体。

大气尘埃以及海水中最常见的矿物是石英、方解石、白云石、石膏、云母类、高岭石、蒙脱石、氯酸盐类和赤铁矿等,表 6.3 给出了它们的主要化学成分,以及在可见光区域的密度和绝对复折射率的实部。研究表明,硅、铝和铁是这些矿物中最常见的元素,通常以氧化物的形式存在,如 SiO_2、Al_2O_3 和 Fe_2O_3,还含有钙、镁、钠、钾、硫、碳和氢,以及作为普通杂质存在的一系列其他元素了,这些化合物经常以水合形式出现。这些矿物在海洋中以颗粒物形式存在的比例在不同水域中有所不同,不能就整个世界海洋明确界定。

表6.3　海洋表层土壤矿物尘的主要化学成分和某些物理性质

成分	分子式	密度 $\rho/(\times 10^3$ kg·m$^{-3})$	可见光复折射率 n
方解石	$Ca(CO_3)$	2.71	$1.486 \sim 1.660$ (1.573)
氯酸盐类	$(Mg,Al,Fe)_{12}(Si,Al_8)O_{20}(OH)_{16}$	$2.6 \sim 3.3$ (2.95)	$1.57 \sim 1.67$ (1.62)
白云石	$CaMg(CO_3)$	$2.85 \sim 2.94$ (2.89)	$1.500 \sim 1.681$ (1.590)
长石类	$X,Al_{(1-2)},Si_{(2-3)},O_8$,X 可以是 Na、K、Ca	$2.55 \sim 2.76$	1.54 ± 0.03
石膏	$Ca(SO_4)2(H_2O)$	2.32	$1.519 \sim 1.530$ (1.525)
赤铁矿	Fe_2O_3	$4.9 \sim 5.3$ (5.26)	$2.940 \sim 3.220$
伊利石	$(K,H_3O)(Al,Mg,Fe)_2\cdots(Si,Al)_4O_{10}[(OH)_2(H_2O)]$	$2.6 \sim 2.9$ (2.75)	$1.535 \sim 1.605$ (1.570)
高岭石	$Al_2Si_2O_5(OH_4)$	2.63	$1.553 \sim 1.570$ (1.561)
蒙脱石	$(Na,Ca)_{0.33}(Al,Mg)_2\cdots Si_4O_{10}(OH)_2 \cdot nH_2O$	$2.00 \sim 2.70$ (2.35)	$1.485 \sim 1.550$ (1.517)
云母类	$KAl[(AlSi_3O_{10})(OH)_2]$	$2.77 \sim 2.88$ (2.83)	$1.552 \sim 1.616$ (1.584)
坡缕石	$(Mg,Al)_5(Si,Al)_8O_{20}(OH)_2 \cdot 8H_2O$	$2.1 \sim 2.2$ (2.15)	$1.5 \sim 1.57$ (1.535)
石英	SiO_2	$2.60 \sim 2.66$ (2.63)	$1.543 \sim 1.554$ (1.548)

可以预料在海洋中遇到的天然矿物混合物的复折射率的虚部 n' 因其成分的不同而变化很大。图6.6所示为绝对复折射率 m 的虚部 n' 在可见光范围和邻近区域($200 \sim 1\ 000$ nm)的分布。许多天然种类的石英对可见光的吸收非常弱,即 $n'(\lambda)$ 的值很低,见图6.6中的 Ⅰ ~ Ⅳ,这也是纯石英离散粒子光学性质的模型计算时只考虑复折射率的实部,即 $m(\lambda) \approx n(\lambda)$,$n'(\lambda) \approx 0$ 的原因。换句话说,认为设这些粒子根本不吸收光,它们只是散射光,即便如此,分析整个 PIM 组或石英和其他矿物聚集体颗粒的有效体折射率的虚部 $n'(\lambda)$ 值时,石英也不能被忽略,石英在此类组合或聚集体中的存在会降低 $n'(\lambda)$ 的有效体积值。

图6.6中5种矿物的 n' 指数与其他矿物相比相对较高,见表6.4B。在这5种矿物中,赤铁矿是光谱范围内最强的光吸收剂,其特征值 $n'(\lambda)$ 通常比其他矿物的相应值高两个或更多数量级,因此,即使赤铁矿含量非常低,但它对 SPM 的总体积 n' 值及赤铁矿和其他矿物集合体的离散颗粒的 n' 都有显著影响。至于该组

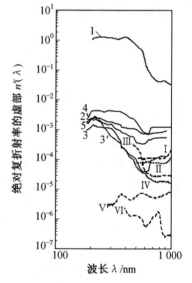

图6.6　绝对复折射率 m 的虚部 n' 在可见光范围和邻近区域的分布

1— 赤铁矿;2— 伊利石;
3、3′— 两种蒙脱石;4— 高岭石;
5— 云母;Ⅰ ~ Ⅳ— 不同种类的石英

中的另外 4 种矿物(伊利石、蒙脱石、高岭石和云母),其 $n'(\lambda)$ 的平均值高于大多数其他矿物,尽管它们吸收光的强度远低于赤铁矿(图 6.6 中的 2 ～ 5),它们在海洋悬浮颗粒物的自然组合中也很常见,这就是它们直接参与光谱中可见光和邻近区域光的吸收(SPM 的总和)不应被忽略的原因,这同样适用于石英,石英在很大程度上仅间接影响这些吸收。

表 6.4　海洋中可能以悬浮颗粒形式出现的最重要矿物吸收剂在 185 ～ 1 000 nm
范围内的绝对复折射率 $m = n - in'$

	波长 λ/nm	赤铁矿	伊利石	蒙脱石	高岭石	云母
A. 实部 n	185	—	1.448	1.544	1.491	1.478
	190	—	1.444	1.543	1.494	1.478
	200	—	1.441	1.542	1.496	1.478
	210	1.222	1.438	1.541	1.498	1.478
	215	1.328	1.434	1.540	1.501	1.478
	220	1.429	1.431	1.539	1.503	1.477
	225	1.508	1.427	1.539	1.506	1.477
	233	1.629	1.424	1.538	1.508	1.477
	240	1.724	1.420	1.537	1.511	1.477
	260	1.947	1.417	1.536	1.513	1.459
	280	2.114	1.411	1.534	1.506	1.456
	300	2.214	1.401	1.523	1.514	1.447
	325	2.327	1.404	1.523	1.512	1.437
	360	2.334	1.406	1.524	1.509	1.438
	370	2.381	1.415	1.524	1.500	1.438
	400	2.657	1.423	1.525	1.490	1.437
	433	2.917	1.420	1.525	1.491	1.436
	466	3.051	1.418	1.526	1.492	1.435
	500	3.083	1.415	1.526	1.493	1.433
	533	3.094	1.414	1.524	1.493	1.431
	566	3.162	1.412	1.522	1.493	1.429
	600	3.065	1.411	1.520	1.493	1.429
	633	2.949	1.407	1.522	1.494	1.429
	666	2.870	1.403	1.523	1.496	1.430
	700	2.815	1.399	1.525	1.497	1.430
	817	2.701	1.395	1.527	1.499	1.430
	907	2.668	1.391	1.528	1.501	1.430
	1 000	2.643	1.387	1.530	1.502	1.430

续表 6.4

	波长 λ/nm	赤铁矿	伊利石	蒙脱石	高岭石	云母
	185	—	2.24×10^{-3}	1.91×10^{-3}	9.55×10^{-4}	1.66×10^{-3}
	190	—	2.19×10^{-3}	1.66×10^{-3}	1.05×10^{-3}	1.91×10^{-3}
	200	—	2.29×10^{-3}	2.09×10^{-3}	1.20×10^{-3}	2.40×10^{-3}
	210	1.13	2.34×10^{-3}	2.19×10^{-3}	1.41×10^{-3}	2.04×10^{-3}
	215	1.16	2.40×10^{-3}	2.24×10^{-3}	1.26×10^{-3}	2.19×10^{-3}
	220	1.19	2.69×10^{-3}	2.57×10^{-3}	1.38×10^{-3}	2.19×10^{-3}
	225	1.20	2.40×10^{-3}	2.04×10^{-3}	1.23×10^{-3}	2.34×10^{-3}
	233	1.22	2.34×10^{-3}	1.95×10^{-3}	1.20×10^{-3}	2.29×10^{-3}
	240	1.23	2.45×10^{-3}	1.91×10^{-3}	1.23×10^{-3}	1.78×10^{-3}
	260	1.22	2.04×10^{-3}	1.17×10^{-3}	1.17×10^{-3}	1.58×10^{-3}
	280	1.19	1.86×10^{-3}	8.32×10^{-4}	1.17×10^{-3}	1.48×10^{-3}
	300	1.16	1.82×10^{-3}	5.89×10^{-4}	1.07×10^{-3}	1.51×10^{-3}
B. 虚部 n'	325	1.08	1.66×10^{-3}	4.68×10^{-4}	8.13×10^{-4}	1.07×10^{-3}
	360	1.11	1.45×10^{-3}	3.55×10^{-4}	3.98×10^{-4}	9.33×10^{-4}
	370	1.16	1.23×10^{-3}	2.51×10^{-4}	2.75×10^{-4}	8.32×10^{-4}
	400	1.22	1.17×10^{-3}	2.04×10^{-4}	2.04×10^{-4}	7.24×10^{-4}
	433	1.03	1.07×10^{-3}	1.23×10^{-4}	1.45×10^{-4}	6.17×10^{-4}
	466	8.10×10^{-1}	1.07×10^{-3}	1.07×10^{-4}	1.23×10^{-4}	5.62×10^{-4}
	500	6.19×10^{-1}	1.02×10^{-3}	5.25×10^{-5}	9.55×10^{-5}	3.72×10^{-4}
	533	5.05×10^{-1}	8.32×10^{-4}	4.27×10^{-5}	5.25×10^{-5}	3.47×10^{-4}
	566	3.58×10^{-1}	7.08×10^{-4}	3.39×10^{-5}	3.89×10^{-5}	3.31×10^{-4}
	600	1.48×10^{-1}	7.08×10^{-4}	3.63×10^{-5}	3.80×10^{-5}	3.39×10^{-4}
	633	8.97×10^{-2}	6.92×10^{-4}	4.47×10^{-5}	4.17×10^{-5}	4.68×10^{-4}
	666	6.48×10^{-2}	1.15×10^{-3}	9.33×10^{-5}	9.33×10^{-5}	4.57×10^{-4}
	700	5.11×10^{-2}	1.20×10^{-3}	9.77×10^{-5}	1.00×10^{-4}	5.01×10^{-4}
	817	4.05×10^{-2}	1.23×10^{-3}	1.29×10^{-4}	1.29×10^{-4}	5.50×10^{-4}
	907	3.83×10^{-2}	1.20×10^{-3}	1.26×10^{-4}	1.23×10^{-4}	5.50×10^{-4}
	1 000	2.91×10^{-2}	1.23×10^{-3}	1.58×10^{-4}	1.58×10^{-4}	6.03×10^{-4}

　　绝大多数天然矿物在从近紫外到 $\lambda < 2.5~\mu m$ 的近红外范围内,绝对复折射率的实部 n 值显示出相似性,此外在这个光谱范围内, n 的值实际上与波长 λ 无关。图 6.7 中 2～5 给出了大气粉尘和海洋颗粒矿物中某些主要矿物的 $n(\lambda)$ 光谱示例,对应于表 6.4A 中第 4～7 列 185 nm ～ 1 μm 光谱范围内的 n 值。

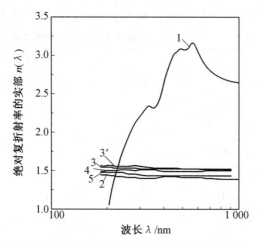

图 6.7　海洋悬浮颗粒中可能存在的最重要纯矿物形式的 $n(\lambda)$ 光谱

1— 赤铁矿；2— 伊利石；3、3′— 两种蒙脱石；4— 高岭石；5— 云母

表 6.3 所示的所有矿物（赤铁矿除外）的平均可见光复折射率为 $n \approx 1.58$，幅度范围为 $1.48 \sim 1.68$。

6.2.3　浮游有机粒子的化学组成和光学常数

前面讨论了海洋中矿物颗粒的化学组成和光学常数，本节讨论生物颗粒（主要是植物和浮游动物）的化学和生物组成以及光学常数。

生物的化学组成是非常复杂的，它们所包含的成千上万种不同的有机和无机物质，具有非常不同的物理性质和化学成分，并在其中履行多种生物功能，深入研究这个问题的细节是非常困难的，超出了本书的范围。如果代谢物被分成几组结构上相关的化合物，物质就会变得简单一些，这些化合物化学成分的相似性与物理性质的相似性密切相关，其中包括它们的密度和光学常数。

海洋生物最重要的代谢物是蛋白质、碳水化合物、脂肪（脂类）和色素（就植物而言）。其中色素包括叶绿素、类胡萝卜素和藻胆蛋白（胆蛋白类）。除了这些有机成分外，某些无机化合物还通过赋予其结构刚性而在生物体中发挥着重要作用，如动物的骨骼，以及一些浮游植物的各种壳和鳞片，特别是硅藻科和白硅藻科或单倍体科。这些化合物通常是两类矿物：碳酸钙（$CaCO_3$）以无定形方解石或无水结晶的形式存在，二氧化硅（SiO_2）主要以水合无定形二氧化硅（$SiO_2 \cdot nH_2O$）的形式存在。

主要有机代谢物（蛋白质、碳水化合物、脂肪和色素）和无机化合物（方解石、二氧化硅和水）的最重要物理性质见表 6.5 和表 6.6，包括这些化合物在干燥状态下的密度 ρ，以及这些化合物主要成分及各种形式的绝对复折射率实部 n 和虚部 n'。表 6.5 中，海洋生物所有主要有机和无机成分复折射率的实部较为接近，从约 1.47（脂肪）到约 1.60（方解石），这些值比水的相应值 n_w 大 $10\% \sim 20\%$，因此，它们相对于水的复折射率 $n_r = n/n_w$ 为 $1.10 \sim 1.19$。

表 6.5 和表 6.6 中的所有数值数据都是近似值，尤其是那些涉及植物色素的数值，文献中给出的关于其物理性质如 ρ、n 和 n' 的信息很少，表中色素的 n' 值是根据质量比吸收

系数计算得到的,因此其他文献给出的 n' 值与此处所述的值有可能不同。

表 6.5 海洋生物主要化学成分和部分物理性质

成分	分子式	物理性质		
		密度 ρ /(10^3 kg·m^{-3})	可见光复折射率实部 n	谱带峰值 λ_{max} 处的复折射率虚部 n'
藻类色素(总计)	—	1.12 ± 0.06	1.50 ± 0.04	1.77 (440 nm)
叶绿素 a	$C_{55}H_{72}MgN_4O_5$	1.11	1.52	2.72 (436 nm)
叶绿素 b	$C_{55}H_{70}MgN_4O_6$	1.13	1.52	3.51 (453 nm)
叶绿素 c	$C_{35}H_{28\,或\,30}MgN_4O_5$	1.31	1.54	3.47 (460 nm)
α-胡萝卜素	$C_{40}H_{56}$	～1.00	1.451	—
β-胡萝卜素	$C_{40}H_{56}$	～1.00	1.453	—
叶黄素	$C_{40}H_{56}O_2$	～1.06	1.448	—
光合类胡萝卜素	$C_{40}H_{56}$ 和 $C_{40}H_{56}O_2$	～1.03	1.451	1.43 (494 nm)
光保护类胡萝卜素	$C_{40}H_{56}$ 和 $C_{40}H_{56}O_2$	～1.03	1.451	3.27 (464 nm)
蛋白质(总计)	—	1.22 ± 0.02	1.57 ± 0.01	6.18×10^{-2} (220 nm)
碳水化合物(总计)	—	1.53 ± 0.04	1.55 ± 0.02	～0 弱吸收
结晶纤维素	$(C_6H_{10}O_5)_n$	$1.27 \sim 1.61$	1.55	～0
无定形纤维素	$(C_6H_{10}O_5)_n$	$1.482 \sim 1.489$		～0
纤维纤维素	$(C_6H_{10}O_5)_n$	$1.48 \sim 1.55$	$1.563 \sim 1.573$	～0
淀粉	$(C_6H_{10}O_5)_n$	$1.50 \sim 1.53$	$1.51 \sim 1.56$	～0
蔗糖	$C_{12}H_{22}O_{11}$	$1.581 \sim 1.588$	$1.538 \sim 1.560$	～0
葡萄糖	$C_6H_{12}O_6$	$1.544 \sim 1.562$	1.55	～0
脂肪(脂类)(总计)	—	0.93 ± 0.02	1.47 ± 0.01	～0
二氧化硅(总计)	—	2.07 ± 0.1	1.48 ± 0.07	～0
蛋白石	$SiO_2 \cdot nH_2O$	$1.73 \sim 2.20$	$1.406 \sim 1.46$	～0
硅藻蛋白石	$SiO_2 \cdot nH_2O$	$2.00 \sim 2.70$	$1.42 \sim 1.486$	～0
玻璃石英	SiO_2	—	1.485	～0
晶体石英	SiO_2	$2.64 \sim 2.66$	1.547	～0
方解石(总计)	—	2.71 ± 0.1	1.60 ± 0.01	～0
方解石	$CaCO_3$	$2.71 \sim 2.94$	$1.601 \sim 1.677$	～0
文石	$CaCO_3$	$2.93 \sim 2.95$	$1.632 \sim 1.633$	～0
海水	$H_2O + 3.5\%$ 盐	1.025	1.339	见表 5.6

　　从表6.5和表6.6可以看出,这些主要成分绝对复折射率的虚部 n' 的情况大不相同,其值差别很大。植物色素在可见光下的 n' 值最高,比其他组分的 n' 值高出几个数量级,有时甚至高达10个数量级。色素是非常强的可见光吸收剂,因为在其分子中形成了多个 π 电子共轭,这些共轭的 π 电子键形成复杂的吸收带,不同色素的吸收带形状不同。图 6.8(a)显示了与色素有关的 $n'(\lambda)$ 的光谱。

　　除蛋白质外几乎所有生物的其他重要成分都是非常弱的光吸收体,认为的 n' 值假定为零,可以从悬浮颗粒物的光学性质模型中忽略。在可见光区域,蛋白质的 n' 值很低,但随着光波长的减小而增加,在远紫外区域达到相对较高的值($10^{-2} \sim 10^{-1}$),如图 6.8(b)所示,这是由于蛋白质中存在氨基酸,特别是芳香族氨基酸(色氨酸、酪氨酸和苯丙氨酸),它们是非常强的紫外线吸收剂。

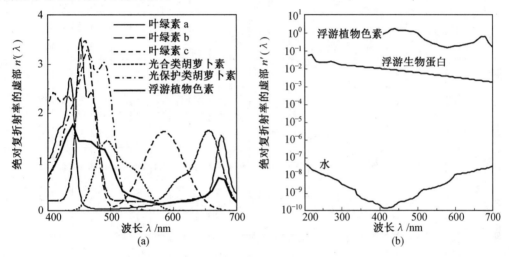

图 6.8　海洋生物主要成分绝对复折射率虚部的光谱

　　海洋生物的体光学常数不仅取决于其组成部分的单个光学常数,而且还取决于后者之间的比例。即使是生活在不同海洋环境中的同一植物或动物物种,这些比例也有很大差异,它们还取决于生物体的年龄。因此无法引用这些比例的任何平均值或变异范围,只能谈典型的比例。表6.7给出了不同海洋生物组分(生化组成)的典型比例。鉴于海洋藻类是所有生物中最强的光吸收体,表中还提供了一些最重要的藻类类别的相应数据,即硅藻科、甲藻纲、定鞭金藻纲、蓝藻科、绿藻科和红藻科。借助表 6.7 中的数据和表6.5、表6.6中给出的海洋生物各组成部分的光学常数,可以估计它们的实部 n 和虚部 n' 复折射率的值。

表 6.6　海洋生物中重要吸收体在 200～700 nm 范围内绝对复折射率的虚部 n'

波长/nm	Chla	Chlb	Chlc	PSC	PPC	Pig-ocean	Pr	Wt
200	—	—	—	—	—	—	—	4.89×10^{-8}
210	—	—	—	—	—	—	5.53×10^{-2}	3.33×10^{-8}
220	—	—	—	—	—	—	6.18×10^{-2}	2.29×10^{-8}
230	—	—	—	—	—	—	2.73×10^{-2}	1.70×10^{-8}
240	—	—	—	—	—	—	2.27×10^{-2}	1.38×10^{-8}
250	—	—	—	—	—	—	2.33×10^{-2}	1.11×10^{-8}
260	—	—	—	—	—	—	2.37×10^{-2}	9.46×10^{-9}
270	—	—	—	—	—	—	2.47×10^{-2}	8.02×10^{-9}
280	—	—	—	—	—	—	2.39×10^{-2}	6.42×10^{-9}
290	—	—	—	—	—	—	1.92×10^{-2}	4.96×10^{-9}
300	—	—	—	—	—	—	1.70×10^{-2}	3.37×10^{-9}
350	0.671	0.183	3.11×10^{-3}	1.12×10^{-14}	0.012 5	—	1.34×10^{-2}	5.68×10^{-10}
380	1.12	0.202	0.490	1.15×10^{-9}	0.168	—	1.15×10^{-2}	3.44×10^{-10}
400	1.06	0.211	2.07	1.03×10^{-6}	0.582	0.713	1.04×10^{-2}	2.11×10^{-10}
410	1.31	0.215	2.40	1.90×10^{-5}	0.935	0.909	9.87×10^{-3}	1.54×10^{-10}
420	1.71	0.225	2.19	2.51×10^{-4}	1.36	1.18	9.37×10^{-3}	1.52×10^{-10}
430	2.18	0.376	2.04	2.37×10^{-3}	1.80	1.51	8.88×10^{-3}	1.69×10^{-10}
440	2.38	1.06	1.12	0.015 9	2.17	1.77	8.42×10^{-3}	2.22×10^{-10}
450	0.493	3.29	0.435	0.076 0	2.58	1.43	7.97×10^{-3}	3.30×10^{-10}
460	0.110	2.55	0.363	0.258	3.19	1.43	7.55×10^{-3}	3.59×10^{-10}
470	0.063 9	2.41	0.278	0.627	3.09	1.42	7.14×10^{-3}	3.97×10^{-10}
480	0.044 9	1.63	0.138	1.09	2.84	1.30	6.75×10^{-3}	4.85×10^{-10}
490	0.039 5	0.589	0.050 1	1.40	3.02	1.25	6.38×10^{-3}	5.85×10^{-10}
500	0.041 9	0.258	0.032 1	1.38	2.41	1.03	6.03×10^{-3}	8.12×10^{-10}

续表 6.6

波长/nm	Chla	Chlb	Chlc	PSC	PPC	Pig-ocean	Pr	Wt
510	0.048 7	0.218	0.054 9	1.17	1.19	0.654	5.70×10^{-3}	1.32×10^{-9}
520	0.058 1	0.213	0.106	1.01	0.421	0.411	5.38×10^{-3}	1.69×10^{-9}
530	0.069 5	0.209	0.190	0.928	0.148	0.322	5.08×10^{-3}	1.83×10^{-9}
540	0.082 5	0.204	0.307	0.827	0.059 4	0.285	4.79×10^{-3}	2.04×10^{-9}
550	0.097 0	0.199	0.451	0.644	0.023 8	0.245	4.52×10^{-3}	2.47×10^{-9}
560	0.113	0.197	0.602	0.420	8.77×10^{-3}	0.203	4.26×10^{-3}	2.76×10^{-9}
570	0.130	0.209	0.728	0.227	2.93×10^{-3}	0.170	4.02×10^{-3}	3.15×10^{-9}
580	0.148	0.265	0.801	0.101	8.89×10^{-4}	0.156	3.79×10^{-3}	4.14×10^{-9}
590	0.168	0.395	0.799	0.037 2	2.44×10^{-4}	0.165	3.57×10^{-3}	6.35×10^{-9}
600	0.187	0.567	0.724	0.011 3	6.09×10^{-5}	0.183	3.36×10^{-3}	1.06×10^{-8}
610	0.207	0.689	0.595	2.82×10^{-3}	1.38×10^{-5}	0.195	3.16×10^{-3}	1.28×10^{-8}
620	0.227	0.760	0.444	5.84×10^{-4}	2.82×10^{-6}	0.207	2.98×10^{-3}	1.36×10^{-8}
630	0.247	0.931	0.301	9.95×10^{-5}	5.24×10^{-7}	0.229	2.80×10^{-3}	1.46×10^{-8}
640	0.265	1.28	0.185	1.40×10^{-5}	8.82×10^{-8}	0.267	2.63×10^{-3}	1.58×10^{-8}
650	0.298	1.60	0.103	1.62×10^{-6}	1.35×10^{-8}	0.315	2.48×10^{-3}	1.76×10^{-8}
660	0.552	1.60	0.052 4	1.56×10^{-7}	1.87×10^{-9}	0.417	2.33×10^{-3}	2.15×10^{-8}
670	1.33	1.23	0.024 1	1.23×10^{-8}	2.34×10^{-10}	0.684	2.19×10^{-3}	2.34×10^{-8}
675	1.53	0.985	0.015 8	3.22×10^{-9}	8.01×10^{-11}	—	2.12×10^{-3}	2.41×10^{-8}
680	1.35	0.742	0.010 1	8.02×10^{-10}	2.67×10^{-11}	0.645	2.06×10^{-3}	2.52×10^{-8}
690	0.594	0.371	3.83×10^{-3}	4.32×10^{-11}	2.76×10^{-12}	0.298	1.93×10^{-3}	2.83×10^{-8}
700	0.350	0.180	1.32×10^{-3}	1.92×10^{-12}	2.58×10^{-13}	0.166	1.82×10^{-3}	3.48×10^{-8}

注:Chla 为叶绿素 a,Chlb 为叶绿素 b,Chlc 为叶绿素 c,PSC 为光合类胡萝卜素,PPC 为光保护类胡萝卜素,Pig－ocean 为浮游植物特有的所有色素的集合,Pr 为浮游生物特有蛋白质,Wt 为水。

表 6.7　海洋生物的生化组成

相对质量百分数含量/%

有机体	湿物质			干物质						有机物质			
	水	无机物	有机物	无机物	蛋白质	碳水化合物	脂肪	色素		蛋白质	碳水化合物	脂肪	色素
浮游植物	80	9	11	45	29	20	5	1		53	36	9	2
硅藻科	—	—	—	1~67(仅二氧化硅)	21~64	1~36	2~13	1~4		39~88	1.5~43	5.7~21	1.8~6
甲藻纲	—	—	—	—	—	—	—	—		35~84	8~45	3~23	1~3
定鞭金藻纲	—	—	—	23（仅方解石）	54	17	5	1		54	17	5	1
蓝藻科	—	—	—	—	—	—	—	—		44	38	16	2
绿藻科	—	—	—	—	—	—	—	—		15~58	21~49	4~34	2~3
红藻科	—	—	—	—	—	—	—	—		26~40	45~65	8~14	1~3
底栖植物	80	5	15	25	13.5	58.5	0.5	2.5		18	78	1	3
浮游动物	80	2	18	10	60	15	15	~0		67	16	17	~0
底栖动物	63	23	14	62	27	8	3	~0		71	21	8	~0
自游生物	73	3	24	11	70	4	15	~0		78	5	17	~0

由若干组分组成的物质颗粒的绝对复折射率实部 n_p，由颗粒组分的已知相对体积 V_i 及其各自的折射率 n_i 根据以下关系来估计：

$$n_p = \sum_i n_i V_i \tag{6.11}$$

在应用式（6.11）时，假定这些成分混合得相当好，即粒子是各向同性的。式（6.11）很容易简化为描述粒子的绝对复折射率实部 n_p 与组分的密度 ρ_i、组分各自的复折射率 n_i 及它们在粒子中的相对浓度 μ_i 之间的关系，即

$$n_p = \rho_p \sum_i \frac{n_i \mu_i}{\rho_i} \tag{6.12}$$

式中，ρ_p 为颗粒的体积密度，表达式为

$$\rho_p = \left(\sum_i \frac{\mu_i}{\rho_i} \right)^{-1} \tag{6.13}$$

使用式（6.12）和式（6.13）以及表 6.5 和表 6.7 中的数据计算的各种海洋生物的体积密度 ρ_p 和绝对复折射率实部 n_p 见表 6.8，表中 A 部分列出了主要浮游植物类别的参数值，这些值是在自然生存状态下的典型值。

表 6.8　海洋生物干物质和湿物质的体积密度 ρ_p 和绝对复折射率实部 n_p 的计算值

A. 浮游植物类

有机体	体积密度 ρ_p			绝对复折射率实部 n_p		
	干物质	湿物质（海水占体积的百分数）		干物质	湿物质（海水占体积的百分数）	
		$V_w = 60\%$	$V_w = 80\%$		$V_w = 60\%$	$V_w = 80\%$
硅藻纲	1.536	1.229	1.076	1.538	1.415	1.377
甲藻纲	1.240	1.111	1.068	1.552	1.420	1.379
定鞭金藻纲	1.426	1.185	1.105	1.562	1.424	1.381
蓝藻	1.252	1.116	1.070	1.541	1.416	1.377
绿藻科	1.229	1.107	1.066	1.535	1.414	1.376
红藻科	1.317	1.142	1.083	1.545	1.418	1.378
总平均	1.342	1.152	1.088	1.542	1.417	1.377
标准差	0.046	0.015	0.011	0.023	0.009	0.004

B. 其他有机体

有机体	体积密度 ρ_p		绝对复折射率实部 n_p	
	干物质	湿物质	干物质	湿物质
底栖植物	1.634	1.108	1.506	1.370
浮游动物	1.269	1.067	1.548	1.379
底栖动物	1.869	1.230	1.572	1.395
自游生物	1.247	1.077	1.551	1.389

表 6.8 中 A 部分生物体的体内被认为是由 60%（$\mu_w = 0.6$）到 80%（$\mu_w = 0.8$）的海水组成；B 部分（仅取一个含水量值作为这些生物在自然生存状态下的代表值：$\mu_w = 0.8$（底

栖植物)、$\mu_w = 0.8$(浮游动物)、$\mu_w = 0.63$(底栖动物)、$\mu_w = 0.73$(自游生物))给出了其他海洋生物(底栖植物、浮游动物、底栖动物和自游生物)干物质和湿物质的 ρ_p 和 n_p 的估算值。表 6.8 中两部分的数据都表明,所有浮游生物成分的绝对复折射率的实部 n_p,以及作为海洋中悬浮特定物质潜在来源的其他生物的绝对复折射率的实部 n_p,非常接近于或仅略高于水的值。实际上,海洋生物在可见光范围内的 n_p 值都在 $1.37 \sim 1.43$ 的很窄范围内。

表 6.9 列出了根据经验确定的许多浮游生物成分在 $\lambda = 550$ nm 相对于水的复折射率实部 $n_{p,r}(550\ \text{nm})$ 的一些值,它们的范围是 $1.038 \sim 1.063$,将它们转换为相对于真空复折射率实部的绝对值得到了 n_p 为 $1.371 \sim 1.423$ 的经验值,这在理论计算的范围内。浮游植物 n_p 的这种变化范围很窄,这是因为这些生物的所有主要成分,包括有机物和无机物,都具有相似的系数值。浮游植物的指数 n_p 与其所含水的相对体积 V_w 或有机碳的细胞内质量浓度 C_c 之间存在着很强的相关性,n_p 对相对水体积 V_w 的依赖性可以表示为

$$n_p = 1.533 - 0.194 V_w \tag{6.14}$$

相反,n_p 与碳质量浓度 C_c 成正比,根据经验数据得出的回归方程为

$$n_p = 0.000\ 209 C_c + 1.352 \tag{6.15}$$

式中,C_c 的单位为 kg/m^3。

表 6.9　浮游生物成分相对于水的复折射率实部 $n_{p,r}(\lambda)$ 和虚部 $n'_{p,r}(\lambda)$

浮游生物成分	$n_{p,r}(550\ \text{nm})$	$n'_{p,r}(440\ \text{nm})$	$n'_{p,r}(675\ \text{nm})$
病毒	1.050	0	0
异养菌	1.055	5.09×10^{-4}	5.70×10^{-5}
原绿球菌 MED	1.055	2.33×10^{-2}	1.38×10^{-2}
聚球菌 MAX41(蓝藻科)	1.047	5.42×10^{-3}	2.91×10^{-3}
聚球藻 ROS04(蓝藻科)	1.049	4.52×10^{-3}	2.15×10^{-3}
聚球菌 DC2(蓝藻科)	1.050	4.25×10^{-3}	2.38×10^{-3}
聚球菌 WH8103(蓝藻科)	1.062	9.25×10^{-3}	4.67×10^{-3}
囊藻(蓝藻科)	1.060	8.46×10^{-3}	3.60×10^{-3}
海链藻(硅藻科)	1.045	9.23×10^{-3}	7.40×10^{-3}
金藻(单倍体科)	1.056	7.67×10^{-3}	5.10×10^{-3}
紫球藻(红藻科)	1.051	3.35×10^{-3}	2.44×10^{-3}
白蜡色单胞菌(隐藻科)	1.039	4.28×10^{-3}	2.90×10^{-3}
小三毛金藻(单倍体科)	1.045	2.16×10^{-3}	1.33×10^{-3}
杜氏生物藻(绿藻科)	1.038	1.05×10^{-2}	7.84×10^{-3}
杜氏盐藻(绿藻科)	1.063	6.26×10^{-3}	5.08×10^{-3}
长膜壳单胞菌(单倍体科)	1.046	1.39×10^{-2}	7.59×10^{-3}
海洋原甲藻(甲藻纲)	1.045	2.47×10^{-3}	1.71×10^{-3}

与海洋生物复折射率的实部不同,这些复折射率的虚部 n'_p 的值变化很大,光合生物

即浮游植物和底栖植物以及异养细菌在可见光区尤其如此。在这些生物中,可见光最强吸收体与色素含量密切相关,因此它们的 n'_p 值相差约 20 倍。表 6.9 给出了选定浮游生物组分在波长 440 nm 和 675 nm 时相对于水的复折射率的虚部值 $n'_{p,r}$,这大致相当于浮游植物最常见的两个吸收峰的位置。长膜壳单胞菌的 $n'_{p,r}(440\ \text{nm})=1.39\times10^{-2}$ 是异养细菌 $n'_{p,r}(440\ \text{nm})=5.09\times10^{-4}$ 的 20 倍以上。

与悬浮颗粒物的复折射率实部 n_p 一样,复折射率虚部 n'_p 也可以由悬浮颗粒物的化学组成计算出来,复折射率虚部 n'_p 对其各种组分的相对体积 V_i 或相对质量分数 μ_i 及其单独复折射率 n'_i 的相应依赖关系类似于式(6.11)和式(6.12)中所述的 n_p,则

$$n'_p = \sum_i n'_i V_i \tag{6.16}$$

$$n'_p = \rho_p \sum_i \frac{n'_i \mu_i}{\rho_i} \tag{6.17}$$

式中,ρ_i 是各组分的密度;ρ_p 是颗粒的体积密度。

浮游植物细胞的解体破裂也可能是悬浮颗粒物的来源,导致悬浮颗粒物的有机物含量与前面讨论的不同,因此一些来自浮游植物的颗粒可能含有比构成浮游植物的自然混合物吸收光更强烈的有机物质,如由色素组成的叶绿体碎片,这进一步扩大了不同 n'_p 的范围。决定可见光复折射率虚部的主要因素是细胞内色素的浓度,它是浮游植物所有化学成分中最强的可见光吸收剂。n'_p 和浮游植物细胞中叶绿素 a 的浓度之间存在着很强的相关性,而红光的主要吸收体就是这种叶绿素,这种关系对于约 675 nm 处的红光特别显著,用下面的回归方程可以得到一个很好的近似值,即

$$n'_p = 0.001\ 026 C_{chl} + 0.000\ 589 \tag{6.18}$$

式中,C_{chl} 的单位为 kg/m³。

6.2.4　颗粒的大小和形状

根据米氏理论,对悬浮颗粒的光学特性进行理论描述时,必须了解悬浮颗粒中所含物质的复折射率。此外,还必须了解粒径(直径 D),它们在单分散介质中的数值浓度 N 或具有直径 D 的粒子的总数值浓度 N_{tot} 以及它们在多分散介质(如海洋和大气)中的尺寸分布函数(SDF)。

SDF 是直径在 $D\pm\frac{1}{2}dD$ 范围内粒子的相对数量 $n(D)$ 的函数,该直径范围内粒子的绝对数量 $N(D)$ 为

$$N(D) = Cn(D) \tag{6.19}$$

式(6.19)给出的颗粒尺寸分布可视为"微分分布",它描述了尺寸从 $D-\frac{1}{2}dD$ 到 $D+\frac{1}{2}dD$ 即在微分 dD 相对应的间隔内的颗粒数 $N(D)$。式(6.19)中,D 的单位为 μm,n 的单位为 $m^{-3}\cdot\mu m^{-1}$,N 的单位为 $m^{-3}\cdot\mu m^{-1}$,C 是依赖于 N_{tot} 的无单位常数,可由以下关系确定:

$$C = N_{tot} \left(\int_{D_{min}}^{D_{max}} n(D)dD \right)^{-1} \tag{6.20}$$

式中，N_{tot} 是介质中颗粒的总数值浓度，单位为 m^{-3}，表达式为

$$N_{tot} = \int_{D_{min}}^{D_{max}} N(D)dD \tag{6.21}$$

式中，D_{min}、D_{max} 分别表示介质中粒子的最小和最大直径，这描述了粒子的累积数值浓度 $N_{int>D}(D)$，即介质单位体积内直径等于或大于 D 的粒子总数。在实际中，特别是在海洋中，因为粒子的尺寸上限通常是不确定的，尺寸区间为 $D \sim \infty$，粒子累积数量的尺寸分布与分布函数 $N(D)$ 之间的关系为

$$N_{int>D}(D) = C\int_{D}^{\infty} N(D)dD \tag{6.22}$$

确定海洋粒子的特征尺寸、数量和 SDF 是一项极其复杂的任务。首先，这是因为悬浮在海洋中的颗粒的形状通常是不规则的；其次，这些不同类型的颗粒（包括有机物和矿物）的大小涵盖了极其广泛的数值范围（图 6.9），其上限和下限很难客观确定。

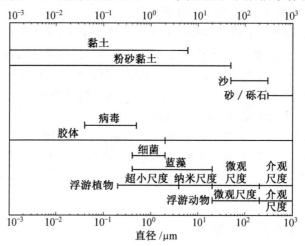

图 6.9　海水中各种颗粒的近似尺寸范围

为了解决第一个困难，即由于粒子形状的复杂性，它们的大小是通过等效直径来确定的。基于光学参数评估平均粒径来研究悬浮颗粒的尺寸时，等效直径被认为是体积与所讨论粒子体积相同的球体的直径。描述粒子尺寸分布的第二个困难是不可能确定它们的下限 D_{min} 和上限 D_{max}，规定悬浮在海水中的颗粒尺寸下限是必要的，因为颗粒的数量通常随着尺寸的减小而急剧增加。颗粒的细碎程度在理论上是无限的，可以小到它们实际分解成单个分子，在水中这个过程取决于颗粒物质的溶解度。海洋中最小的、亚微观的有机颗粒包括胶体、病毒和细菌，亚微观矿物颗粒的代表是各种黏土。在实际中，下限尺寸通常是可用测量技术检测到的最小颗粒尺寸 D_{min}。D_{min} 的值不能太高，在米氏理论关于总悬浮颗粒物与光相互作用的框架内，对直径小于 D_{min} 的大量小颗粒物的分析遗漏可能会导致严重的计算错误。悬浮颗粒的尺寸上限 D_{max} 相对来说问题不大，大于 $50~\mu m$ 的悬浮颗粒只占其总数的百分之一，因此，它们对海洋光学过程的贡献相对较小，可以忽略不计。

海洋中的无机颗粒通常是陆源的，并且以不同大小和形状的颗粒形式存在，颗粒的尺寸范围及其通常形状见表6.10A。这些颗粒的大小可以在几个数量级上变化，从几微米

到几毫米。在形状上,它们可以是圆形、不规则形状、棱角形、片状。但在大气尘埃和水体中存在的水磨损或空气磨损矿物中,有两种形状占优势:圆形和片状(表 6.10B)。细粒和粗粒石英以及来自砂和粉土的其他矿物颗粒通常都是圆形的,其中较大的颗粒几乎是理想的球形。另外,来自黏土的较小颗粒,大量存在于灰尘和水体中(由蒙脱石、伊利石和高岭石)通常呈片状,云母片岩的颗粒也是片状的。表 6.10B 给出了这些颗粒的形状和典型尺寸的特征参数,从这些数据可以清楚地看出,对于分析足够大的矿物颗粒的光学性质,米氏的球形颗粒理论是完全足够的,因为它们的实际和等效球形直径大致相同。

表 6.10　矿物颗粒的大小和形状

A. 颗粒的尺寸范围及其通常形状

类型		颗粒宽度 d/μm	形状
黏土		< 2	片状
淤泥	精细	2 ~ 6	片状,细长,不规则,圆形
	中等	6 ~ 20	
	粗糙	20 ~ 60	
沙子	精细	60 ~ 200	圆形,球形
	中等	200 ~ 600	
	粗糙	600 ~ 2 000	

B. 海水中常见无机颗粒物(PIM) 的近似几何特征

矿物	形状	颗粒宽度 d/μm	厚度	等效直径 D
蒙脱石(黏土)	片状	0.01 ~ 1.0	~ 0.01d	~ 0.25d
伊利石(黏土)	片状	0.2 ~ 2.0	~ 0.1d	~ 0.53d
高岭石(黏土)	片状	0.3 ~ 2.0	~ 0.2d	~ 0.67d
细粒石英	圆形	0.06 ~ 2.0	~ d	~ d
粗粒石英和其他矿物	球形	> 2.0	d	d

就大小、形状及光学性质而言,海洋中有机物颗粒物的组成远远不同于无机物颗粒物。有机物颗粒物由多种有生命(主要是浮游生物、细菌和病毒)和无生命(腐殖质)的形式组成。有机粒子的最高形式是活的单细胞植物有机体,它们被分为若干类,如硅藻科、甲藻纲和单倍体科,其中数量最多的是硅藻,主要由各种形式的海洋浮游植物组成,仅此一项就有大约 10 000 种。浮游动物是海洋中第二大生物类群,其种类几乎与浮游植物一样多,形状的丰富多样性也是显而易见的,以某种明确的方式确定它们的大小(如通过等效的球形直径)是一件复杂的事情。

颗粒有机物活性部分的大小在很大范围内变化(图 6.9),从病毒到细菌、蓝藻和超浮游植物,以及纳米浮游植物再到较大的植物和浮游动物形式,包括微型浮游生物(D 为 20 ~ 200 μm)和大型浮游生物(D > 200 μm)。最大的单体生物或它们的聚居地被归为大型动物和大型水生动物,它们的大小甚至只有几毫米。

海洋中颗粒有机物的另一组分包括无生命的有机颗粒,即碎屑(D > 1 μm)和胶体

$(D < 1 \ \mu m)$，也统称为纳米碎屑。这些粒子形状的多样性和不规则性很难与它们的大小和其他形态特征联系起来。表 6.11 给出了不同形态有机碎屑的近似几何特征,很明显,这些粒子中有很多的形状都不是球形的,有一些中等尺寸$(d \approx 0.11 \sim 0.66 \ \mu m)$的纳米碎屑颗粒,它们被归类为不规则颗粒。

表 6.11　不同形态有机碎屑的近似几何特征

碎屑类型		形状	颗粒宽度 $d/\mu m$	厚度	等效直径 D
纳米碎屑	球形颗粒	球形	$0.01 \sim 0.16$	$\approx d$	$\approx d$
	不规则颗粒	各种各样	$0.11 \sim 0.66$	$\sim 0.002d$	$< 0.15d$
微型碎屑	聚集颗粒	各种各样	$0.5 \sim 50$	$< d$	$< d$
	生物碎片	各种各样	$50 \sim 200$	$< d$	$< d$
片状颗粒	小	片状	$15 \sim 35$	$\approx 0.08d$	$\approx 0.5d$
	大	片状	$50 \sim 200$	$\approx 0.016d$	$\approx 0.3d$

用于描述悬浮在海水中颗粒尺寸分布函数的主要数学公式如下。

(1) 单参量双曲线分布主要用于描述矿物颗粒和有机碎屑的尺寸分布函数。

$$n(D) = D^{-k} \tag{6.23}$$

式中,D 是颗粒的等效直径,单位为 μm;k 是一个无量纲常数,取值范围为 $2.5 \sim 6$,具体取决于颗粒的尺寸范围和颗粒样品的来源,对于大于 $1 \ \mu m$ 的颗粒,k 值通常为 $2.5 \sim 4.5$。

(2) 用于描述气溶胶和雾粒子大小分布的双参数伽马分布适用于描述单一浮游生物的大小分布。

$$n(D) = \begin{cases} 0, & D < 0 \\ D^{\mu} e^{-bD}, & D \geqslant 0, \mu > -1, b > 0 \end{cases} \tag{6.24}$$

式中,μ、b 是分布参数。

(3) 使用双参数正态分布描述来自活生物体的颗粒成分及来自死浮游植物的细胞。

$$n(D) = e^{-b(D-D_{\max})^2} \tag{6.25}$$

式中,b、$D_{\max}$ 是分布参数。

(4) 三参数广义伽马分布被用于描述几种单一浮游生物的叠加和陆源颗粒的大小分布,即

$$n(D) = \begin{cases} 0, & D \leqslant 0 \\ D^{\mu} e^{-bD^{\gamma}}, & D > 0 \end{cases} \tag{6.26}$$

式中,μ、b、γ 是分布参数。

仅当一种生物或陆源特征成分占主导地位时,且通常仅在有限的粒径范围内使用上述任一函数,才有可能得到令人满意的精度。为了在广泛的尺寸范围内描述更复杂的真实海洋颗粒的大小分布,必须应用复杂的模型,其中最常见的有以下几种。

① 考虑了不同粒径区间的双分段双曲线分布:

$$n(D) = \begin{cases} C_A D^{-k_A}, & D \leqslant D_P \\ C_B D^{-k_B}, & D > D_P \end{cases} \tag{6.27}$$

式中，k_A、k_B、D_P 是分布参数，因子 C_A 和 C_B 是反映分布成分在总颗粒数 N_{tot} 中所占比例的权重。

② 双分段广义伽马分布：

$$n(D) = C_A D^{\mu_A} e^{-b_A(D/2)^{\gamma_A}} + C_B D^{\mu_B} e^{-b_B(D/2)^{\gamma_B}} \tag{6.28}$$

式中，C_A、C_B 是反映分布成分在粒子总数中所占比例的权重，参数的建议值为 $\mu_A = 2$、$b_A = 52$、$\mu_B = 2$、$b_B = 17$、$\gamma_A = 0.145 - 0.195$、$\gamma_B = 0.192 - 0.322$。

③ 多段"双曲正态"分布，由一个或两个描述无生命粒子分布的双曲段和几个描述浮游生物分布的"正态"段组成：

$$n(D) = \sum_i C_i e^{-b_i(D - D_{\max,i})^2} + C_A D^{-k_A} + C_B D^{-k_B} \tag{6.29}$$

式中，b_i、$D_{\max,i}$、k_A、k_B 是分布参数，因子 C_i、C_A、C_B 是取决于若干段中的粒子占总粒子数 N_{tot} 的比例的权重。

这些近似公式并没有穷尽数学上描述海洋和大气中各种粒子的大小以及各种矿物和生物的粒子分布，没有描述所有海洋实际总尺寸分布函数的通用公式，因此，对海洋中悬浮颗粒物的粒度分布及其光学特性进行建模遇到了许多困难。任何尝试都必须考虑到海域的具体情况、地理位置、颗粒物悬浮的深度，以及建模所指的一年中的时间。

6.3 非藻类颗粒的光吸收特性

按照吸收特性，悬浮颗粒物质（SPM）分为两组：浮游植物（及其光吸收色素），吸收系数用 $a_{pl}(\lambda)$ 表示；非藻类颗粒（NAP），吸收系数用 $a_{NAP}(\lambda)$ 表示，则

$$a_p(\lambda) = a_{pl}(\lambda) + a_{NAP}(\lambda) \tag{6.30}$$

式中，$a_{NAP}(\lambda)$ 不仅包括矿物颗粒的光吸收 $a_{PIM}(\lambda)$，还包括有机碎屑的光吸收 $a_{OD}(\lambda)$ 以及没有包含在浮游植物中的所有"活"颗粒和非生物有机物的光吸收，可以将 NAP 的总吸收表示为

$$a_{NAP}(\lambda) = a_{PIM}(\lambda) + a_{OD}(\lambda) \tag{6.31}$$

所有 SPM 对光的总吸收的表达式为

$$a_p(\lambda) = a_{pl}(\lambda) + a_{PIM}(\lambda) + a_{OD}(\lambda) \tag{6.32}$$

不同水域中 $a_{pl}(\lambda)$ 和 $a_{NAP}(\lambda)$ 在总系数 $a_p(\lambda)$ 中的比例不同，$a_{NAP}(\lambda)$ 通常小于 $a_{pl}(\lambda)$，这是因为浮游植物色素的吸收能力远远超过其他有机成分，因此即使 NAP 在水中的质量浓度可能比浮游植物本身的质量浓度高得多，它们的吸收系数 a_{NAP} 也低于 a_{pl}，然而，在某些条件下，这种情况可能会逆转。NAP 对光的吸收超过了浮游植物，有时甚至超过了很大一部分，这种情况主要发生在 Ⅱ 类水域的海洋中，因为有大量的矿物和有机物同种异体颗粒进入海洋。

a_p 和 a_{NAP} 的绝对值不仅取决于离散粒子的性质，而且取决于它们在水中的质量浓度，因此可以采用它们与水中 SPM 质量浓度的比值表示它们的吸收系数，即质量比吸收系数 $a_{NAP}^*(\lambda)$ 和 $a_p^*(\lambda)$：

$$a_p^*(\lambda) = a_p(\lambda)/\text{SPM} \tag{6.33}$$

$$a_{NAP}^*(\lambda) = a_{NAP}(\lambda)/SPM \tag{6.34}$$

这样,这些质量比吸收系数不再取决于水中 SPM 的质量浓度,它们只是粒子本身的特性,也就是说,它们取决于物质的化学成分和物理性质,如粒子的化学成分、大小和形状及光学常数。

研究表明,质量比吸收系数 $a_p^*(\lambda)$ 和 $a_{NAP}^*(\lambda)$ 不是恒定的,它们在不同海域、不同深度、一年中不同时间的值有很大差异,这是悬浮在水中的矿物和有机颗粒的不同组成、不同尺寸和不同化学成分造成的,即使在同一个海域内,a_p^* 和 a_{NAP}^* 也会因时间因素而变化。

除了质量比吸收系数 a_p^* 和 a_{NAP}^* 的绝对值是所有 SPM 和来自不同天然水域的 NAP 的特征之外,$a_p^*(\lambda)$ 和 $a_{NAP}^*(\lambda)$ 光谱的第二个特性是它们的形状,这不取决于 SPM 在水中的质量浓度,而只取决于其化学和物理性质。

海洋中所有 SPM 的 $a_p^*(\lambda)$ 光谱形状主要由浮游植物色素的光学性质决定,在自然界中测量的大多数 NAP 的可见光吸收系数光谱即 $a_{NAP}^*(\lambda)$ 也表现出吸收系数值随光波长的增加而单调下降的现象,特别是 SPM 仅由或主要由有机颗粒组成的情况下,描述这种下降的一个很好的近似公式为

$$a_{NAP}^*(\lambda) = a_{NAP}(\lambda_{ref}) e^{-S_{NAP}(\lambda - \lambda_{ref})} \tag{6.35}$$

式中,参数 S_{NAP} 是光谱斜率,在整个可见光光谱范围内,它与波长 λ 无关,即在可见光区域它是恒定的。

在许多情况下,尤其是在矿物颗粒悬浮液的情况下,这些矿物成分在红色和 IR 中的吸收不会降低,下式更好地描述了这种情况:

$$a_{NAP}^*(\lambda) = C_1 + C_2 e^{-S_{NAP}(\lambda - \lambda_{ref})} \tag{6.36}$$

式中,C_1、C_2 为产生 λ_{ref} 处的吸收值:

$$a_{NAP}^*(\lambda_{ref}) = C_1 + C_2 \tag{6.37}$$

前面讨论了所有 SPM 的可见光吸收系数 a_p 以及系数的两个主要组成部分:浮游植物色素的光吸收系数 a_{pl} 和非藻类颗粒(NAP)的光吸收系数 a_{NAP},描述了这些吸收最重要的光谱特征。鉴于各种光吸收体和散射体在海洋特定区域的浓度差异巨大,不可能获得一套系统化的数据。在对大量数据进行统计的基础上,可以把所有 SPM 的光谱叶绿素比吸收系数 $a_p^{*\,chl}(\lambda)$ 和浮游植物色素的光谱叶绿素比吸收系数 $a_{pl}^{*\,chl}(\lambda)$ 与水中叶绿素 a 浓度 C_a 之间建立起联系,即

$$a_p^{*\,chl}(\lambda) = A_p(\lambda) C_a^{E_p(\lambda)-1} \tag{6.38}$$

$$a_{pl}^{*\,chl}(\lambda) = A_{pl}(\lambda) C_a^{E_{pl}(\lambda)-1} \tag{6.39}$$

式中,$A_p(\lambda)$、$E_p(\lambda)$、$A_{pl}(\lambda)$、$E_{pl}(\lambda)$ 是通过统计分析确定的与波长 λ 相关的系数。叶绿素比吸收系数 $a_p^{*\,chl}(\lambda)$ 和 $a_{pl}^{*\,chl}(\lambda)$ 是指海水中相关吸收系数 $a_p(\lambda)$ 和 $a_{pl}(\lambda)$ 与叶绿素 a 浓度 C_a 的比值,即 $a_p^{*\,chl}(\lambda) = a_p(\lambda)/C_a$,$a_{pl}^{*\,chl}(\lambda) = a_{pl}(\lambda)/C_a$。类似地,非藻类颗粒的叶绿素比吸收系数为 $a_{NAP}^{*\,chl}(\lambda) = a_{NAP}(\lambda)/C_a$,它等于差值,即

$$a_{NAP}^{*\,chl}(\lambda) = a_p^{*\,chl}(\lambda) - a_{pl}^{*\,chl}(\lambda) \tag{6.40}$$

知道了这三个叶绿素比吸收系数与海洋中叶绿素 a 浓度 C_a 之间的关系,也可以直接计算相应的非叶绿素比吸收系数 $a_p(\lambda)$、$a_{pl}(\lambda)$ 和 $a_{NAP}(\lambda)$ 与 C_a 之间的关系:

$$a_p(\lambda) = C_a a_p^{*\,chl}(\lambda) = A_p(\lambda) C_a^{E_p(\lambda)} \tag{6.41}$$

$$a_{pl}(\lambda) = C_a a_{pl}^{*\,chl}(\lambda) = A_{pl}(\lambda) C_a^{\ E_{pl}(\lambda)} \tag{6.42}$$

$$a_{NAP}(\lambda) = a_p(\lambda) - a_{pl}(\lambda) \tag{6.43}$$

　　SPM 吸收光谱的参数化可用于根据 I 类水域中叶绿素 a 的浓度 C_a 来估算这些光谱。但是不能对海洋的沿海区域和封闭海域进行如此简单的参数化,因为它们大体属于 II 类水域,对于 II 类水域不可能在光学系数和叶绿素 a 浓度 C_a 之间建立一般的定量关系,针对这种情况,有必要设计适合当地条件的多组分光学模型,其中海水的真实光学性质是多个变量的函数,而不仅仅是叶绿素 a 浓度 C_a 一个自变量的函数。

第7章　海洋浮游植物对光的吸收

海洋浮游植物细胞中的色素是海洋中吸收光的主要有机物质,这些细胞形成悬浮液,其光吸收系数在前面用 a_{pl} 表示。鉴于植物色素在海洋吸收太阳辐射和向海洋生态系统提供能源方面的重要性和作用,同时这也是海洋光学和生物光学中的一个重要问题,专门在这一章对浮游植物的光吸收和控制海洋中这一过程的因素进行详细的分析。

首先,浮游植物对太阳辐射的吸收刺激了海洋中有机物的光合作用,使其成为负责向海洋生态系统提供能量的最重要因素。但是,由于浮游植物对光的吸收,海洋中的光合作用不仅仅是向海洋生态系统(海洋生物食物链的第一环)提供能量的过程,它也是影响大气中氧和二氧化碳平衡的主要因素之一,因为这些气体参与海洋光合作用并通过海面进行交换,因此,在全球范围内,海洋中浮游植物对光的吸收和有机物的光合作用是决定地球上温室效应和气候变化状况的因素之一;另外,浮游植物光吸收系数的定量知识及其数学描述对于模拟海洋中的光学过程和光合作用是必不可少的,这样的模型构成了光学遥感方法和原位监测海洋生态系统的状态和它们的生物生产力的基础。因此,对浮游植物吸收特性的理论和实证研究由来已久,其数学描述的建立是当代海洋生物光学的主要任务之一。

7.1　影响海洋浮游植物光吸收的非生物因素

海洋浮游植物的吸收特性取决于其自身的内在特性以及众多的环境因素,这些直接和间接关系的复杂性仍然没有被完全理解。目前,将均匀分散的浮游植物悬浮介质在水中的光谱吸收系数 $a_{pl}(\lambda)$ 表达为

$$a_{pl}(\lambda) = C_a a_{pl}^*(\lambda) \tag{7.1a}$$

$$a_{pl}^*(\lambda) = Q^*(\lambda) \sum_j \left[a_j^*(\lambda) \frac{C_j}{C_a} \right] \tag{7.1b}$$

式中, $a_{pl}^*(\lambda)$ 是浮游植物体内的叶绿素比吸收系数,单位为 m^2/mg; $Q^*(\lambda)$ 是由于色素打包在浮游植物细胞中引起的吸收变化的无量纲因子,即打包函数; C_a 是水中叶绿素 a 的浓度,单位为 mg/m; C_j 是第 j 种色素(包括叶绿素 a)的浓度,单位为 mg/m^3; $a_j^*(\lambda)$ 是第 j 种色素的质量比吸收系数,单位为 m^2/mg。

从式(7.1)中可以看出,海藻在海洋中的整体吸收特性直接取决于以下几组因素。

(1)独立浮游植物色素的吸收特性 $a_j^*(\lambda)$。

(2)海洋中给定深度处的总叶绿素 a 浓度 $C_a(z)$。

(3)海水中特定深度浮游植物细胞的色素组成 $C_j(z)$,通常用浓度比 $C_j(z)/C_a(z)$ 来描述。

（4）浮游植物细胞的结构包括色素的大小及其在细胞内的浓度，它影响着由打包函数 $Q^*(\lambda, z)$ 定义的色素打包效应。

除了这四个"直接"因素外，在海洋环境中还有其他间接影响吸收系数的因素，可以将其分为两类。

（1）决定水域中水体营养性的复杂的非生物因素，如营养成分、温度或动态变化，营养性直接影响叶绿素 a 浓度 $C_a(z)$ 的垂直分布，同时也影响着细胞的色素打包效应 $Q^*(\lambda, z)$。

（2）光通量的空间分布和光谱决定了海洋中的光场，光场影响着光合色素和光保护色素的产生，与入射光的强度和光谱成比例，这发生在浮游植物细胞对光强度的光适应和对光谱的色适应过程中。在高强度的短波（$\lambda < 480$ nm）辐射下，细胞色素也会发生光氧化。

这两个因素，即水体的营养性和光场，是控制浮游植物光吸收的最重要的间接因素。

7.1.1　海洋水域的营养性：影响藻类资源和光吸收的因素

营养性，即水域的肥沃性，在湖泊学和湖泊生态学中有着悠久的传统，这种分类基于水和海底沉积物的生物生产力和肥力。湖泊可以分为三种主要类型，分别是贫营养、中营养和富营养。海洋以同样的方式将特定区域的水域进行分类，分别是贫营养水域（生物贫乏的海洋，生产力较低）、中营养水域（生产力中等）和富营养水域（生产力较高）。水域生产力的潜在衡量标准通常是叶绿素 a 的表面浓度 $C_a(0)$，这个数值给出了水的潜在生产力，并与水域水体中的总初级生产力相关，这也是现代生物光学使用海洋表层的叶绿素 a 浓度 $C_a(0)$ 作为给定海洋的数值营养指数的原因，表 7.1 给出了海洋水域生态系统的营养类型分类。

表 7.1　海洋水域生态系统的营养类型分类

水域营养类型以及表示符号		潜在生物生产力等级	表层叶绿素 a 浓度 $C_a(0)$ 变化范围 /(mg·m^{-3})	典型表面叶绿素 a 浓度 $C_a(0)$/(mg·m^{-3})
贫营养水域（O）			< 0.2	—
亚类	O1	低产	$0.02 \sim 0.05$	0.035
	O2		$0.05 \sim 0.10$	0.075
	O3		$0.10 \sim 0.20$	0.15
中营养水域（M）		中产	$0.2 \sim 0.5$	0.35
过渡中营养水域（中）I		过渡、中 / 高产	$0 \sim 1.0$	0.75

续表7.1

水域营养类型 以及表示符号		潜在生物生产力等级	表层叶绿素 a 浓度 $C_a(0)$ 变化范围 /(mg·m^{-3})	典型表面叶绿素 a 浓度 $C_a(0)$/(mg·m^{-3})
富营养水域(E)			> 1	—
亚类	E1	高产	1 ~ 2	1.5
	E2		2 ~ 5	3.5
	E3		5 ~ 10	7.5
	E4		10 ~ 20	15
	E5		20 ~ 50	35
	E6		50 ~ 100	70

　　水域的营养性是海洋中一组复杂的非生物环境因素相互作用的结果,通常地说是营养性定义(如生物生产力等级)或其指数如表面叶绿素a浓度 $C_a(0)$,严格地说是生物学概念,这是因为自然营养性实际上是由海洋环境中无数非生物因素的多种作用所决定的,如营养物浓度、水温、辐照度条件、水团的密度分层和水域的动态等。现在还不完全了解所有这些因素是如何协同工作的,然而,众所周知的是,世界海洋大多数水域以指数 $C_a(0)$ 表示的水的营养性是由含氮营养物 $N_{inorg}(0)$ 的浓度和透光区的水温(temp)确定的一级近似值。根据这两个主要的非生物因子与水体营养性之间的近似关系,可以在已知的营养浓度 $N_{inorg}(0)$ 和水温(temp)的基础上,估算出一级近似的表层叶绿素 a 浓度 $C_a(0)$:

$$\log C_a(0) = \sum_{m=0}^{4} \left\{ \sum_{m=0}^{4} A_{m,n} \left[\log N_{inorg}(0) \right]^n \right\} temp^m \tag{7.2}$$

式中,$C_a(0)$ 的单位是 mg·m^{-3};$N_{inorg}(0)$ 的单位是 10^3 μmol·m^{-3};temp 的单位是 ℃。

　　式 7.2 中系数 $A_{m,n}$ 的值见表 7.2。

表 7.2　式(7.2) 中系数 $A_{m,n}$ 的值

n	m				
	0	1	2	3	4
0	− 0.016 62	0.350 2	− 0.044 18	0.001 785	− 2.430 × 10^{-5}
1	− 0.041 48	− 0.018 15	0.001 975	3.991 × 10^{-5}	− 2.259 × 10^{-6}
2	− 0.058 14	− 0.027 17	− 0.001 333	0.000 197 8	− 4.019 × 10^{-6}
3	0.005 918	0.004 394	− 3.613 × 10^{-5}	− 2.484 × 10^{-5}	6.079 × 10^{-7}
4	− 0.021 17	− 0.000 476 1	0.000 748 3	− 5.039 × 10^{-5}	8.540 × 10^{-7}

　　图 7.1 显示了式(7.2)描述的关系,显示了世界海洋中通常测量的表层叶绿素 a 表面浓度 $C_a(0)$(单位为 mg·m^{-3}),近似为 $N_{inorg}(0)$ 与温度(temp)图上的等值线($C_a(0)$ = 常数),并考虑了世界海洋中遇到的这些参数的变化范围。

　　图 7.1 所示的关系支持这样的假设,即由 $C_a(0)$ 值给出的水域的营养性是复杂的非生物因素影响着藻类的生长和功能特性,包括叶绿素资源和海洋浮游植物的总光吸收系

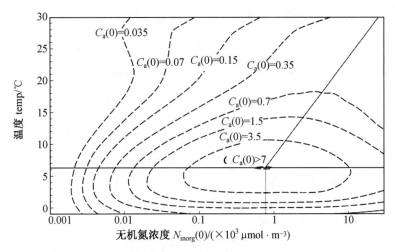

图 7.1　世界海洋不同区域的叶绿素 a 表面浓度 $C_a(0)$ 等值线与水温 temp 和
表层（$0 \sim 10$ m）无机氮 $N_{inorg}(0)$ 的关系

数。从图 7.1 中可以看出，非常温暖、营养丰富的水域绝不是叶绿素含量最丰富的水域；叶绿素含量最高的水域，对应于水温和营养物浓度取中间值的水域，即 $N_{inorg}(0) \approx 10^3 \, \mu mol \cdot m^{-3}$、temp ≈ 6 ℃，在这个水域中藻类的绝对吸收系数也最大。

叶绿素 a 表面浓度 $C_a(0)$ 扮演着一个参数的角色，象征着一组复杂的非生物因素控制着海洋中的各种过程，包括浮游植物对光的吸收，这是因为以下几种情况。

（1）在对海洋中一系列现象的分析和数学描述中，$C_a(0)$ 可以代替几个变量，如图 7.1 中的 temp 和 $N_{inorg}(0)$。

（2）以叶绿素 a 表面浓度 $C_a(0)$ 定义的营养性可以用来分类叶绿素和其他色素在海洋中的自然垂直分布，也可以用来描述色素打包在浮游植物细胞中的光学效应特征的垂直分布。

（3）$C_a(0)$ 不仅是一个水域的营养性指标，也是海水生物光学分类所依据的指标，特别是 Ⅰ 类海水区域。

（4）无论是作为营养性指标还是生物光学水分类，$C_a(0)$ 允许对生活在世界海洋各水域的藻类的光学吸收特性进行适当分类和系统化。

7.1.2　光场：影响细胞中光吸收色素组成的因素

海洋水域的自然辐照条件是多种多样的，这是水域中光学活性混合物（主要是溶解的有机物和各种悬浮颗粒）的含量不同的结果，这导致了水域表观光学性质的相应多样性，包括下行辐照度的光谱衰减系数 $K_d(\lambda)$。因此，下行辐照度 $E_d(\lambda, z)$ 的空间分布和光谱分布的范围非常广泛，尽管如此，有许多规律可对具有光学相似性质的海洋和海水进行分类。

表 7.3 给出了用于确定水下光场特征的算法，是各种海洋光学特性的模型描述，这使水下辐照度的最重要的空间和光谱特性能够根据设计的生物光学分类来定义。表 7.3 中的算法不仅可以确定水下光场的基本大小和光谱特性，还可以确定特定的生物光学特性，

如潜在破坏性辐射(PDR)和光合色素 F_j 的光谱拟合函数,这两个量可用于分析浮游植物细胞的光适应和色适应。

表 7.3　用于确定水下光场特征的算法

1.输入数据

　　总叶绿素 a 在深度 z 处的浓度为 $C_a(z)$(单位 $mg \cdot m^{-3}$),光谱范围为 $400 \sim 700\ nm$ 内光合有效辐射的表面下行光谱辐照度为 PAR(0)(单位 $W \cdot m^{-2}$)

2.模型公式

　　(1)下行光谱辐照度衰减系数为

$$k_d(\lambda, z) = k_w(\lambda) + C_a(z)\{C_1(\lambda)\exp[-a_1(\lambda)C_a(z)] + k_{d,i}(\lambda)\} + \Delta K(\lambda) \qquad (T-1)$$

式中,水中混合物的下行辐照度衰减系数为

$$\Delta K(\lambda) = \begin{cases} 0, & \text{Ⅰ 类海水} & (T-2) \\ 0.068\exp[-0.014(\lambda - 550)], & \text{Ⅱ 类海水} & (T-3) \end{cases}$$

常数 $C_1(\lambda)$、$a_1(\lambda)$、$K_{d,i}(\lambda)$ 和纯水衰减 $K_w(\lambda)$

λ/nm	$a_1(\lambda)/(m^3 \cdot mg^{-1})$	$C_1(\lambda)/(m^3 \cdot mg^{-1})$	$K_{d,i}(\lambda)/(m^3 \cdot mg^{-1})$	$K_w(\lambda)/m^{-1}$
400	0.441	0.141	0.067 5	0.020 9
450	0.550	0.107	0.056 9	0.0181
500	0.610	0.067 2	0.038 9	0.027 6
600	0.333	0.017 1	0.022 5	0.212
650	0.364	0.016 4	0.023 6	0.343
700	—	0	0.012 5	0.626

　　(2)下行辐照度相对光谱分布函数为

$$f_E(\lambda, z) = f_E(\lambda, 0^+)\exp\left[-\int_0^z k_d(\lambda, z)dz\right] \qquad (T-4)$$

式中,$f_E(\lambda, 0^+)$ 为 PAR 辐照度下行入海的归一化典型光谱分布,其表达式为

$$f_E(\lambda, 0^+) = -1.370\ 2 \times 10^{-12}\lambda^4 + 3.412\ 5 \times 10^{-9}\lambda^3 + 1.264\ 7 - \lambda - 1.838\ 1 \times 10^{-1}$$

$$(T-5)$$

式中,λ 的单位为 nm。

　　(3)下行光谱辐照度为

$$E_d(\lambda, z) = PAR(0)f_E(\lambda, z) \qquad (T-6)$$

　　(4)PAR 范围内的总辐照度为

$$PAR(z) = \int_{400\,nm}^{700\,nm} E_d(\lambda, z)dz \qquad (T-7)$$

　　(5)水层 $\Delta z = z_2 - z_1$ 中颜色适应因子 F_j 和光适应因子 PDR^* 的平均值为

$$\langle F_j \rangle = \frac{1}{z_2 - z_1}\int_{z_1}^{z_2} F_j dz \qquad (T-8a)$$

$$\langle PDR^* \rangle = \frac{1}{z_2 - z_1}\int_{z_1}^{z_2} PDR(z)^* dz \qquad (T-9a)$$

续表7.3

取水层 Δz 的平均值,以便包括水混合的影响。其中 j 是色素类指数(叶绿素 a、b、c 和光合类胡萝卜素 PSC),如果 $z \geqslant 30$ m,则 $z_1 = z - 30$ (m);如果 $z > 30$ m,则 $z_1 = 0, z_2 = z + 30$ (m)。

适应因子定义为不同种类浮游植物色素的质量比吸收系数和水下光场选择特性的函数。

第 j 组色素的颜色适应因子(拟合函数)为

$$F_j(z) = \frac{1}{a_{j,\max}^*} \int_{400\,\mathrm{nm}}^{700\,\mathrm{nm}} f(\lambda, z) a_j^*(\lambda) \mathrm{d}\lambda \qquad (\mathrm{T}-8\mathrm{b})$$

光适应因子(日平均潜在破坏性辐射)为

$$\mathrm{PDR}^*(z) = \int_{400\,\mathrm{nm}}^{480\,\mathrm{nm}} a_\mathrm{a}^*(\lambda) \langle E_0(\lambda, z) \rangle_{\mathrm{day}} \mathrm{d}\lambda \qquad (\mathrm{T}-9\mathrm{b})$$

式中, $f(\lambda, z)$ 是在深度 z 处 PAR 光谱范围内的辐照度的归一化光谱分布,其表达式为 $f(\lambda, z) = f_\mathrm{E}(\lambda, z) / T(z) = E_\mathrm{d}(\lambda, z) / \mathrm{PAR}(z)$; $a_j^*(\lambda)$ 是第 j 组未打包色素(即在溶剂中)的光谱质量比吸收系数,由式 $a_j^* = \sum_i a_{\max,i}^* \cdot \exp\left[-\frac{1}{2}\left(\frac{\lambda - \lambda_{\max,i}}{\sigma_i}\right)^2\right]$ 确定,参数值见表 7.10。

根据模型计算和实验数据,对不同海洋和不同深度的上述辐照度条件的多样性的计算结果如图 7.2 和图 7.3 所示。图 7.2 显示了 PAR 光谱范围(400 ~ 700 nm)内,不同营养水域中下行辐照度透射率的模拟垂直剖面,辐照度随深度 z 的增加而减少,剖面图说明了在两种水体中(图 7.2(a) Ⅰ 类水域和图 7.2(b) Ⅱ 类水域)不同营养性的海洋中 PAR 辐照度的下降,海洋的营养指数是叶绿素 a 的表面浓度 $C_\mathrm{a}(0)$。对这种辐照度穿透深度的分析可以看到 PAR 辐照度衰减在海洋中的定量差异。图 7.2 中 O1,…,E5 的定义见表 7.1。

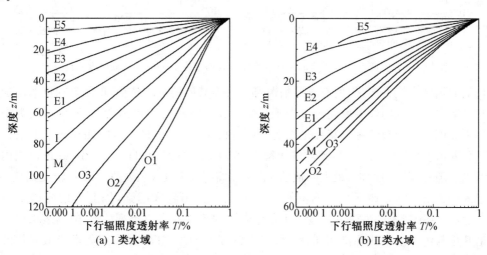

图 7.2　不同营养水域中下行辐照度透射率 $T = \mathrm{PAR}(z)/\mathrm{PAR}(0)$ 的模拟垂直剖面

水下辐照度的光谱分布也取决于水域的类型和海洋深度,图 7.4 中具有相同叶绿素 a 表面浓度 $C_\mathrm{a}(0)$ 的不同水体确定的模型光谱说明了这一点。图 7.4(a) ~ (d) 为不同类型的水体建模,假设表面辐照度相同,则图上的灰色阴影表示浮游植物细胞的 PDR 区域。

如图 7.4 所示,尽管在生物丰富的海洋中光能的绝对值随深度的下降速度比在生产

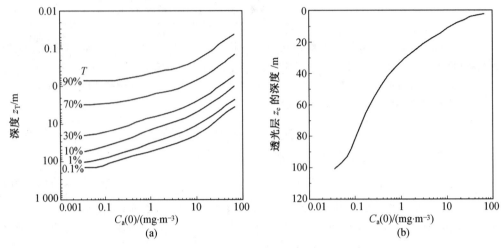

图 7.3　Ⅰ类水域下行 PAR 穿透范围 z_T 与叶绿素 a 表面浓度 $C_a(0)$ 的依赖关系

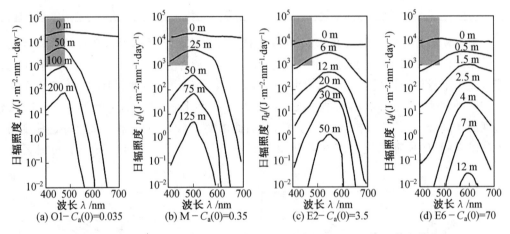

图 7.4　Ⅰ类海水不同深度和不同叶绿素 a 表面浓度 $C_a(0)$ 的日辐照度光谱分布

力较低的水域中快得多，但所有这些情况都有一个共同的基本特征，即随着深度的增加可见光光谱中间区域的辐照度超过该光谱其他区域的辐照度。相比之下，区分不同类型海洋中辐照度光谱分布的主要特征是光能量峰值相对于波长的位置，因此在光学上最纯净的贫营养海盆中(图 7.4(a))，到达海洋特定深度的最大能量来自 $470 \sim 480$ nm 范围内的蓝绿光。随着深度的增加，最大峰值的位置变化不大，能量峰值变得更加明显，也就是说，由于入射光谱在该光谱区域中对其他波长的主导作用越来越强，因此入射光谱变得更窄。然而，这种情况随着进入其他类型的水域而改变。在所有类型的海洋中，表面以下的能谱几乎与纯净水中的能谱相同，然而，随着深度的增加，能量分布的光谱峰值向长波方向偏移。随着水体营养性的增加，即叶绿素 a 含量 $C_a(0)$ 的增加，这些偏移变得更加明显。因此，在超富营养化水域中 $C_a(0) = 70$ mg/m³，只有波长 λ 为 $580 \sim 600$ nm 及更高范围内的黄或黄红光存在于适当的深度处。不同类型海洋的这些辐照度特征是由于悬浮颗粒物和溶解有机物(黄色物质)对光衰减系数光谱的综合影响，在可见光谱的短波区域，这两种成分对光的衰减都比较强烈，在大多数情况下，它们的浓度随着叶绿素含量的增加而增加。结果表明,从光学的贫营养海水到富营养海水,辐照度透射比最大值向光谱的长波端移动。从光学贫营养海水到富营养海水,辐照度透射比最大值向光谱的长波端移动。

众所周知,来自 $\lambda < 480$ nm 范围的光即可见光谱的短波段和紫外线辐射,足够高的辐照度通常对植物生长有不利影响,因为光抑制变得不可逆,不可逆光抑制的主要机制之一是叶绿素的光氧化损失,光氧化是叶绿素分子激发到三重态的过程。当叶绿素分子吸收了足够高的能量($\lambda < 480$ nm 区域)时,分子首先进入更高的激发单重态,然后直接进入三重态。在 $\lambda < 480$ nm 区域的自然辐照度阈值以上,位于光谱密度为 $E_p(\lambda) \approx 0.2$ W · m^{-2} · nm^{-1} 的辐照度强度处,在藻类的光合器中发现激发到三重态并因此被氧化的叶绿素分子的概率显著增加。这种情况确实发生在海洋表层,特别是在晴天。图7.4中左上角的灰色阴影表示这种破坏性辐照度的区域,这种破坏性光的穿透深度,取决于水域的营养性,会导致叶绿素分子的光氧化。在超贫营养水域(O1)中,该光谱区域的辐照度水平超过了海面上非常广泛的一层叶绿素分子光氧化的阈值,可能有 100 m 深(图7.4(a))。随着营养性的增加,这种光破坏区域的深度迅速下降,因此在超富营养化水域(E6)中,叶绿素的光氧化仅在海洋的顶层 0.5 m 左右(图 7.4(d))。

图 7.5 所示为针对不同类型海洋的潜在破坏性辐射 PDR$^*(z)$ 的垂直分布的建模,图中地表辐照度为 PAR(0) = 695 μE · m^2 · s^{-1}。在所有情况下,PDR* 就在海面以下最大,并随深度的增加而减小。然而总体来说,在低营养性水域中比在富营养化的海洋中要高得多,这一点对浮游植物细胞中光保护色素的含量有显著影响,因此 PDR* 也是一种光适应因子。因此,不同营养性和不同深度水域的色素组成不同。

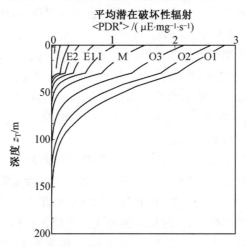

图 7.5　针对不同类型海洋的潜在破坏性辐射 PDR$^*(z)$ 的垂直分布的建模

浮游植物除了受水中高绝对辐照度刺激的光适应外,其色素含量还取决于该辐照度的光谱组成。单个藻类或整个植物群落的光合器对光谱变化的辐照度条件的适应称为色适应。

7.2　浮游植物色素及其在可见光区的吸收光谱

海洋浮游植物中的有机物主要由蛋白质（约占质量的 50%）和脂类（占质量的 30%～50%）组成，色素的比例小得多，通常为 0.01%～10%。即便如此，色素仍然是植物细胞中主要且实际上是唯一的可见光吸收剂，因此它们决定了藻类在可见光区域的吸收光谱。其他有机成分对浮游植物细胞吸收光的影响只有在紫外线区才能检测到，这是因为色素在可见光区域比浮游植物的其他有机成分含有更多的光学活性生色团。因此，浮游植物色素的光吸收对海水在可见光波段的吸收特性有重要影响。

7.2.1　浮游植物色素的作用和主要类型

浮游植物色素对光的吸收最重要的作用是刺激有机物的光合作用，这是维持海洋生命所必需的，光合作用中有机质的初级生产是决定生态系统物质循环的因素，这种初级生产力还间接地决定了海洋中散射和吸收光的绝大多数悬浮颗粒（浮游动物、游泳动物和有机碎屑）的性质和浓度，以及溶解在海水中能吸收光的有机物质的含量。

色素存在于植物细胞的光合器中，而光合器又位于被称为叶绿体的细胞器中。此外，这些细胞器充满蛋白质和脂质，以各种形状存在，通常只有几微米。从光吸收的角度来看，最重要的方面是叶绿体中存在许多吸收光和捕获能量的中心。 在光系统（Photosystem，PS）Ⅰ（PS Ⅰ）和 PS Ⅱ两种类型中，这些中心的光学性质略有不同，它们在吸收光时独立起作用，但在光合作用过程中是共同起作用的，它们一起形成一个光合单元，一个量子体，在最简单的有机化合物的合成中自主发挥作用，除其他成分外，每个量子体包含 300～5 000 个色素分子。

在被称为具有光合作用活性的色素中，有三种主要的色素能够吸收和发射可见光，它们分别是叶绿素、类胡萝卜素和藻胆素，这三种色素以不同的比例出现，主要取决于细胞的种类以及海洋中普遍存在的非生物条件。由于色素的多样性，浮游植物可以吸收可见光谱不同区域的光能，通过改变其化学成分，浮游植物细胞可以适应周围的光谱，这是浮游植物细胞光适应和色适应的标志之一。

光合器中的色素起着不同的作用，叶绿素、藻胆素和类胡萝卜素起到了"天线"的作用，它们通过吸收入射到细胞上的不同光谱波长的光子来获取太阳辐射能量，这些是光合色素（Photosynthetic Pigments，PSP）在 PSⅠ 和 PSⅡ 的帮助下，吸收的能量在光合作用过程中被部分地用来产生有机物，该过程在两种光系统中都是独立发生的，要归功于不同色素分子之间或同一色素不同天然变形分子之间激发能量的非辐射迁移。这种能量从更短波的色素分子（吸收更高能量光子的色素分子，即激发水平更高的色素分子）迁移到更长波的色素分子（激发水平更低的色素分子），终止于能级势阱，直接参与光合作用。电子的主要供体对于启动光合化学反应的循环至关重要，这些势阱可能是叶绿素 a（绿色植物）或细菌叶绿素 a（光合细菌）的各种长波变体。

7.2.2　色素提取物的单独吸收特性

光合器中含有不同色素的天然混合物,实际上,不可能在体内直接测量单独色素的吸收光谱,能做的就是测量整个光合器的光谱,并考虑到某些色素组的优势,才有可能间接和近似地确定各个色素的峰值位置和光谱吸收系数的大小。可以在各种溶剂中提取单独色素的吸收光谱,特定浮游植物色素(叶绿素和类胡萝卜素)在 90% 丙酮中的质量比吸收系数 $a_{\text{pig,extr}}^*$ 的光谱见表 7.4,在 90% 丙酮中溶解的选定色素的吸收光谱如图 7.6 所示。

表 7.4　特定浮游植物色素(叶绿素和类胡萝卜素)在 90% 丙酮中的质量比吸收系数 $a_{\text{pig,extr}}^*$ 的光谱

色素	波长 λ/nm								
	400	420	450	480	510	630	645	655	685
	$a_{\text{pig,extr}}^*/(\times 10^{-3} \cdot \text{m}^2 \cdot \text{mg}^{-1})$								
叶绿素 a	13.4	16.3	2.0	0.4	0.6	2.7	3.7	15.4	0.8
叶绿素 b	2.5	6.2	12.4	3.1	0.8	2.9	10.5	1.5	0
叶绿素 c	5.5	8.6	18.1	1.2	0.5	2.4	1.0	0.3	0
β－胡萝卜素	18.5	34.1	51.5	55	10.4	0	0	0	0
藻黄素	24.5	38.9	57.3	46.7	13.0	0	0	0	0

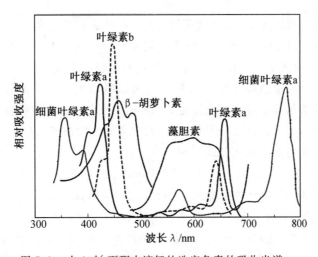

图 7.6　在 90% 丙酮中溶解的选定色素的吸收光谱

如图 7.6 所示,植物色素主要在可见光谱的蓝光区域和红光区域吸收光。除藻胆素之外,几乎所有的色素都吸收蓝光;叶绿素 a 和辅助色素即其他叶绿素和类胡萝卜素,吸收紫外光;另外,红光主要被叶绿素 a 吸收。来自可见光谱中间区域的光被类胡萝卜素吸收的程度很小,尤其是那些属于光合色素的类胡萝卜素。藻胆素色素对这些中间区域的光吸收更为强烈,即黄、橙和橙红光。上面概述的色素提取物的吸收特性通常与这些色素在活体植物中的实际吸收光谱有很大的偏差,表 7.5 中的数据说明了这一点,表7.5 中不仅给出了叶绿素和类胡萝卜素 90% 丙酮提取物主要吸收带的准确位置(表中第2列),还给出了植物体内各种色素的峰值位置(第3列)。比较这两组值,可以看到丙酮提

取物中的吸收带相对于活体植物中的吸收发生了不同程度的特征性偏移,通常向较短的波长方向移动。这也适用于溶解在其他溶剂中的色素的吸收光谱,这些吸收峰位移确实取决于溶剂的浓度和类型,并且可以向较长或较短波长的任一方向移动。

表7.5　选定浮游植物色素吸收光谱中最大值的波长位置 $\lambda_{\max}$　　　　　　nm

色素		丙酮	体内峰值位置
叶绿素 a	短波最大值	420	435
	长波最大值	663	$661 \sim 663, 669, 677 \sim 680, 684, 687, 695 \sim 699,$ $(PS-I), 650, 663, 669, 672 \sim 674, 677 \sim 680 (PS-II)$
叶绿素 b	短波最大值	453	$470 \sim 480$
	长波最大值	645	$650 \sim 653$
叶绿素 c	短波最大值	445	460
	长波最大值	631	633
类胡萝卜素		$450 \sim 460, 480$	445, 470, 500
藻胆素		$448 \sim 449$	490, 540

7.2.3　浮游植物的荧光

浮游植物细胞吸收光子后,可以发射出另一种波长较长的光,这一过程被称为荧光。几种浮游植物色素发出荧光,其中叶绿素 a 荧光最为显著。虽然荧光只是被吸收光能量耗散的一种形式,仅次于光合作用,但它仍然具有足够的重要性,可以从太空中观测到。海水中几乎所有浮游植物都含有叶绿素 a,它可以吸收光能量并辐射荧光。浮游植物中叶绿素的吸收特性和荧光特性相当稳定,叶绿素 a 的两个明显的吸收光谱带的峰值分别在波长 420 nm 和 555 nm 附近,而叶绿素 a 的荧光峰一般在波长 585 nm 附近。浮游植物叶绿素的荧光通常用下面简化公式表示:

$$F = PARCaa_{pyto}^* \varphi_f \tag{7.3}$$

式中,PAR 是光照在细胞上的强度;Ca 是叶绿素的浓度;a_{pyto}^* 是浮游植物特定叶绿素的吸收系数;φ_f 是荧光的量子产率 — 细胞的发射效率。

浮游植物的荧光和强度(通过荧光的量子产量和叶绿素特定的浮游植物吸收系数)取决于几个因素,分别是藻类的种类、色素含量和比率、光适应性、浮游植物的生理状态、营养条件和生长阶段。现场叶绿素荧光测定是描述海洋中叶绿素和浮游植物分布最常用的方法。

7.3　海洋浮游植物资源和叶绿素 a 浓度

除了植物色素的个体吸收特性外,决定海洋藻类绝对光吸收系数的因素是浮游植物资源。衡量这些资源的一个有用指标是水中主要的植物色素 —— 叶绿素 a 的浓度,这个浓度用 C_a 表示,它在海洋表层的值用 $C_a(0)$ 表示,作为海洋的营养指数。不同海洋区域和海洋的生物活性表层水层中记录的叶绿素 a 浓度可在约四个数量级上变化,而且浓度也随海水深度的不同而有很大变化。世界海洋不同区域和不同深度叶绿素变化的一些规律以及叶绿素浓度的垂直分布,对于模拟不同营养性海洋中藻类光吸收系数的空间分布至关重要。

7.3.1　影响世界海洋浮游植物资源的主要自然因素

控制海洋浮游植物资源(包括叶绿素 a 和其他吸收可见光的色素)的主要因素是辐照度条件、营养物质(氮、磷和其他元素的有机化合物)的浓度、水温,由热力和动力状态引起的水团的密度分层。这些因素在广阔的海洋空间中的多样性及其在时间上的可变性强烈地影响着世界海洋不同地区浮游植物自然资源的时空多样性。生产力最高的地区,也就是浮游植物资源最多的地区,是那些"良好"的光照条件与适当高水平的营养相结合的地区。

在海洋中,上层被光照的水层(透光带)主要从较深的水域获得营养物质。在适当的条件下,如适当的风作用、洋流的发散和其他水动力因素,就会形成上升到海面的洋流,这些上升的洋流把营养丰富的水带到水面。海洋生物新陈代谢和衰变产生的有机物沉入海底时,营养物质在深水中形成。在水动力促进上升流的地方,相关的透光带水域富营养化;相反,在不发生上升流的地方,水实际上是非生产性的(寡营养的),因此含有很少的叶绿素。水体分层对初级生产力和叶绿素浓度的影响因气候带和季节而异,例如在凉爽的水域,季节性温度变化是常见的,分层无论是出现还是消失总会对浮游植物的生长产生积极的影响。在夏季,当海水受到较强加热时,由此产生的清晰分层在一定程度上阻止了浮游植物细胞(无论是活的还是死的)下沉到透光带的界限之外,因此活的浮游植物和营养物质(死细胞的衰变产物)仍保留在透光带内。分层以这种方式促进浮游植物生长,色素浓度会很高,在冬季,水变凉,分层减少或完全消失,但是有利于对水流和风进行混合,因此上升流将营养物质从较深的水层带到水面。

海洋热带地区的情况相反,这里的温度几乎不随季节变化,水团的分层保持相对稳定,从而形成了水的垂直混合,因此形成了向上流动的洋流,将营养物质从深海输送到海面。尽管海洋的热带地区有很好的光照,但它们在很大程度上是世界海洋中生产力最低的、高度营养贫乏的地区,它们有时被称为"海洋沙漠"。

上述调节海水生产力的条件原则上适用于开放的海洋水域,在半封闭海域和封闭海域,对浮游植物生长和叶绿素浓度影响最大的通常是时间和空间高度分化的局部条件,因此,不可能用一个单一的通用模型来描述控制其生产力的条件。总体来说,海洋大多是富营养的,主要是因为它们接受大量的随河水流入的营养物质,此外,在通常情况下,浅海表层水与营养丰富的近底层水的强烈混合也有助于水域的整体生产力。

7.3.2　世界海洋中叶绿素的分布

人们一直试图通过测量不同海域表层水中叶绿素 a 的浓度来估算世界海洋中浮游植物的资源。然而,尽管在分析中使用了成千上万的实验数据,由于测量点在时间和空间上的随机性和稀疏分布,因此人们只得到了非常近似的分布地图。光学遥感方法和通过卫星图像系统记录海洋叶绿素浓度,在解决这一问题方面取得了重大进展。现在遥感地图和卫星图像可以显示世界海洋整个区域叶绿素 a 表面浓度的瞬时分布或这些浓度在较长时间内(如一个月、一年或过去几年)的平均分布。然而,这种特殊的遥感技术测定海洋中叶绿素浓度的准确性仍然不能令人满意,就公海而言,统计误差超过 30%;就沿海地区、海湾和封闭海域而言,这种误差通常要大得多。许多原位研究和现代卫星数据都表明,叶绿素浓度随时间的变化也表现出一些规律性,进一步的分析超出了本书的范围。

世界海洋叶绿素 a 浓度的分布差异因垂直分布而变得更为复杂,因为叶绿素和所有其他浮游植物色素的浓度随深度的增加而变化很大。叶绿素 a 浓度 $C_a(z)$ 垂直分布的多样性是海洋不同区域、不同深度浮游植物生长的多种环境因子共同作用的结果,这些因素对叶绿素垂直分布的影响是极其复杂的。为了满足卫星遥感技术的需要,人们提出了描述不同类型海洋 $C_a(z)$ 分布的统计公式:

$$C_a(z) = C_a(0) \frac{C_{const} + C_m \exp\{-[(z-z_{max})\sigma_z]^2\}}{C_{const} + C_m \exp[-(z_{max}\sigma_z)^2]} \tag{7.4}$$

式(7.4)描述了海洋不同深度处叶绿素 a 浓度 $C_a(z)$ 的垂直分布与叶绿素 a 表面浓度 $C_a(0)$ 之间的关系,表示为与深度无关的常数分量 C_{const} 和高斯函数描述的变量分量之和,式中出现的各种常数是叶绿素 a 表面浓度 $C_a(0)$ 的函数。表 7.6 列出了这些函数的形式,这些函数是根据分层水域(表 7.6A)和部分混合水域(表 7.6B)的相关统计分析确定的。在部分混合水域的情况下,$C_a(z)$ 的模型描述还考虑了水混合的季节性依赖程度(其中公式中的季节由一年中的连续天数 n_d 定义)。

表 7.6　海洋叶绿素 a 浓度垂直分布的模型描述

A. 分层水域

输入叶绿素 a 表面浓度数据 $C_a(0)$(单位为 mg·m^{-3}),则水中叶绿素 a 浓度的垂直分布 $C_a(z)$(单位为 mg·m^{-3})的基本表达为

$$C_a(z) = C_a(0) \frac{C_{const} + C_m \exp\{-[(z-z_{max})\sigma_z]^2\}}{C_{const} + C_m \exp[-(z_{max}\sigma_z)^2]}$$

式中

$$C_{const} = 10^{\{-0.0437+0.8644\log C_a(0)-0.0883[\log C_a(0)]^2\}}$$

$$C_m = 0.269 + 0.245\log C_a(0) + 1.51(\log C_a(0))^2 + 2.13(\log C_a(0))^3 + 0.814(\log C_a(0))^4$$

$$z_{max} = 17.9 - 44.6\log C_a(0) + 38.1(\log C_a(0))^2 + 1.32(\log C_a(0))^3 - 10.7(\log C_a(0))^4$$

$$\sigma_z = 0.0408 + 0.0217 C_a(0) + 0.00239(\log C_a(0))^2 + 0.00562(\log C_a(0))^3 + 0.00514(\log C_a(0))^4$$

续表 7.6

B. 部分混合水域

输入叶绿素 a 表面浓度数据 $C_a(0)$（单位为 mg·m⁻³），则水中叶绿素 a 浓度 $C_a(z)$（单位为 mg·m⁻³）垂直分布的基本表达式为（n_d 为一年中的连续天数）

$$C_a(z) = C_a(0) \frac{C_{const} + C_m \exp\{-[(z - z_{max})\sigma_z]^2\}}{C_{const} + C_m \exp[-(z_{max}\sigma_z)^2]}$$

式中

$$C_{const} = \left\{ 0.77 - 0.13\cos\left(2\pi \frac{(n_d - 74)}{365}\right) \right\}^{C_a(0)}$$

$$C_m = \frac{1}{2M}(0.36^{C_a(0)} + 1) \times \left\{ (M+1) + (M-1)\cos\left(2\pi \frac{(n_d - 120)}{365}\right) \right\}$$

$$M = 2.25 \times (0.765)^{C_a(0)} + 1$$

$$z_{max} = 9.18 - 2.43\log C_a(0) + 0.213 (\log C_a(0))^2 - 1.18 (\log C_a(0))^3$$

$$\sigma_z = 0.118 - 0.113\log C_a(0) - 0.013\,9 (\log C_a(0))^2 + 0.112 (\log C_a(0))^3$$

7.3.3　叶绿素含量对海水固有光学性质的影响

Ⅰ 类海水和部分 Ⅱ 类海水中可能含有不同浓度的浮游植物，其含量根据不同水体可相差几个量级，叶绿素的浓度范围为 $0 \sim 12$ mg/m³，对于上述叶绿素浓度的海水，可只考虑海水中纯水的吸收和浮游植物的吸收，则海水的吸收系数为

$$a = a_w + a_p \tag{7.5}$$

浮游植物中颗粒物的吸收系数 a_p 可以写成与叶绿素浓度 C_c 相关的浮游植物的吸收系数，表达式为

$$a_p = A(\lambda)C_c^{-B(\lambda)} \tag{7.6}$$

式中，$A(\lambda)$、$B(\lambda)$ 是与波长相关的正系数。图 7.7 所示为不同叶绿素浓度下海水中浮游植物的吸收系数，图 7.8 所示为不同叶绿素浓度下海水的总吸收系数。

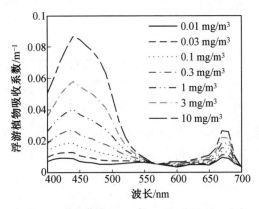

图 7.7　不同叶绿素浓度下海水中浮游植物的吸收系数

同样海水散射系数也可以写成包括纯水的散射系数 $b_w(\lambda)$ 和海水中浮游植物的散射

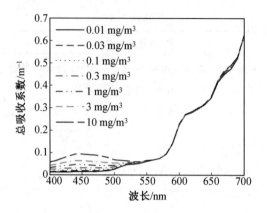

图 7.8　不同叶绿素浓度下海水的总吸收系数

系数 $b_p(\lambda)$ 之和的形式,即

$$b(\lambda) = b_w(\lambda) + b_p(\lambda) \tag{7.7}$$

水体的散射系数 $b_w(\lambda)$ 随波长 λ 的变化关系可以拟合得到,表达式为

$$b_w(\lambda) = 0.005\ 826 \left(\frac{400}{\lambda}\right)^{4.332} \tag{7.8}$$

而对于不同叶绿素浓度的海水,浮游植物的散射系数 $b_p(\lambda)$ 可以表示为

$$b_p(\lambda) = \alpha(\lambda) C_c^{\beta(\lambda)} \tag{7.9}$$

式中,$\alpha(\lambda)$、$\beta(\lambda)$ 是与波长相关的系数,$\alpha(\lambda) = 0.309 - 0.000\ 384(\lambda - 550)$,$\beta(\lambda)$ 几乎为常数值取 0.5。由式(7.8)和式(7.9)计算得到的不同叶绿素浓度下海水的总散射系数如图 7.9 所示。

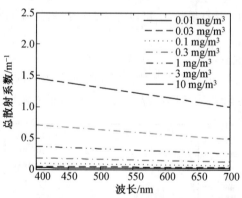

图 7.9　不同叶绿素浓度下海水的总散射系数

海水的体散射函数 $\beta(\theta, \lambda)$ 也是纯海水的体散射相函数 $\beta_w(\theta)$ 与浮游植物的体散射相函数 $\beta_p(\theta, \lambda)$ 其同作用的结果,可以由下式表示:

$$\beta(\theta, \lambda) = \frac{b_p(\lambda)\beta_p(\theta, \lambda) + b_w(\lambda)\beta_w(\theta)}{b_p(\lambda) + b_w} \tag{7.10}$$

纯水的散射为分子散射,其体散射函数为瑞利散射相函数,表达式为

$$\beta_w(\theta) = \frac{3}{4\pi(3+p)}(1 + p\cos^2\theta) \tag{7.11}$$

在下面的计算中 p 取值 0.84,浮游植物的体散射函数 $\beta_p(\theta,\lambda)$ 是由小颗粒物质与大颗粒物质共同作用的结果,可以表示为

$$\beta_p(\theta,\lambda) = b_s^0(\lambda)p_s(\theta)C_s + b_1^0(\lambda)p_1(\theta)C_1 \tag{7.12}$$

式中,$p_s(\theta)$、$p_1(\theta)$ 分别为无量纲小颗粒物、大颗粒物散射相函数;C_s、C_1 分别为小颗粒物、大颗粒物质量浓度,$\mathrm{mg/m^3}$;$b_s^0(\lambda)$、$b_1^0(\lambda)$ 分别为每毫克小颗粒物、大颗粒物散射在每平方米的散射系数,$\mathrm{m^2/mg}$。$b_s^0(\lambda)$、$b_1^0(\lambda)$ 随波长 λ 的变化关系为

$$b_s^0(\lambda) = 1.151\ 302\left(\frac{400}{\lambda}\right)^{1.7} \tag{7.13}$$

$$b_1^0(\lambda) = 0.341\ 074\left(\frac{400}{\lambda}\right)^{0.3} \tag{7.14}$$

小颗粒物散射相函数 $p_s(\theta)$ 和大颗粒物散射相函数 $p_1(\theta)$ 可根据经验模型或实验获得。经验模型中 Henyey-Greenstein 相函数被广泛地用来模拟光在海水中的传输情况,模拟采用的是由 Haltrin 根据实验测量获得的经验模型,该模型更接近富含叶绿素的真实海水的散射相函数,$p_s(\theta)$、$p_1(\theta)$ 可由无量纲系数 s_n、l_n 表示为

$$p_s(\theta) = 5.617\ 46\exp\left(\sum_{n=1}^{5} s_n\theta^{\frac{3n}{4}}\right) \tag{7.15}$$

$$p_1(\theta) = 188.381\exp\left(\sum_{n=1}^{5} l_n\theta^{\frac{3n}{4}}\right) \tag{7.16}$$

依据上述表达式,只需要知道海水中小颗粒物及大颗粒物的浓度可计算得到与波长相关的体散射函数。当海水中主要悬浮粒子为浮游植物,海水中叶绿素浓度范围在 $0 \sim 12\ \mathrm{mg/m^3}$ 时,海水中的小颗粒物浓度 C_s、大颗粒物浓度 C_1 与叶绿素浓度 C_c 之间的关系为

$$C_s = 0.017\ 39C_c\exp(0.116\ 31C_c) \tag{7.17}$$
$$C_1 = 0.762\ 84C_c\exp(0.030\ 92C_c) \tag{7.18}$$

根据以上分析,可以计算出不同叶绿素浓度下海水的体散射函数,图 7.10 所示为 $405\ \mathrm{nm}$ 和 $532\ \mathrm{nm}$ 光在不同叶绿素浓度海水中的体散射函数。从图 7.10 可以看出,不同叶绿素浓度下,海水的固有光学性质有所变化;同一波段下,海水的吸收系数和散射系数随叶绿素浓度的增加而增加;同一浓度下,海水的散射系数随波长的增加而减小。体散射函数的表现是,前向散射随海水中叶绿素浓度的增加而增加,而后向散射随海水中叶绿素浓度的增加而减小。相比于 $405\ \mathrm{nm}$ 光,$532\ \mathrm{nm}$ 光在传输过程中表现出前向散射更大。不同叶绿素浓度下海水的体散射函数形状差异明显,叶绿素的浓度则影响海水中颗粒物粒径分布,因此表现出形状具有差异的体散射函数。通过获取不同叶绿素含量下的海水固有光学性质,可进一步获取光在海水中的传输特性。

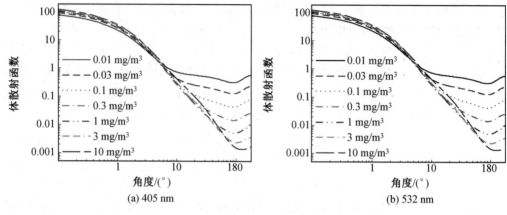

(a) 405 nm　　　　　　　　　　　(b) 532 nm

图 7.10　不同叶绿素浓度海水中的体散射函数

7.4　辅助色素的分布

与叶绿素 a 的浓度一样,浮游植物中吸收各种波长光的辅助色素的浓度在时间和广阔的海洋空间上也有很大的变化。辅助色素相对含量的差异除其他因素外,也取决于海水的营养性和海水的深度。在不同深度和不同营养性水域中,辅助色素相对浓度的多样性依赖于植物细胞的辐照度,这种依赖性的机制包括细胞的光适应和颜色适应,以及植物群落的适应。不同光合植物的色素组成差异很大,尽管如此,某些组分的色素是植物的特定特征。在所有种类中,叶绿素 a 是主要的光合色素,辅助色素以各种组合形式存在。叶绿素 a 总是与光保护类胡萝卜素(胡萝卜素和叶黄素)一起出现,这是为了保护细胞叶绿素免受光氧化;然而,是否存在其他辅助色素(叶绿素 b 和 c、藻胆素和光合类胡萝卜素)取决于植物的种类。天然植物群落对海洋中获得的光照条件的适应有两种类型,分别是光适应和色适应。海藻中发现的色素组合因海水的营养性和深度而异,辅助色素浓度相对于叶绿素 a 的表面浓度 C_a 与实际深度 z 之间关系的建模深度剖面图如图 7.11 所示。这些适应过程涉及单个浮游植物细胞色素组成的变化,或在物种水平甚至在群落水平上系列连续的变化。

从图 7.11(a) 可以看出,光保护类胡萝卜素(PPC)的相对浓度随深度的增加而降低,这是因为在很小的深度,特别是在贫营养水域,绝对辐照度值很高。因为光谱中包括蓝色区域的光,即可以导致叶绿素 a 光氧化的光,在这种情况下,植物会产生大量的保护性色素(主要是光保护类胡萝卜素),它们会吸收这种不需要的光。另外,色适应控制着植物细胞中光合类胡萝卜素(PSC)的含量,其浓度对深度的依赖性通常与光保护类胡萝卜素相反,如图 7.11(c) 所示。光合类胡萝卜素相对含量随深度的增加而增加,通常在叶绿素不能直接吸收更多光的深度处为光合作用获取可用光,然而,在某些情况下,从某一深度向下光合类胡萝卜素含量可能会降低,更为复杂的是,这些关系的性质与叶绿素 a 浓度所赋予的水的营养性有关,这涉及水下光场的光谱特性。浮游植物细胞中的光合器对周围水下辐照度的适应是一个极其复杂的问题,虽然研究已经证明了细胞中个别辅助色素的浓度与海洋中自然光场的各种光学特性之间存在联系,但这些联系尚未受到详细彻底的

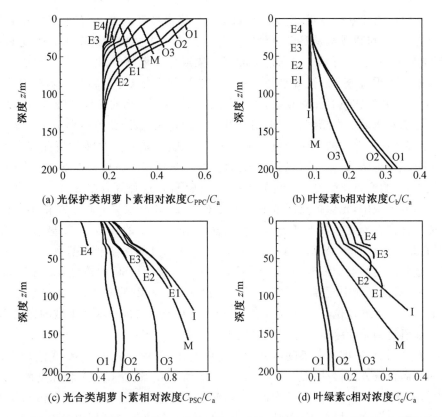

图 7.11　辅助色素浓度相对于叶绿素 a 的表面浓度 C_a 与实际深度 z 之间关系的建模深度剖面图研究。

关于光适应已经发现,调节细胞中光保护类胡萝卜素的因素是光合有效辐射(PAR)即光谱范围为 $400 \sim 700\,nm$ 的短波(蓝色)区域中的辐射,统计分析表明,这些色素的相对浓度与潜在破坏性辐射(PDR^*)的值密切相关,描述相对 PPC 浓度(表示为相对于叶绿素 a 的浓度)与 PDR^* 函数关系的公式见表 7.7,表中给出了辅助光合色素相对浓度对 Δz 处光谱拟合函数 F_j 平均值依赖性的相关统计公式,关于色度适应因子或光谱拟合函数 F_j 的定义见表 7.3 中式($T-8b$)。

表 7.7　根据已知叶绿素 a 浓度 C_a 和水下辐照度特性确定辅助色素浓度的模型统计公式

色素	公式	
光保护类胡萝卜素(PPC)	$C_{PPC}/C_a = 0.175\,8 \times \langle \text{PDR}^* \rangle_{\Delta z} + 0.176\,0$	($T-1$)
光合类胡萝卜素(PSC)	$C_{PSC}/C_a = 1.348 \times \langle F_{PSC} \rangle_{\Delta z} - 0.093$	($T-2$)
叶绿素 b	$C_b/C_a = 54.068 \times \langle F_b \rangle_{\Delta z}^{5.157} + 0.091$	($T-3$)
叶绿素 c	$C_c/C_a = 0.042\,4 \times \langle F_c \rangle_{\Delta z} \times \langle F_a \rangle_{\Delta z}^{-1.197}$	($T-4$)

对颜色适应过程的研究揭示了单个辅助光合色素,即叶绿素 b、叶绿素 c 和光合类胡萝卜素(PSC)的浓度与水下辐照度特性之间的联系。结果表明,色素的浓度强烈地依赖于光谱辐照度 $f(\lambda, z) = E_0(\lambda, z)/\text{PAR}_0(\lambda, z)$ 的相对分布,仅在一定程度上依赖于绝对

辐照度 $E_d(\lambda)$。统计分析表明,色素的相对浓度与光谱拟合函数 F_j 有很好的相关性。根据这些模型公式,可以预测从贫营养到富营养的海水中主要辅助色素相对浓度的垂直分布,计算结果如图 7.11 所示。根据色素的深度浓度分布模型,可以很容易地解释不同营养性水域中色素垂直分布的主要趋势和特征。在富营养海洋中,C_{PPC}/C_a 随深度的增加而迅速减小,这里光保护色素相对较少,短波(蓝光)已经在很小的深度被吸收,所以只有红光能穿透更深的水域。由于红光不会引起叶绿素的光氧化,因此不会影响光合器,在这些条件下,浮游植物中存在的光保护色素是多余的。然而,贫营养水域的情况却大不相同,这里的水是高度透明的,蓝光可以到达很深的地方,这使得浮游植物细胞的光合器面临光氧化的危险,细胞通过产生光保护色素来抵消这种危险,这种效应在图 7.11(a)中清晰可见。在贫营养水域中,光保护类胡萝卜素浓度 $C_{PPC}(z)$ 比叶绿素 $C_a(z)$ 高得多,且随深度下降的速度比富营养化水域下降的速度慢得多。图 7.11 中的(b)~(d)显示了辅助光合色素(即光合类胡萝卜素、叶绿素 b 和叶绿素 c)相对浓度的深度剖面模型。C_{PSC}/C_a 的相对浓度一般随深度的增加而升高,比较不同营养性海洋中 PSC 的浓度,如图 7.11(c)所示,它们的相对浓度在中营养和中间水域达到最大值。在贫营养水域,短波(蓝色光)在非常深的水域占主导地位,PSC 吸收最大值约为 490 nm,与进入这些水域的光谱不重叠,在这里叶绿素特别是叶绿素 a 是主要的吸收物质。

C_{PSC}/C_a 的相对浓度几乎不随深度的变化而变化,在中营养水体中,光谱最大值随深度的增加而向长波方向移动,趋于 PSC 吸收峰。C_{PSC}/C_a 随着 $C_a(0)$ 和深度的增加而增加,在中营养和中层水体中达到最大值,而在深层水体中,光谱辐照度最大值与最大 PSC 吸收系数一致。在这种情况下,PSC 起着主导作用,在促进光合作用中起着天线的作用。叶绿素 a 表面浓度 $C_a(0)$ 的任何进一步增加(即水域的营养性)都会导致光谱最大值向红色端移动,从而使辐照度最大值越来越远离 PSC 吸收最大值,结果是 PSC 的相对浓度下降。

7.5　海洋浮游植物细胞中色素的打包效应

除了浮游植物色素的绝对含量和组成外,影响海水中浮游植物光吸收系数的另一个重要因素是色素在浮游植物细胞中的打包和它们在水中的不连续分布。式(7.1)中已经引入了考虑这种影响的函数,打包函数 Q^* 描述了浮游植物在水中的吸收系数 $a_{pl}(\lambda)$ 和浮游植物的叶绿素比吸收系数 $a_{pl}^*(\lambda)$ 对许多因素的依赖性。

浮游植物细胞中色素打包效应的关键在于,这些吸收剂的分子不是溶解的,也不是均匀分布在整个水中的,而是以聚集物的形式出现,也就是说,只存在于浮游植物细胞中,是悬浮颗粒的一种形式。因此,含有浮游植物的水是一种光学不连续介质,事实上,它是一种多分散介质,含有各种悬浮浮游植物细胞形式的光学不均匀性,其折射率不同于(通常大于)周围水及其溶解物质的折射率。

7.5.1　海洋浮游植物打包效应的近似描述

分散介质的光学性质与具有相同分子组成的均匀介质(溶液)的光学性质不同,这是因为前者受打包效应的影响,这通常意味着以下情况。

（1）光散射系数（特别是前向散射方向）大于均匀介质中的光散射系数。

（2）分散介质中的吸收系数 a_p 小于均匀介质（即溶液中）中的吸收系数 a_{sol}。

这两个吸收系数的比值可以用无量纲因子 Q^* 表示,称为打包函数 Q^*：

$$Q^* = \frac{a_p}{a_{sol}} = \frac{a_p^*}{a_{sol}^*} \tag{7.19}$$

式中, a_{sol}、a_{sol}^* 分别是给定吸收体在溶剂或溶解状态下的吸收系数和叶绿素比吸收系数; a_p、a_p^* 分别是给定吸收体在悬浮颗粒形式的凝结状态（即在分散介质中）下的吸收系数和叶绿素比吸收系数。这些系数值之间的相对差用无量纲因子 Δ_a 表示,即打包效应引起的吸收缺陷为

$$\Delta_a = \frac{a_p - a_{sol}}{a_p} = \frac{a_p^* - a_{sol}^*}{a_p^*} = 1 - Q^* \tag{7.20}$$

因此,为了预测分散介质的吸收特性偏离具有相同分子组成的均匀介质的吸收特性的程度,需要知道给定介质的打包函数 Q^*（或吸收缺陷 Δ_a）特性,即取决于介质中粒子的尺寸、形状和光学常数。可以从已知的吸收效率 Q_a 计算得出,因为函数 Q^* 和 Q_a 之间存在以下简单关系：

$$Q^*(\rho') = \frac{3Q_a(\rho')}{2\rho'} \tag{7.21}$$

式中, ρ' 是浮游植物细胞光学颗粒尺寸参数, ρ' 与悬浮浮游植物细胞的等效球直径 D、细胞内叶绿素 a 浓度 C_{chl}、散射态下细胞内所有色素的吸收系数 a_{sol}^* 或细胞内物质折射率 n' 的虚部有关,可由下式表示：

$$\rho'(\lambda) = a_{sol}^*(\lambda) \cdot C_{chl} \cdot D = 4\pi \cdot D \cdot n'/\lambda \tag{7.22}$$

在海洋生物光学中,为了考虑打包对海洋浮游植物吸收系数的影响,提出了一系列简化假设：① 浮游植物细胞是光学软粒子,这意味着其折射率的实部相对于水的折射率接近单位 1,并且其折射率的虚部很小;② 粒子是球形的;③ 粒子内部所含的色素分布均匀。应用这些假设和麦克斯韦方程组对这种球对称性的相关解,可以得到以下近似表达式描述吸收效率 Q_a 和光学颗粒尺寸参数 ρ' 之间的关系：

$$Q_a(\rho') = 1 + \frac{2e^{-\rho'}}{\rho'} + \frac{2e^{-\rho'} - 1}{\rho'^2} \tag{7.23}$$

因此,从式（7.21）和式（7.23）得到打包函数 Q^* 和吸收缺陷 Δ_a 对光学颗粒尺寸参数 ρ' 的依赖性的近似公式：

$$Q_a^*(\rho') = 3\left(\frac{1}{2\rho'} + \frac{e^{-\rho'}}{\rho'^2} + \frac{e^{-\rho'} - 1}{\rho'^3}\right) \tag{7.24}$$

$$\Delta_a(\rho') = 1 - 3\left(\frac{1}{2\rho'} + \frac{e^{-\rho'}}{\rho'^2} + \frac{e^{-\rho'} - 1}{\rho'^3}\right) \tag{7.25}$$

色素打包对浮游植物光吸收影响的一些结果如图 7.12 所示,图中显示了打包函数 Q^*、吸收缺陷 Δ_a 和吸收效率 Q_a 对光学颗粒尺寸参数 ρ' 的近似理论依赖关系。很明显,球体的光学颗粒尺寸参数 ρ' 越大,吸收缺陷越大。因此,在现实中,这种球体对光的吸收比由于其色素处于散射状态（溶液中）而产生的吸收要小,这种吸收随着式（7.22）三个因

素中的任何一个的增加而减少。

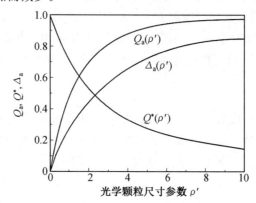

图 7.12 打包函数 Q^*、吸收缺陷 Δ_a 和吸收效率 Q_a 对光学颗粒尺寸参数 ρ' 的近似理论依赖关系

由于吸收系数 a_{sol}^* 在一般情况下取决于波长 λ，因此可以应用式(7.22)～(7.25)描述打包函数的光谱分布，图 7.13 和图 7.14 显示了不同尺寸的浮游植物细胞在固定的细胞内叶绿素浓度下的叶绿素比吸收系数的模拟计算结果。从图 7.13(a)和图 7.14 可以明显看出，所有叶绿素比吸收系数 $a_{pl}^*(\lambda)$ 的值都随着浮游植物细胞大小的增加而下降，但是这种减少的程度因光波长而异。图 7.14 给出了色素浓度和细胞内叶绿素 a 浓度与图 7.13 相同的浮游植物细胞在选定波长下的叶绿素特定光吸收系数对细胞直径 D 和 $C_{chl}D$ 的依赖性，C_{chl} 是细胞内叶绿素 a 的浓度。

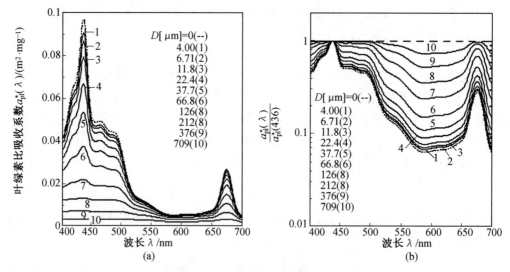

图 7.13 浮游植物细胞大小对叶绿素比吸收系数 $a_p^*(\lambda) = a_{pl}^*(\lambda)$ 的影响

模拟的基础方程为式(7.1)和式(7.22)～(7.25)，假设浮游植物无溶剂状态下的色素光谱已知(类型 I 水域表层藻类的典型组成色素平均营养性 $C_a \approx 0.7$ mg/m³，$C_a : C_b : C_c : C_{PSC} : C_{PPC} = 1 : 0.107 : 0.137 : 0.478 : 0.316)$，$a_{sol}^*(\lambda) = a_{pl,sol}^*(\lambda)$。计算不同细胞直径 D 的光谱，假设细胞内叶绿素 a 浓度在所有情况下均为常数 $C_{chl} = 5$ kg/m³。图 7.13(a)为线性标度下绝对叶绿素比吸收系数 $a_{pl}^*(\lambda)$，图 7.13(b)为相对叶

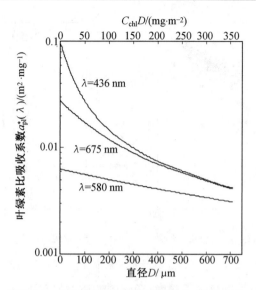

图 7.14　叶绿素比吸收系数乘积 $C_{chl}D$ 的关系

绿素比吸收系数 $a_{pl}^*(\lambda)/a_{pl}^*(436\ \text{nm})$（归一化至 $\lambda=436\ \text{nm}$ 处的峰值）对数标度。虚线是色素在无溶剂状态下的吸收系数 $a_{pl,sol}^*(\lambda)$，相当于直径 $D\rightarrow0$ 的浮游植物细胞吸收系数 $a_{pl}^*(D=0)$；图 7.13(b) 中的虚线是具有无限大直径的浮游植物细胞的吸收系数 $a_{pl}^*(D\rightarrow\infty)$。

打包对浮游植物吸收光谱影响的第二个特征是，随着细胞直径的增加，光谱变得"平坦"，这在图 7.13(b) 的曲线图中清晰可见。因此，对于足够大的藻类细胞直径，可以达到这样一种状态，在这种状态下吸收实际上与细胞直径无关（图 7.13(b) 中 $a_{pl}^*(D\rightarrow\infty)$ 为无限大直径浮游植物细胞），这就是黑体状态。打包效应的这两个特点不仅是由于细胞体积的增大，而且还与细胞内叶绿素浓度升高有关，确切地说它们与两个参数乘积的增加有关，即与 $C_{chl}D$ 有关。

7.5.2　不同类型海洋中浮游植物的 $C_{chl}D$ 的初步统计描述

研究表明对不同海域、不同深度的浮游植物样品测定的 $C_{chl}D$ 与水中叶绿素a浓度 C_a 有很好的相关性。$C_{chl}D=f(z)$ 的垂直分布随深度的变化趋势与海水中叶绿素a浓度的垂直分布 $C_a=f(z)$ 的变化趋势基本相同。同样，$C_{chl}D$ 的绝对值随着水体营养性的增加而增大，如图 7.15(a) 所示，图中点为观测值。因此可以假设，海洋 I 类水体中浮游植物的 $C_{chl}D$ 在一级近似下仅取决于叶绿素a的浓度 C_a，描述这种关系的统计公式为

$$C_{chl}D=24.65C_a^{0.75} \tag{7.26}$$

式中，D 为细胞的直径，单位为 m；C_a 为海水中叶绿素a浓度（即每单位体积海水中的质量），单位为 mg/m^3。叶绿素浓度 C_a 对深度和表面叶绿素浓度的模型依赖性，见表 7.6A 中的方程式，可与式(7.26)一起应用以确定 $C_{chl}D$ 在各种类型海洋中的分布，如图 7.15(b) 所示。

如图 7.15 所示，$C_{chl}D$ 的典型值在三个数量级的范围内变化，并随着营养指数 $C_a(0)$

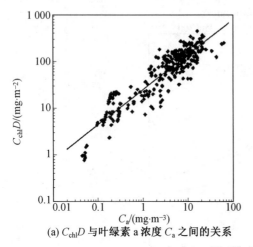

(a) $C_{chl}D$ 与叶绿素 a 浓度 C_a 之间的关系

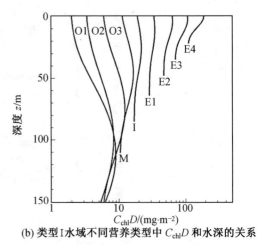

(b) 类型 I 水域不同营养类型中 $C_{chl}D$ 和水深的关系

图 7.15　乘积 $C_{chl}D$ 与叶绿素浓度 C_a 及水深的关系

的增加而增加;$C_{chl}D$ 的值也依赖于深度,变化的性质类似于不同营养性海洋类型 I 中叶绿素浓度的垂直变化。

用于定量描述海洋类型 I 水域 $C_{chl}D$ 的公式是近似的和初步的。$C_{chl}D$ 对 C_a 的依赖性及可能对海洋环境其他状态参数的依赖性的更精确的数学描述,需要进一步研究。

7.6　海藻对光总吸收的实验研究结果

浮游植物体内总的吸收系数 $a_{pl}(\lambda)$ 是细胞内色素打包效应修改的组分色素的吸收系数之和。浮游植物吸收系数的光谱测定是一个复杂的实验问题,各种不同方法往往会产生非常不同的结果,常用的方法归类如下。

(1)水域光学方法是基于浮游植物吸收光谱的直接测量。直接测量的是海洋总的表观光学性质和固有光学性质,即海水中所有光学活性成分的总和所产生的性质。在这些总体特性的基础上,通过计算得到的选定海水组分的吸收特性,如浮游植物吸收光谱通常是近似的,它们有相当大的误差,而且通常不够精确,无法对浮游植物的光谱特性进行详细分析。

(2)荧光法是用来测量光诱导荧光光谱的,光诱导浮游植物叶绿素荧光的光谱与浮游植物吸收光谱之间存在相似性,对于这种类型的测量,需要对荧光计进行校准,以便能够根据测量荧光的单位获得表示吸收系数(m^{-1})的相关单位。

(3)萃取分光光度法,测量浮游植物提取物(通常在丙酮中)的吸收光谱,这是海洋学中鉴别浮游植物色素的标准方法,然而,通过这项技术获得的结果并不能反映浮游植物体内的真实吸收特性,尤其是溶剂中单个色素的吸收特性与它们在体内显示的不同,此外藻胆素不存在于有机浮游植物提取物的吸收光谱中。

(4)非萃取分光光度法也是最复杂的方法,直接测量浮游植物体内的吸收光谱。样本可以采取浓缩物的形式,或者从海洋或培养物中提取过滤后的天然浮游植物样本。为了消除测量过程中光散射引起的误差,分光光度计配有积分球或乳玻璃扩散器,即便如此,也必须考虑路径长度放大效应。这种影响是由于光线被沉积在过滤器或浓缩悬浮液中的颗粒(藻类和其他悬浮物)的密集打包所屏蔽,因此需要对测量值进行修正,即 β 因子,它是通过实验确定的。为了获得浮游植物色素的吸收光谱,首先测量沉积在过滤器上的整个沉积物的吸收,然后对色素进行脱色(使其在可见光下不再具有光学活性),再次测量过滤器上沉积物的吸收光谱,这两次测量的吸收系数之差就是色素的吸收。

7.6.1　浮游植物吸收光谱概述

人们测量了自然浮游植物种群体内的一些光谱吸收系数 $a_{pl}(\lambda)$,从湖泊等生产力最高、富营养化程度最高的水域,到生产力相当高的富营养化和中营养化水域,再到海洋的非生产性贫营养化水域,$a_{pl}(\lambda)$ 吸收光谱的一般形状在所有营养物质的海洋中都是相似的,这同样适用于叶绿素比吸收光谱 $a_{pl}(\lambda)/C_a$。在绝大多数情况下,这些光谱具有两个宽的吸收带,其中更强和更宽的带位于蓝色区域,峰值通常在约 $435 \sim 445$ nm,它的半宽超过 100 nm,有时有相当大的带翼;另一波段较弱且较窄,位于最大吸收约 675 nm 的红色区域,半宽为 $20 \sim 30$ nm。浮游植物吸收光谱中这两个峰值的出现取决于其所含色素的吸收特性,红色区域的吸收带几乎完全是由叶绿素 a(主要色素)引起的,而叶绿素 b 的吸收带则很小,因为浮游植物中几乎没有叶绿素 b,所有的叶绿素和类胡萝卜素都在蓝色和蓝绿色区域形成了广泛的吸收带;另外,黄光被藻胆素吸收,尽管程度很小,因为这些色素的浓度相对较低,这是大多数自然浮游植物种群的共同特性。

除这些相似性之外,生活在不同环境中的藻类这两条吸收带结构的一个区别特征是两个带最大值之间的比率。对应的色素指数 P_i 等于这些最大值处吸收系数的比值,即 $P_i = a_{pl}(441 \text{ nm})/a_{pl}(675 \text{ nm})$,定义为自然浮游植物群落,对于贫营养水域中的浮游植物(低浓度的叶绿素 a),P_i 通常比叶绿素富营养化水域的情况要高得多,这是由于非生产性水域的浮游植物光合器(吸收光谱中的蓝色区域)中的辅助色素含量高于高产水域。

7.6.2　浮游植物吸收光谱的精细结构

尽管生活在不同环境中的浮游植物吸收系数 $a_{pl}(\lambda)$ 大体相似,但色素成分的巨大自然多样性决定了光谱精细结构的相应多样性及复杂性。表 7.8 列出了 $375 \sim 750$ nm 范围内浮游植物可见光吸收光谱中可能的特征峰,并在图 7.16 中进行了说明,这些数据表明,浮游植物吸收系数 $a_{pl}(\lambda)$ 的光谱可由 15 个吸收带组成,在极端情况下,可多达 21 个吸收带。这些吸收带按幅度可分为三类,第一类包含两个主要的吸收带(439 nm 和 675 nm),这些谱带是第 1 级最大,它们在 $a_{pl}(\lambda)$ 谱中总是以高峰的形式存在,并且几乎在所有情况下都存在。稍不强烈的吸收信号被归类为 2 级谱带,最多可以同时出现 4 个,当它们出现时,总是在 $a_{pl}(\lambda)$ 光谱中形成局域峰。最后,对整个浮游植物吸收光谱贡献最小的吸收带被划分为第 3 级,这些谱带总是位于光谱线上相对陡峭的部分,因此,它们从不形成单独的峰,而只在整个光谱中表现为肩部,可能同时存在多达 9 个这样的带。

表7.8　浮游植物可见光吸收光谱中可能的特征峰

峰值类型		光谱中的峰值数	峰值位置 /nm	峰值表现形式
波段最大值	1 级吸收	2	$439\pm5,675\pm3$	最大值,局部最大值
	2 级吸收	$0\sim4$	$465\pm5,583\pm4,$ $493\pm5,630\pm4$	局部最大值
	3 级吸收	$0\sim9$	$381\pm2,532\pm2,$ $408\pm2,609\pm2,$ $420\pm2,655\pm2$ $451\pm3,700\pm3,$ 712 ± 3	肩部
透射最大		$1\sim5$	$573\pm4,$ $450\pm2,605\pm2,$ $480\pm3,650\pm2$	局部最小

透射率的最大值可以是$1\sim5$个,即吸收系数$a_{pl}(\lambda)$的最小值。图7.16显示了3个这样的最大值,它们总是形成在光谱的中间部分,在第1级和第2级吸收带之间,或者在两个第2级吸收带之间。

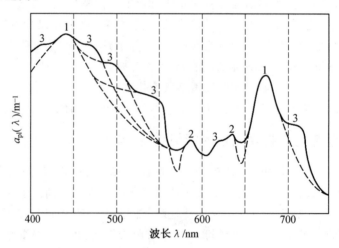

图 7.16　浮游植物吸收光谱中1级、2级和3级最大值的位置

在不同浮游植物样品的吸收光谱中,这些特征的出现有很大的不同,并且取决于辅助色素的组成。单个色素光谱不仅在上述吸收极大值和极小值的数量和存在上不同,而且它们在强度的相互关系上也不同。

7.6.3　总吸收系数的绝对值

在世界海洋和其他自然水域中记录的浮游植物吸收系数$a_{pl}(\lambda)$的变化范围可以超过4个数量级,从海洋超贫营养中心的可见光谱中段光的$a_{pl}(\lambda)\approx10^{-4}$ m^{-1}到高度富营养沿

海地区的 $a_{pl}(\lambda) \approx 1 \text{ m}^{-1}$ 或更多。$a_{pl}(\lambda)$ 的值除了与营养性相关外,还与深度有关。决定海洋浮游植物 $a_{pl}(\lambda)$ 绝对光吸收系数的主要因素是水中叶绿素 a 浓度 C_a,除某些例外,海洋中叶绿素 a 浓度越高,所有可见光和近紫外光波长的 $a_{pl}(\lambda)$ 值越大,图7.17 所示为 6 种不同波长的 $a_{pl}(\lambda)$,图中显示了浮游植物活体吸收系数 $a_{pl}(\lambda)$ 与海水中叶绿素 a 浓度 C_a 在不同水域不同波长 λ 的依赖关系,图中不同形状和不同颜色的点表示不同水域。

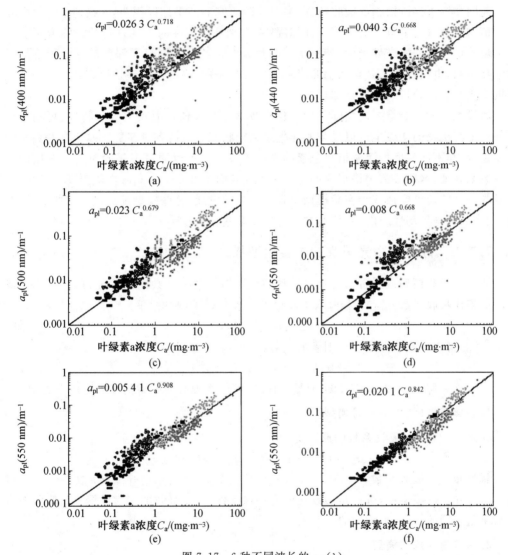

图 7.17　6 种不同波长的 $a_{pl}(\lambda)$

不考虑实验点的分散性,从图 7.17 中可以看出,在所有情况下,吸收系数 $a_{pl}(\lambda)$ 随着叶绿素 a 浓度的增加而增加,然而,这些关系不是线性的,正如图中的直线和公式所示。吸收系数 $a_{pl}(\lambda)$ 的增加速度通常比叶绿素 a 浓度的增加速度慢,任何偏离此线性的情况都取决于波长,对于可见光谱中较短波段的光而言,C_a 和 $a_{pl}(\lambda)$ 之间简单的比例关系的偏差通常大于长波段的光,这可以通过公式中 C_a 的幂指数 B 的值来证明:

$$a_{pl} = AC_a^B \tag{7.27}$$

蓝光(如 $\lambda = 440\ \mathrm{nm}, B = 0.67$)的指数值远小于红光(如 $\lambda = 675\ \mathrm{nm}, B = 0.84$)的指数值。

7.7 海洋浮游植物吸收特性的模型描述

前面介绍了浮游植物的吸收特性,通过实验研究的结果加以说明,并描述了世界海洋浮游植物光吸收的最重要的光谱特征和规律,主要是以定性的方式进行的。它们不能全面定量地描述不同海洋环境中,特别是不同营养性水域和不同海洋深度的浮游植物广泛的吸收系数,也没有考虑到自然辐照度发生的各种条件,寻找规律性是研究者对实验和数学模型进行统计分析的主要认知目标。

海洋光学的一个重要的实际目标是建立数学算法来估计海藻的吸收特性,可用于遥感海洋中有机物的初级生产以及与海洋生态系统状态有关的各种参数。基于这些算法的假设是,海洋不同深度处浮游植物色素的光谱吸收系数可以通过卫星测量的表面层的少量参数来表征,这些参数中最重要的是叶绿素 a 表面浓度 $C_a(0)$ 和海面辐照度。目前,海藻吸收特性的统计概括或半实验模型得到了大量的发展,这些模型都满足了这些要求,然而,大多数都是局部性质的,它们通常只适用于某些相对较小海域藻类的光学特性。

7.7.1 浮游植物光吸收的主要模型描述

所有半经验模型或浮游植物吸收系数的统计描述有一个共同的特征,假设 $a_{pl}(\lambda)$ 等于叶绿素比吸收系数 $a_{pl}^*(\lambda)$ 和海水中叶绿素 a 浓度 C_a 的乘积,即

$$a_{pl}(\lambda) = C_a a_{pl}^*(\lambda) \tag{7.28}$$

式中,叶绿素比吸收系数是环境因素的函数:

$$a_{pl}^*(\lambda) = f \quad (\text{环境条件}) \tag{7.29}$$

鉴于这一假设,根据式(7.29)的复杂程度,可以将现有的模型描述分为以下类型。

1. 经典模型(均匀单分量模型)

在式(7.28)中,吸收系数的形式为

$$a_{pl}(\lambda) = C_a a_{pl}^*(\lambda), \quad a_{pl}^*(\lambda) = \text{常数} \tag{7.30}$$

这种描述依赖于吸收系数 $a_{pl}(\lambda) = f(C_a)$ 一个独立变量,即海水中叶绿素 a 浓度 C_a 是单分量模型。在这一模型中,进一步假设在所有环境条件下,光吸收的光谱叶绿素比吸收系数 $a_{pl}^*(\lambda)$ 是相同的,因此是均匀的。

2. 单分量非均匀模型

单分量非均匀模型也仅依赖于一个自变量 C_a,但假设叶绿素比吸收系数 $a_{pl}^*(\lambda)$ 随营养性的变化而变化,即海洋中叶绿素 a 的浓度不均匀,则有

$$a_{pl}(\lambda) = C_a a_{pl}^*(\lambda), \quad a_{pl}^*(\lambda) = f(C_a) \tag{7.31}$$

3. 多分量均匀模型

多分量均匀模型考虑了所有种类的浮游植物色素浓度对叶绿素比吸收系数 $a_{pl}(\lambda)$ 的影响,而不仅仅是叶绿素 a,因此是多分量模型,可以象征性地表示为

$$a_{pl}(\lambda) = C_a a_{pl}^*(\lambda), \quad a_{pl}^*(\lambda) = f(C_j/C_a) \tag{7.32}$$

这一模型包括确定贫营养海洋中浮游植物吸收系数的算法,在形式上,这是一个单分量模型,对于浮游植物色素成分固定而言($C_j/C_a=$常数),叶绿素比吸收系数是相同的,并且不依赖于它们的绝对浓度 C_j。

4. 多分量非均匀模型

多分量非均匀模型与多分量均匀模型一样,叶绿素比吸收系数 $a_{pl}(\lambda)$ 取决于所有浮游植物色素组分的浓度,并通过以下关系描述:

$$a_{pl}(\lambda) = C_a a_{pl}^*(\lambda), \quad a_{pl}^*(\lambda) = f(Q^*(\lambda)C_j/C_a) \tag{7.33}$$

式中,$Q^*(\lambda)$ 是打包效应函数,这个模型是非均匀的,因为它假设在不同营养性和不同深度的海洋中,叶绿素比吸收系数依赖于色素打包效应 $Q^*(\lambda)$,其中即使色素组成相同,叶绿素比吸收系数 a_{pl}^* 也可以取不同的值。

7.7.2　经典模型

这些模型是建立在假设浮游植物的叶绿素比吸收系数 a_{pl}^* 的光谱特征是恒定的,而与海洋中的营养性和深度无关的基础上的。这些特征通常是建立在对自然浮游植物群落或培养物中 $a_{pl}(\lambda)$ 的实验吸收光谱进行统计分析的基础上的。

7.7.3　单分量非均匀模型

实验研究表明,浮游植物的绝对叶绿素比吸收系数 $a_{pl}^*(\lambda)$ 强烈依赖于水的营养性,这种依赖性对于光谱的蓝色区域尤其强烈,贫营养水域的 $a_{pl}^*(\lambda)$ 值最高,富营养水域的 $a_{pl}^*(\lambda)$ 值最低,它可以描述不同海洋浮游植物的吸收特性。通过对大量光谱的分析并利用色素指数 $P_{i,extr}$,依赖于波长 λ(单位 nm)和叶绿素 a 浓度 C_a(单位 mg·m^{-3})近似吸收系数的分布为

$$a_{pl}^*(\lambda) = (0.018\,7P_{i,extra} - 0.011)e^{-0.000\,12(\lambda-441)^2} + 0.006\,45e^{-0.000\,35(\lambda-608)^2} +$$
$$0.023\,3e^{-0.001\,4(\lambda-675)^2} \tag{7.34}$$

吸收系数的光谱分布是由三个高斯波段相加得到的,式中 $P_{i,extr}$ 是浮游植物丙酮提取物的色素指数,即溶解在丙酮中的浮游植物的两个主要吸收峰(430 nm 和 663 nm)的吸收系数 $a_{pl}^*(\lambda)$ 之比,它与叶绿素浓度的关系式为

$$P_{i,extra} = 10^{(0.516-0.161x+0.042\,2x^2-0.058\,4x^3+0.036\,0x^4)} \tag{7.35}$$

式中,$x = \log C_a(0)$。

这三个高斯波段中的两个(441 nm 和 675 nm)反映了物理现实,因为它们与叶绿素 a 吸收光的最大值一致,第三个波段(最大,$\lambda=608$ nm)被引入作为自适应校正。该模型的叶绿素比吸收系数 $a_{pl}^*(\lambda)$ 与实验数据相比,高估了富营养水域的 $a_{pl}^*(\lambda)$ 值,这种高估的原因是在研究给出模型时,忽略了浮游植物样品中光散射的影响。

一种描述精度更高的单分量模型,游植物的叶绿素比吸收系数的表达式为

$$a_{pl}^*(\lambda) = A_{pl}(\lambda)C_a^{E_{pl}(\lambda)-1} \tag{7.36}$$

式中,$a_{pl}^*(\lambda)$、$E_{pl}(\lambda)$ 是基于对大量实验光谱的统计分析定义的与波长相关的参数。

此模型更接近实际吸收光谱。单分量模型原则上仅笼统地描述了因天然水体营养性的差异而导致的浮游植物吸收系数的多样性,没有考虑由浮游植物细胞的适应性过程引起的 $a_{pl}(\lambda)$ 与深度相关的变化;光合色素和光保护色素的吸收是不可能分开的,因而光合色素和光保护色素是分析和模拟光合过程时必须考虑的关键因素。只有考虑到叶绿素 a 和其他浮游植物色素对光吸收影响的多分量模型才能满足这些要求。

7.7.4　多分量均匀模型

为了建立藻类吸收特性的多分量模型,需要知道所有主要组分的浮游植物色素在未打包、分散状态下的质量比吸收系数 $a_j^*(\lambda)$ 的单独光谱。正如前面已经提到的,这些光谱长期以来一直是未知的,因为它们不能通过直接的分光光度测量来定义。人们对浮游植物色素的定义(叶绿素 a 及其衍生物、叶绿素 b 及其衍生物、各种形式的叶绿素 c、藻胆素的天然结合物、光合类胡萝卜素及光保护类胡萝卜素)是通过对光的总体吸收的实验光谱进行统计分析,并考虑到这些色素的已知浓度间接地实现的。利用这些光谱 $a_j^*(\lambda)$,并假设海洋浮游植物的打包效应不会显著影响其吸收特性,采用光谱重建算法,这将使浮游植物的整体光吸收系数的光谱能够由已知的色素浓度 C_j 来确定,即

$$a(\lambda) = \sum_j a_j^*(\lambda) C_j \qquad (7.37)$$

式(7.37)是式(7.1)的特例,假设打包函数的值对于所有波长都等于 1 $(Q^*(\lambda)=1)$。

在多分量模型中,叶绿素比吸收系数既是营养性(叶绿素 a 浓度 C_a)的函数,又取决于辅助色素的组成,即

$$a_{pl}^*(\lambda) = \frac{a_{pl}(\lambda)}{C_a} = a_a^*(\lambda) + \frac{C_b}{C_a} a_b^*(\lambda) + \frac{C_c}{C_a} a_c^*(\lambda) + \frac{C_{PSC}}{C_a} a_{PSC}^*(\lambda) +$$

$$\frac{C_{PPC}}{C_a} a_{PPC}^*(\lambda) = 常数\left(\frac{C_j}{C_a}\right) \qquad (7.38)$$

然而,从这个方程可以清楚地看出,模型是均匀的,因为对于固定的色素组成 (C_j/C_a) 而言,光谱叶绿素比吸收系数保持不变,并且与它们的绝对浓度 C_j 无关。事实上,由于打包效应,即使色素组成相同,系数 $a_{pl}^*(\lambda)$ 也可以变化。

因此,这种多分量模型仅适用于贫营养水域(海洋的中心区域),因为打包对这些特性的影响被忽略了。在这种水体中,藻类的细胞相对较小,其打包效应将接近统一 $(Q^* \approx 1)$;在这些水域中测得的 $a_{pl}(\lambda)$ 光谱确实与从该模型获得的值吻合得很好。然而,计算表明,如果将其应用于不同海域的浮游植物,尤其是营养性 $C_a \geqslant 0.5\ \text{mg/m}^3$ 的海域,不考虑打包效应,结果将导致严重错误。

7.7.5　多分量非均匀模型

由于需要考虑色素的打包效应,藻类吸收特性是非均匀的,多分量非均匀模型产生于对经验数据的透彻分析,采用了差分光谱和一系列统计方法,结果表明计算的各种浮游植物样品的乘积 $C_{chl}D$ 与海水中叶绿素 a 浓度 C_a 有很好的相关性。因此,为了建模的目的,假设乘积 $C_{chl}D$ 仅依赖于叶绿素 a 浓度的一级近似值,并且可以用下面的方程来描述:

$$C_{chl}D = 24.65 C_a^{0.75} \qquad (7.39)$$

这些光谱和统计分析的结果由此产生了一套完整的分析公式,表 7.9 给出了确定浮游植物吸收特性的算法。

表 7.9　确定浮游植物吸收特性的算法

输入数据

C_j(单位 mg/m³)是主要色素(叶绿素 a、叶绿素 b、叶绿素 c、PSC、PPC)的浓度

模型公式

1. 未打包、未分散状态下各组色素的质量比吸收系数光谱为

$$a_j^*(\lambda) = \sum a_{\max,i}^* e^{-\frac{1}{2}\left(\frac{\lambda-\lambda_{\max,i}}{\sigma_i}\right)^2} \tag{T-1}$$

式中,$\lambda_{\max,i}$(nm)是第 i 个光谱带最大值的中心波长;σ_i 是波段色散;$a_{\max,i}^*$ 是对应于光谱带最大值的中心波长 $\lambda_{\max,i}$ 的质量比吸收系数,单位为 m²/mg;i 是浮游植物色素主要组的高斯带参数。这些参数的值在表 7.10 中给出。

2. 光合色素 a_{PSP}^*、光保护色素 a_{PPP}^* 和所有色素 $\alpha_{pl,s}^*$ 的叶绿素比"未打包"光吸收系数为

$$a_{PSP}^*(\lambda) = \frac{1}{C_a}\left[C_a a_a^*(\lambda) + C_b a_b^*(\lambda) + C_c a_c^*(\lambda) + C_{PSC} a_{PSC}^*(\lambda)\right] \tag{T-2}$$

$$a_{PPP}^*(\lambda) = \frac{1}{C_a}\left[C_{PPC} a_{PPC}^*(\lambda)\right] \tag{T-3}$$

$$a_{pl,s}^*(\lambda) = a_{PSP}^*(\lambda) + a_{PPP}^*(\lambda) \tag{T-4}$$

3. 浮游生物和主要色素的体内吸收系数和叶绿素比体内吸收系数如下。

对于浮游生物(所有色素)有

$$\begin{cases} a_{pl}(\lambda) = C_a a_{pl}^*(\lambda) \\ a_{pl}^*(\lambda) = Q^*(\lambda) a_{pl,s}^*(\lambda) \end{cases} \tag{T-5}$$

对于光合色素 PSP 有

$$\begin{cases} a_{pl,PSP}(\lambda) = C_a a_{pl,PSP}^*(\lambda) \\ a_{pl,PSP}^*(\lambda) = Q^*(\lambda) a_{PSP}^*(\lambda) \end{cases} \tag{T-6}$$

对于光保护色素有

$$\begin{cases} a_{pl,PPP}(\lambda) = C_a a_{pl,PPP}^*(\lambda) \\ a_{pl,PPP}^*(\lambda) = Q^*(\lambda) a_{PPP}^*(\lambda) \end{cases} \tag{T-7}$$

式中,$Q^*(\lambda)$ 是打包函数,其表达式为

$$Q^*(\lambda) = \frac{3}{2\rho'(\lambda)}\left[1 + \frac{2e^{-\rho'(\lambda)}}{\rho'(\lambda)} + 2\frac{e^{-\rho'(\lambda)}-1}{\rho'^2(\lambda)}\right], \quad \rho'(\lambda) = a_{pl,s}^*(\lambda) C_{chl} D \tag{T-8}$$

式中,$C_{chl}D$ 是叶绿素的细胞内浓度 C_{chl}(单位为 mg/m)和细胞直径 D(单位为 m)的乘积,由以下等式给出:

$$C_{chl}D = 24.65 C_a^{0.75} \tag{T-9}$$

如表 7.9 所示,该模型提供了对所有浮游植物色素的吸收系数(a_{pl})和叶绿素比吸收系数(α_{pl}^*)的估算,并分别对单个色素进行了估算。因此,只需确定给定浮游植物中色素的数量组成即可。尤其重要的是,分别研究了光合色素($a_{pl,PSP}$,$a_{pl,PSP}^*$)和光保护色素($a_{pl,PPP}$,$a_{pl,PPP}^*$),这是该模型的一大优点,因为它可以分析光合作用过程中光能的利用情况,并在海洋中的不同条件下模拟这一过程。该模型的另一个优点是对藻类吸收光谱及

其精细结构方面是相当好的估计。利用该模型估算吸收系数与相应的实验光谱的比较表明，使用该模型计算的吸收系数$a_{pl}^*(\lambda)$的误差相对较小。该模型中光合有效辐射，即光谱范围为$400 \sim 700$ nm的辐射区间的叶绿素平均吸收率的统计误差与在体内测定藻类叶绿素比吸收系数的误差相当。

尽管这种模式有其优点，但仍有缺点，需要进一步完善。第一个需要解决的问题是藻胆素对光的吸收，而目前的模式忽略了这一点。当应用于沿海水域的藻类时，该模型的有效性较低，也就是说，在类型 Ⅱ 水域中很可能更频繁和大量地含有这些特定色素。此外，模型中的色素打包效应仅依赖于叶绿素浓度，得到一级近似值，这里也需要进一步研究和完善。描述浮游植物色素质量比吸收系数光谱模型的高斯带参数见表7.10。

表 7.10　描述浮游植物色素质量比吸收系数光谱模型的高斯带参数

叶绿素 a（A－1～A－6）					
高斯带参数	A－1	A－2	A－3	A－4	A－5	A－6
$\lambda_{max,I}$/nm	381	420	437	630	675	700
σ_i/nm	33.8	8.25	6.50	89.8	8.55	101
$a_{max,i}^*$/(m²·mg⁻¹)	0.033 3	0.026 8	0.058 0	0.000 5	0.020 4	0.005

叶绿素 b（B－1～B－6）					
高斯带参数	B－1	B－2	B－3	B－4	B－5	B－6
$\lambda_{max,I}$/nm	380	442	452	470	609	655
σ_i/nm	194	7.45	5.6	10.5	16.0	18.5
$a_{max,i}^*$/(m²·mg⁻¹)	0.005 9	0.014 5	0.063 1	0.051 4	0.008 3	0.025 7

叶绿素 c（C－1～C－4）			
高斯带参数	C－1	C－2	C－3	C－4
$\lambda_{max,I}$/nm	408	432	460	583
σ_i/nm	16.1	7.93	14.2	32.2
$a_{max,i}^*$/(m²·mg⁻¹)	0.056 1	0.023 4	0.072	0.013 3

光合类胡萝卜素（PSC－1，PSC－2）和光保护类胡萝卜素（PPC－1～PPC－3）				
高斯带参数	PSC－1	PSC－2	PPC－1	PPC－2	PPC－3
$\lambda_{max,I}$/nm	490	532	451	464	493
σ_i/nm	17.1	22.8	32.0	8.60	12.0
$a_{max,i}^*$/(m²·mg⁻¹)	0.031 3	0.019 4	0.063 2	0.025 3	0.046 4

7.7.6　复杂实用模型

除了前面这些主要的半经验模型，可以用这些模型从已知的叶绿素 a 浓度（C_a）或已知浓度的所有主要类型的浮游植物色素（C_j）来确定藻类的吸收特性外，还有一类复杂的实用模型，它们由许多复杂的模块构成，通常是上述藻类吸收光的简单模型之一与发生在天然水中的其他现象模型的综合，它们能够在海洋环境过程的研究、监测和预报中发挥各种作用,包括根据"较远"的环境参数而不是直接从已知的色素浓度间接测定不同深度浮游植物的吸收特性。

其中特别重要的模型是用于确定藻类吸收特性的卫星算法,多分量复合模型是其中之一,除了在卫星算法中的应用外,多分量复合模型能够更系统化和更精确地量化对海藻吸收特性的规律性和多样性规模的认识。图 7.18 所示为多分量复合模型算法方框图。

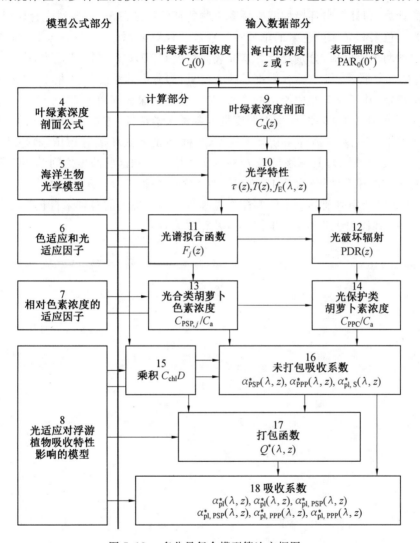

图 7.18　多分量复合模型算法方框图

在多分量复合模型算法中,特别是在类型 Ⅰ 海水中仅基于一个或最多两个描述海洋表层状态的参数,可以对任何深度藻类的光吸收系数进行估计,第一个参数是叶绿素 a 的表面浓度 $C_a(z=0)=C_a(0)$,即一个水域的营养指数或营养性;第二个参数是自然光对海面的辐照度,能够利用这两个参数,具有实际意义。通过遥感技术可以在广阔的海洋中有效地确定这些参数,另外,利用这些模型能够研究流入海洋生态系统的能量,并监测有机物质的初级生产和自然碳循环。

　　多分量复合模型的主要组成部分之一是藻类吸收特性的多组分均匀模型,这在前面已经讨论过。多分量复合模型还包括海洋中各种现象的模型组成的许多其他模块,如图 7.18所示,该算法适用于海洋 Ⅰ 类水域中藻类的吸收特性。这个简化的方框图由三部分组成:① 输入数据,这是进行计算所必需的;② 模型公式,它定义了计算方法,它们来自于海洋中不同现象的部分模型;③ 计算,从叶绿素 a 浓度 $C_a(z)$ 的垂直剖面到浮游植物的吸收系数的计算,即计算出环境的非生物和生物特征的详细情况,以及对光合作用具有重要意义的光合色素和光保护色素的单独吸收系数。计算的原理如下:输入数据是可以通过遥感确定的两个幅度值,分别是叶绿素 a 表面浓度 $C_a(0)$(图 7.18 中的方框 1)、表面辐照度 $PAR_0(0)$(方框 3);第三输入数据是独立变量,即海中的深度 z(方框 2)。在此基础上,可以依次确定:基于表 7.6 中给出的算法,利用叶绿素深度剖面公式(方框 4)确定叶绿素深度剖面 $C_a(z)$(方框 9);海洋中辐照度场的各种光学特性(方框 10)、色素的光谱拟合函数 $F_j(z)$(方框11)、基于海洋生物光学模型(方框 5)的光破坏辐射 $PDR(z)$(方框 12)及适应因子的定义(方框 6),其算法见表 7.3;基于适应因子和这些浓度之间的相关关系,不同浮游植物色素的相对浓度(方框 13 和 14),见表7.7;乘积 $C_{chl}D$(方框 15)、打包函数 $Q^*(\lambda, z)$(方框 17)以及藻类及其色素组在藻类光吸收模型基础上的各种未打包吸收系数(方框 16)(溶剂中)和体内吸收系数(方框 18),其算法见表 7.9。

第8章　海洋辐射传输理论

辐射传输理论为理解光在海洋中的传播提供了理论框架,辐射在海洋中被吸收和散射导致海中辐射场发生变化,海洋辐射传输理论用于定量地研究海洋水体中辐射能的传递问题,它是水中能见度、光束在水中传输、海面上行光谱辐射、海洋光学测量等在应用方面的理论基础,是海洋光学的核心理论问题。

海洋辐射传输理论研究方面,主要从海洋辐射传递方程出发,计算水中不同深度的辐射场分布,已建立了较完整的理论模型,形成了较完整的海洋辐射传递理论和一套近似的数值计算方法,用它们分析海洋光学性质之间的关系,并导出水中能见度理论的对比度传输方程。随着激光与遥感、水中图像传输等应用研究的开展,窄光束的辐射传递和海洋—大气系统的辐射传递,显得尤为重要。由于海洋辐射问题的重要性和复杂性,不少理论和应用方面的问题,有待人们去解决。实验研究方面,主要是精确测量现场的辐射场分布。

辐射传递方程是一种微分积分方程,一般难以解析求解,求其数值解的运算量也很大,最有效的数值求解方法是蒙特卡洛方法,还有一种有效的方法是分离坐标法,即将体散射函数 β 按勒让德多项式展开,使方程的求解转化为 N 个易于求解的微分积分方程。

海洋辐射传输理论的经典问题是已知海中各点的固有光学性质和其边界的辐射场,求海中各处的辐射场。海洋辐射传输理论研究的逆问题是已知辐射场在海中的分布,求解海水的固有光学性质。其方法是将辐射场分布 L 和体散射函数 β 表示成勒让德函数序列,代入辐射传递方程后,求解 β 和 μ。这为遥感探测海洋表层光学参数奠定了理论基础,是光学遥感测定海中悬浮物质和溶解物质的重要依据。

8.1　辐射传输方程

辐射传输方程(Radiative Transfer Equation,RTE)将各种物理和数学量以及介质的光学特性联系在一起,为所有海洋光学和海洋颜色遥感提供了理论框架。图8.1所示为辐射传输理论和辐射传输方程的组织框架图。本质上,将固有光学性质和边界条件代入方程,可给出辐射传输结果。

辐射传输方程实际上是一个层次体系,位于顶端的是广义矢量辐射传输方程,能够描述偏振光在非各向同性物质中的定向传播,这种物质在不同的偏振状态下可以吸收不同的光,包含任意形状、任意或非任意方向的散射粒子。尽管它模拟海洋光学中各种情况的能力非常强,但在海洋光学中该方程的全套固有光学性质输入却从未测量到。如果介质具有镜像对称性,则对最广泛方程的固有光学性质输入将变得相当简单,所得方程适用于计算海洋环境中的偏振辐射传输,特别是在受到几何约束后。矢量传输方程可进一步简化为标量辐射传输方程,虽然标量辐射传输方程只是近似,但输入简单并且足够测量和建

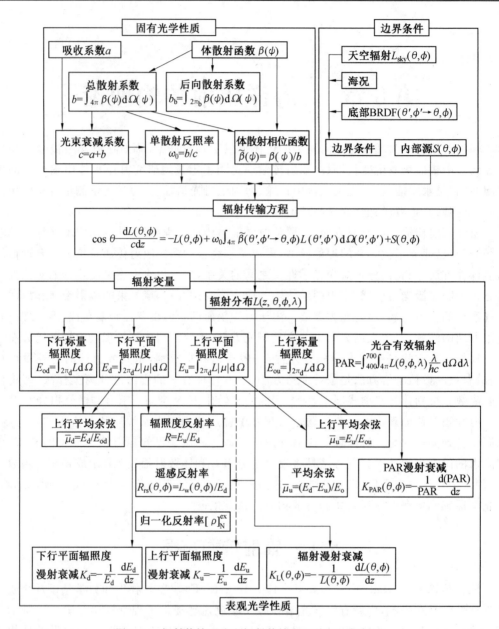

图 8.1 辐射传输理论和辐射传输方程的组织框架图

模,因此该方程在海洋学中得到了广泛应用。

除了一些常见的情况如非散射介质外,矢量和标量辐射传输方程的求解必须用数值方法完成。在非常有限的条件下,如在黑色天空中的太阳和只有在水中的单次散射,可以获得近似的辐射解析解,这些单次散射解决方案也是在单次散射近似和准单次散射近似的基础上发展起来的。

8.2　求解辐射传输方程

与时间无关的一维辐射传输问题是线性两点边值问题,也就是说,存在描述大气或海洋顶部和底部(两个空间点)辐射的边界条件,辐射在介质中的传播(边界之间)由线性积分微分辐射传输控制。在海洋环境中,上边界条件指定了入射到海面上的天空辐射,下边界条件指定了海底如何反射下行辐射。“海底”可以是物理底部,也可以是需要求解 RTE 以获得该深度以上的辐射的水体最深深度。在矢量方程中,天空辐射是以斯托克斯矢量表示的;对于标量辐射传输方程,天空输入是由非偏振的天空辐射确定的,即使这里考虑的标量辐射传输方程也很难求解。

8.2.1　精确解析解

标量辐射传输方程的精确解析解只能在非常简单的情况下获得(如没有散射),则有

$$L(z,\theta,\phi,\lambda) = f, \quad (吸收系数\ a,体散射函数\ VSF,底部反射等) \qquad (8.1)$$

式中,f 是一个函数,可以“加入”吸收系数、VSF 和其他参数,然后得到辐射。然而,即使是最简单的无限均匀海洋中存在各向同性点光源也无法得到精确解析解。光学问题的不同在于点源周围介质中散射引起的与之相关的复杂性。

如果没有散射,标量辐射传输方程可简化为

$$\frac{\mathrm{d}L(r,\theta,\phi,\lambda)}{\mathrm{d}r} = -a(r,\lambda)L(r,\theta,\phi,\lambda) + S(r,\theta,\phi,\lambda) \qquad (8.2)$$

这是一个线性的一阶常微分方程,很容易求解。如果介质是均匀的,吸收系数 a 和源函数 S 不依赖于距离 r,则式(8.2)的解为(为了简变,去掉波长和方向参数)

$$L(r) = L(0)\mathrm{e}^{-ar} + \frac{S}{a}\big[1 - \mathrm{e}^{-ar}\big] \qquad (8.3)$$

式中,$L(0)$ 是距离 $r=0$ 处的初始辐亮度。在无源水中,$S=0$,解是初始辐亮度随距离的简单指数衰减。对于远距离 $r \to \infty$,辐亮度仅取决于源函数和吸收系数,即 $L \to S/a$。当存在散射时,辐亮度随距离的渐近行为的这一结果也成立。

8.2.2　近似解析解

如前所述,RTE 的精确解析解只存在于一些理想化的和非物理的情况下。对标量辐射传输方程采取各种方法简化之后,可以推导出许多近似解析解。这些近似解之一是单次散射近似,这个解假定水是均匀的、海面是水平的、太阳是点源、水没有内部源,只考虑光子的单次散射。

1. 单次散射近似

从与时间无关的一维辐射传输方程的光学深度形式开始,有

$$\mu \frac{\mathrm{d}L(\zeta,\mu,\phi,\lambda)}{\mathrm{d}\zeta} = -L(\zeta,\mu,\phi,\lambda) + \frac{1}{c(\zeta,\lambda)}S(\zeta,\mu,\phi,\lambda) +$$

$$\omega_0(\zeta,\lambda)\int_0^{2\pi}\int_{-1}^1 L(\zeta,\mu',\phi',\lambda)\widetilde{\beta}(\zeta;\mu',\phi'\to\mu,\phi;\lambda)\mathrm{d}\mu'\mathrm{d}\phi'$$

$$(8.4)$$

接下来,通过相应的假设进行简化。

① 水是均匀的,所以固有光学性质不依赖于深度。

② 水是无限深的。

③ 海面是水平的(零风速)。

④ 太阳是黑色天空中的一个点源,所以入射到海面上的辐射是准直的。

⑤ 没有内部源或非弹性散射。

对于给定波长 λ,辐射传输方程变为

$$\mu \frac{\mathrm{d}L(\zeta,\mu,\phi)}{\mathrm{d}\zeta} = -L(\zeta,\mu,\phi) + \omega_0\int_0^{2\pi}\int_{-1}^1 L(\zeta,\mu',\phi')\widetilde{\beta}(\mu',\phi'\to\mu,\phi)\mathrm{d}\mu'\mathrm{d}\phi' \quad (8.5)$$

求解微分方程的一种有效方法是尝试幂级数解,其中级数的高阶项由小于 1 的参量的幂加权,然后,高阶项对表示解的和的贡献越来越小。单次散射反照率 ω_0 满足展开参数的要求。因此,式(8.5)的尝试解形式为

$$L(\zeta,\mu,\phi) = \sum_{k=0}^{\infty}\omega_0^k L^{(k)}(\zeta,\mu,\phi)$$

$$= L^{(0)}(\zeta,\mu,\phi) + \omega_0 L^{(1)}(\zeta,\mu,\phi) + \omega_0^2 L^{(2)}(\zeta,\mu,\phi) + \cdots \quad (8.6)$$

式中,$L^{(0)}$ 表示未被散射的光子的辐亮度;$L^{(1)}$ 表示散射了一次的光子的辐亮度;$L^{(2)}$ 表示散射两次的光子的辐亮度,依此类推。这与 ω_0 解释为光子在与物质相互作用中存活的概率一致,即光子被散射而不被吸收的概率。

把式(8.6)代入式(8.5),得到

$$\mu\left[\frac{\mathrm{d}L^{(0)}}{\mathrm{d}\zeta} + \omega_0\frac{\mathrm{d}L^{(1)}}{\mathrm{d}\zeta} + \omega_0^2\frac{\mathrm{d}L^{(2)}}{\mathrm{d}\zeta} + \cdots\right]$$

$$= -\left[L^{(0)} + \omega_0 L^{(1)} + \omega_0^2 L^{(2)} + \cdots\right] +$$

$$\omega_0\int_0^{2\pi}\int_{-1}^1\left[L^{(0)} + \omega_0 L^{(1)} + \omega_0^2 L^{(2)} + \cdots\right]\widetilde{\beta}(\mu',\phi'\to\mu,\phi)\mathrm{d}\mu'\mathrm{d}\phi' \quad (8.7)$$

$$\mu\left[\frac{\mathrm{d}L^{(0)}}{\mathrm{d}\zeta} + L^{(0)}\right] + \omega_0\left[\mu\frac{\mathrm{d}L^{(1)}}{\mathrm{d}\zeta} + L^{(1)} - \int_0^{2\pi}\int_{-1}^1 L^{(0)}\widetilde{\beta}(\mu',\phi'\to\mu,\phi)\mathrm{d}\mu'\mathrm{d}\phi'\right] +$$

$$\omega_0^2\left[\mu\frac{\mathrm{d}L^{(2)}}{\mathrm{d}\zeta} + L^{(2)} - \int_0^{2\pi}\int_{-1}^1 L^{(1)}\widetilde{\beta}(\mu',\phi'\to\mu,\phi)\mathrm{d}\mu'\mathrm{d}\phi'\right] + \cdots = 0 \quad (8.8)$$

这个方程对任何 $0 < \omega_0 < 1$ 的值都成立。设 $\omega_0 = 0$,将只留下方程的第一行,其各组项的总和必须为 0。类似地,当 $\omega_0 \neq 0$ 时,每一组项乘 ω_0 的给定幂必须等于零,才能使方程的整个左侧求和为零,因此,可以令括号中的组项等于零,从而给出了一系列方程式:

$$\mu\frac{\mathrm{d}L^{(0)}}{\mathrm{d}\zeta} = -L^{(0)} \tag{S0}$$

$$\mu\frac{\mathrm{d}L^{(1)}}{\mathrm{d}\zeta} = -L^{(1)} + \int_0^{2\pi}\int_{-1}^1 L^{(0)}\widetilde{\beta}(\mu',\phi'\to\mu,\phi)\,\mathrm{d}\mu'\mathrm{d}\phi' \tag{S1}$$

$$\mu \frac{\mathrm{d}L^{(2)}}{\mathrm{d}\zeta} = -L^{(2)} + \int_0^{2\pi} \int_{-1}^1 L^{(1)} \widetilde{\beta}(\mu', \phi' \rightarrow \mu, \phi) \mathrm{d}\mu' \mathrm{d}\phi' \tag{S2}$$

$$\vdots$$

由于式(8.7)中 ω_0 乘路径积分项,此方程序列中的路径积分总是涉及小于导数项的一阶散射处的辐亮度。首先解出式(S0),它主导着非散射的辐亮度。然后,$L^{(0)}$ 的解可用于式(S1)中计算路径积分,它成为单次散射辐亮度的源函数。在求解单次散射辐亮度的公式(S1)之后,可以使用 $L^{(1)}$ 来计算式(S2)中的路径函数,依此类推。这一过程构成了散射连续级次求解方法。

(1) 求解非散射辐射方程式(S0)。

求解式(S0)需要在海面和底部设置边界条件,海面上的准直入射辐射和海面下的折射辐射如图 8.2 所示,入射到海面上并透射到水中的未散射辐射是完全准直的,因为假设太阳是黑色天空中的点源,而且海面是水平的。图中 $E_\perp(0)$ 是在海面下方垂直于光子传播方向的一个平面上(图中虚线所示)测得的辐照度,θ_{sw} 是被水平面折射后太阳在水中的角度。

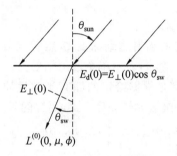

图 8.2　海面上的准直入射辐射和海面下的折射辐射

应用 δ 函数,可以把海面下的非散射辐射亮度写为

$$L^{(0)}(0, \mu, \phi) = E_\perp(0)\delta(\mu - \mu_{sw})\delta(\phi - \phi_{sw}) \tag{8.9}$$

式中,(μ_{sw}, ϕ_{sw}) 是太阳光束在水中的方向,两个 δ 函数的单位是 sr^{-1},它们筛选出太阳光束的方向。在所有其他方向上,未被散射的辐射都是零,将所有向下方向的辐射积分用来计算下行平面辐照度,则

$$E_\mathrm{d}(0) = \int_0^1 \int_0^{2\pi} E_\perp(0)\delta(\mu - \mu_{sw})\delta(\phi - \phi_{sw})\mu \mathrm{d}\mu \mathrm{d}\phi = E_\perp(0)\mu_{sw} \tag{8.10}$$

假定入射太阳辐照度是给定的,所以式(8.9)是海面(即水深 $\zeta = 0$)上 $L^{(0)}(\zeta, \mu, \phi)$ 的边界条件。假设水是无限深的且没有内部点源,所以在很深的地方辐亮度必须接近 0。因此,底部的边界条件是,当 $\zeta \rightarrow \infty$ 时,有

$$L^{(0)}(\zeta, \mu, \phi) \rightarrow 0 \tag{8.11}$$

现在可以在式(8.10)和式(8.11)的条件下解方程式(S0),则式(S0)可重写为

$$\frac{\mathrm{d}L^{(0)}(\zeta)}{L^{(0)}(\zeta)} = -\frac{\mathrm{d}\zeta}{\mu} \tag{8.12}$$

对深度从 0 到 ζ 进行积分,分别对应于辐亮度 $L^{(0)}(0)$ 和 $L^{(0)}(\zeta)$,给出

$$\ln L^{(0)} \left|_{L^{(0)}(0)}^{L^{(0)}(\zeta)} = -\frac{\xi'}{\mu} \right|_0^\zeta \tag{8.13}$$

或者

$$L^{(0)}(\zeta,\mu,\phi)=L^{(0)}(0,\mu,\phi)\mathrm{e}^{-\zeta/\mu} \tag{8.14a}$$

$$=E_\perp(0)\delta(\mu-\mu_{\mathrm{sw}})\delta(\phi-\phi_{\mathrm{sw}})\mathrm{e}^{-\zeta/\mu} \tag{8.14b}$$

式(8.14a)形式解是简单的朗伯－比尔定律,即初始非散射辐亮度随光学深度呈指数衰减。使用式(8.9)重新表达海面处的辐射给出式(8.14b)形式的解,这将是下面式(S1)方便形式的解。式(8.14b)还明显地表明,除了在$(\mu_{\mathrm{sw}},\phi_{\mathrm{sw}})$方向之外,非散射辐射为0。随着深度的增加,指数辐射度趋近于0,这同时也满足了式(8.11)。因此,上面的解同时满足表面和底部边界条件,从而构成了两点边值问题的完整解,这个解给出了非散射辐射对总辐射的贡献。

(2)求解单次散射辐射方程式(S1)。

求解式(S1)的第一步是使用$L^{(0)}$的解计算散射项,为此,应用式(8.14b),可以得到

$$\int_0^{2\pi}\int_{-1}^{1}L^{(0)}(\zeta,\mu',\phi')\widetilde{\beta}(\mu',\phi'\rightarrow\mu,\phi)\mathrm{d}\mu'\mathrm{d}\phi'$$

$$=\int_0^{2\pi}\int_{-1}^{1}E_\perp(0)\delta(\mu'-\mu_{\mathrm{sw}})\delta(\phi'-\phi_{\mathrm{sw}})\mathrm{e}^{-\zeta/\mu'}\widetilde{\beta}(\mu',\phi'\rightarrow\mu,\phi)\mathrm{d}\mu'\mathrm{d}\phi'$$

$$=E_\perp(0)\mathrm{e}^{-\zeta/\mu_{\mathrm{sw}}}\widetilde{\beta}(\mu_{\mathrm{sw}},\phi_{\mathrm{sw}}\rightarrow\mu,\phi) \tag{8.15}$$

这个结果表明了有多少非散射的辐射达到深度ζ,然后被散射到方向(μ,ϕ)。换言之,非散射辐射是一个局部(深度ζ)源项,表示单个散射辐射。

式(8.15)右侧的所有量都是根据给定的固有光学性质和表面边界条件确定的。因此,可以继续求解式(S1)的单次散射辐亮度$L^{(1)}$,要解的是

$$\mu\frac{\mathrm{d}L^{(1)}}{\mathrm{d}\zeta}+L^{(1)}=E_\perp(0)\mathrm{e}^{-\zeta/\mu_{\mathrm{sw}}}\widetilde{\beta}(\mu_{\mathrm{sw}},\phi_{\mathrm{sw}}\rightarrow\mu,\phi) \tag{8.16}$$

等号的右边是已知的深度函数,因为太阳的准直光束都是未被散射的光,所以天空中没有入射的散射辐射。因此,式(8.16)的边界条件是当$\zeta\rightarrow 0$时,有

$$L^{(1)}(0,\mu,\phi)=0,\quad L^{(1)}(\zeta,\mu,\phi)\rightarrow 0 \tag{8.17}$$

图8.3所示为单个散射对$L_{\mathrm{d}}^{(1)}$和$L_{\mathrm{u}}^{(1)}$的贡献示意图,图中显示了ζ深度处的单次散射下行辐亮度仅来自ζ深度以上,而ζ深度处的上行辐亮度仅来自深度ζ以下。因此,可以分别考虑下行辐亮度$L_{\mathrm{d}}^{(1)}(\zeta,\mu,\phi)$和上行辐亮度$L_{\mathrm{u}}^{(1)}(\zeta,\mu,\phi)$。可以从海面向下积分到$\zeta$来计算$L_{\mathrm{d}}^{(1)}$,也可以从$\zeta$到$\infty$积分来计算$L_{\mathrm{u}}^{(1)}$。

式(8.16)是一个常系数微分方程,可以通过积分因子来求解。对式(8.16)两端同乘$(1/\mu)\mathrm{e}^{\zeta/\mu}$(积分因子),可以得到

$$\frac{1}{\mu}\mathrm{e}^{\zeta/\mu}\left[\mu\frac{\mathrm{d}L_{\mathrm{d}}^{(1)}(\zeta)}{\mathrm{d}\zeta}+L_{\mathrm{d}}^{(1)}(\zeta)\right]=\frac{1}{\mu}\mathrm{e}^{\zeta/\mu}\left[E_\perp\widetilde{\beta}\mathrm{e}^{-\zeta/\mu_{\mathrm{sw}}}\right] \tag{8.18a}$$

$$\frac{\mathrm{d}}{\mathrm{d}\zeta}\left[L_{\mathrm{d}}^{(1)}(\zeta)\mathrm{e}^{\zeta/\mu}\right]=\frac{E_\perp\widetilde{\beta}}{\mu}\exp\left[\left(\frac{1}{\mu}-\frac{1}{\mu_{\mathrm{sw}}}\right)\zeta\right] \tag{8.18b}$$

从深度0积分到ζ,对应的辐亮度为$L_{\mathrm{d}}^{(1)}(0)$和$L_{\mathrm{d}}^{(1)}(\zeta)$,并应用式(8.17)中的上边界条件,假设$\mu\neq\mu_{\mathrm{sw}}$可以得到

$$L_{\mathrm{d}}^{(1)}(\zeta)\mathrm{e}^{\zeta/\mu}=\frac{E_\perp\widetilde{\beta}}{\mu}\frac{1}{\left(\dfrac{1}{\mu}-\dfrac{1}{\mu_{\mathrm{sw}}}\right)}\left[\exp\left(\frac{1}{\mu}-\frac{1}{\mu_{\mathrm{sw}}}\right)\zeta-1\right] \tag{8.19}$$

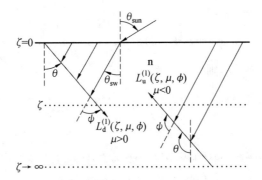

图 8.3　单个散射对 $L_d^{(1)}$ 和 $L_u^{(1)}$ 的贡献示意图

应用 $E_d(0) = E_\perp(0)\mu_{sw}$，式(8.19) 可以重写为

$$L_d^{(1)}(\zeta,\mu,\phi) = E_d(0)\tilde{\beta}(\mu_{sw},\phi_{sw} \to \mu,\phi)\frac{1}{\mu_{sw}-\mu}\left[e^{-\zeta/\mu_{sw}} - e^{-\zeta/\mu}\right] \tag{8.20}$$

对于 $\mu = \mu_{sw}$ 但是 $\phi \neq \phi_{sw}$ 的特殊情况，散射角为非零，式(8.18) 可简化为

$$\frac{d}{d\zeta}\left[L_d^{(1)}(\zeta)e^{\zeta/\mu_{sw}}\right] = \frac{E_\perp\tilde{\beta}}{\mu_{sw}} \tag{8.21}$$

积分得到

$$L_d^{(1)}(\zeta,\mu_{sw},\phi) = E_\perp\tilde{\beta}(\mu_{sw},\phi_{sw} \to \mu_{sw},\phi)\frac{\zeta}{\mu_{sw}}e^{-\zeta/\mu_{sw}} \tag{8.22a}$$

$$= E_d(0)\tilde{\beta}(\mu_{sw},\phi_{sw} \to \mu_{sw},\phi)\frac{\zeta}{\mu_{sw}^2}e^{-\zeta/\mu_{sw}} \tag{8.22b}$$

式(8.22b) 来源于 $E_d(0) = E_\perp(0)\mu_{sw}$。$\mu = \mu_{sw}$ 和 $\phi \neq \phi_{sw}$ 方向没有散射的情况，因此没有单独散射的辐射。

接下来，从 ζ 到 ∞ 对式(8.16) 进行积分，来计算 ζ 处的上行辐亮度，此时 $\mu = \cos\theta < 0$，因为 θ 是从 0 开始沿最低点方向测量的，积分为(写成 $\mu = -|\mu|$ 以强调它为负值)

$$\left[L_u^{(1)}(\zeta')e^{-\zeta'/|\mu|}\right]_{\zeta'\to\infty} - L_u^{(1)}(\zeta)e^{-\zeta/|\mu|}$$

$$= \frac{E_\perp\tilde{\beta}}{-|\mu|}\frac{1}{\left(\dfrac{1}{-|\mu|} - \dfrac{1}{\mu_{sw}}\right)}\left\{\left[\exp\left(\frac{1}{-|\mu|} - \frac{1}{\mu_{sw}}\right)\zeta'\right]_{\zeta'\to\infty} - \exp\left(\frac{1}{-|\mu|} - \frac{1}{\mu_{sw}}\right)\zeta\right\}$$

$$\tag{8.23}$$

当 $\zeta' \to \infty$ 时，这两个极限都为零，结果可以重写为

$$L_u^{(1)}(\zeta) = E_d(0)\tilde{\beta}(\mu_{sw},\phi_{sw} \to \mu,\phi)\frac{1}{\mu_{sw}-\mu}e^{-\zeta/\mu_{sw}} \tag{8.24}$$

应用式(8.6)，单一散射可近似为

$$L^{(SSA)}(\zeta,\mu,\phi) = L^{(0)}(\zeta,\mu,\phi) + \omega_0 L^{(1)}(\zeta,\mu,\phi) \tag{8.25}$$

从式(8.14a) 和式(8.20 ~ 8.24) 的计算中，可以对单次散射近似归纳如下。

① 如果 $\mu = \mu_{sw}$ 和 $\phi = \phi_{sw}$，则

$$L_d^{(SSA)}(\zeta,\mu,\phi) = L^{(0)}(0,\mu_{sw},\phi_{sw})e^{-\zeta/\mu_{sw}} \tag{8.26}$$

② 如果 $\mu=\mu_{sw}$，$\phi\neq\phi_{sw}$，则

$$L_d^{(SSA)}(\zeta,\mu,\phi)=\omega_0 E_d(0)\tilde{\beta}(\mu_{sw},\phi_{sw}\to\mu_{sw},\phi)\frac{\zeta}{\mu_{sw}^2}e^{-\zeta/\mu_{sw}} \tag{8.27}$$

③ 如果 $\mu>0$，$\mu\neq\mu_{sw}$，则

$$L_d^{(SSA)}(\zeta,\mu,\phi)=\omega_0 E_d(0)\tilde{\beta}(\mu_{sw},\phi_{sw}\to\mu,\phi)\frac{1}{\mu_{sw}-\mu}[e^{-\zeta/\mu_{sw}}-e^{-\zeta/\mu}] \tag{8.28}$$

④ 如果 $\mu\leqslant 0$，则

$$L_d^{(SSA)}(\zeta,\mu,\phi)=\omega_0 E_d(0)\tilde{\beta}(\mu_{sw},\phi_{sw}\to\mu,\phi)\frac{1}{E_\perp(0)\mu_{sw}-\mu}e^{-\zeta/\mu_{sw}} \tag{8.29}$$

式(8.26)～(8.29)构成了辐射传输方程的单次散射近似解。

能够证明

$$\lim_{\mu\to\mu_{sw}}\frac{1}{\mu_{sw}-\mu}[e^{-\zeta/\mu_{sw}}-e^{-\zeta/\mu}]=\frac{\zeta}{\mu_{sw}^2}e^{-\zeta/\mu_{sw}} \tag{8.30}$$

在这种情况下，式(8.28)可简化为式(8.27)。

需要注意，单次散射近似依赖于一些简化的假设，特别是，输入的天空辐射是准直的；另外，δ 函数使式(8.15)中的散射路径函数的计算变得容易。对于任何其他的天空辐射分布或非水平海面，情况都不是这样。同样，无限深水的假设消除了任何海底效应。

2. 准单次散射近似

对于高峰值相位函数如典型的海水，大多数散射的散射角 ψ 都非常小。一个小散射角的散射在某些情况下可以做与完全非散射相同的处理，准单次散射可以近似通过假设相位函数的前向散射部分 $\psi=0$ 处的 δ 函数来表示，对于所有的 $0°-\psi-90°$ 而言没有散射。对于主要依赖于吸收和后向散射的量，准单次散射可以近似产生非常精确的结果。

准单次散射近似使用单次散射近似的公式，但将前向散射视为完全不散射。通过这种近似，光束衰减系数 c 变为

$$c=a+b=a+b_f+b_b\approx a+b_b=c^* \tag{8.31}$$

应用 c 的这种近似，单散射反照率 ω_0 和光学深度 ζ 变为

$$\omega_0=\frac{b}{c}\approx\frac{b}{a+b_b}=\frac{b_b}{a+b_b}\frac{1}{B}=\omega_0^* \tag{8.32}$$

$$\zeta=cz\approx(a+b_b)z=\zeta^* \tag{8.33}$$

式中，B 是后向散射部分。因此，准单次散射近似分别用 c^*、ω_0^* 和 ζ^* 替换了 c、ω_0 和 ζ，这是一个相似变换，其中一个问题的解被重新缩放以获得另一个问题的解。准单次散射近似被用于计算反射率，可以用准单次散射近似计算遥感反射率 R_{rs}，$L_u^{(SSA)}$ 的单次散射近似解为

$$L_u^{(SSA)}(\zeta,\mu,\phi)=\omega_0 E_d(0)\tilde{\beta}(\mu_{sw},\phi_{sw}\to\mu,\phi)\frac{1}{\mu_{sw}-\mu}e^{-\zeta/\mu_{sw}} \tag{8.34}$$

应用准单次散射近似

$$\frac{L_u^{(QSSA)}(\zeta^*,\mu,\phi)}{E_d(0)}=\frac{b_b}{a+b_b}\frac{\tilde{\beta}(\mu_{sw},\phi_{sw}\to\mu,\phi)}{B}\frac{1}{\mu_{sw}-\mu}e^{-\zeta^*/\mu_{sw}} \tag{8.35}$$

当对紧靠海面下方 $\zeta^*=0$ 进行计算时，这个量与 R_{rs} 的关系为

$$R_{rs} = \frac{t}{n^2} \frac{E_d(0)}{E_d(\text{空气中})} \frac{L_u^{(\text{QSSA})}(0, \mu, \phi)}{E_d(0)} \tag{8.36}$$

这里 t 是辐射从水到空气的透射率，$n \approx 1.34$ 是水的折射率，对于最低点的辐射而言，$u = -1$ 和 $t \approx 0.98$。采用辐照度比定义 R_{rs} 将水下辐照度转换为水上辐照度，对于最低点，有

$$R_{rs} = \frac{b_b}{a + b_b} \frac{\widetilde{\beta}(\mu_{sw}, \varphi_{sw} \rightarrow \mu = -1, \varphi = 0)}{B} \frac{1}{\mu_{sw} + 1} \tag{8.37}$$

$\widetilde{\beta}/B$ 因子由总相位函数的形状决定，而总相位函数又由海洋中粒子的类型决定，μ_{sw} 因子由太阳角决定，剩下的因子为

$$G = \frac{b_b}{a + b_b} \tag{8.38}$$

结果表明，对于一阶近似，R_{rs} 通过 $b_b/(a + b_b)$ 依赖于固有光学性质，其中 a 和 b_b 都是深度和波长的函数。G 有时被称为 Gordon 参数，在许多海洋遥感研究中使用了这个量。

8.2.3 数值解

如果要获得真实海洋条件下矢量或标量辐射传输方程的精确解，必须使用数值方法，已经开发出许多这样的方法，其中一些解决技术方案是针对特定环境量身定制的，海洋辐射传输中最常用的数值方法及其显著特点可归纳如下。

（1）蒙特卡洛。

① 以概念上简单的物理学为基础，模拟自然界如何吸收和散射光子。

② 完全通用，可以解决任意几何体的时间相关和三维问题。

③ 加快计算速度的数学"技巧"可能很复杂。

④ 易于编程。

⑤ 计算出的辐射具有统计误差，可以通过跟踪更多的光子（需要更长的计算机时间）来减少统计误差。

⑥ 对于某些问题，计算机的运行时间可能非常慢（如将 RTE 求解到较大的光学深度，运行时间随光学深度呈指数增长）。

（2）离散坐标。

① 高度数学公式化。

② 难以编程。

③ 不能很好地处理高峰值散射相位函数。

④ 将介质建模为一堆均匀的层。

⑤ 对于辐照度计算和均匀水来说速度很快，但是对于辐射来说速度可能很慢，或者需要许多层来解决依赖深度的固有光学性质。

（3）不变嵌入。

① 高度数学公式化。

② 难以编程。

③ 只能解决一维问题（一维是光学海洋学的深度）。

④ 包括多次散射的所有阶数。

⑤ 计算的辐射率没有统计误差。

⑥ 非常快(运行时间随光学深度线性增加)。

由于蒙特卡洛方法的简单性和通用性,它被广泛应用于海洋、大气科学、天文学、医学物理和核工程等领域。由于它们的简单性和通用性,许多问题的计算机运行时间很长。大气气溶胶的散射相函数在很小的散射角下并不像海洋粒子的散射相函数那样有很高的峰值。离散坐标可以很好地处理气溶胶相位函数,常用于大气光学中,但由于需要解析高峰值相位函数,并且如果固有光学性质随深度变化很大,则需要有许多层,因此在水下计算中的应用并不多。不变嵌入法是水文学数值模型的求解技术,在海洋学中有着广泛的应用。对于所有三种技术都适用的问题,每种技术对辐射传输方程的相同输入和边界条件给出了相同的答案,它们只在内部数学和最终的计算机运行时间上不同,并且每种方法都有良好的调试和验证的计算机程序。从这个意义上说,在海洋学环境下解决辐射传输方程可以被认为是一个"已解决的问题"。

8.3 渐近辐射分布

在均匀的无源水域深处,辐亮度分布 $L(z, \theta, \phi)$ 接近一个仅依赖于固有光学性质的 $L_\infty(\theta)$ 形状分布。此外,在大深度处的辐亮度分布以衰减率 K_∞ 指数形式衰减,而衰减率 K_∞ 也依赖于固有光学性质。$L_\infty(\theta)$ 形状分布称为渐近辐亮度分布,K_∞ 称为渐近衰减率或渐近 K 函数。$L_\infty(\theta)$ 和 K_∞ 通过固有光学性质的波长依赖性依赖于波长 λ,只有当固有光学性质不依赖于深度(均质水),没有非弹性散射或生物发光对辐射(无源水)有贡献时,才存在渐近辐射分布。

上面的分析说明辐射分布的方向依赖性和深度依赖性在很大程度上是分离的,也就是说

$$L(z, \theta, \phi) \xrightarrow[z \to \infty]{} L_\infty(\theta) \mathrm{e}^{-K_\infty z} \tag{8.39}$$

这反过来意味着所有辐照度在渐近状态下的衰减速率与辐射率相同,如

$$
\begin{aligned}
\lim_{z \to \infty} E_\mathrm{d}(z) &= \int_0^{2\pi} \int_0^{\pi/2} L_\infty(\theta) \mathrm{e}^{-K_\infty z} \cos\theta \sin\theta \mathrm{d}\theta \mathrm{d}\phi \\
&= \left[2\pi \int_0^{\pi/2} L_\infty(\theta) \cos\theta \sin\theta \mathrm{d}\theta \right] \mathrm{e}^{-K_\infty z} \\
&= E_\mathrm{d}(\infty) \mathrm{e}^{-K_\infty z}
\end{aligned}
\tag{8.40}
$$

因此,可以计算 E_u、E_od 和 E_ou 的对应值,显然,这些辐照度都有相同的渐近 K 函数。利用这些渐近辐照度,可以计算任何表观光学性质的渐近值,如

$$R_\infty = \frac{E_\mathrm{u}(\infty)}{E_\mathrm{d}(\infty)} \tag{8.41}$$

由于渐进辐亮度 $L_\infty(\theta)$ 仅由固有光学性质决定,因此从 $L_\infty(\theta)$ 计算的任何量也都是固有光学性质。所有的表观光学性质在渐近状态下都成为固有光学性质,受水面附近边界条件影响的 K、μ、R 及其同类物理量,在深处都接近与边界条件无关的值。

给定固有光学性质,计算渐近辐亮度分布和渐近衰减率的方法是把辐射传输方程应

用于均质、无源的水,则

$$\cos\theta\,\frac{\mathrm{d}L(z,\theta,\phi)}{\mathrm{d}z}=-cL(z,\theta,\phi)+\int_0^{2\pi}\int_0^{\pi}L(z,\theta',\phi')\beta(\theta',\phi'\to\theta,\phi)\sin\theta'\mathrm{d}\theta'\mathrm{d}\phi'$$

$$(8.42)$$

假设辐亮度的形式如式(8.39)所示,可以给出渐近辐亮度分布的形状 $L_\infty(\theta)$ 和衰减率 K_∞ 的积分方程式为

$$(c-K_\infty\cos\theta)L_\infty(\theta)=\int_0^{2\pi}\int_0^{\pi}L_\infty(\theta')\beta(\theta',\phi'\to\theta,\phi)\sin\theta'\mathrm{d}\theta'\mathrm{d}\phi'\qquad(8.43)$$

由于散射角 ψ 仅依赖于 $\cos(\phi-\phi')$,因此可以在这个方程中设置 $\phi=0$,其结果仅是 θ 的函数,这个方程通常用无量纲渐近衰减率 $k_\infty=K_\infty/c$ 写为

$$(1-k_\infty\mu)L_\infty(\mu)=\omega_0\int_0^{2\pi}\int_{-1}^{1}L_\infty(\mu')\tilde{\beta}(\mu',\phi'\to\mu,\phi)\mathrm{d}\mu'\mathrm{d}\phi'\qquad(8.44)$$

给定式(8.43)中的固有光学性质 c 和 β 或者式(8.44)中的 ω_0 和 $\tilde{\beta}$,可以为相应的 L_∞ 和 K_∞ 或 k_∞ 求解这两个方程。式(8.44)的另一种形式为

$$(1-k_\infty\mu)L_\infty(\mu)=2\pi\omega_0\int_{-1}^{1}L_\infty(\mu')h(\mu',\mu)\mathrm{d}\mu'\qquad(8.45)$$

式中,$h(\mu',\mu)$ 是方位平均相位函数,可表示为

$$h(\mu',\mu)=\frac{1}{2\pi}\int_0^{2\pi}\tilde{\beta}(\mu',\phi'\to\mu,\phi)\mathrm{d}\phi'\qquad(8.46)$$

对于各向同性散射的理想情况,$\tilde{\beta}=1/4\pi$,式(8.44)的解具有简单形式,即

$$L_\infty(\mu)=\frac{1-k_\infty}{1-k_\infty\mu}\qquad(8.47)$$

式中,$L_\infty(\mu)$ 在 $\mu=1$ 处(或在最低点方向 $\theta=0$ 处)归一化为 1,$L_\infty(\mu)$ 具有椭圆形状,其主轴垂直取向。把式(8.47)代入式(8.44),k_∞ 的对应值是超越方程的解,即

$$1=\frac{\omega_0}{2k_\infty}\ln\left(\frac{1+k_\infty}{1-k_\infty}\right)\qquad(8.48)$$

利用瑞利相位函数 $\tilde{\beta}=(3/16\pi)(1+\cos^2\psi)$,得到了式(8.44)的解析解。然而,对于其他相位函数,特别是那些具有海洋水域特征的相位函数,式(8.43)或式(8.44)的解必须用数值方法求得。求解积分方程式(8.43)在数学上等价于求解某一特征矩阵方程的特征函数(给出 L_∞)和特征向量(给出 K_∞)。

8.4　广义矢量辐射传输方程

从基础物理到辐射传输理论的途径如下。

(1)量子电动力学。

(2)麦克斯韦方程。

(3)一般矢量辐射传输方程(Vector Radiative Transfer Equation,VRTE)。

(4)镜像对称粒子的VRTE。

(5)斯托克斯矢量第一分量的SRTE(Scalar Radiative Transfer Equation)。

量子电动力学是一种量子场论,它在单个光子的水平上描述光和电磁,在量子电动力学中,光子被视为电磁场的量子化振动模式。利用量子电动力学的"经典物理极限"可以得到非量子化电磁场的经典场论,这一结果是麦克斯韦方程,它把电场和磁场描述为空间和时间的连续函数。当光子的数量变得如此之大,以至于占有数可以被视为一个连续变量时,辐射量子理论就实现了经典极限,经典电磁波的时空发展接近万亿光子的动力学行为。

国际单位制下,在 t 时刻位于 $\boldsymbol{x}=(x,y,z)$ 处的电场 $\boldsymbol{E}(\boldsymbol{x},t)$(单位为 N/C)和磁场 $\boldsymbol{B}(x,t)$(单位为 N/(A·m))的麦克斯韦方程的微分形式为

$$\nabla \cdot \boldsymbol{E} = \frac{1}{\varepsilon_0}\rho \tag{8.49a}$$

$$\nabla \cdot \boldsymbol{B} = 0 \tag{8.49b}$$

$$\nabla \times \boldsymbol{E} = -\frac{\partial \boldsymbol{B}}{\partial t} \tag{8.49c}$$

$$\nabla \times \boldsymbol{B} = \mu_0 \boldsymbol{J} + \mu_0 \varepsilon_0 \frac{\partial \boldsymbol{E}}{\partial t} \tag{8.49d}$$

$\rho(\boldsymbol{x},t)$ 是电荷密度(单位为 C/m³),$\boldsymbol{J}(\boldsymbol{x},t)$ 是研究区域的电流密度(单位为 A/m²),ε_0 是自由空间的介电常数(单位为 C²/(N·m²)),μ_0 是自由空间的磁导率。在自由空间中,即当 $\rho=0$ 和 $\boldsymbol{J}=0$ 时,$\boldsymbol{E}$ 和 $\boldsymbol{B}$ 矢量的 x、y 和 z 分量满足方程:

$$\nabla^2 f = \frac{\partial^2 f}{\partial x^2} + \frac{\partial^2 f}{\partial y^2} + \frac{\partial^2 f}{\partial z^2} = \mu_0 \varepsilon_0 \frac{\partial^2 f}{\partial^2 t} \tag{8.50}$$

这个方程描述了一个传播速度为 $c=1/(\varepsilon_0\mu_0)^{1/2}$ 的波。

要在物质介质中求解,麦克斯韦方程必须增加有关物质电和磁性质的信息,并增加描述具体问题的边界条件,如阳光穿过海面并在充满吸收和散射粒子的海洋中传播。对于典型的海洋光学问题,麦克斯韦方程组及其边界条件过于复杂,难以求解,因此必须寻求进一步的简化。

在光波长下,电磁波的频率为 10^{15} Hz,这远远高于对依赖于时间的传播 $\boldsymbol{E}$ 场的直接测量。在实际中,通过相对于波周期较长的时间,结合各种偏振滤波器组合来测量时间平均辐照度。这种时间平均破坏了包含在瞬时矢量场中的相位信息,但保留了 $\boldsymbol{E}$ 和 $\boldsymbol{B}$ 场振荡平面的方向信息,即保留了关于光的偏振状态的信息。

如在偏振 — 斯托克斯矢量一节中所述,光场的偏振状态由四分量斯托克斯矢量指定,其元素与电场矢量 $\boldsymbol{E}$ 的复振幅有关,电场矢量 $\boldsymbol{E}$ 分解为平行($E_{\parallel}$)和垂直($E_{\perp}$)于选择的参考面。在海洋光学背景下,这个参考平面通常是子午线平面,它由垂直于平均海面的方向及光传播的方位方向来定义,因此子午线平面垂直于平均海面。在极坐标系(r,θ,ϕ)中,$E_{\parallel}=E_{\theta}$ 是电场的极角分量,$E_{\perp}=E_{\phi}$ 是方位角分量。图8.4所示为海洋光学辐射传输计算中常用的子午线平面,图中阴影区垂直于平均海面为子午线平面,光传播的方向为 $\xi'=r'$,图中箭头表示在子午线平面上呈线偏振的光。

相干斯托克斯矢量描述了在一个精确方向上传播的准单色平面波,矢量分量在垂直于传播方向的表面上具有单位面积的功率单位(即辐照度)。对于传播的电场 $\boldsymbol{E}(r,t)=\boldsymbol{E}_0\exp(\mathrm{i}\boldsymbol{k}\cdot\boldsymbol{r}-\mathrm{i}\omega t)$,其中波数矢量 $\boldsymbol{k}$ 在传播方向上,并且选择子午线平面作为参考,相干

斯托克斯矢量被定义为

$$\boldsymbol{S} = \begin{bmatrix} I \\ Q \\ U \\ V \end{bmatrix} = \frac{1}{2}\sqrt{\frac{\varepsilon}{\mu}} \begin{bmatrix} E_{0\theta}E_{0\theta}^* + E_{0\phi}E_{0\phi}^* \\ E_{0\theta}E_{0\theta}^* - E_{0\phi}E_{0\phi}^* \\ -E_{0\theta}E_{0\phi}^* - E_{0\phi}E_{0\theta}^* \\ i(E_{0\phi}E_{0\theta}^* - E_{0\theta}E_{0\phi}^*) \end{bmatrix} = \frac{1}{2}\sqrt{\frac{\varepsilon}{\mu}} \begin{bmatrix} |E_{0\theta}|^2 + |E_{0\varphi}|^2 \\ |E_{0\theta}|^2 - |E_{0\varphi}|^2 \\ -2\mathrm{Re}\{E_{0\theta}E_{0\phi}^*\} \\ 2\mathrm{Im}\{E_{0\theta}E_{0\phi}^*\} \end{bmatrix} \quad (8.51)$$

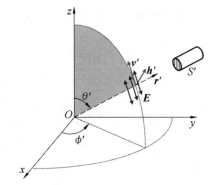

图 8.4 海洋光学辐射传输计算中常用
的子午线平面

式(8.51)中，ε 是介质介电常数，单位为 $\mathrm{A}^2 \cdot \mathrm{s}^4/(\mathrm{kg} \cdot \mathrm{m}^3)$；$\mu$ 是介质磁导率，单位为 $\mathrm{kg} \cdot \mathrm{m}/(\mathrm{s}^2 \cdot \mathrm{A}^2)$，因此，相干斯托克斯矢量元素的单位为 kg/s^3 或 W/m^2，即辐照度的单位。E^* 表示复共轭，因此斯托克斯矢量的分量是实数，斯托克斯矢量 Q 和 U 元素的值取决于参考平面的选择，而 I 和 V 则不取决于参考平面的选择。

漫射斯托克斯矢量的定义如式(8.51)所示，但它描述了在围绕特定方向的一个小范围方向上传播的光，并且具有单位面积每单位立体角的功率单位(辐亮度)。在应用的过程中经常忽略式(8.51)中的 $[(\varepsilon/\mu)^{1/2}]/2$ 因子，因为通常只关心相对量，如偏振度，而不关心绝对量。

从电场和磁场到斯托克斯矢量的转换产生了一个广义的三维矢量辐射传输方程。$\boldsymbol{S}(\boldsymbol{x},\boldsymbol{\xi})$ 表示空间位置 $\boldsymbol{x}=(x,y,z)=(r,\theta,\phi)$ 沿 $\boldsymbol{\xi}=(\theta,\phi)$ 方向 $\boldsymbol{S}(\boldsymbol{x},\boldsymbol{\xi})=\boldsymbol{S}(\boldsymbol{x})\boldsymbol{\xi}$ 传播的光的斯托克斯矢量，那么矢量传输方程为

$$\boldsymbol{\xi} \cdot \nabla \boldsymbol{S}(\boldsymbol{x},\boldsymbol{\xi}) = -\boldsymbol{K}(\boldsymbol{x},\boldsymbol{\xi})\boldsymbol{S}(\boldsymbol{x},\boldsymbol{\xi}) + \iint_{4\pi} \boldsymbol{Z}(\boldsymbol{x},\boldsymbol{\xi}' \to \boldsymbol{\xi})\boldsymbol{S}(\boldsymbol{x},\boldsymbol{\xi}')\mathrm{d}\boldsymbol{\Omega}(\boldsymbol{\xi}') + \boldsymbol{\Sigma}(\boldsymbol{x},\boldsymbol{\xi})$$

$$(8.52)$$

式中，$\boldsymbol{K}(\boldsymbol{x},\boldsymbol{\xi})$ 是 4×4 衰减矩阵，它描述了在方向 $\boldsymbol{\xi}$ 上传播的光由背景介质和任何嵌入介质中的粒子导致的光衰减；$\boldsymbol{Z}(\boldsymbol{x},\boldsymbol{\xi}' \to \boldsymbol{\xi})$ 是 4×4 相位矩阵，它描述了光在入射子午面中初始偏振态和方向 $\boldsymbol{\xi}'$ 如何散射到最终子午线平面上不同的偏振态和方向 $\boldsymbol{\xi}$；$\boldsymbol{\Sigma}(\boldsymbol{x},\boldsymbol{\xi})$ 是 4×1 的内部光源项，它特指任何发射光，如生物发光或其他波长通过非弹性散射产生的光的斯托克斯矢量。

通常，$\boldsymbol{K}$ 和 $\boldsymbol{Z}$ 的所有16个元素都不是零，它们取决于位置、方向和波长，方程式(8.52)可以描述偏振光在定向非各向同性物质(如晶体)中的传播，这种物质含有任意形状和随机或非随机取向的散射粒子，它对于不同偏振状态的光的吸收是不同的。

相位矩阵 $Z(\xi' \rightarrow \xi)$ 把光从一个子午线平面(用 $\hat{z}$ 和 ξ' 定义)散射到另一个子午线平面(用 $\hat{z}$ 和 ξ 定义),习惯上通常将 $Z(\xi' \rightarrow \xi)$ 作为三个矩阵的乘积。

① 将初始(未散射)斯托克斯矢量从入射子午面变换为散射平面,该平面是包含入射(ξ')和散射(ξ)方向的平面。

② 用散射平面中执行的计算将斯托克斯矢量从方向 ξ' 散射到 ξ。

③ 将最终斯托克斯矢量从散射平面变换到最终子午线平面。

按照这一过程,相位矩阵可写为

$$Z(\xi' \rightarrow \xi) = R(\alpha)M(\xi' \rightarrow \xi)R(\alpha') \tag{8.53}$$

式中,$R(\alpha')$ 是 4×4 矩阵,将入射斯托克斯矢量转换(旋转角度 α')到散射平面;$M(\xi' \rightarrow \xi)$ 是 4×4 散射矩阵,将入射斯托克斯矢量散射到最终斯托克斯矢量,两者都在散射平面中表达;$R(\alpha)$ 是 4×4 矩阵,将最终斯托克斯矢量从散射平面旋转到最终子午线平面。通常,M 称为散射矩阵。在实验室坐标中,M 通常称为穆勒矩阵。当迎着光束观察时,选择逆时针方向为正旋转方向,则斯托克斯矢量旋转矩阵为

$$R(\gamma) = \begin{bmatrix} 1 & 0 & 0 & 0 \\ 0 & \cos 2\gamma & -\sin 2\gamma & 0 \\ 0 & \sin 2\gamma & \cos 2\gamma & 0 \\ 0 & 0 & 0 & 1 \end{bmatrix} \tag{8.54}$$

计算传播方向 ξ' 向 ξ 传播的斯托克斯矢量散射所需的旋转示意图如图 8.5 所示。

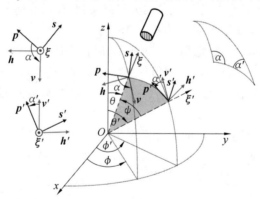

图 8.5 计算传播方向 ξ' 向 ξ 传播的斯托克斯矢量散射所需的旋转示意图

方程式(8.52)还无法应用于海洋问题不是数学的原因,而是因为没有用于所需输入的综合数据或模型。这些矩阵的所有元素要想适用于广泛的海洋水域,还需要进一步简化。

8.5 镜像对称介质的矢量辐射传输方程

如果散射粒子被假设为随机取向和镜像对称,则将大大简化广义矢量辐射传输方程。假设散射介质由随机取向的镜像对称粒子组成,那么体介质是方向各向同性的,并且是镜像对称的。在这种情况下,衰减矩阵变为对角矩阵,每个元素等于 K_{11}。因此,所有

偏振态和传播方向都有一个共同的衰减系数,即

$$K(x, \xi) = c(x) \begin{bmatrix} 1 & 0 & 0 & 0 \\ 0 & 1 & 0 & 0 \\ 0 & 0 & 1 & 0 \\ 0 & 0 & 0 & 1 \end{bmatrix} \tag{8.55}$$

式中,c 是海洋光束衰减系数,$c = K_{11}$。此外,散射矩阵变成块对角矩阵,并且散射只依赖于方向 ξ' 和 ξ 之间的夹角,而不依赖于方向 ξ' 和 ξ 本身。散射角 ψ 由下式决定:

$$\cos \psi = \xi' \cdot \xi = \cos \theta' \cos \theta + \sin \theta' \sin \theta \cos(\varphi - \varphi') \tag{8.56}$$

散射矩阵的形式为

$$M = \begin{bmatrix} M_{11}(\psi) & M_{12}(\psi) & 0 & 0 \\ M_{12}(\psi) & M_{22}(\psi) & 0 & 0 \\ 0 & 0 & M_{33}(\psi) & M_{34}(\psi) \\ 0 & 0 & -M_{34}(\psi) & M_{44}(\psi) \end{bmatrix} \tag{8.57}$$

各向同性镜像对称介质的限制给出了一个只有 6 个独立元素的散射矩阵。许多海洋粒子显然不是球形的,但它们看起来都是镜像对称的良好近似。许多种类的浮游植物,如果不是大致呈球形,应至少具有双侧对称性。定义约化散射矩阵 $\widetilde{M}(\psi)$ 为每个元素都被元素 $M_{11}(\psi)$ 归一化的散射矩阵 $\widetilde{M}_{ij}(\psi) = M_{ij}(\psi)/M_{11}(\psi)$,元素 $M_{11}(\psi)$ 是非偏振光散射到非偏振光的体散射函数。

总之,随机取向的镜像对称粒子的假设给出了各向同性的镜像对称介质,对广义矢量辐射传输方程有两个非常重要的简化:① 衰减系数不依赖于极化的方向或状态;② 散射矩阵只有 6 个独立的元素,这只取决于散射角、位置和波长。如果进一步假设海洋的光学性质只取决于深度 z,并且边界条件是水平均匀的,那么三维矢量辐射传输方程等号的左边将简化为一维的普通空间导数,即

$$\xi \cdot \nabla S(x, \xi) = \cos \theta \frac{\mathrm{d}}{\mathrm{d}z} S(z, \theta, \phi) \tag{8.58}$$

同样,其他位置参数也只简化为深度,得到的一维矢量辐射传输方程为

$$\cos \theta \frac{\mathrm{d}}{\mathrm{d}z} S(z, \theta, \phi) = -c(z) S(z, \theta, \phi) +$$

$$\iint_{4\pi} R(\alpha) M(z, \psi) R(\alpha') S(z, \theta', \phi') \sin \theta' \mathrm{d}\theta' \mathrm{d}\phi' + \Sigma(z, \theta, \phi) \tag{8.59}$$

积分范围为所有入射方向的 4π 立体角度。求解方程(8.59)需要知道相位矩阵的元素 M_{11}、M_{12}、M_{22}、M_{33}、M_{34} 和 M_{44}。在海洋学的野外工作中,甚至连体散射函数也没有常规的测量。因此,在求解矢量辐射传输方程时,通常采用一定的模型来建立所需的散射矩阵元,这个模型通常是米氏理论,它基于球形粒子假设。三维矢量辐射传输方程通常用蒙特卡洛方法求解。一维几何的假设给出了一个矢量辐射传输方程,它适用于各种其他数值求解技术,这些技术在大气和海洋光场的许多研究中都得到了应用。

8.6   标量辐射传输方程

尽管太阳的直射光束没有偏振,但水下光场通过海洋表面的传输和在水体内的散射而部分线性偏振。在许多情况下,只考虑总辐射,而不考虑其偏振状态,海洋光学中使用的大多数仪器在设计上对极化不敏感。此外,许多有趣的过程如浮游植物吸收光来驱动光合作用,并不依赖于偏振状态。因此,通过散射矩阵将该线偏振光转换为非偏振光,将对总辐射有贡献。

设 $c=\cos 2\alpha$, $s'=\sin 2\alpha'$ 等表示广义辐射传输方程式(8.53)和式(8.54)的旋转角度,设 $M_{ij}=M_{i,j}(\psi)$ 并应用 $\pmb{M}$ 矩阵乘法后的相位矩阵变为

$$\pmb{Z}=\begin{bmatrix} M_{11} & c'M_{12} & -s'M_{12} & 0 \\ cM_{12} & c'cM_{22}-s'sM_{33} & -s'cM_{22}-c'sM_{33} & 0 \\ sM_{12} & c'sM_{22}+s'cM_{33} & -s'sM_{22}+c'cM_{33} & 0 \\ 0 & 0 & 0 & M_{44} \end{bmatrix} \tag{8.60}$$

式(8.60)表明,线性偏振(Q 和 U 斯托克斯矢量参量)通过 M_{12} 矩阵元和将入射线性偏振带入散射平面的旋转角对总 I 分量有贡献,因为总辐射与坐标系无关,因此 I 不依赖于从散射平面到最终子午平面的旋转角度。由于 $Z_{14}=0$,因此水的体积散射不能将圆偏振光(V)转换为非偏振光。

仅为斯托克斯矢量的第一个元素写出上一节中的式(8.59),则

$$\cos\theta\,\frac{\mathrm{d}}{\mathrm{d}z}I(z,\theta,\phi)=-c(z)I(z,\theta,\varphi)+$$

$$\iint_{4\pi}M_{11}(z,\psi)I(z,\theta',\phi')\sin\theta'\mathrm{d}\theta'\mathrm{d}\varphi'+\Sigma_I(z,\theta,\phi)+$$

$$\iint_{4\pi}\cos\alpha'M_{12}(z,\psi)Q(z,\theta',\phi')\sin\theta'\mathrm{d}\theta'\mathrm{d}\phi'-$$

$$\iint_{4\pi}\sin\alpha'M_{12}(z,\psi)U(z,\theta',\phi')\sin\theta'\mathrm{d}\theta'\mathrm{d}\phi' \tag{8.61}$$

这是总辐射 $I(z,\theta,\phi)$ 的正确的一维辐射传输方程,但是这个方程无法求解,因为 Q 和 U 是未知的。

如前所述,矢量辐射传输方程的常规解并不是受限于数学的阻碍,而是由于缺少各种水体成分(浮游植物、矿物颗粒、微气泡等)的散射矩阵所需的输入。针对这种情况,建模者只是简单地去掉式(8.61)中涉及 M_{12} 的两个积分,这相当于一个特别的假设(几乎总是不正确的),即水下辐射分布是非偏振的,但是,结果是总辐射的标量辐射传输方程,仅需要波束衰减和体散射函数作为输入。与散射矩阵的其他元素相比,体散射函数的可用数据和模型要多得多,因此折中的方法是降低精度,以换取需要较少的输入和进行更简单的数学运算。

在海洋光学中,通常把总辐射量写成 $L(z,\theta,\phi,\lambda)$ 而不是 $I(z,\theta,\phi,\lambda)$,体散射函数通常写为强调散射角的 $\beta(z,\psi,\lambda)=M_{11}(z,\psi,\lambda)$ 或者强调散射光的初始方向和最终方向的 $\beta(z;\theta',\phi'\rightarrow\theta,\phi;\lambda)$。随着这些符号的变化,常见的一维标量辐射传输方程为

$$\cos\theta\frac{dL(z,\theta,\phi,\lambda)}{dz} = -c(z,\lambda)L(z,\theta,\phi,\lambda) +$$

$$\int_0^{2\pi}\int_0^{\pi}L(z,\theta',\phi',\lambda)\beta(z;\theta',\phi'\rightarrow\theta,\phi;\lambda)\sin\theta'd\theta'd\phi' +$$

$$\Sigma(z,\theta,\phi,\lambda) \tag{8.62}$$

式(8.62)以几何深度 z 表示位置,固有光学性质用光束衰减系数 c 和体散射函数 β 表示,这种形式的方程便于在多个波长下进行研究,因为几何深度 z 与固有光学性质无关。

光束衰减系数是吸收系数和散射系数之和,即 $c=a+b$,体散射函数通常被写为散射系数和散射相位函数的乘积,即 $\beta(z,\psi,\lambda)=b(z,\lambda)\tilde\beta(\psi)$。用 c 除以标量辐射传输方程,定义光学深度 $d\zeta=cdz$,用 $\omega_0=b/c$ 定义单次散射反照率,式(8.62)可以表示为

$$\cos\theta\frac{dL(\zeta,\theta,\phi,\lambda)}{d\zeta} = -L(\zeta,\theta,\phi,\lambda) +$$

$$\omega_0(\zeta,\lambda)\int_0^{2\pi}\int_0^{\pi}L(\zeta,\theta',\phi',\lambda)\tilde\beta(\zeta;\theta',\phi'\rightarrow\theta,\phi;\lambda)\sin\theta'd\theta'd\phi' +$$

$$\frac{1}{c(\zeta,\lambda)}\Sigma(\zeta,\theta,\phi,\lambda) \tag{8.63}$$

式(8.63)以无量纲光学深度 ζ 表示位置,用单次散射反照率和散射相位函数表示固有光学性质,这种形式便于在一个波长上进行理论研究。由于光学深度取决于其固有光学性质,因此很难用于多波长。因此,相同的几何深度(m)对应于不同波长的不同光学深度。

忽略式(8.61)中的 M_{12} 项而导致的总辐射计算值的误差大小可以粗略估计如下:测量表明,水下光场是部分线性偏振的。线偏振度很少超过 0.5,通常为 $0.1\sim0.3$,如当 $\psi=90°$ 时,$M_{12}(\psi)/M_{11}(\psi)$ 的最大值为 0.8,取散射角 $90°$ 时 $Q/I=0.3$,$M_{12}Q$(或 $M_{12}U$)与 $M_{11}I$ 项的比值为

$$\frac{M_{12}Q}{M_{11}I}=0.8\times0.3=0.24 \tag{8.64}$$

因此,对于与未被散射方向成直角的观察方向(通常是太阳在水中的直射光束),单次散射的误差为 25%。然而,对于近前向和近后向散射角,M_{12} 约为 0,误差要小得多。此外,多次散射会降低偏振度。因此,忽略式(8.61)中的 M_{12} 项似乎是合理的,在某些方向上,忽略 M_{12} 项可能会导致总辐射率误差高达百分之几十,但在其他方向上,误差可能在 10% 左右,甚至更小。这个误差可以是正的,也可以是负的,这取决于 Q 和 U 的符号,也就是说,在某些方向上,辐射值太大,而在其他方向上,辐射值太小。当计算辐照度时,这些误差往往会被抵消,辐照度是辐射沿方向的积分。虽然计算的总辐射量中的误差为 10%(可能更大),但相应辐照度中的误差仅为 1%。与矢量辐射传输方程相比,这被认为是求解辐射传输方程的更简单性的可接受折中方法。

计算水下辐射的最大误差通常不是来自广义矢量辐射传输方程的近似,而是来自简化矢量辐射传输方程或标量辐射传输方程的输入,如果利用吸收和散射系数的一般生物－地理－光学模型将叶绿素和矿物颗粒浓度转换为固有光学性质,这一点尤其如此。吸收系数 10% 的误差很容易导致计算出的深度辐射或深度辐照度的一个数量级的误

差。通过对相位函数的猜测或建模，可以得到反向散射方向上两个或多个误差因子，从而给出离水辐射中相同大小的误差。当然可以在测量和基于标量辐射传输方程的预测之间获得非常好的一致性，但是需要不断更多地测量所有需要的输入。

8.7　标准形式的辐射传输方程

前面得到的标量辐射传输方程是从基础物理开始，得到了假设和近似的结果，并讨论了由这些简化导致的误差。对于标量辐射传输方程的启发式推导仍有一定的价值，这种推导虽然并不严格，但它确实为标量辐射传输方程提供了一个额外的视角，特别是对方程中各种项的解释。在可以忽略偏振的范围内，标量辐射传输方程表示了通过吸收、散射和发射介质的准直辐射光束的能量守恒。考虑到所有可以减少或增加光束能量的过程，在唯象水平上写下光束的能量平衡方程中的以下 6 个过程。

（1）通过光的湮没和将辐射能转换为非辐射能（吸收）导致光束中能量的损失。

（2）在波长不变的情况下，从光束散射到其他方向的能量损失（弹性散射）。

（3）通过非弹性散射导致光束中能量损失，并转变为其他波长。

（4）光束通过其他方向的弹性散射获得的能量。

（5）通过非弹性散射（可能是从其他方向）获得的能量。

（6）光束通过将非辐射能转换为辐射能（发射）所获得的能量而产生的光。

随传播距离 Δr，由于吸收而引起的辐亮度变化与入射辐亮度成正比，即入射辐亮度越多，吸收损失越大，这可以表示为

$$\frac{L(r+\Delta r,\theta,\phi,\lambda)-L(r,\theta,\phi,\lambda)}{\Delta r}=\frac{\Delta L(r+\Delta r,\theta,\phi,\lambda)}{\Delta r}=-a(r,\lambda)L(r,\theta,\phi,\lambda)$$

$$(8.65)$$

式中，$\Delta L(r+\Delta r,\theta,\phi,\lambda)$ 表示 L 在 r 和 $r+\Delta r$ 之间的变化；"$-$" 是必要的，因为辐亮度沿 r 的增加而减小（能量衰减）；比例常数 $a(r,\lambda)$ 是固有光学性质中的吸收系数。在感兴趣的波长 λ 处的吸收既可以解释转换为非辐射形式的能量（吸收），也可以解释从波长 λ 处消失并在不同波长处重新出现的能量（非弹性散射）。任何一个过程都会导致波长为 λ 的光束能量损失。

类似地，由于弹性散射从光束方向(θ,ϕ)散射到所有其他方向造成的损失可以写为

$$\frac{\Delta L(r+\Delta r,\theta,\phi,\lambda)}{\Delta r}=-b(r,\lambda)L(r,\theta,\phi,\lambda)$$

$$(8.66)$$

式中，$b(r,\lambda)$ 是固有光学性质中定义的散射系数。

在位置 $r+\Delta r$、方向(θ,ϕ) 处，散射体积内的强度 $I_s(r+\Delta r,\theta,\phi,\lambda)$ 为

$$I_s(r+\Delta r,\theta,\phi,\lambda)=E_i(\theta',\phi',\lambda)\beta(\theta',\phi'\rightarrow\theta,\phi;\lambda)\Delta V$$

$$(8.67)$$

式中，β 是单位体积、单位入射辐照度的散射强度，所有这些强度都是沿 Δr 从(θ',ϕ') 散射到(θ,ϕ)，因此 $\Delta I_s(r+\Delta r,\theta,\phi,\lambda)=I_s(r+\Delta r,\theta,\phi,\lambda)$。入射辐照度 E_i 是在垂直于入射光束方向的表面上计算的，可以将辐照度 E_i 写为入射辐亮度乘入射光束的立体角，即

$$E_i(\theta',\phi',\lambda)=L(\theta',\phi',\lambda)\Delta\Omega(\theta',\phi')$$

$$(8.68)$$

强度是辐亮度乘面积，因此，沿着路径长度 Δr 和面积 ΔA 的散射体积处的强度为

$$\Delta I_s(r+\Delta r,\theta,\phi,\lambda)=\Delta L(r+\Delta r,\theta,\phi,\lambda)\Delta A \qquad (8.69)$$

式中，$\Delta L(r+\Delta r,\theta,\phi,\lambda)$ 是沿着路径长度 Δr 和面积 ΔA 的散射体积为 $\Delta V=\Delta r\Delta A$ 内散射产生的辐亮度，由式(8.67)～(8.69)可得

$$\frac{\Delta L(r+\Delta r,\theta,\phi,\lambda)}{\Delta r}=L(\theta',\phi',\lambda)\beta(\theta',\phi'\rightarrow\theta,\phi;\lambda)\Delta\Omega(\theta',\phi') \qquad (8.70)$$

式(8.70)给出了从一个特定方向 (θ',ϕ') 的散射对 $\Delta L(r+\Delta r,\theta,\phi,\lambda)/\Delta r$ 的贡献。然而，环境辐射可能从各个方向通过散射体积区域，可以通过对式(8.70)的等号右边进行积分，给出所有贡献的求和为

$$\frac{\Delta L(r+\Delta r,\theta,\phi,\lambda)}{\Delta r}=\int_0^{2\pi}\int_0^{\pi}L(\theta',\phi',\lambda)\beta(\theta',\phi'\rightarrow\theta,\phi;\lambda)\sin\theta'\mathrm{d}\theta'\mathrm{d}\phi' \qquad (8.71)$$

对于其他波长 $\lambda'\neq\lambda$ 的非弹性散射产生的辐射对沿路径长度 Δr、方向 (θ,ϕ) 的波长 λ 的贡献，如水分子的拉曼散射或叶绿素或CDOM分子的荧光贡献，以及通过发射(如通过生物发光)产生的辐射对沿路径长度 Δr、方向 (θ,ϕ) 的波长 λ 的贡献，可以简单地概括为一个通用的源函数，该函数表示通过任何非弹性散射或发射过程沿路径长度 Δr、方向 (θ,ϕ) 对波长 λ 的贡献，可以表示为

$$\frac{\Delta L(r+\Delta r,\theta,\phi,\lambda)}{\Delta r}=S(r,\theta,\phi,\lambda) \qquad (8.72)$$

源函数 S 的数学形式并不特定，可以采用理论上的极限。

可以求出 L 沿 Δr 变化的各种贡献的总和 $(\Delta r\rightarrow 0)$，并表示为

$$\frac{\mathrm{d}L(r,\theta,\phi,\lambda)}{\mathrm{d}r}=\lim_{\Delta r}\frac{\Delta L(r+\Delta r,\theta,\phi,\lambda)}{\Delta r} \qquad (8.73)$$

所有 6 个辐射过程引起的净辐射变化是式(8.65)、式(8.66)、式(8.71)和式(8.72)等号右侧的总和，因此，得到了一个公式，将沿给定光束方向的辐射随距离的变化与介质的光学特性以及其他方向的环境辐射率联系起来，则有

$$\frac{\mathrm{d}L(r,\theta,\phi,\lambda)}{\mathrm{d}r}=-[a(r,\lambda)+b(r,\lambda)]L(r,\theta,\phi,\lambda)+$$

$$\int_0^{2\pi}\int_0^{\pi}L(r,\theta',\phi',\lambda)\beta(r;\theta',\phi'\rightarrow\theta,\phi;\lambda)\sin\theta'\mathrm{d}\theta'\mathrm{d}\phi'+$$

$$S(r,\theta,\phi,\lambda)\quad(\mathrm{W}\cdot\mathrm{m}^{-3}\cdot\mathrm{sr}^{-1}\cdot\mathrm{nm}^{-1}) \qquad (8.74)$$

式(8.74)是描述光束辐射沿路径变化的传输方程的一种形式。在海洋学中，通常很方便地使用一个坐标系，深度 z 垂直于平均海面，向下为正。因此，深度 z 是比沿光束路径的位置 r 更方便的空间坐标。r 的变化与 z 的变化有关，在极坐标中 $\mathrm{d}r=\mathrm{d}z/\cos\theta$，在式(8.74)中使用这一关系式，假设海洋是水平均匀的，并应用 $a+b=c$，得到

$$\cos\theta\frac{\mathrm{d}L(z,\theta,\phi,\lambda)}{\mathrm{d}z}=-c(z,\lambda)L(z,\theta,\phi,\lambda)+$$

$$\int_0^{2\pi}\int_0^{\pi}L(z,\theta',\phi',\lambda)\beta(z;\theta',\phi'\rightarrow\theta,\phi;\lambda)\sin\theta'\mathrm{d}\theta'\mathrm{d}\phi'+$$

$$S(z,\theta,\phi,\lambda) \qquad (8.75)$$

式(8.75)将位置用几何深度 z 表示，将固有光学性质用光束衰减系数 c 和体散射函

数 β 表示。其他形式的辐射传输方程也经常使用,无量纲光学深度 ζ 定义为

$$d\zeta = c(z,\lambda)dz \qquad (8.76)$$

将式(8.75)除以 $c(z,\lambda)$ 并使用式(8.76),得出以光学深度表示的辐射传输方程,使用 $\mu = \cos\theta$ 作为极角变量也很常见。可以将体散射函数 β 因子化为散射系数 b 乘散射相位函数 $\widetilde{\beta}$,最后应用单次散射的反照率定义 $\omega_0 = b/c$,式(8.75)可以表示为

$$\mu \frac{dL(\zeta,\mu,\phi,\lambda)}{d\zeta} = -L(\zeta,\mu,\phi,\lambda) +$$
$$\omega_0(\zeta,\lambda) \int_0^{2\pi} \int_0^{\pi} L(\zeta,\mu',\phi',\lambda) \widetilde{\beta}(\zeta;\mu',\phi' \to \mu,\phi;\lambda) d\mu' d\phi' +$$
$$\frac{1}{c(\zeta,\lambda)} S(\zeta,\mu,\phi,\lambda) \qquad (8.77)$$

式(8.77)把所有的量都表示为光学深度的函数。

式(8.74)、式(8.75)或式(8.77)被称为单波长、一维(深度是唯一的空间变量)、与时间无关的辐射传输方程。

式(8.77)形式的辐射传输方程产生了一个重要的结果,即在无源($S=0$)水域中,任何两个具有相同的单次散射反照率 ω_0、散射相位函数 $\widetilde{\beta}$ 和边界条件(包括入射辐亮度)的水体在给定的光学深度上将具有相同的辐亮度分布 L,这就是为什么光学深度 ζ、单次散射反照率 ω_0 和散射相位函数 $\widetilde{\beta}$ 常常是辐射传输理论中的首选变量。另外,将吸收和散射系数 a 和 b 加倍会使 ω_0 保持不变,在给定的光学深度下,辐亮度保持不变,然而,当固有光学性质发生这种变化后,对应于给定光学深度的几何深度将不同。可以通过对式(8.76)进行积分将几何深度转换为光学深度,反之亦然,即

$$\zeta = \int_0^z c(z',\lambda)dz', \quad z = \int_0^\zeta \frac{d\zeta'}{c(\zeta',\lambda)} \qquad (8.78)$$

对于不同的波长,对应于给定几何深度 z 的光学深度 ζ 通常不同,因为光束衰减系数 c 取决于波长,这对海洋学工作是不方便的,所以式(8.75)通常是海洋学辐射传输方程的首选形式。

现在已经得出了一种适合许多海洋光学工作的辐射传输方程,从技术上讲,辐射传输方程是一个线性积分微分方程,因为它同时包含未知辐亮度的积分和导数,这使得求解给定固有光学性质和边界条件的方程相当困难。幸运的是,辐亮度只显现出一次幂。然而,除了一些极少数的特殊情况如非散射水,辐射传输方程几乎没有解析解。因此,必须采用复杂的数值方法来求解真实海洋条件下的辐射传输方程。

8.8 内部光源的解析渐近解

考虑一个无限深的海洋,具有均匀的固有光学性质和均匀分布的生物发光物质,这种物质是各向同性发射的,光源函数为 $S(z,\theta,\phi,\lambda) = S_0$(单位为 $W \cdot m^{-3} \cdot sr^{-1} \cdot nm^{-1}$),则海洋深处的光谱辐亮度略去波长的辐射传输方程是

$$\cos\theta \frac{dL(z,\theta,\phi)}{dz} = -cL(z,\theta,\phi) +$$

$$\int_0^{2\pi}\int_0^{\pi}L(z,\theta',\phi')\beta(\theta',\phi'\to\theta,\phi)\sin\theta'\mathrm{d}\theta'\mathrm{d}\phi'+S_0 \tag{8.79}$$

由于辐射源方向是各向同性的,当深度足够远离表面边界时,辐亮度也应该与方向无关。由于光源及其深度是恒定的,所以当距离表面边界较远时,辐亮度不应依赖于深度,即在深处 $L(z,\theta,\phi)=L_0$ 是一个常数。因此,辐射传输方程的左侧为零,并且可以从路径积分中提取出 L,辐射传输方程变为

$$0=-cL_0+L_0\int_0^{2\pi}\int_0^{\pi}\beta(\theta',\phi'\to\theta,\phi)\sin\theta'\mathrm{d}\theta'\mathrm{d}\phi'+S_0 \tag{8.80}$$

体散射函数所有方向(所有散射角)上的积分定义为散射系数 b,因此,辐射传输方程简化为

$$0=-cL_0+L_0b+S_0 \tag{8.81}$$

得到辐亮度为

$$L_0=\frac{S_0}{a} \tag{8.82}$$

式中,a 是吸收系数,$a=c-b$。这与在讨论辐射传输方程的精确解析解时,假定无散射的情况下导出的渐近解相同,这个简单的解适用于任何体散射函数。

8.9　光束扩散函数和点扩散函数

8.9.1　光束扩散函数

考虑一个沿 $\theta=0$ 方向的发射光谱功率为 P 的准直光源,其几何图形如图 8.6 所示。当光束通过介质时,散射会使光束像图中实线箭头所示的那样扩展,吸收会降低光束功率。散射和吸收的综合效应在半径为 r 的球体表面上以相对于发射光束的方向为 θ 角给出一些光谱辐照度 $E(r,\theta)$。将光束扩散函数(BSF)定义为检测到的辐照度对发射功率的归一化,即

$$\mathrm{BSF}(r,\theta)=\frac{E(r,\theta)}{P}\quad(\mathrm{m^{-2}}) \tag{8.83}$$

用于测量 $E(r,\theta)$ 的辐照度传感器是一个平面辐照度传感器,它相对于探测器表面法线的角度具有余弦响应。

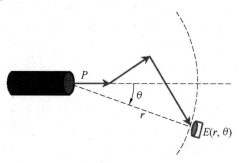

图 8.6　用于定义光束扩散函数的几何图形

8.9.2 点扩散函数

考虑一个以余弦模式发射光谱强度为 $I(\gamma)$ 的光源，其几何图形如图 8.7 所示，则发射强度的角分布是

$$I(\gamma) = \begin{cases} \dfrac{P}{\pi}\cos\lambda, 0 \leqslant \lambda \leqslant \dfrac{\pi}{2} & (\mathrm{W} \cdot \mathrm{nm}^{-1} \cdot \mathrm{sr}^{-1}) \\ 0, \quad \dfrac{\pi}{2} < \lambda \leqslant \pi \end{cases} \tag{8.84}$$

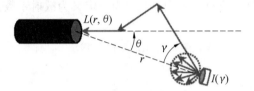

图 8.7　用于定义点扩散函数的几何图形

将式(8.84)在所有立体角上积分，可给出发射的总光谱功率 P，即

$$\int_0^{2\pi} \int_0^{\pi} I(\gamma)\sin\gamma\,\mathrm{d}\gamma\,\mathrm{d}\alpha = P \tag{8.85}$$

式中，α 是发射强度的方位角，发射强度不依赖于 α。发射的强度将产生辐亮度 $L(r,\theta)$，其中 r 是与光源的距离，θ 是从发射强度的 $\gamma = 0$ 轴测量的方向。点扩散函数(Point Spread Function，PSF)被定义为检测的辐亮度对最大发射强度的归一化，即

$$\mathrm{PSF}(r,\theta) = \frac{L(r,\theta)}{\left(\dfrac{P}{\pi}\right)} \quad (\mathrm{m}^{-2}) \tag{8.86}$$

了解体散射函数(Volume Scattering Function，VSF)与光束或点扩散函数之间的区别是很重要的，体散射函数描述了单一散射事件的光的重新定向，它只取决于散射角。点扩散函数描述了光从光源传播到探测器时散射和吸收的累积效应，因此，点扩散函数取决于介质的散射和吸收特性，以及从光源到探测器的距离。

8.10　激光雷达方程

激光雷达方程是计算给定发射激光功率下返回给定接收器的功率及激光雷达光束通过的介质的光学特性和目标特性。然而，有许多版本的激光雷达方程，每一个都是为特定的应用量身定做的，如 Measures 提出了建立激光雷达方程，用于介质弹性和非弹性后向散射、荧光目标、地形目标、长路径吸收、宽带激光等。

本节的激光雷达方程适用于在机载平台上用窄束激光对海洋进行成像，以及探测散射层或水中目标，该方程清晰地反映了大气和海面传输、水体散射函数和光束传播函数、水体漫反射衰减以及发射器和接收器的光学影响。表 8.1 给出了与激光雷达方程推导有关的变量。图 8.8 所示为用于探测散射层的激光雷达系统的几何结构，左图说明了物理变量，右图显示了系统光学。

表 8.1　与激光雷达方程推导有关的变量

变量	定义	单位
H	飞机离海面的高度	m
z	成像水层的深度	m
Δz	成像水层的厚度	m
P_t	激光发射的功率	W
ΔP_r	从水层 Δz 检测到的功率	W
T_a	空气透过率	无单位
T_s	水面透射率	无单位
A_r	接收孔径面积	m^2
Ω_{FOV}	接收器视野立体角	sr
A_z	接收器看到的 z 深度区域	m^2
Ω	从深度 z 看接收孔径的立体角	sr
β_π	180° 后向散射的水体散射函数	$m^{-1} \cdot sr^{-1}$
BSF	水光束扩散函数	m^{-2}
E_i	z 处水层上的入射(向下)辐照度	$W \cdot m^{-2}$
ΔE_r	水层 Δz 反射(向上)的辐照度	$W \cdot m^{-2}$
$\overline{K}_{up}$	对于上行(返回)辐照度 ΔE_r 深度平均($0 \sim z$)衰减系数	m^{-1}

用于上述目的激光雷达方程的推导通过以下步骤进行。

(1) 如图 8.8 所示,脉冲激光发射功率为 P_t,脉冲传输通过大气和海面后,紧靠水面下的功率为

$$P_w(0) = P_t T_a T_s \tag{8.87}$$

(2) 激光脉冲进入水中时仍然是一束窄光束,但随后由于散射而开始扩散,并通过吸收而衰减,这个过程由光束扩散函数来量化。入射到水深 z 处的轴向辐照度,根据光束扩散函数,可以得到

$$E_i(z) = P_w(0) \text{BSF}(z, \theta = 0) \tag{8.88}$$

(3) 在深度 z 处由层厚度为 Δz 反射的辐照度为

$$\Delta E_r(z) = E_i(z) \beta_\pi(z) \Omega \Delta z \tag{8.89}$$

式中,立体角 Ω 由接收器的孔径大小和接收器到 z 处的距离决定。

(4) 从层厚度 Δz 向上的辐照度 $\Delta E_r(z)$ 将被某些漫射衰减函数 K_{up} 衰减,当 ΔE_r 传播回海面时,有

$$\Delta E_r(0) = \Delta E_r(z) \exp(-K_{up} z) \tag{8.90}$$

接收器只能看到深度 z 处的 A_z 区域,假设 A_z 小于在深度 z 处由扩展激光束照亮的总面积,因此,可以将 $\Delta E_r(z)$ 乘 A_z,从而得到接收器所看到的离开照亮区域的功率。到达表面的总功率中能被探测器看到的部分为

$$\Delta P_r(0) = \Delta E_r(z) A_z \exp(-\overline{K}_{up} z) \tag{8.91}$$

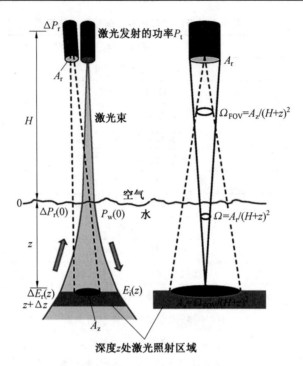

图 8.8　用于探测散射层的激光雷达系统的几何结构

A_z 由接收器视场和接收器到 z 处的距离决定。

（5）紧靠海面下的功率通过水面和大气传输到接收器，检测到的功率为

$$\Delta P_r = \Delta P_r(0) T_s T_a \tag{8.92}$$

（6）综合以上结果得到

$$\Delta P_r = P_t T_a^2 T_s^2 A_z \Omega \mathrm{BSF}(z,0)\beta_\pi \exp(-\bar{K}_{up}z)\Delta z \tag{8.93}$$

（7）A_z 和 Ω 可以用已知参量表达，这里只考虑由层厚度 Δz 反射到立体角 Ω 中能够到达接收器的功率。如图 8.8 中的右图所示，接收器孔径面积 A_r 和距离 $H+z$ 决定了 $\Omega = A_r/(H+z)^2$，只有从 A_z 区域进入 Ω 的功率才能被接收器看到，并到达接收器。A_z 由接收器视场立体角 Ω_{FOV} 和范围 $A_z = \Omega_{FOV}(H+z)^2$ 确定。因此，前面方程中的 $A_z\Omega$ 因子可以重写为

$$A_z\Omega = \Omega_{FOV}(H+z)^2 \frac{A_r}{(H+z)^2} = A_r\Omega_{FOV} \tag{8.94}$$

式（8.94）显示了接收光学系统如何影响探测功率，这是光学工程中"$A\Omega$"定理的应用，$A\Omega$ 也称为系统的吞吐量。严格地说，进入水中时，空气中的立体角 Ω_{FOV} 减小为原来的 $1/n^2$，n 是水的折射率，然而，当进入空气中时，水中的立体角 Ω 增大为原来的 n^2 倍。对于往返传播，空气 → 水 → 空气，这些 n^2 因子抵消了。因此，它们在图 8.8 中的右图里被忽略了。

（8）综合上述结果得出所需的激光雷达方程为

$$\Delta P_r = P_t T_a^2 T_s^2 A_r \Omega_{FOV} \mathrm{BSF}(z,0)\beta_\pi \exp(-K_{up}z)\Delta z \tag{8.95}$$

这个方程很好地显示了传输功率（P_t）、大气和地面传输（$T_a^2 T_s^2$）、接收光学（$A_r\Omega_{FOV}$）、水

体 $(\mathrm{BSF}(z,0)\beta_\pi \exp(-\bar{K}_{up}z))$、和层厚度 (Δz) 的影响。这个方程也说明,为了理解激光雷达数据,需要知道的水的固有光学特性是光束扩散函数和 β_π。

K_{up} 取决于水的光学特性和成像系统的细节。直观地预期,为水平上行辐照度的小部分定义的 K_{up} 将大于为水平无限光场定义的上行辐照度的漫射衰减系数 K_u;同样地, K_{up} 将小于光束衰减系数 c,因此 $K_u < K_{up} < c$。因为 K_{up} 是有限反射辐照度的衰减函数,所以计算它的值本质上是一个三维辐射传输问题。因此,要更准确地确定 K_{up} 的值,需要对特定系统和水体进行实际测量,或者根据给定系统和水体特性进行三维辐射传输模拟(通常是蒙特卡洛模拟)。

为了更好地理解激光雷达方程,考虑下面的应用例子,假设用 532 nm 的激光探测水中面积为 1 m^2 的物体,接收器视场必须足够小,以便能将物体与其周围环境区分开来。对于 $H=100$ m 和 $z=10$ m,要求

$$\Omega_{\mathrm{FOV}} \leqslant \frac{1}{100+10} \approx 8 \times 10^{-5} \quad (\mathrm{sr}) \tag{8.96}$$

对于半径为 $r=15$ cm 的接收望远镜, $A_r = \pi r^2 \approx 0.07$ m^2,正入射到海面的 T_s 约为 0.97;对于晴朗的大气, T_a 约为 0.98;假设水是 Ⅰ 型沿岸水,其 $K_d(532) \approx 0.15$ m^{-1},并假设 $\bar{K}_{up}=K_d$;进一步假设 $\mathrm{BSF} \approx \exp(-0.2z)$,取 $\beta_\pi = 10^{-3}$ $\mathrm{m}^{-1} \cdot \mathrm{sr}^{-1}$。深度为 10 m 处的 $\Delta z=1$ m,由水中返回的发射功率的部分为

$$\frac{\Delta P_r}{P_t} = (0.98)^2 \times (0.97)^2 \times (0.07) \times (8 \times 10^{-5}) \mathrm{e}^{-0.2 \times 10} (10^{-3}) \mathrm{e}^{-0.15 \times 10} \times 1$$
$$\approx 1.5 \times 10^{-10} \tag{8.97}$$

假设激光束在 $z=10$ m 处照射到物体,这个物体的表面是 2%(辐照度)反射率的朗伯反射器,那么有 E_i 的 2% 被反射到 2π(sr)内。层后向散射 $\beta_\pi \Delta z=0.001$ sr^{-1} 被替换为

$$\frac{0.02}{2\pi} \approx 0.003 \quad (\mathrm{sr}^{-1}) \tag{8.98}$$

如果所有其他项保持不变,返回的物体信号将是水本身信号的 3 倍。

8.11　海洋光学中的能量守恒

在海洋中进行辐亮度或辐照度测量时,有时很难证实能量是守恒的。当比较海面上和海面下的测量结果,测量(或预测)的辐射量如果没有正确"相加"时,最容易出现混淆。首先要注意的是能量守恒定律,而不是辐亮度或辐照度守恒定律。因此,必须用辐亮度或辐照度来表达能量守恒定律。

8.11.1　Gershun 定律

辐射传输方程是能量守恒的一种表述,它解释了一群光子沿固定方向的路径在水中运动时的所有损失和增益。下面推导一个在水中的一个固定点上成立的守恒定律,通过这个点的光子可以向各个方向运动。

一维、与时间无关、无源辐射传输方程为

$$\cos\theta\,\frac{\mathrm{d}L(z,\theta,\phi,\lambda)}{\mathrm{d}z}=-c(z,\lambda)L(z,\theta,\phi,\lambda)+$$

$$\int_0^{2\pi}\int_0^{\pi}L(z,\theta',\phi',\lambda)\beta(\theta',\phi'\rightarrow\theta,\phi)\sin\theta'\mathrm{d}\theta'\mathrm{d}\phi' \tag{8.99}$$

对式(8.99)在所有方向进行积分。为了简洁起见,去掉波长参数,并将立体角微分元素 $\sin\theta\mathrm{d}\theta\mathrm{d}\phi$ 写成 $\mathrm{d}\Omega(\theta,\phi)$,由式(8.99)的左侧得到

$$\int_0^{2\pi}\int_0^{\pi}\cos\theta\,\frac{\mathrm{d}L(z,\theta,\phi)}{\mathrm{d}z}\mathrm{d}\Omega(\theta,\phi)=\frac{\mathrm{d}}{\mathrm{d}z}\int_0^{2\pi}\int_0^{\pi}L(z,\theta,\phi)\cos\theta\mathrm{d}\Omega(\theta,\phi)$$

$$=\frac{\mathrm{d}}{\mathrm{d}z}\big[E_{\mathrm{d}}(z)-E_{\mathrm{u}}(z)\big] \tag{8.100}$$

对于 $\pi/2-\theta\leqslant\pi$ 而言,$\cos\theta<0$,应用上行和下行平面辐照度作为辐亮度积分的定义,则 $-cL$ 项变为

$$-\int_0^{2\pi}\int_0^{\pi}c(z)L(z,\theta,\phi)\mathrm{d}\Omega(\theta,\phi)=-c(z)\iint L(z,\theta,\phi)\mathrm{d}\Omega(\theta,\phi)$$

$$=-c(z)E_0(z) \tag{8.101}$$

式中,$E_0(z)$ 是标量辐照度。

弹性散射路径函数为

$$\int_0^{2\pi}\int_0^{\pi}\Big[\!\!\int_0^{2\pi}\int_0^{\pi}L(z,\theta',\phi')\beta(z,\theta',\phi'\rightarrow\theta,\phi)\mathrm{d}\Omega(\theta',\phi')\Big]\mathrm{d}\Omega(\theta,\phi)$$

$$=\int_0^{2\pi}\int_0^{\pi}L(z,\theta',\phi')\Big[\!\!\int_0^{2\pi}\int_0^{\pi}\beta(z,\theta',\phi'\rightarrow\theta,\phi)\mathrm{d}\Omega(\theta,\phi)\Big]\mathrm{d}\Omega(\theta',\phi')$$

$$=b(z)\int_0^{2\pi}\int_0^{\pi}L(z,\theta',\phi')\mathrm{d}\Omega(\theta',\phi')$$

$$=b(z)E_0(z) \tag{8.102}$$

在上面的推导过程中用到了"所有方向上的体散射函数的积分是散射系数"。综合上面辐射传输方程方向积分的结果式(8.100)~(8.102),可得到

$$\frac{\mathrm{d}}{\mathrm{d}z}\big[E_{\mathrm{d}}(z)-E_{\mathrm{u}}(z)\big]=-c(z)E_0(z)+b(z)E_0(z) \tag{8.103}$$

或者

$$\frac{\mathrm{d}}{\mathrm{d}z}\big[E_{\mathrm{d}}(z,\lambda)-E_{\mathrm{u}}(z,\lambda)\big]=-a(z,\lambda)E_0(z,\lambda)\quad(\mathrm{Wm^{-3}nm^{-1}}) \tag{8.104}$$

式(8.104)称为 Gershun 定律。

式(8.104)的物理意义是:它将净辐照度($E_{\mathrm{d}}-E_{\mathrm{u}}$)的深度变化率与吸收系数 a 和标量辐照度 E_0 联系起来。如果非弹性散射(荧光和拉曼散射)和内部源(如生物发光)可忽略不计,则可使用式(8.104)从辐照度 E_{d}、E_{u} 和 E_0 的原位测量中获得吸收系数 a,这是一个逆模型的例子,是从光场的测量中获取固有光学特性的模型。然而,如果将 Gershun 定律简单地应用于拉曼散射或荧光等非弹性过程非常明显的水域和波长,则会给出不正确的吸收值。出于这个原因,并且由于不同仪器测量 E_{d}、E_{u} 和 E_0 时的校准难度,Gershun定律很少用作测量吸收的方法,然而,它是对数值模型或测量数据内部一致性的检查的一种有用的方法。

8.11.2　能量守恒

1. 水体内部

水体内部如果没有生物发光或非弹性散射等内部来源起作用,能量守恒用 Gershun 定律中的辐照度表示为

$$a(z,\lambda) = -\frac{1}{E_0(z,\lambda)} \frac{\mathrm{d}[E_{du}(z,\lambda) - E_u(z,\lambda)]}{\mathrm{d}z} \tag{8.105}$$

式中,a 是吸收系数;E_0 是标量辐照度;E_d、E_u 是下行和上行平面辐照度。Gershun 定律是从水中辐射或辐照度测量中重新得到吸收系数的有效方法。

2. 空气－水表面

空气－水表面的能量守恒,情况更为复杂。考虑一束平行光入射到一个水平海面上,一部分将被反射,另一部分将被透射到水中,图 8.9 所示为用水平面上的辐照度来表示能量守恒定律所需的几何示意图。

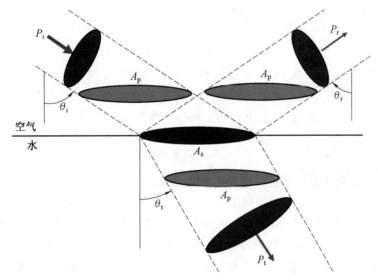

图 8.9　用水平海面上的辐照度来表示能量守恒定律所需的几何示意图

整个表面的能量守恒(或等效的能量守恒)要求

$$P_i = P_t + P_r \tag{8.106}$$

式中,P_i 是截面 A_i 的入射准直光束的功率;P_r 是截面 A_r 的反射光束的功率;P_t 是截面 A_t 的透射光束的功率。这些光束的横截面积如图 8.9 表示,入射光束照亮水平海面的区域为 A_s。

3. 平面辐照度守恒

能量守恒可以用光束横截面水平投影的入射(下行)、反射(上行)和透射(下行)平面辐照度来表示,因为平面辐照度是单位水平面积上的功率,则式(8.106)可变为

$$A_p E_d(\text{入射},\text{空气中}) = A_p E_u(\text{反射},\text{空气中}) + A_p E_d(\text{透射},\text{水中}) \tag{8.107}$$

对应于每个光束的水平投影区域 A_p(图 8.9),由于每束光的水平投影面积相同,则式

（8.107）可简化为

$$E_d（入射，空气中）＝E_u（反射，空气中）＋E_d（透射，水中） \qquad (8.108)$$

式（8.108）是以准直入射光束的平面辐照度表示的穿过表面的能量守恒。

4. 标量辐照度守恒

用标量辐照度来表示式（8.107），从辐亮度中获得 E_{0d} 为

$$E_{0d}＝\iint_{2\pi_d} L(\hat{\xi}') d\Omega(\hat{\xi}') \qquad (8.109)$$

对于方向 $\hat{\xi}_0$ 上的准直入射光束，可以用光束辐照度和狄拉克 δ 函数来描述辐亮度，即

$$E_{0d}＝\iint_{2\pi_d} E_\perp \delta(\hat{\xi}'-\hat{\xi}_0) d\Omega(\hat{\xi}') \qquad (8.110)$$

式中，$E_\perp$ 是光束横截面上的入射辐照度，$E_\perp＝P_i/A_i$。类似的方程适用于反射和透射的标量辐照度。这些光束的横截面积在图 8.9 中以深颜色显示，因此，式（8.107）可变为

$$A_i E_{0d}（入射，空气中）＝A_r E_{0u}（反射，空气中）＋A_t E_{0d}（透射，水中） \qquad (8.111)$$

或者

$$E_{0d}（入射，空气中）＝E_{0u}（反射，空气中）＋\frac{A_t}{A_i} E_{0d}（透射，水中） \qquad (8.112)$$

根据反射定律 $A_r＝A_i$，从几何学的角度来看，面积 $A_t/A_i＝\cos\theta_t/\cos\theta_i$，$\theta_t$ 可以用 Snell 定律写成 $\sin\theta_t＝n\sin\theta_i$，$n$ 是水的折射率。式（8.112）可变为

$$E_{0d}（入射，空气中）＝E_{0u}（反射，空气中）＋$$
$$E_{0d}（透射，水中）\frac{1}{\cos\theta_i}\sqrt{1-\frac{\sin^2\theta_i}{n^2}} \qquad (8.113)$$

这是用准直入射光束的标量辐照度表示的能量守恒。

现在可以看出即使是平面辐照度似乎也违反了能量守恒方程式（8.108）。原因是空气中的 E_{0u} 和 E_u 既包含表面反射辐射，也包含通过海面向上传播的辐射。同样，水中的 E_{0d} 和 E_d 既包含向下传输的辐照度，也包含由表面向下反射的上行辐照度。这使得乍一看，辐照度并没有正确地相加，即使能量实际上在整个空气－水表面上是守恒的。表面本身和水体的影响可以简单地通过计算从上到下入射到和离开表面的平面辐照度来解释：

$$E_d（下行，空气中）-E_u（上行，空气中）＝E_d（下行，水中）-E_u（上行，水中）$$

$$(8.114)$$

式（8.114）表示任何入射光和水的固有光学性质条件下，表面加上水体的能量守恒。

5. 辐亮度守恒

另一个复杂的情况是，用辐亮度来表示通过表面的能量守恒，有必要考虑穿过表面时光束横截面积和立体角的变化，如图 8.10 所示的深颜色区域，计算的辐亮度是在"四边形"或有限大小的立体角上的平均值。

辐亮度是单位面积单位立体角内的功率，式（8.106）可以写为

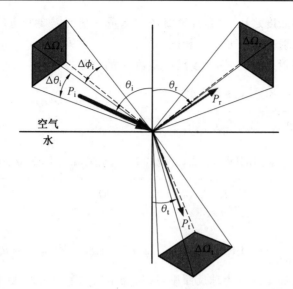

图 8.10　穿过水平海面的准直光束能量守恒的辐射四边形图示

$$L_i A_i \Delta\Omega_i = L_r A_r \Delta\Omega_r + L_t A_t \Delta\Omega_t \tag{8.115}$$

或者

$$L_i = L_r + L_t \frac{A_t \Delta\Omega_t}{A_i \Delta\Omega_i} \tag{8.116}$$

根据反射定律 $A_r = A_i$ 和 $\Delta\Omega_r = \Delta\Omega_i$，另外 $A_t/A_i = \cos\theta_t / \cos\theta_i$，立体角 $\Delta\Omega = \Delta(\cos\theta)\Delta\phi$，其中角度范围由四边形的 θ 和 ϕ 的边界确定。所以式(8.116)变为

$$L_i = L_r + L_t \frac{\cos\theta_t}{\cos\theta_i} \frac{\Delta(\cos\theta_t)}{\Delta(\cos\theta_i)} \tag{8.117}$$

必须针对与入射和透射光束相关的特定四边形评估这些角度因子。

由上面的讨论可以看出，通过海洋表面的能量守恒可以用辐亮度和辐照度不同的方式来表示。然而，这些表达式通常是针对准直入射光束并且只考虑表面本身(式(8.108)、式(8.113)和式(8.117))。因此，在观察天空辐射和水固有光学性质的真实情况下的数据或模拟时，整个表面加水体的能量并不总是很明显守恒。一般来说，式(8.114)通过测量或模拟的平面辐照度用于检查能量守恒。

8.12　反　射　率

如果总是能够测量或模拟一个表面的完整双向反射分布函数(Bidirectional Reflection Distribution Function，BRDF)，辐射传输问题就会得到解决。然而，在实验室中，即使是测量一部分 BRDF 的几个值 θ_i、ϕ_i、θ_r、ϕ_r、λ 也是一项困难而枯燥的任务。当然，希望采取一些容易的方法测量表面反射率，在适当的假设下可以用来描述表面的光学特性，这就引出了从 BRDF 导出其他各种反射系数和量。

1. 反照率

海洋光学通常认为无论在自然条件下测量时是什么样的入射光，反照率是上行平面辐照度与下行平面辐照度之比,这是计算海洋中能量平衡所需要知道的,因此,海洋光学的反照率与辐照度反射率 $R = E_u/E_d$ 相同。

对于各向同性辐射入射时,辐照度反射系数 R 的一般方程为

$$R = \frac{E_u}{E_d} = \frac{\iint_{2\pi_r} L_r(\theta_r, \phi_r) \mid \cos\theta_r \mid d\Omega_r}{\iint_{2\pi_i} L_i(\theta_i, \phi_i) \mid \cos\theta_i \mid d\Omega_i}$$

$$= \frac{\iint_{2\pi_r} \left[\iint_{2\pi_i} L_i(\theta_i, \phi_i) \mathrm{BRDF}(\theta_i, \phi_i, \theta_r, \phi_r) \mid \cos\theta_i \mid d\Omega_i\right] \mid \cos\theta_r \mid d\Omega_r}{\iint_{2\pi_i} L_i(\theta_i, \phi_i) \mid \cos\theta_i \mid d\Omega_i} \quad (8.118)$$

简化为

$$A = \frac{1}{\pi} \iint_{2\pi_r} \left[\iint_{2\pi_i} \mathrm{BRDF}(\theta_i, \phi_i, \theta_r, \phi_r) \mid \cos\theta_i \mid d\Omega_i\right] \mid \cos\theta_r \mid d\Omega_r \quad (8.119)$$

这个量被称为球面反照率或双半球反照率,或仅仅是反照率。另外,除非入射光是各向同性的,或者除非表面是朗伯面,否则 A 不等于 $R = E_u/E_d$。对于朗伯面 $A = \rho$,ρ 是表面的反射率。在定义其他反射时,通常遵循假设表面各向同性照明的相同约定。

2. 遥感反射率

海洋光学的遥感反射率为

$$R_{rs}(\theta_r, \phi_r) = \frac{L_r(\theta_r, \phi_r)}{E_d} \quad (\mathrm{sr}^{-1}) \quad (8.120)$$

与 BRDF 有相同的单位,但它们不是一回事。特别需要注意的是,R_{rs} 使用来自各个方向的下行辐射(如 E_d 中所包含的),而 BRDF 定义中的入射辐射是准直光束,也有人把这个比率称为"遥感反射率",只有当测量是在紧靠海面上方进行的而 L_r 是离水辐射(总的向上辐射减去表面反射的天空辐射)才可以;如果是在水中测量的,上行辐射与下行辐照度的比率称为"遥感比率"。

3. 反射因子和辐射因子

反射因子 REFF(也称为反射系数)定义为在相同的照明和观察条件下,表面的 BRDF 与完全漫反射表面的 BRDF 之比,"完全漫反射"指的是 $\rho = 1$ 的朗伯面,因此

$$\mathrm{REFF}(\theta_i, \phi_i, \theta_r, \phi_r) = \frac{\mathrm{BRDF}(\theta_i, \phi_i, \theta_r, \phi_r)}{\mathrm{BRDF}_{\mathrm{Lamb}}(\rho = 1)} = \pi \mathrm{RDF}(\theta_i, \phi_i, \theta_r, \phi_r) \quad (8.121)$$

辐射因子 RADF 被定义为垂直照明的反射系数,即 $\theta_i = 0$,因此

$$\mathrm{RADF}(\theta_r, \phi_r) = \pi \mathrm{BRDF}(0, 0, \theta_r, \phi_r) \quad (8.122)$$

4. 菲涅耳反射率

菲涅耳反射率 R_F 是两种不同折射率介质之间完美光滑表面的反射系数。R_F 的公式在任何光学图书中都可以找到,图 8.11 所示为非偏振光入射在空气 — 水表面的菲涅耳反射率 R_F,水相对于空气的折射率为 $n = 1.34$。

菲涅耳反射率描述了水表面本身的反射率。当在海面上方测量时,辐照度反射率 R 和遥感反射率 R_{rs} 描述了海面和水面下方的水的反射率。

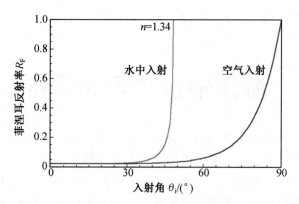

图 8.11　非偏振光入射在空气－水表面的菲涅耳反射率 R_F

R_F 可以与狄拉克 δ 函数组合以创建 BRDF,则

$$\mathrm{REFF}(\theta_i,\phi_i,\theta_r,\phi_r)=2R_F\delta(\sin^2\theta_r-\sin^2\theta_i)\delta(\phi_r-\phi_i\pm\pi) \tag{8.123}$$

将式(8.118)代入反射辐亮度的一般公式中,有

$$L_r(\theta_r,\phi_r)=\iint_{2\pi_i}L_i(\theta_i,\phi_i)\mathrm{BRDF}(\theta_i,\phi_i,\theta_r,\phi_r)\cos\theta_i\mathrm{d}\Omega_i \tag{8.124}$$

得到

$$\begin{aligned}
L_r(\theta_r,\phi_r)&=R_F\iint_{2\pi_i}L_i(\theta_i,\phi_i)\delta(\sin^2\theta_r-\sin^2\theta_i)\delta(\phi_r-\phi_i\pm\pi)2\cos\theta_i\sin\theta_i\mathrm{d}\theta_i\mathrm{d}\phi_i\\
&=R_F\int_0^1 L_i(\theta_i,\phi_i=\phi_r\pm\pi)\delta(\sin^2\theta_r-\sin^2\theta_i)\mathrm{d}\sin^2\theta_i\\
&=R_F L_i(\theta_i=\theta_r,\phi_i=\phi_r\pm\pi)
\end{aligned} \tag{8.125}$$

最后一个方程是菲涅耳反射率定义中通常看到的形式,即反射定律相关角度的反射与入射辐亮度或辐照度的比率。

第9章　海洋辐射传输的蒙特卡洛模拟

利用蒙特卡洛技术求解海洋辐射传输方程是指利用概率论和随机数来模拟大量光子在海洋中传播的算法。大量模拟光子轨迹集合上的各种平均值给出了辐射、辐照度和其他感兴趣量的统计估计。蒙特卡洛模拟的一个基本特点是，利用事件序列中每个单独事件的已知发生概率来估计整个序列的发生概率。在光子传播设置中，已知的光子传播一定距离、通过一定角度散射、在一定方向上反射到表面上的概率等，用于估计从一个位置的光源发射光子穿过介质并最终被另一个地方的探测器记录的概率。

蒙特卡洛技术的优点是：基于对自然的直接模仿，蒙特卡洛模拟可用于解决任何几何体、入射光、散射相位函数等包括偏振和时间依赖性的问题；求解算法突出了吸收和散射的基本过程，明确了光子能级与辐射传输理论的能级公式之间的联系；编程简单，由此产生的计算机代码可以非常简单，光子的跟踪非常适合并行处理。

蒙特卡洛方法的缺点是：没有深入了解辐射传输理论的基本数学结构，模拟只是积累了跟踪大量光子的结果，每个光子都独立于其他光子；计算效率可能非常低，有可能大部分计算时间都会花在追踪对解没有贡献的光子上。这一方法不太适合某些类型的问题，如由于穿透海洋的太阳光子的数量随光学深度的增加呈指数下降，因此计算大光学深度处的辐射率可能需要大量计算时间；另外，蒙特卡洛技术是基于跟踪单个光子的，因此无法解决诸如衍射等波现象。

本章主要讨论了光子概率分布以及如何在蒙特卡洛模拟中对它们进行采样，介绍了如何模拟光子轨迹，加速计算和提高统计估计精度的计算技巧，以及介绍了针对特定问题的蒙特卡洛模拟设计，并提供了许多常见海洋光学应用程序生成蒙特卡洛计算机模拟所需的方法和方程。这些应用包括自然海洋大气环境的建模，实验室和现场光学仪器的分析，它们为研究工作提供了足够的支持，使研究人员能够直接为自己的应用程序编写计算机代码。

9.1　概　率　函　数

当光子穿过介质时，无论是被吸收还是被散射，之后它都是随机变量。在数学描述中，通常用一个大写字母（如 X）表示一个随机变量（如光子移动的距离），用一个小写字母 x 表示 X 的值。设 X 是在值 x_1、x_2 的范围内定义的任意随机变量。如果 X 是传播距离，则 $x_1=0$，$x_2=\infty$；如果 X 是极化散射角，则 $x_1=0$，$x_2=\pi$ 或 $180°$，依此类推。

X 的概率分布函数表示为非负函数 $p_X(x)$，它的单位是 x 单位的倒数，$p_X(x)\mathrm{d}x$ 是 X 的值在 x 和 $x+\mathrm{d}x$ 之间的概率（介于 0 和 1 之间的数值），概率分布函数 $p_X(x)$ 满足归一化，即

$$\int_{x_1}^{x_2} p_X(x)\mathrm{d}x = 1 \tag{9.1}$$

也就是说,X 在它允许的域中有一些值的概率是 1。累积分布函数 $P_X(x)$ 给出随机变量 X 的数值小于或等于 x 的概率,累积分布函数可通过相应的概率分布函数得到

$$P_X(x) = \int_{x_1}^{x} p_X(x')\mathrm{d}x' \tag{9.2}$$

累积分布函数在 $x = x_1$ 时从 0 单调增长到 $x = x_2$ 时为 1,它是量纲为一的量。

X 的平均值为

$$\mu_X = \int_{x_1}^{x_2} x p_X(x)\mathrm{d}x \tag{9.3}$$

X 的方差为

$$\sigma_X^2 = \int_{x_1}^{x_2} (x - \mu_X)^2 p_X(x)\mathrm{d}x = \int_{x_1}^{x_2} x^2 p_X(x)\mathrm{d}x - \mu_X^2 \tag{9.4}$$

随机变量的概率分布函数值只能在 0 到 1 之间,这是蒙特卡洛模拟的基础。设 R 是 0 到 1 之间的随机变量,使 R 在 0 到 1 之间有任意值 τ,$0 \leqslant \tau \leqslant 1$,则 R 的概率分布函数为

$$P_r(\tau) = \begin{cases} 0 \\ 1 \end{cases} \tag{9.5}$$

R 在 0 到 1 之间是均匀分布的,表示为 $R \sim U[0,1]$。

这里希望使用随机抽取的 R 值,即已知数 τ,来确定随机变量 X 的值,这是通过把变量 R 变换为变量 X 来实现的,因此,R 位于 τ 和 $\tau + \mathrm{d}\tau$ 之间的概率与 X 位于 x 和 $x + \mathrm{d}x$ 之间的概率相同,即

$$\int_0^{\tau} P_r(\tau')\mathrm{d}\tau' = \int_{x_1}^{x} p_X(x')\mathrm{d}x' \tag{9.6}$$

由于 $P_r(\tau)$ 已知,式(9.6)左边的积分可以计算得到

$$\tau = \int_{x_1}^{x} p_X(x')\mathrm{d}x' = P_X(x) \tag{9.7}$$

蒙特卡洛模拟的基本原理是,方程 $\tau = P_X(x)$ 唯一地确定 x,使得 x 在 x 到 $x + \mathrm{d}x$ 的区间内,概率为 $P_X(x)\mathrm{d}x$。也就是说,从 $U[0,1]$ 分布中提取一个值 τ,然后求解关于 x 的方程 $\tau = P_X(x)$,得到一个随机确定的 x 值,该值服从 X 的概率分布函数。

9.2　光子路径长度的确定

根据辐射传输方程,在特定方向 (θ, ϕ) 上的辐射因吸收和散射而衰减,对

$$\frac{\mathrm{d}L(r,\theta,\phi)}{\mathrm{d}r} = -c(r)L(r,\theta,\phi) \tag{9.8}$$

进行积分得到

$$L(r,\theta,\phi) = L(0,\theta,\phi)\mathrm{e}^{-\int_0^r c(r')\mathrm{d}r'} \tag{9.9}$$

式中,$c(r)$ 是光束的衰减系数;r 是到某个起点的距离。对于光学路径长度 $\tau = \int_0^r c(r')\mathrm{d}r'$ 有

$$L(\tau,\theta,\phi) = L(0,\theta,\phi)e^{-\tau} \tag{9.10}$$

在 τ 和 $\tau + d\tau$ 之间任何特定光子被吸收或散射出入射方向的概率为

$$P_T(\tau)d\tau = e^{-\tau}d\tau \tag{9.11}$$

$P_T(\tau)$ 满足归一化条件,相应的累积分布函数为 $P_T(\tau) = 1 - e^{-\tau}$。从 $U[0,1]$ 分布中取随机数 τ 并求解

$$\tau = P_T(\tau) = 1 - e^{-\tau} \tag{9.12}$$

得到

$$\tau = -\ln(1-\tau) \tag{9.13}$$

因为 $(1-R)$ 在 $[0,1]$ 上也是均匀分布的,因此可以应用 $\tau = -\ln\tau$ 确定 τ。当把这种随机选择的光学距离方式应用于许多光子时,辐射随距离的指数衰减是一致的。如果水是均匀的,则 $c(r)$ 不依赖于 r,那么 $\tau = cr$,光子通过的几何距离为

$$r = -\frac{1}{c}\ln\tau \tag{9.14}$$

光子传播的平均距离为

$$\mu_T = \int_0^\infty \tau e^{-\tau}d\tau = 1 \tag{9.15}$$

或者对于均质水有

$$\mu_R = \frac{1}{c} \tag{9.16}$$

光子在与水的吸收或散射相互作用之间的平均距离称为相互作用之间的平均自由程,同样,光传播距离的标准差 σ_T 也是 1,或者表示为 $\sigma_R = 1/c$。

9.3 散射角的确定

散射是一个固有的三维过程,必须由散射角和方位角 (θ,ϕ) 来确定。散射相位函数 $\tilde{\beta}(\theta',\phi' \to \theta,\phi)$ 可以解释为从入射方向 (θ',ϕ') 散射到最终方向 (θ,ϕ) 单位立体角的概率分布函数。如果选择一个以入射方向 (θ',ϕ') 为中心的球面坐标系,并采用球面坐标中立体角元素的表达式,则可以表示为

$$\tilde{\beta}(\theta',\phi' \to \theta,\phi)d\Omega(\theta,\phi) = \tilde{\beta}(\theta,\phi)\sin\theta d\theta d\phi \tag{9.17}$$

海水通常被很好地描述为各向同性介质,这意味着没有光学上的首选方向,在这种情况下,散射角和方位角是独立的,可以表示为

$$\tilde{\beta}(\theta,\phi)\sin\theta d\theta d\phi = p_\Theta(\theta)d\theta p_\Psi(\phi) \tag{9.18}$$

对于非偏振光束,方位角可能具有 $0 \sim 360°$ 或 $0 \sim 2\pi$ 弧度的任何值。因此,方位散射的概率分布函数是 $p_\Psi(\phi) = 1/(2\pi)$,累积分布函数是 $P_\Psi(\phi) = \phi/(2\pi)$,由 $\phi = 2\pi\tau$ 决定。

利用上面方程中的 $p_\Psi(\phi)$,可以将极角的概率分布函数确定为

$$p_\Theta(\theta) = 2\pi\tilde{\beta}(\theta)\sin\theta \tag{9.19}$$

相位函数满足归一化,即

$$2\pi \int_0^\pi \widetilde{\beta}(\theta)\sin\theta \mathrm{d}\theta = 1 \tag{9.20}$$

因此，为了确定散射极角，可以一如既往地设定一个 $U[0,1]$ 随机数 τ，则

$$\tau = 2\pi \int_0^\theta \widetilde{\beta}(\theta')\sin\theta'\mathrm{d}\theta' = 1 \tag{9.21}$$

对上面的方程求解 θ。一般来说，由于大多数相位函数的复杂形状，或者相位函数是由有限个散射角的列表数据定义的，并且与函数相拟合以生成散射角的连续函数，因此上式必须进行数值解算。然而，一些常用的相位函数如最简单的各向同性散射，可以用解析的方法求解这个方程。

各向同性散射的相位函数是 $\widetilde{\beta}(\theta) = 1/4\pi$，代入式（9.21）可以得到

$$\theta = \arccos(1 - 2\tau) \tag{9.22}$$

用于确定散射角。各向同性散射意味着散射同样可能进入立体角的任意部分。表 9.1 显示了各种相位函数以及求解 $\tau = p_\Theta(\theta)$ 得到的用于确定相应散射角的公式，表中与 $\widetilde{\beta}(\theta)$ 有关的概率分布函数是 $2\pi\,\widetilde{\beta}(\theta)\sin\theta$，$\tau$ 是 $U[0,1]$ 随机数。

表 9.1　常用的相位函数 $\widetilde{\beta}(\theta)$ 和随机选择的散射角 θ 的相关公式

名称	相位函数 $\widetilde{\beta}(\theta)$	θ 公式
各向同性	$1/(4\pi)$	$\theta = \arccos(1 - 2\tau)$
Henyey-Greenstein	$\dfrac{1}{4\pi}\dfrac{1-g^2}{(1+g^2-2g\cos\theta)^{3/2}}$	$\theta = \arccos\left[\dfrac{1-g^2}{2g} - \dfrac{1}{2g}\left(\dfrac{1-g^2}{1+g-2g\tau}\right)^2\right]$, $-1 \leqslant g \leqslant 1$,但 $g \neq 0$
瑞利	$\dfrac{3}{16\pi}(1+\cos^2\theta)$	$\theta = \arccos[(a+b)^{1/3} + (a-b)^{1/3}]$ $a = 2(1-2\tau), b = \sqrt{1+a^2}$
余弦或朗伯	$\begin{cases} \dfrac{1}{\pi}\cos\theta, & 0 \leqslant \theta \leqslant \pi/2 \\ 0, & \pi/2 \leqslant \theta \leqslant \pi \end{cases}$	$\theta = \arcsin\sqrt{\tau}$
任意	$2\pi\displaystyle\int_0^\pi \widetilde{\beta}(\theta)\sin\theta\mathrm{d}\theta = 1$	对 $\tau = 2\pi\displaystyle\int_0^\theta \widetilde{\beta}(\theta')\sin\theta'\mathrm{d}\theta'$ 进行数值求解

广泛使用的傅里叶相位函数是

$$\widetilde{\beta}_{\mathrm{FF}}(\theta) = \frac{1}{4\pi}\frac{1}{(1-\delta)^2\delta^v}\left\{v(1-\delta) - (1-\delta^v) + [\delta(1-\delta^v) - v(1-\delta)]\arcsin^2\frac{\theta}{2}\right\} +$$

$$\frac{1-\delta_{180}^v}{16\pi(\delta_{180}-1)\delta_{180}^v}(3\cos^2\theta - 1) \tag{9.23}$$

式中

$$v = \frac{3-\mu}{2} \tag{9.24a}$$

$$\delta = \frac{4}{3} \frac{1}{(n-1)^2} \sin^2 \frac{\theta}{2} \tag{9.24b}$$

式中，n 是粒子的折射率；μ 是双曲分布的斜率参数；δ_{180} 是 $\theta = 180°$ 时的 δ 值，这个相位函数有一个解析的累积分布函数为

$$P_\Theta^{FF}(\theta) = \frac{1}{(1-\delta)\delta^v}\left[(1-\delta^{v+1}) - (1-\delta^v)\sin\frac{\theta}{2}\right] +$$

$$\frac{1}{8}\frac{1-\delta_{180}^v}{(\delta_{180}-1)\delta_{180}^v}\cos\theta\sin^2\theta \tag{9.25}$$

然而，求解 θ 的方程 $\tau = P_\Theta^{FF}(\theta)$ 将给出一个非常复杂的公式，因此使用数值方法为 $\tau = P_\Theta^{FF}(\theta)$ 建立一个 θ 与 $P_\Theta^{FF}(\theta)$ 的对应数值表格将更为有效，表中列出 θ 的密排值以及给定的 n 和 μ 参数，然后在模拟过程中，在此表中进行插值以获得与 τ 值对应的 θ 值。

9.4　光子追踪

9.4.1　追踪类型的数值比较

有多种方法可以模拟光子路径，而且每种方法都给出相同的答案，然而，有些方法在数值上比其他方法更有效。实际上，为特定问题开发蒙特卡洛算法的合理方法是：实现用数值方法模拟一个在自然界中发生的过程，然后模拟另一个(可能是人工的)过程，该过程将给出与"自然"过程相同的答案，但计算时间较短。下面来说明这两个步骤的开发过程，光子在介质中传播，直到与粒子(如水分子或叶绿素分子)相互作用，被粒子吸收并消失，或被散射到一个新的方向并继续前进，直到与另一个粒子相互作用为止。图 9.1 所示为类型 1 光子追踪示意图，图中显示了这个过程中的两个光子，这也是在下面数值模拟中使用的几何体。光源发出一束准直的光子，然后由一个在一定距离外的环形或"靶心"探测器记录下来。光源发射的红色光子(图中深色轨迹)，经过一次散射，然后被粒子吸收；光源发射的绿色光子(图中浅色轨迹)，经过两次散射，然后被探测器记录下来。

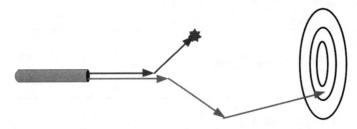

图 9.1　类型 1 光子追踪示意图

这个过程模仿自然界发生的事情，将此称为类型 1 光子追踪(跟踪光子的方式没有标准名称)，所有用于追踪被吸收光子的计算都被浪费了，因为这些光子从未到达探测器。自然界可以追踪无数光子，并通过吸收浪费一些光子，但这对于大多数数值模拟来说并不可取。因此，要寻求其他方法来追踪光子。

光子与介质相互作用的平均自由程或平均距离为 $1/c$，如前所述，这些相互作用可以

导致光子的吸收或散射。与其一次追踪一个光子,不如考虑一个发射许多光子的"包"源。将每个相互作用视为"包"中 $1-\omega_0$ 部分的光子被吸收,而"包"中剩余部分 ω_0 的光子被散射到同一方向上。让"包"以 $w=1$ 的初始权重发射,$w=1$ 可以表示一个单位能量、单位功率或一些光子数。在每次相互作用中,由于能量的损失或光子被吸收,有 ω_0 部分的光子继续向前,因此当前的权重为 w 乘 ω_0。然后,散射的"包"携带一个减少的权重,如果光子"包"到达探测器,则计算当前权重 w。然后另一个"包"从源中发出并进行追踪,这个追踪过程,称为类型 2,如图 9.2 中的绿色光子(浅色)轨迹所示,在两次散射之后,检测到的光子"包"具有权重 $w=\omega_0^2$。

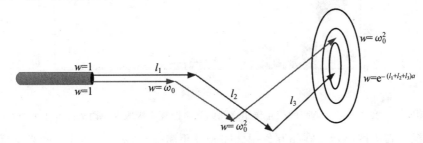

图 9.2 类型 2 和类型 3 光子追踪示意图

可以设想第三种追踪过程,散射事件之间的平均传播距离为 $1/b$,因此可以用 $1/b$ 和随机数来确定散射相互作用之间的距离,并且 $w=1$ 的初始权重在每次相互作用时都不会改变,因为"包"中的所有光子都被视为散射。然后,如果光子"包"到达探测器,则吸收被视为沿整个光子路径发生的连续过程。假设水是均匀的,那么计算的最终权重是 e^{-la},其中 l 是以米为单位的总路径长度,a 是吸收系数。图 9.2 中的红色光子(深色)轨迹说明了这种(类型 3)光子追踪,轨迹显示的路径总长度为 $l_1+l_2+l_3$,所以最后的权重为 $\mathrm{e}^{-(l_1+l_2+l_3)a}$。图 9.2 中绘制的两个轨迹,就好像每个轨迹都是由完全相同的随机数序列生成的一样,因为 $1/b>1/c$,类型 3 单个光子路径将大于类型 2 单个光子路径,散射角是一样的,因此对于单一光子"包"而言这两种追踪类型显然会导致不同的结果,然而,对多个光子"包"的数值模拟显示,这三种光子追踪类型在探测器处产生相同的能量分布。

总而言之,这里考虑的三种光子追踪总结如下。

① 类型 1,追踪单个光子,并且光子可以被吸收。

② 类型 2,追踪光子"包",每次相互作用光子"包"的权重乘 ω_0。

③ 类型 3,追踪光子"包",追踪长度由散射的平均自由路径确定,在散射事件中不需要权重,吸收被视为基于总路径长度的连续过程。

为了说明追踪光子的不同方法所获得的结果,用蒙特卡洛法对图 9.1 和 9.2 的环形探测器接收到的能量进行模拟。在模拟中,固有光学性质为 $a=0.2\ \mathrm{m}^{-1}$、$b=0.8\ \mathrm{m}^{-1}$,Fournier—Forand 相函数的参数值选择为 $(n,\mu)=$(折射率,Junge 分布斜率),使其很好地拟合 Petzold 平均粒子相函数。$\omega_0=0.8$,光学距离 τ 在数值上与几何距离 l 相同,单位为米;从光源发送 10^6 个光子并使用类型 1 进行光子追踪,直到光子被吸收为止,图 9.3 显示了结果统计。

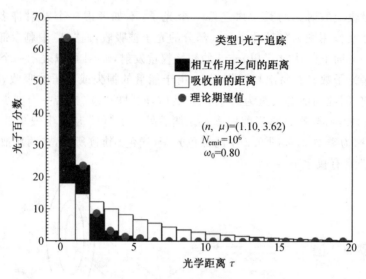

图 9.3　类型 1 光子追踪的相互作用之间的光学距离和吸收前总距离的分布示例

图中深色直方图显示了在相互作用之间光学距离($\tau_1 \leqslant \tau \leqslant \tau_2$)移动的光子百分数，直方图间距为 $\tau_2 - \tau_1 = 1$。在 τ_1 和 τ_2 之间移动一个光学距离的光子相互作用之间光子的理论期望比例为

$$\int_{\tau_1}^{\tau_2} e^{-\tau} d\tau = e^{-\tau_1} - e^{-\tau_2} \tag{9.26}$$

图 9.3 中的圆点是式(9.26)给出的理论期望值。相互作用之间的最短光子路径长度为 1.192×10^{-7}，最长路径长度为 16.69。白色直方图显示了光子被吸收前总移动距离的分布，第一个直方图的值表明，大约 18% 的光子在经过 0 到 1 之间的总光学距离后被吸收，这个距离可以表示多个相互作用，即光子在被吸收之前被散射一次或多次。两种直方图的总和为 100%。如前所述，相互作用之间的平均移动距离为 $\tau = 1$ 或 $1/c$（m）。对于这一特定固有光学性质参数的模拟，实际的平均值是 $\tau = 0.9974$ m 或 $\tau = 0.9974$ m，微小的差异是由于数值模拟的有限样本量产生的统计噪声。同样，光子被吸收之前的平均移动距离是 $1/a$，对于 $a = 0.2$ m^{-1} 的当前情况，该距离为 5 m，而模拟的平均值为 4.9949 m。

下面比较三种不同的光子追踪方法的结果。由于海洋相位函数在小散射角散射的光比在大散射角散射的光要多得多，所以大多数只散射几次的光子都会到达探测器中心附近。为了均衡每个探测环探测到的光子（或功率）数量，用探测环半径的对数间距定义了一个环形目标。仪器中通常使用对数间距，这样每个探测器环接收的功率大致相等，这就减少了仪器设计所需的动态范围。这里模拟的检测器有 $N_{rings} = 10$ 个环，最小环半径为 $r_{min} = 0.1$，最大环半径为 $r_{max} = 10$。如图 9.2 所示，该探测器被放置在一个距离探测源为 z_T 处的目标平面上，并位于光源的光轴中心。在距离探测器中心一定距离 r 处穿过探测器平面的光子按如下方式计数。

(1) 直方图 0。未散射的光子到达探测器的 $r = 0$ 处。

(2) 直方图 1。到达探测器目标平面第一个环内的散射光子，即 $0 < r < r_{min}$。

(3) 直方图 2，直方图 3，…，直方图 $N_{rings} + 1$。到达探测器环 1 到环 N_{rings} 的光子。

（4）直方图 $N_{rings}+2$。达到探测器平面外环之外的光子，即 $r > r_{max}$。

用 $N_{emit}=10^6$ 光子（对于类型 1）或从准直源发射的光子"包"（类型 2 和类型 3）进行了模拟。图 9.4 中分别显示了 $z_T=5$ 和 15 时三种类型的追踪方法在探测器平面内任意位置接收到的作为散射次数光子或光子"包"的分布。图 9.4（a）中当 $z_T=5$ 时，1% 或 2% 的光子（取决于跟踪类型）到达目标平面而不被散射，大多数光子散射 3 到 4 次，很少有光子散射超过 10 次；图 9.4（b）中在 $z_T=15$ 的情况下，几乎没有未被散射的光子到达目标平面，大多数光子会经历 5～25 次散射，峰值在 10 或 15 左右，这取决于追踪光子的类型方式。对于类型 1 光子追踪，几乎没有光子散射超过 30 次，经历 30 次散射的光子继续存在的概率是 $\omega_0^{30}=0.0012$；对于类型 2 和类型 3，没有光子"包"被吸收，在散射的次数上存在很宽的尾部；对于类型 2，散射 40 次的光子包的权重为 $\omega_0^{40}=0.00013$ 几乎可以忽略不计。

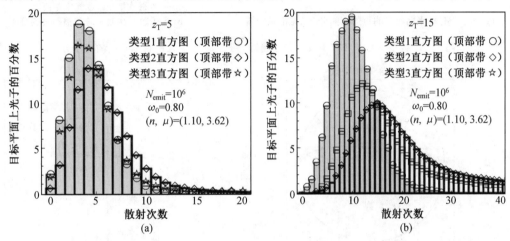

图 9.4　对于三种追迹类型和两个不同目标平面距离，到达目标平面的光子分布与散射次数的函数关系

图 9.5（a）显示了对于类型 1 发射的前 10^4 个光子到达 $z_T=5$ 处的目标平面面积为 $\tau=10 \times 10$ 的区域上光子与平面的交点分布。在 10^4 个发射光子中，只有 2 973 个到达了目标平面，其中 2 966 个在绘制的区域内，这说明不到 30% 的光子对探测到的能量有贡献，超过 70% 的计算被浪费了。彩色编码的光子交点显示了每个绘制点被散射的次数，图 9.5（a）中两个黑圆对应的离轴角度为 30° 和 60°，散射超过光轴约 30° 的光子非常少。图 9.5（b）显示了类型 1 追踪的光子到达 $z_T=5$ 目标平面时经历的散射次数和总移动距离的分布，在到达目标平面之前，每个光子必须至少移动 $\tau=5$ 的距离，并且大多数光子都被散射了几次。

图 9.6 所示为类型 2 的散射分布，图中显示了类型 2 对于 10^4 个发射光子追踪，到达 $z_T=5$ 处的目标平面的光子分布。图 9.6（a）中两个黑圆对应的离轴角度为 30° 和 60°。由图 9.6 可见，93% 的发射光子包最终与目标平面相交，只有 7% 的发射光子被浪费掉了，这些光子通过后向散射或多个大角度前向散射最终被散射到远离目标平面的方向。

图 9.7 显示了类型 3 追踪的结果，这些分布与类型 2 相似，但超过 94% 的光子到达目标平面。

图 9.8～9.10 显示了当目标平面位于 $z_T=15$ 处的结果。在这种情况下，对于类型 1

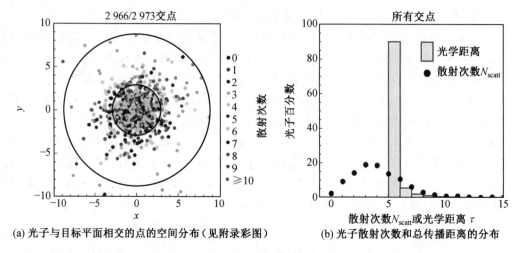

(a) 光子与目标平面相交的点的空间分布（见附录彩图）

(b) 光子散射次数和总传播距离的分布

图 9.5 类型 1 对于 10^4 个发射光子追踪，到达 $z_T = 5$ 处的目标平面的光子分布

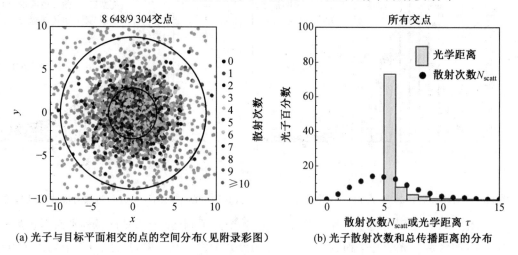

(a) 光子与目标平面相交的点的空间分布（见附录彩图）

(b) 光子散射次数和总传播距离的分布

图 9.6 类型 2 对于 10^4 个发射光子追踪，到达 $z_T = 5$ 处的目标平面的光子分布

光子追踪，发射的 10^4 个光子中只有 179 个到达目标平面，超过 98% 的光子追踪计算被浪费了，由于用于计算统计信息的光子数量很少，因此在图 9.8(b) 的分布中存在明显的统计噪声，图 9.8(a) 中黑圆对应的离轴角度为 30°；对于类型 2 和类型 3，分别有 71% 和 82% 的发射光子最终到达目标平面，由于光子"包"的数量越来越多，统计噪声很明显要小得多。类型 2 和类型 3 的总光学距离分布显示很宽的尾部，在这两种情况下，只有不到四分之一的光子在总传播距离为 $\tau = 15 \sim 16$ 后到达目标平面；当传播距离 $\tau \geqslant 30$ 时，大约 30% 的光子经历了 30 次或更多的散射。很宽的尾部说明了与时间有关的脉冲展宽现象，如果认为所有的光子 N_{emit} 同时发射，那么传播较长距离光子对应于较晚时间到达目标的光子，在激光雷达测深或高频光脉冲通信等时变应用中，脉冲展宽是一个重要的限制因素。

图 9.11 显示了发射光子数为 $N_{emit} = 10^6$、$z_T = 5$ 时的三种追踪类型在目标平面上光子数的分布以及相应的探测器功率或能量，图 9.11(a) 显示的是光子分布与探测器环半径

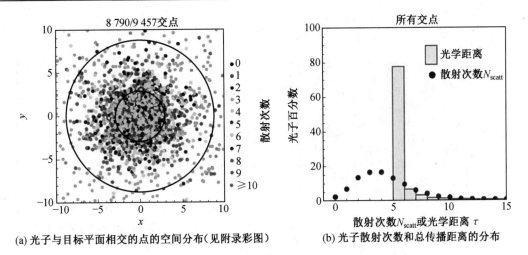

(a) 光子与目标平面相交的点的空间分布(见附录彩图)　　(b) 光子散射次数和总传播距离的分布

图 9.7　类型 3 对于 10^4 个发射光子追踪,到达 $z_T = 5$ 处的目标平面的光子分布

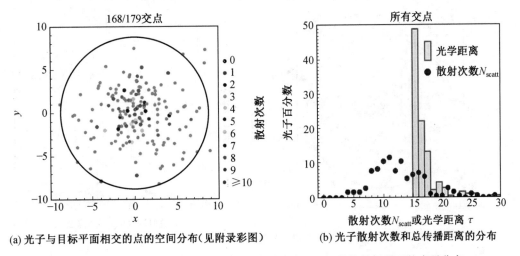

(a) 光子与目标平面相交的点的空间分布(见附录彩图)　　(b) 光子散射次数和总传播距离的分布

图 9.8　类型 1 对于 10^4 个发射光子追踪,到达 $z_T = 15$ 处的目标平面的光子分布

之间的分布;图中横坐标点是未散射光子;图 9.11(b) 显示的是光子与直方图数目之间的关系,图中横坐标是探测器第一个环内的散射光子。实线直方图表示检测器 $r_{min} = 0.1 <$ $r < r_{max} = 10$ 的 10 个环的分布。从图中可以看出,三种追踪类型的光子数(圆环)的分布是不同的,对于类型 1,光子数的分布与功率分布相同,因为光子都保留其初始权重 $w = 1$,因此检测到的功率只是检测到的光子数;对于类型 2 和类型 3,检测到更多的光子,但由于传播过程中沿途的吸收,每个光子的权重都较小。

图 9.12 显示了发射光子数为 $N_{emit} = 10^4$、$z_T = 15$ 时探测器的功率分布,三种追踪类型的分布有明显差异,然而,如果 $N_{emit} = 10^6$ 的发射光子被跟踪,如图 9.13 所示,这些差异几乎消失。这表明,追踪光子的三种类型都能在一定的统计噪声范围内对探测到的能量给出相同的预测,并且可以通过追踪更多的光子来降低这些噪声。但是,这三种追踪类型所需的计算时间可能会有很大的不同,由前面的图已知,对于类型 1 追踪,约 30% 的光子在 $z_T = 5$ 处到达目标平面,而对于类型 2 和类型 3,超过 90% 的光子到达目标平面。如果需

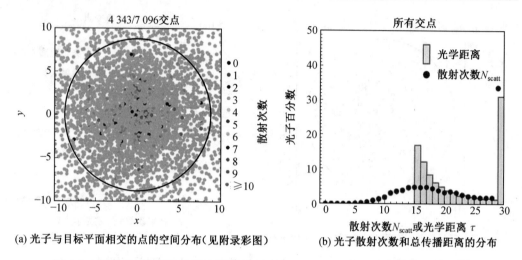

(a) 光子与目标平面相交的点的空间分布(见附录彩图)

(b) 光子散射次数和总传播距离的分布

图 9.9 类型 2 对于 10^4 个发射光子追踪,到达 $z_T = 15$ 处的目标平面的光子分布

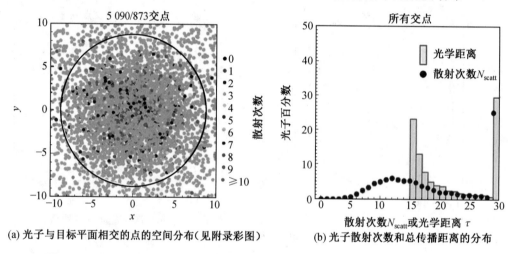

(a) 光子与目标平面相交的点的空间分布(见附录彩图)

(b) 光子散射次数和总传播距离的分布

图 9.10 类型 3 对于 10^4 个发射光子追踪,到达 $z_T = 15$ 处的目标平面的光子分布

要一定数量的被探测光子来达到某种期望的统计噪声水平,就必须发射和追踪 3 倍于类型 2 或类型 3 追踪的光子,计算机所用时间也将是的类型 2 或类型 3 的 3 倍。位于 $z_T = 15$ 的探测器和类型 1 光子追踪,只有不到 2% 的发射光子到达目标平面,而类型 2 和类型 3,有 80% 的光子到达了目标平面。因此,要在目标探测器上获得相同数量的光子,对于类型 1 而言,需要发射的光子数量是类型 2 或类型 3 的 40 倍,计算时间也将是的类型 2 或类型 3 的 40 倍。

由上面的分析可知,可以设计出几种追踪光子的方法,并且每种方法在距光源一定距离的探测器上提供相同的功率或能量分布。然而,光子追踪算法的正确选择可以大大减少所需的计算量。此外,计算差异取决于特定问题,如取决于探测器与光源的距离或取决于固有光学性质。然而,还可以通过其他方法来减少计算时间,这就引出了下一个主题——方差减少技术。

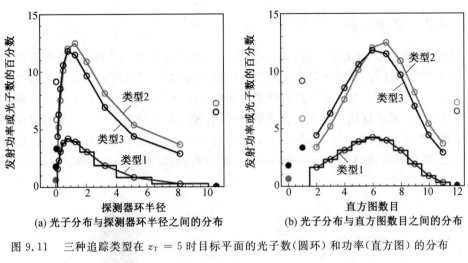

(a) 光子分布与探测器环半径之间的分布　(b) 光子分布与直方图数目之间的分布

图 9.11　三种追踪类型在 $z_T = 5$ 时目标平面的光子数(圆环)和功率(直方图)的分布

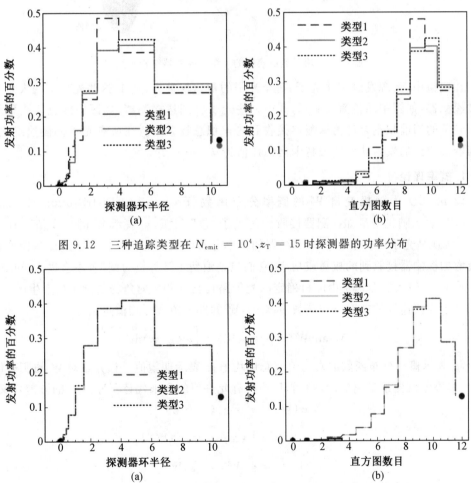

图 9.12　三种追踪类型在 $N_{emit} = 10^4$、$z_T = 15$ 时探测器的功率分布

图 9.13　三种追踪类型在 $N_{emit} = 10^6$、$z_T = 15$ 时探测器的功率分布

9.4.2 误差估算

探测器接收到光源所发出功率的多少取决于水的固有光学性质、探测器相对于光源的大小和方向及位置、发射光的角度分布,以及可以反射或吸收散射到边界上的光的边界表面等因素。图 9.14 所示用于数值模拟的光源和探测器结构示意图,图中光源向光学路径长度为 $\tau=5$ 处的探测器发射一束准直光子,探测器的直径为 $\tau=0.1$,水的固有光学性质为 $a=0.2 \ \mathrm{m}^{-1}$,$b=0.8 \ \mathrm{m}^{-1}$,因此 $c=1 \ \mathrm{m}^{-1}$,光学路径长波为 $1 \ \mathrm{m}$,单次散射的反射率为 $\omega_0=0.8$,散射相位函数为 Henyey-Greenstein 函数,散射角平均余弦为 $g=0.8$。

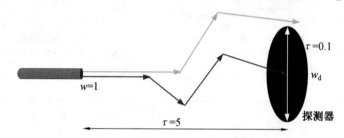

图 9.14 用于数值模拟的光源和探测器结构示意图

在模拟中,光源发射 N 个光子,每个光子的初始权重为 $w=1$,这些光子中的大多数将错过探测器,如图中浅色箭头所示,其中一些光子将到达探测器,如图中深色箭头所示。每个光子的当前权重合计为探测器接收到的累积总权重 w_d,在所有光子都被追踪之后,探测器接收到的发射功率的蒙特卡洛估计值为 $f_\mathrm{d}=w_\mathrm{d}/N$。

1. 概率理论

设 $p_\mathrm{w}(w)$ 为随机变量 W 的概率分布函数(Probability Distribution Function,PDF),W 表示随机变量如探测器接收到的光子“包”权重,w 表示 W 的特定值。在本例中,$p_\mathrm{w}(w)$ 是光子以权重 w 撞击探测器的概率分布函数,$0 \leqslant w \leqslant 1$。错过探测器的光子不会增加探测器接收到的权重或功率,它们只是浪费了计算机时间,也不会进入下面的计算。$p_\mathrm{w}(w)$ 的数学形式是由随机确定的光子路径长度和散射角的复杂序列产生的。

对于任何连续的概率分布函数 $p_\mathrm{w}(w)$,W 的期望值或平均值定义为

$$\mathrm{Mean}(W)=\mu=\varepsilon\{W\}=\int w p_\mathrm{w}(w)\mathrm{d}w \tag{9.27}$$

式中,μ 表示概率分布函数的真均值或总体均值;ε 表示期望值。积分是对 W 的所有值进行的,如果随机变量是离散的,则用 W 的所有允许值的和来代替积分。W 的方差定义为

$$\mathrm{Var}(W)=\sigma^2=\varepsilon\{(W-\mu)^2\}$$
$$=\int(w-\mu)^2 p_\mathrm{w}(W)\mathrm{d}w$$
$$=\varepsilon\{W^2\}-[\varepsilon\{W\}]^2 \tag{9.28}$$

式中,σ^2 表示概率分布函数的方差。对于常数 c 而言,有下列关系:

$$\varepsilon\{cW\}=c\varepsilon\{W\}, \quad \mathrm{Var}(cW)=c^2 \mathrm{Var}(cW) \tag{9.29}$$

假设 N_d 个光子“包”真的到达探测器,探测器接收到的总权重由这些光子随机确定

的权重之和给出,则

$$S_{N_d} = \sum_{i=1}^{N_d} w_d(i) \tag{9.30}$$

式中,$w_d(i)$ 是光子包 i 到达探测器时的权重。

由光源发射并跟踪到完成的 N 个光子"包"中的每一个都独立于其他光子"包",使用不同的随机数序列来确定每个发射"包"的路径长度和散射角。此外,每个光子"包"路径长度和散射角的底层概率分布函数是相同的,亦即固有光学性质相同。随机变量是彼此独立的同态分布,S_{N_d} 被称为随机变量 W 的大小 N_d 的随机样本。随机变量 W 的期望值是线性的即和的积分是积分的和,意味着对于独立同分布,有

$$\varepsilon\{S_{N_d}\} = N_d \varepsilon\{W\} = N_d \mu \tag{9.31}$$

$$\mathrm{Var}(S_{N_d}) = N_d \mathrm{Var}(W) = N_d \sigma^2 \tag{9.32}$$

在蒙特卡洛模拟中,样本平均值,即从探测到的 N_d 光子"包"中获得的平均探测权重的估计值是

$$m_{N_d} = \frac{1}{N_d} S_{N_d} = \frac{1}{N_d} \sum_{i=1}^{N_d} w_d(i) \tag{9.33}$$

根据以上等式,可以得到两个非常重要的结果,一是

$$\varepsilon\{m_{N_d}\} = \frac{1}{N_d} \varepsilon\{S_{N_d}\} = \mu \tag{9.34}$$

也就是说,样本均值 m_{N_d} 的期望值等于真均值 μ,样本均值被称为概率分布函数真实均值的无偏估计;二是

$$\mathrm{Var}(m_{N_d}) = \mathrm{Var}\left(\frac{S_{N_d}}{N_d}\right) = \frac{1}{N_d^2} \mathrm{Var}(S_{N_d}) = \frac{\sigma^2}{N_d} \tag{9.35}$$

因此,当检测到越来越多的光子"包"时,样本平均值的方差在 $N_d \to \infty$ 时变为零。换言之,如果检测到足够多的光子,对探测器接收到的平均功率的蒙特卡洛估计可以保证给出接近正确的结果。

在绘制数据和展示值的分布时,通常考虑标准差比较方便。m_{N_d} 中误差的标准差是

$$S_{N_d} = \sqrt{\mathrm{Var}(m_{N_d})} = \frac{\sigma}{\sqrt{N_d}} \tag{9.36}$$

估计值的标准差依赖于 $1/\sqrt{N_d}$ 是一个非常普遍和重要的结果。然而,这种"正确值的方法"非常慢,如果想将探测器接收到的估计平均功率误差的标准差减少到原来的 $\frac{1}{10}$,就必须探测 100 倍的光子,这在计算上是非常费时的。

需要强调的是,对于独立且同分布随机变量的单个样本,样本均值的方差等于真实方差除以样本大小。

2. 误差估算

由检测器接收到的部分发射功率,中心极限定理确保了蒙特卡洛计算接收功率的误差接近高斯分布,因此,可以使用高斯或正态概率分布的所有结果来估计蒙特卡洛结果中的误差,通常需要知道计算出的样本均值 m_{N_d} 在(未知)真均值 μ 的某个预先选择的量内

概率。相反,可能需要计算误差范围,以便样本平均值在具有某种预处理概率的真平均值的误差范围内。下面对这些问题进行分析,有

$$\text{Prob}\{\mu - \beta_{S_{N_d}} \leqslant m_{N_d} \leqslant \mu + \beta_{S_{N_d}}\} = 1 - \alpha \tag{9.37}$$

式(9.37)说明样本均值在真均值 μ 的 $\beta_{S_{N_d}}$ 范围内的概率是 $1 - \alpha$,β 是样品标准偏差 S_{N_d} 的一部分。换言之,概率是 $1 - \alpha$,而 $\mu = m_{N_d} \pm \beta_{S_{N_d}}$,根据中心极限定理,如果样本大小足够大,样本均值与真均值的偏差 $m_{N_d} - \mu$ 近似为正态分布,即

$$\text{PDF}(m_{N_d} - \mu) \approx \frac{1}{\sqrt{2\pi} \, S_{N_d}} \exp\left\{-\frac{(m_{N_d} - \mu)^2}{2 S_{N_d}^2}\right\} \tag{9.38}$$

假设有足够的样本来逼近正态分布,那么,m_{N_d} 比 μ 大 $\beta_{S_{N_d}}$ 的概率是

$$\text{Prob}\{m_{N_d} - \mu \geqslant \beta_{S_{N_d}}\} = \frac{1}{\sqrt{2\pi}} \int_{\beta_{S_{N_d}}}^{\infty} \exp\left(-\frac{t^2}{2 S_{N_d}^2}\right) dt \tag{9.39}$$

设 $y = t/S_{N_d}$,有

$$\text{Prob}\{m_{N_d} - \mu \geqslant \beta_{S_{N_d}}\} = \frac{1}{\sqrt{2\pi}} \int_{\beta}^{\infty} \exp\left(-\frac{y^2}{2}\right) dy = Q(\beta) \tag{9.40}$$

式(9.40)中的 Q 积分不能用解析的方法进行,但它是用概率文本制成的表格,而MATLAB 软件包有程序来计算它。

9.5　重要性抽样

蒙特卡洛估计中平均值的标准误差取决于 $1/\sqrt{N}$,其中 N 是样本数。在本节讨论中,N 是到达检测器的光子"包"数。此外,跟踪但与探测器不相遇的光子不会产生底层概率分布函数样本,不会对结果产生影响,而是浪费计算。蒙特卡洛模拟中,重要性抽样是一种有效的方差减小技术。重要性抽样的一般主题考虑如何产生和跟踪光子,以便更多的光子到达探测器,从而增加 N 以及减少估计数量的统计误差,同时减少浪费的光子数量。

9.5.1　重要性抽样理论

设 $\text{PDF}(x)$ 为变量 x 的概率分布函数,重要性抽样的基本思想是"过采样"PDF 中最"重要"的部分,即 PDF 中向探测器方向发送光子的部分;PDF 中那些向远离探测器的方向发送光子(或光子"包")是欠采样部分。因此,更多的光子被发送到检测器,这增加了检测到的数量,从而减少了估计数量的方差,而更少的光子被发送到永远无法到达检测器的方向;然而,与所研究的物理过程相比,该过程以有倾向性或不正确的方式对 PDF 进行采样。为了解释 PDF 的有偏采样,需调整每个光子的权重以保持最终答案正确。

数学上,重要性抽样描述如下:按照定义随机变量 x 的任何函数 $f(x)$ 的平均值为

$$\langle f \rangle = \int f(x) \text{PDF}(x) dx \tag{9.41}$$

式中,积分是对 x 的整个范围进行的,例如,如果 x 是散射极角,则积分范围为 $0 \sim \pi$。式

(9.41) 可以重写为

$$\langle f \rangle = \int f(x) \frac{\mathrm{PDF}(x)}{\mathrm{PDF_b}(x)} \mathrm{PDF_b}(x) \mathrm{d}x$$

$$= \int f(x) w(x) \mathrm{PDF_b}(x) \mathrm{d}x$$

$$= \langle fw \rangle_b \tag{9.42}$$

式中,$\mathrm{PDF_b}(x)$ 是用于生成 x 的随机值的有偏 PDF;$w(x)$ 是对于 x 的每个有偏样本的权重,权重 $w(x)$ 是无偏和有偏的概率分布函数的比值。

当使用正确的无偏 PDF 采样时,f 的平均值的估计值与使用有偏 PDF 采样时的权重函数 fw 的估计值相同,因此即使 $\mathrm{PDF_b}$ 是有偏的,估计值 $\langle f \rangle = FW$ 也是无偏的。由于采样是使用有偏 PDF 完成的,所以重要性采样有时称为有偏采样。然而,即使抽样使用有偏的 PDF,$\langle f \rangle$ 的估计仍然是无偏的。

如果选择好有偏 PDF,它将增加检测到的光子数,从而减少估计中的误差。但是,每个检测到的光子将具有较小的权重,因此,检测到的更多光子与每个光子较小的权重的乘积与原始 PDF 生成的较小数量的更高权重光子的乘积保持相同,这一基本思想通常很有效。然而在实践中,有偏有时会被推向极端,实际上会增加估计的误差。

9.5.2　嵌入式点源示例

图 9.15 所示为模拟海水中嵌入各向同性点光源时海面辐照度的几何结构示意图,图 9.15(a) 显示深度 z 处的各向同性点光源在所有方向均匀地发射光子。对于各向同性点光源,一半的光子是向下发射的,这些光子中很少有会向上最终到达海面的方向散射。对于向上发射的许多光子同样如此,这些光子用深灰色箭头表示,只有几乎垂直向上发射的光子才有可能到达表面,并且有助于估算远离点光源位置以径向距离 r 为函数的上升流辐照度 $E_u(r)$,如图中浅灰色箭头所示的光子。

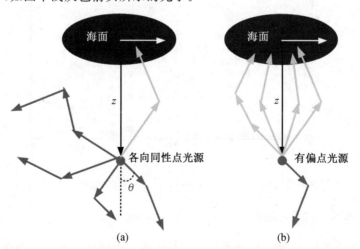

图 9.15　模拟海水中嵌入各向同性点光源时海面辐照度的几何结构示意图

为了增加几乎直接向上发射的光子数量,可以选择有偏概率分布函数 PDF 来计算光

子在极角 θ 处的发射概率,极角 θ 从 $\theta=0$ 在最低点方向开始测量(z 从海面向下为正,θ 从 $+z$ 方向测量),这种各向同性发射在数学上与各向同性散射相同,散射极角 ψ 的概率分布函数 PDF 是 $2\pi\tilde{\beta}\sin\psi$。取 θ 为发射极角并应用各向同性散射的相位函数 $\tilde{\beta}=1/4\pi$,发射极角的概率分布函数是 $PDF(\theta)=(1/2)\sin\theta$。希望有一个有偏的概率分布函数 $PDF_b(\theta)$,可以向上($90°<\theta\leqslant180°$) 发射更多的光子,有很多函数可以实现这一目的,有偏概率分布函数可以选择

$$PDF_b(\theta)=\frac{\sqrt{1-\varepsilon^2}}{\pi(1+\varepsilon\cos\theta)} \tag{9.43}$$

式中,参数 $0\leqslant\varepsilon<1$。权重函数是

$$w(\theta)=\frac{PDF(\theta)}{PDF_b(\theta)}=\frac{\pi}{2\sqrt{1-\varepsilon^2}}(1+\varepsilon\cos\theta)\sin\theta \tag{9.44}$$

图 9.15(b) 显示了有偏发射,更多的光子被发射到向上的方向并到达海面,发射到向下方向的光子相对较少。

光子发射极角的概率分布函数(实线)和所选 ε 值(虚线)对应的光子"包"权重如图 9.16 所示,图中的曲线 1 表示无偏发射函数 $PDF(\theta)=(1/2)\sin\theta$,每个发射光子的初始重量为 $w=1$,其他曲线显示了对于 ε 的几个不同值的有偏函数 $PDF_b(\theta)$ 和与角度有关的初始权重。当 ε 接近 1 时,大多数光子以接近 $\theta=180°$ 的角度发射,然而,在接近 $180°$ 的角度发射的光子被赋予很小的权重,而在大致水平和向下方向发射的相对较少的光子被赋予很大的权重(在 $\theta=0$ 附近发射的光子除外)。

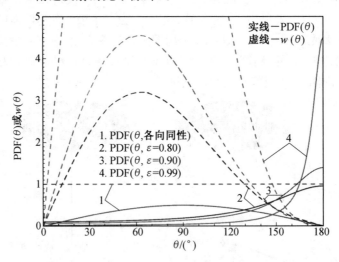

图 9.16　光子发射极角的概率分布函数(实线)和所选 ε 值(虚线)对应的光子"包"权重

9.5.3　后向散射示例

测量后向散射系数 b_b 的仪器的设计和评估需要考虑模拟后向散射中使用重要采样,模拟传感器的一般几何结构如图 9.17 所示,图中光源位于圆形探测器阵列中心发射光子"包"准直光束,浅色箭头显示光子"包"经历多次前向散射并远离探测器,深色箭头显示

光子"包"被反向散射到探测器中,光子"包"在与介质相互作用之间的传播距离是随机的。然后,这些光子"包"根据所选的相位函数 $\widetilde{\beta}(\theta,\psi)$ 进行散射,其中 θ 是散射极角,ψ 是散射方位角。光子跟踪采用类型 2 完成的,也就是说,在每次散射时初始光子权重 $w=1$ 乘单次散射的反射率 $\omega_0=b/c$,其中 b 是散射系数,c 是光束衰减系数,这同时解释了吸收造成的能量损失。

海洋相位函数在前向散射方向有很高的峰值,因此大多数光子包经历的是多次前向散射,并继续远离光源和探测器,如图 9.17 中的浅色箭头所示。光子很少会以图中的深色箭头所示的方式被反向散射并最终到达探测器。对于典型的海洋条件,在任何给定的相互作用中,只有 0.5% ~ 3% 的光子被后向散射。对于尺寸较小的探测器,很少有后向散射光子与探测器相遇,不能到达探测器的从光源发射的每个光子都浪费了计算时间。

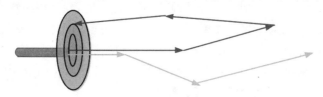

图 9.17　模拟传感器的一般几何结构

模拟可以通过使用如下所述的重要性抽样方法进行改进。光源发射的光子"包"按照一定的光束轮廓和发射方向分布,这些光子传播的初始距离由光束衰减系数和随机数决定。然后,仅在第一次散射时,使用偏置相位函数 $\widetilde{\beta}_b$ 来确定散射方向,该函数给出了增加的后向散射光子数,这使得远离探测器的光子发生了翻转。随后的散射使用水体的正常相位函数,这使得在探测器的一般方向上移动的光子"包"的数目增加,从而使检测到的光子的数目增加。如图 9.18 所示,箭头 1 是光源发射的初始光子,箭头 2 是第一次散射的光子,其方向由偏置相位函数确定,其他箭头是光子的后续散射,ψ_1 是从有偏相位函数得出的散射角,第一次散射后使用正常相位函数。

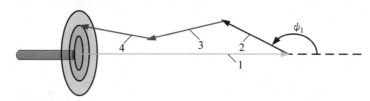

图 9.18　后向散射模拟

在海洋光学模拟中,无偏概率分布函数是强前向散射的,为了反转一些初始光子,使用有偏概率分布函数增强后向散射。 具有非对称参数 $g=\langle\cos\psi\rangle$ 的 Henyey-Greenstein(OTHG)相位函数为 $\widetilde{\beta}_b$ 提供了一个方便的分析相位函数:

$$\widetilde{\beta}_{\text{OTHG}}(\psi)=\frac{1-g^2}{4\pi(1+g^2-2g\cos\psi)} \tag{9.45}$$

参数 g 的作用与上例中的 ε 相同,$g=0$ 表示各向同性散射(50% 后向散射);负 g 表示后向散射大于前向散射。数值研究表明,只要偏置不被扩展到极端情况(如在 OTHG 中使用

$g=-0.9$，其给出 98% 的后向散射），结果对偏置相位函数的精确形式不敏感。

图 9.19 所示为有偏和无偏第一次散射的模拟示例。每次运行都由光源发射有 10^8 个光子"包"的准直光束，目标是一个环形探测器，有 5 个环，每个环的径向宽度为 1 cm。水的性质由 Fournier-Forand 相位函数定义，后向散射比例为 0.018 3，吸收系数为 $a=0.2\ m^{-1}$，散射系数为 $b=0.8\ m^{-1}$，单次散射的反射率为 $\omega_0=0.8$，这是典型的蓝色或绿色波长的海水。图 9.19 中模拟了三种情形，第一种情形没有偏置散射，另两种情形是第一次散射为有偏的 OTHG 相位函数，非对称参数 $g=+0.3$ 和 $g=-0.3$，$g=+0.3$ 的 OTHG 的后向散射比例为 $b_b=0.286$，$g=-0.3$ 的后向散射比例为 $b_b=0.714$。 图 9.19(a) 显示每个探测器环接收的光子数，图 9.19(b) 是每个环接收的发射功率的百分数。当 $g=+0.3$（曲线 2）使用有偏第一散射时，到达探测器的光子数是无偏散射（曲线 1）的 12.9 倍；当 $g=-0.3$（曲线 3）使用偏置第一散射时，到达探测器的光子数是无偏散射（曲线 ①）的 52.6 倍。有偏和无偏第一散射探测功率的比较见表 9.2，每次运行都有 10^8 个光子"包"作为准直光束由光源发射，N_{det} 是到达探测器的所有 5 个探测器环的总光子"包"数。然而，从表 9.2 中可以看出，探测器在所有 5 个环上接收到的发射功率的比例是一样的，为 0.064 5%，极小的差别属于蒙特卡洛噪声。

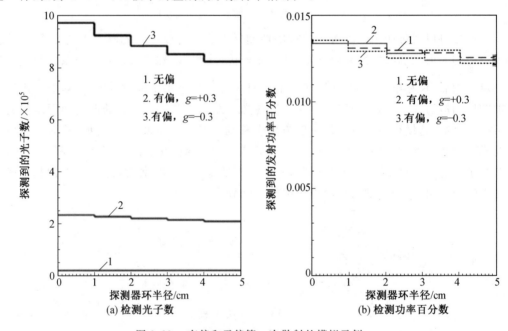

图 9.19　有偏和无偏第一次散射的模拟示例

表 9.2　有偏和无偏第一散射探测功率的比较。

第一次散射	N_{det}	探测器所有环接收到的发射功率的百分数
无偏	84 645	0.064 8
有偏，$g=+0.3$	1 093 114	0.064 5
有偏，$g=-0.3$	4 451 875	0.064 2

9.5.4 双向反射分布函数作为概率分布函数

双向反射分布函数（Bi-directional Reflectance Distribution Function，BRDF）可以作为一种固有的光学性质，其物理量示意图如图 9.20 所示。BRDF 表明了表面的反射特性如何随入射和反射方向（以及波长）而变化。考虑一种如图 9.20 所示的测量，保持探测器的方向不变，而改变光源的方向，则 BRDF 的定义为

$$\text{BRDF}(\theta_i,\phi_i,\theta_r,\phi_r) = \frac{\mathrm{d}L_r(\theta_r,\phi_r)}{L_i(\theta_i,\phi_i)\cos\theta_i\mathrm{d}\Omega_i(\theta_i,\phi_i)} \quad (\text{sr}^{-1}) \qquad (9.46)$$

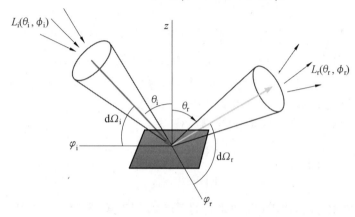

图 9.20　双向反射分布函数（BRDF）物理量示意图

如果只有入射辐亮度的大小发生变化，反射辐亮度将按比例变化，BRDF 将保持不变。然而，如果入射或反射光束的方向发生变化，同时保持所有其他参数不变，则 BRDF 通常会发生变化。式（9.46）很容易转变到辐射传输理论，式（9.46）可以改写为

$$\mathrm{d}L_r(\theta_r,\phi_r) = \text{BRDF}(\theta_i,\phi_i,\theta_r,\phi_r)L_i(\theta_i,\phi_i)\cos\theta_i\mathrm{d}\Omega_i(\theta_i,\phi_i) \qquad (9.47)$$

然后，对所有入射方向进行积分，可以获得反射方向（θ_r,ϕ_r）上的总反射辐射为

$$\begin{aligned}
L_r(\theta_r,\phi_r) &= \int_{2\pi_i} L_i(\theta_i,\phi_i)\text{BRDF}(\theta_i,\phi_i,\theta_r,\phi_r)\cos\theta_i\mathrm{d}\Omega_i(\theta_i,\phi_i) \\
&= \int_{2\pi_i} L_i(\theta_i,\phi_i)r_i(\theta_i,\phi_i,\theta_r,\phi_r)\mathrm{d}\Omega_i(\theta_i,\phi_i)
\end{aligned} \qquad (9.48)$$

式中

$$r_i(\theta_i,\phi_i,\theta_r,\phi_r) = \text{BRDF}(\theta_i,\phi_i,\theta_r,\phi_r)\cos\theta_i \qquad (9.49)$$

称为辐射反射函数，这两个函数的描述方法等效。在辐射传输理论中，辐照度是在垂直于光传播方向的表面上测量的，而实际辐照度是在感兴趣的表面上测量的。

需要强调的是，BRDF 完全描述了在测量表面上（表面下）发生的一切净影响。BRDF 是单位立体角的反射，它可以有任何非负值。在蒙特卡洛模拟中使用 BRDF 作为概率分布函数（PDF）。

式（9.48）显示了 BRDF 如何用于辐射传输方程。在蒙特卡洛模拟中，将跟踪许多单独的光线，因为它们与介质及其边界界面相互作用，在这种情况下，BRDF 必须用作 PDF，以确定光线入射到边界界面时反射光线的方向和权重。假定具有权重的光线沿方向入射到表面上，由于输入方向已知，BRDF 可被视为反射角度（θ_r,ϕ_r）的二元 PDF，通常这些角

度是相关的。确定光线入射到边界界面时反射光线的方向和权重步骤如下。

（1）计算给定（θ_i，ϕ_i）的定向半球反射（directional-hemispherical reflectance）：

$$\rho^{dh}(\theta_i,\phi_i)=\iint_{2\pi_i}\text{BRDF}(\theta_i,\phi_i,\theta_r,\phi_r)\cos\theta_r\mathrm{d}\Omega_r$$

$$=\int_0^{2\pi}\int_0^{\pi/2}\text{BRDF}(\theta_i,\phi_i,\theta_r,\phi_r)\cos\theta_r\sin\theta_r\mathrm{d}\theta_r\mathrm{d}\phi_r \quad (9.50)$$

（2）反射光线的权重为

$$w_r=\rho^{dh}(\theta_i,\phi_i)w_i \quad (9.51)$$

（3）计算 ϕ_r 的累积分布函数（CDF）：

$$\text{CDF}_\phi(\phi_r)=\frac{1}{\rho^{dh}(\theta_i,\phi_i)}\int_0^{\phi_r}\int_0^{\pi/2}\text{BRDF}(\theta_i,\phi_i,\theta,\phi)\cos\theta\sin\theta\mathrm{d}\theta\mathrm{d}\phi \quad (9.52)$$

（4）从均匀分布[0,1]中抽取一个随机数 $\Re$，解方程求得 ϕ_r，则

$$\Re=\text{CDF}_\phi(\phi_r) \quad (9.53)$$

这是随机确定的反射光线的方位角 ϕ_r。

（5）通过下式计算角度 θ_r 的 CDF，有

$$\text{CDF}_\theta(\theta_r)=\frac{\int_0^{\theta_r}\text{BRDF}(\theta_i,\phi_i,\theta,\phi_r)\cos\theta\sin\theta\mathrm{d}\theta}{\int_0^{\pi/2}\text{BRDF}(\theta_i,\phi_i,\theta,\phi_r)\cos\theta\sin\theta\mathrm{d}\theta\mathrm{d}\phi} \quad (9.54)$$

在计算 θ 的积分时，步骤（4）中确定的角度 ϕ_r 用于式（9.54）中的 BRDF，这是在确定反射角 θ_r 和方位角 ϕ_r 之间的相关性。

（6）从均匀分布[0,1]中抽取一个新的随机数，并解方程求得 θ_r，则

$$\Re=\text{CDF}_\theta(\theta_r) \quad (9.55)$$

这是随机确定的反射光线的极角。

对于除最简单的 BRDF 以外的所有 BRDF，式（9.50）～（9.55）的每一条射线都必须进行数值计算，当追踪数十亿条射线时，可能需要花费很长的计算时间。

9.6　蒙特卡洛模拟

蒙特卡洛模拟涉及根据统计概率追踪数百万个虚拟光子或光子"包"的最终情况。模拟的光子源可以是太阳，也可以是人造光源。每个模拟光子的随机路径与其他光子路径不同，路径由水和空气中吸收和散射的概率，以及水－气和水－固界面上反射或吸收的概率决定。图9.21所示为海洋水体和点源积分空腔吸收仪（PSICAM）的蒙特卡洛模拟的光线追踪示意图。在海洋水体情况下，光子进入海洋水体，在水中散射，在海面或海底内部反射，最终要么逃逸到大气中，要么被水或海底吸收；在 PSICAM 情况下，光子从腔的中心开始，在水及腔壁内部被反射，最终被水或腔壁吸收。在这些模型系统中，任何区域的光强度都是通过计算与该区域相交的光子路径的数量来确定的。

蒙特卡洛方法提供了最通用和最灵活的技术，用于数值求解辐射传输方程。

由于蒙特卡洛技术在计算上是很耗费时间的，所以只要有替代的解决方案技术就避免使用这一技术。然而，随着计算机速度的不断提高，蒙特卡洛方法在各种辐射传输计算

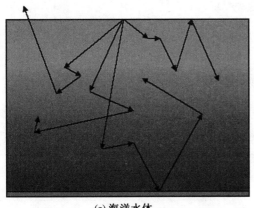
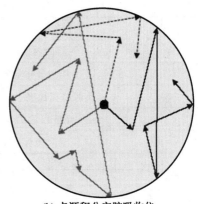

(a) 海洋水体　　　　　　　　　　　(b) 点源积分空腔吸收仪

图 9.21　　海洋水体和点源积分空腔吸收仪的蒙特卡洛模拟的光线追踪示意图

中变得越来越实用和流行。此外,蒙特卡洛代码不再需要复杂的技巧来节省计算机内存和避免复杂的命令(即逻辑语句和三角函数),这使得任何具备基本编程技能的人都可以使用蒙特卡洛技术。蒙特卡洛技术在过去几十年中被海洋光学领域的许多研究人员采用。

　　表 9.3 给出的术语及符号定义,包括本节模拟中应用于海洋光学的辐射传输理论术语和概率统计术语。

表 9.3　　术语及符号定义

名称	符号
光束吸收系数 /m^{-1}	a
光束散射系数 /m^{-1}	b
拉曼散射系数	b_r, b_{r_1q}
光束衰减系数 /m^{-1},$c = a + b$	c
标量辐照度 /(W·m^{-2})	E_0
向下辐照度 /(W·m^{-2})	E_d
向上辐照度 /(W·m^{-2})	E_u
散射相函数不对称因子	G
沿 x、y 和 z 轴的单位矢量	$\hat{\boldsymbol{i}},\hat{\boldsymbol{j}},\hat{\boldsymbol{k}}$
光程长度	L
折射率	n
向外垂直于表面(单位矢量)	$\hat{\boldsymbol{n}}$
累积分布函数(CDF)	P
概率分布函数(PDF)	p
辐照度比	R
海底反照率	R_b

续表9.3

名称	符号
水－气界面内反照率	R_i
在[0,1]上均匀分布的随机数	q
几何路径长度/m	s
光子权重	w
笛卡儿坐标	x，y，z
位置矢量 $\boldsymbol{x} = [x\hat{\boldsymbol{i}}, y\hat{\boldsymbol{j}}, z\hat{\boldsymbol{k}}]$	$\boldsymbol{x}$
水深/m	z_b
散射相位函数	$\tilde{\beta}$
相对于 z 轴的极角	θ
相对于表面法向的入射极角	θ_i
相对于垂直于表面的透射极角	θ_t
波长	λ
频率	ν
相对于光子方向或相对于表面法向的极角余弦	μ_s
相对于 x 轴方向余弦	μ_x
相对于 y 轴方向余弦	μ_y
相对于 z 轴方向余弦	μ_z
表面反射率	ρ
光学深度	τ
相对于光子传播方向的方位角	Φ
相对于 x 轴的方位角	ϕ
单位方向矢量	$\hat{\boldsymbol{\xi}}$
相对于光子传播方向的极角	Ψ
立体角	Ω
单次散射反照率，$\omega_0 = b/c$	ω_0

蒙特卡洛模拟依赖于正确定义的概率分布函数和累积分布函数。一般情况下，概率分布函数 $p(x)$ 是指在 x 到 $x+\mathrm{d}x$ 范围内发生指定事件的概率为 $[p(x)\mathrm{d}x]$；累积分布函数 $P(x)$ 是指指定事件发生在 x 的最低可能值和 x 之间的概率，即

$$P(x) = \int_{-\infty}^{x} p(x)\mathrm{d}x, \quad 0 \leqslant P(x) \leqslant 1 \tag{9.56}$$

为了确定特定蒙特卡洛实现的 x 值，从[0,1]上的均匀分布中选择一个随机数 q，将其设置为累积分布函数，即

$$P(x) = q \tag{9.57}$$

并求解 x。根据 $P(x)$ 的形式，解析或数值求解 x。需要注意的是，q 的特定值不能被多次使用，如果连续方程包含 q，则每个 q 代表一个不同的随机数，这与计算机语言中使用随机数生成器的方式是一致的。例如，在为 MATLAB 编写代码时，变量 q 可以简单地替换为关键字 rand。每次出现 rand 时，MATLAB 都会替换一个新的随机数。

由于追踪从未到达特定空间区域光子的完整路径是浪费计算的，因此通常需要谨慎地从有偏累积分布函数中采样。对分布函数的偏置能够在不改变最终计算结果的情况下，在特定区域追踪更多的光子，从而能够更快地收敛到指定精度的结果。如果概率分布函数是 $p(x)$，根据有偏的概率分布函数 $p_b(x)$ 来跟踪光子更有利，以便更多的光子到达感兴趣的区域。可以使用 $p_b(x)$，只要对光子的权重 w 乘正确分布与有偏分布之比，即

$$w = w \frac{p(x)}{p_b(x)} \tag{9.58}$$

用类似的想法来处理水体内和表面的光子吸收，而不是计算吸收的概率，然后在光子被吸收时终止光子路径。将光子追踪到一个事件（散射或反射），然后根据吸收发生的统计概率来减少其权重，接着继续追踪光子路径，就好像它没有被吸收一样。另一种思考方法是，首先发射一个由许多朝同一方向运动的光子组成的包，然后按事件吸收的光子数在每个包中减少光子的数量。具体地说，就是将光子权重乘每次散射的单次散射反照率 ω_0 的值，再乘每次被表面反射的表面反照率的值。只有当光子的权重降低到某一特定级别以下时，才停止跟踪光子路径。

9.6.1　光子传播

1. 路径长度

从光距离 l 的定义来看，光相对于光的传播距离衰减的概率分布函数为

$$p(l) = \mathrm{e}^{-l}, \quad l \geqslant 0 \tag{9.59}$$

由式（9.56）可知，累积分布函数为

$$P(l) = \int_0^l \mathrm{e}^{-l'} \, \mathrm{d}l' = 1 - \mathrm{e}^{-l} \tag{9.60}$$

为了确定蒙特卡洛模拟的 l，设 $P(l) = q$ 并求解 l，得

$$l = -\ln(1 - q) = -\ln q, \quad 0 \leqslant q \leqslant 1 \tag{9.61}$$

式（9.59）～（9.61）给出的 $p(l)$、$P(l)$ 和 l、q 如图 9.22 所示。

在均匀水域中，几何路径长度 s（单位 m）可以用下式计算：

$$s = \frac{l}{c} = \frac{-\ln q}{c} \tag{9.62}$$

式中，c 是衰减系数，单位为 m^{-1}。

在非均匀水域中，s 和 l 之间的关系为

$$l = \int_0^s c(s') \, \mathrm{d}s' \tag{9.63}$$

s 的值必须从零开始增加，直到用式（9.63）计算的 l 的总值等于式（9.61）给出的值。在分层系统中，式（9.63）中的积分变成求和。

式（9.61）给出了无阻碍光子在被散射或吸收之前的传播距离的概率分布函数。然

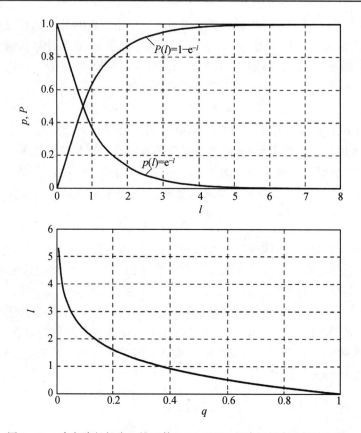

图 9.22　确定路径长度 l 的函数 $p(l)$、$P(l)$ 和路径长度 l 与随机数 q

而,如果存在一个高吸收边界,跟踪与该边界碰撞的大量光子在计算上是浪费时间的。可以取而代之地从一个偏置密度函数中取样,该函数只考虑到达边界前散射的光子,即

$$p(l) = \frac{\mathrm{e}^{-l}}{1 - \mathrm{e}^{-l_\mathrm{b}}}, \quad 0 \leqslant l \leqslant l_\mathrm{b} \tag{9.64}$$

式中,l_b 是沿传播方向到边界的光学距离,为了补偿有偏概率函数,把光子包的权重乘 $1 - \mathrm{e}^{-l_\mathrm{b}}$,它是光子中没有到达边界的那部分光子。

累积分布函数为

$$P(l) = \int_0^l p(l')\mathrm{d}l' = \frac{\mathrm{e}^{-l+l_\mathrm{b}} - \mathrm{e}^{-l} - \mathrm{e}^{l_\mathrm{b}} + 1}{-\mathrm{e}^{l_\mathrm{b}} + 2 - \mathrm{e}^{-l_\mathrm{b}}} \tag{9.65}$$

式中,$P(l_\mathrm{b}) = 1$,求解 $P(l) = q$,得到

$$l = l_\mathrm{b} - \ln[\mathrm{e}^{l_\mathrm{b}} + (1 - \mathrm{e}^{l_\mathrm{b}})q] \tag{9.66}$$

2. 方向余弦

方向余弦 μ_x、μ_y、μ_z 是指向光子移动方向的单位矢量 x、y、z 的分量。根据定义,它们满足:

$$\mu_x + \mu_y + \mu_z = 1 \tag{9.67}$$

给定方向余弦和光子路径长度 s,可以有

$$x = x_0 + s\mu_x \tag{9.68a}$$

$$y = y_0 + s\mu_y \tag{9.68b}$$

$$z = z_0 + s\mu_z \tag{9.68c}$$

对于由极角 $\theta(0 \leqslant \theta \leqslant \pi)$ 和方位角 $\phi(0 \leqslant \phi \leqslant 2\pi)$ 定义的方向，相应的方向余弦为

$$\mu_x = \sin\theta\cos\phi \tag{9.69a}$$

$$\mu_y = \sin\theta\sin\phi \tag{9.69b}$$

$$\mu_z = \cos\theta \tag{9.69c}$$

因为 $0 \leqslant \theta \leqslant \pi$，$\sin\theta$ 总是正的并且可以表示为

$$\sin\theta = \sqrt{1 - \mu_z^2} \tag{9.70}$$

通常知道了 μ_z 和 ϕ，可以给出 μ_x 和 μ_y，即

$$\mu_x = \sqrt{1 - \mu_z^2}\cos\phi \tag{9.71a}$$

$$\mu_y = \sqrt{1 - \mu_z^2}\sin\phi \tag{9.71b}$$

可以从余弦方向计算 θ 和 ϕ，即

$$\theta = \arccos\mu_z \tag{9.72a}$$

$$\phi = \arccos\left[\frac{\mu_x}{\sqrt{1 - \mu_z^2}}\right], \quad \mu_z^2 \neq 1, \mu_y \geqslant 0 \tag{9.72b}$$

$$\phi = 2\pi - \arccos\left[\frac{\mu_x}{\sqrt{1 - \mu_z^2}}\right], \quad \mu_z^2 \neq 1, \mu_y < 0 \tag{9.72c}$$

如果 $\mu_z^2 = 1$，则 $\mu_x = \mu_y = 0$，使得 ϕ 不确定。在这种情况下，可以随机设置 ϕ。

3. 时间相关模拟

如果想计算光从光源到探测器的路径所需的时间，可以计算出每个光子追踪其路径所需的时间，光子移动几何路径长度 s 所需的时间是

$$t = \frac{s}{c_n} = \frac{ns}{c_0} \tag{9.73}$$

式中，c_0 是真空中的光速；c_n 是折射率为 n 的介质中的光速。

9.6.2　散射

1. 散射概率基本方程

散射相位函数 $\widetilde{\beta}(\Psi, \Phi)$ 是概率分布函数，它给出了光子发生散射时远离入射方向在散射极角 Ψ 和方位角 Φ 处的概率。根据概率分布函数定义式，$\widetilde{\beta}(\Psi, \Phi)$ 在所有方向上的积分是 1，即

$$\int_0^{2\pi}\int_0^{\pi}\widetilde{\beta}(\Psi, \Phi)\sin\Psi\mathrm{d}\Psi\mathrm{d}\Phi = 1 \tag{9.74}$$

式 (9.74) 中的 $\sin\Psi$ 项来自于球坐标系的定义。对于海水和空气，相对于入射方向的散射方位角 Φ 在 $[0, 2\pi]$ 上是均匀分布的，因此 $p(\Psi)$ 和 $p(\Phi)$ 是彼此相互独立的，即

$$p(\Psi, \Phi) = p(\Psi)p(\Phi) \tag{9.75}$$

为了满足概率分布函数的要求，即

$$\int_0^{2\pi} p(\Phi)\mathrm{d}\Phi = 1 \tag{9.76}$$

Φ 的概率分布函数必须是

$$p(\Phi) = \frac{1}{2\pi} \tag{9.77}$$

根据式(9.56),有

$$P(\Phi) = \int_0^{\Phi} \frac{1}{2\pi}\mathrm{d}\Phi = \frac{\Phi}{2\pi} \tag{9.78}$$

根据式(9.57),有

$$\Phi = 2\pi q \tag{9.79}$$

或者可以使用两个随机数 q_1 和 q_2 确定 Φ,即

$$W_1 = 1 - 2q_1, \quad W_2 = 1 - 2q_2 \tag{9.80}$$

$$d = \sqrt{W_1^2 + W_2^2} \tag{9.81}$$

$$\cos\Phi = W_1/d, \quad \sin\Phi = W_2/d \tag{9.82}$$

因为对于海水和空气 $\tilde{\beta}(\Psi,\Phi)$ 不依赖于 Φ,式(9.74)可以简化为

$$2\pi \int_0^{\pi} \tilde{\beta}(\Psi)\sin\Psi\mathrm{d}\Psi = 1 \tag{9.83}$$

根据式(9.76)和式(9.83),有

$$p(\Psi) = 2\pi\tilde{\beta}(\Psi)\sin\Psi \tag{9.84}$$

根据式(9.56)、式(9.57)和式(9.84),有

$$P(\Psi) = \int_0^{\Psi} p(\Psi)\mathrm{d}\Psi = 2\pi \int_0^{\Psi} \tilde{\beta}(\Psi)\sin\Psi\mathrm{d}\Psi = q \tag{9.85}$$

或者用散射角的余弦来表示散射相位函数,即

$$\mu_s = \cos\Psi, \quad \mathrm{d}\mu_s = -\sin\Psi\mathrm{d}\Psi \tag{9.86}$$

式(9.83)～(9.85)可以表示为

$$-2\pi \int_1^{-1} \tilde{\beta}(\mu_s)\mathrm{d}\mu_s = 2\pi \int_{-1}^{1} \tilde{\beta}(\mu_s)\mathrm{d}\mu_s = 1 \tag{9.87}$$

$$p(\mu_s) = 2\pi\tilde{\beta}(\mu_s) \tag{9.88}$$

$$P(\mu_s) = \int_{\mu_s}^{1} p(\mu)\mathrm{d}\mu = 2\pi \int_{\mu_s}^{1} \tilde{\beta}(\mu)\mathrm{d}\mu = q \tag{9.89}$$

对于给定的相位函数,必须计算式(9.85)或(9.89)中的积分,并依据 q 求解 Ψ 或 μ_s。

2. 各向同性散射

对于所有特定情况,考虑使用式(9.79)确定方位散射角 Φ,即

$$\Phi = 2\pi q \tag{9.90}$$

对于各向同性散射而言 $\tilde{\beta}$ 是常数,为了满足式(9.83)和式(9.87),有

$$\tilde{\beta}(\Psi) = \tilde{\beta}(\mu_s) = \frac{1}{4\pi} \tag{9.91}$$

由式(9.84)和式(9.88),有

$$P(\boldsymbol{\Psi}) = \frac{1}{2}\sin \boldsymbol{\Psi} \tag{9.92}$$

$$p(\mu_s) = \frac{1}{2} \tag{9.93}$$

由式(9.89)得

$$\frac{1}{2}\int_0^{\Psi_s} \sin \boldsymbol{\Psi}\mathrm{d}\boldsymbol{\Psi} = \frac{1}{2}(1-\cos \boldsymbol{\Psi}) = q \tag{9.94}$$

或

$$\frac{1}{2}\int_{\mu_s}^1 \mathrm{d}\mu = \frac{1}{2}(1-\mu_s) = q \tag{9.95}$$

因此极性散射角为

$$\mu_s = \cos \boldsymbol{\Psi} = 1 - 2q \tag{9.96}$$

3. 瑞利、拉曼和纯水散射

瑞利、拉曼和纯水散射相位函数的形式为

$$\tilde{\beta} \propto 1 + f\mu^2 \tag{9.97}$$

式中,f 是标量常数。

具体来说,纯净水的散射为

$$\tilde{\beta} \propto 1 + 0.835\mu^2 \tag{9.98}$$

490 nm 处的拉曼散射为

$$\tilde{\beta} \propto 1 + 0.55\mu^2 \tag{9.99}$$

对于给定的 f 值(如纯水为 0.835),可以将概率分布函数归一化,使其从 $\mu = -1$ 到 1 的积分为 1,则

$$p(\mu) = \frac{3}{2}\frac{(1+f\mu^2)}{(3+f)} \tag{9.100}$$

对式(9.100)进行积分,得到累积分布函数为

$$P(\mu) = -\frac{f}{6+2f}\mu^3 - \frac{3}{6+2f}\mu + \frac{1}{2} \tag{9.101}$$

为了在蒙特卡洛模拟中找到 μ 的值,设置 $P(\mu) = q$ 并求解 q,因此 μ 的值是下式的实数解,则有

$$P(\mu) = -\frac{f}{6+2f}\mu^3 - \frac{3}{6+2f}\mu + \frac{1}{2} - q = 0 \tag{9.102}$$

式(9.102)可以解析或数值求解。图 9.23 所示为由随机数 q 确定纯水的散射角余弦 μ_s,图中显示了通过将 $f = 0.835$ 代入式(9.102)计算纯水的随机数 q 与极性散射方向 μ_s 之间的关系。

4. Henyey-Greenstein 散射相位函数

Henyey-Greenstein 散射相位函数是根据不对称因子 g 定义的,则

$$\tilde{\beta}(g;\boldsymbol{\Psi}_s) = \frac{1}{4\pi}\frac{1-g^2}{(1+g^2-2g\cos \boldsymbol{\Psi}_s)^{3/2}}, \quad -1 < g < 1 \tag{9.103a}$$

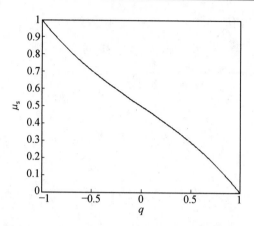

图 9.23 由随机数 q 确定纯水的散射角余弦 μ_s

$$\tilde{\beta}(g;\mu_s) = \frac{1}{4\pi} \frac{1-g^2}{(1+g^2-2g\mu_s)^{3/2}}, \quad -1 < g < 1 \tag{9.103b}$$

式中,$g=0$ 为各向同性散射,g 接近 1 表示强前向散射。式(9.103)满足式(9.87),由式(9.88)得

$$p(\Psi_s) = \frac{1}{2} \frac{(1-g^2)\sin \Psi_s}{(1+g^2-2g\cos \Psi_s)^{3/2}} \tag{9.104a}$$

$$p(\mu_s) = \frac{1}{2} \frac{(1-g^2)}{(1+g^2-2g\mu_s)^{3/2}} \tag{9.104b}$$

由式(9.89)得

$$P(\mu_s) = \frac{1-g^2}{2} \int_{\mu_s}^{1} \frac{1}{(1+g^2-2g\mu_s)^{3/2}} \mathrm{d}\mu_s$$

$$= \frac{1-g^2}{2g} \left(\frac{1}{1-g} - \frac{1}{\sqrt{1+g^2-2g\mu_s}} \right) = q \tag{9.105}$$

求解式(9.105)得到

$$\mu_s = \frac{2g+1-2qg-2q+2q^2g+g^2-2qg^3-2qg^2+2q^2g^3}{(-1-g+2qg)^2} \tag{9.106}$$

为了方便起见,式(9.106)可以表示为

$$\mu_s = \frac{1}{2g}\left[1+g^2 - \left(\frac{1-g^2}{1+g-2qg} \right)^2 \right], \quad g \neq 0 \tag{9.107a}$$

$$\mu_s = 1-2q, \quad g=0 \tag{9.107b}$$

如果用 $(1-q)$ 代替 q,可以得到一个替代形式为

$$\mu_s = \frac{1}{2g}\left[1+g^2 - \left(\frac{1-g^2}{1-g+2qg} \right)^2 \right], \quad g \neq 0 \tag{9.108}$$

图 9.24 所示为几个不同 g 值情况下,μ_s 的值与随机数 q 之间的关系。

5. 更新方向余弦

给定由 θ 和 ϕ 定义的初始方向以及相对于初始方向的散射角 Ψ 和 Φ,需要确定新的方向余弦 μ'_x、μ'_y 和 μ'_z,如果用 $\hat{a}$ 表示初始光子方向上的单位矢量,则有

$$\hat{a} = [\mu_x, \mu_y, \mu_z] \tag{9.109}$$

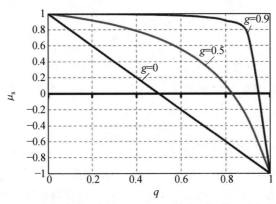

图 9.24　几个不同 g 值情况下，μ_s 的值与随机数 q 之间的关系

新的方向单位矢量可表示为

$$\hat{a} = \sin \Psi \cos \Phi\, a_\perp \times \hat{a} + \sin \Psi \sin \Phi\, a_\perp + \cos \Phi\, \hat{a} \tag{9.110}$$

式中，$a_\perp$ 是垂直于 $\hat{a}$ 的单位矢量，因为 $a_\perp$ 不是唯一的，所以没有更新方向余弦的唯一公式。如果选择 $a_\perp$ 在 $x-y$ 平面上，那么

$$a_\perp = \pm [-\mu_y, \mu_x, 0] / \sqrt{1-\mu_z^2} \tag{9.111a}$$

$$a_\perp \times \hat{a} = \pm [\mu_x\mu_z, \mu_y\mu_z, -(1-\mu_z^2)] / \sqrt{1-\mu_z^2} \tag{9.111b}$$

如果光子非常接近 z 轴（如 $|\mu_z| > 0.99999$），那么更新的方向余弦为

$$\mu'_x = \sin \Psi \cos \Phi \tag{9.112a}$$

$$\mu'_y = \sin \Psi \sin \Phi \tag{9.112b}$$

$$\mu'_z = \frac{\mu_z}{|\mu_z|} \cos \Psi = \mathrm{sgn}(\mu_z) \cos \Psi \tag{9.112c}$$

综上所述，新方向余弦可以由初始光子方向、极性散射角的余弦 μ_s（$\mu_s = \cos \Psi$）和方位散射角 Φ 表示，即

$$\begin{bmatrix} \mu'_x \\ \mu'_y \\ \mu'_z \end{bmatrix} = \begin{bmatrix} \dfrac{\mu_x\mu_z}{\sqrt{1-\mu_z^2}} \\ \dfrac{\mu_y\mu_z}{\sqrt{1-\mu_z^2}} \\ -\sqrt{1-\mu_z^2} \end{bmatrix} \begin{bmatrix} \sqrt{1-\mu_s^2} \cos \Phi \\ \sqrt{1-\mu_s^2} \sin \Phi \\ \mu_s \end{bmatrix}, \quad \mu_z^2 < 1 \tag{9.113a}$$

$$\begin{bmatrix} \mu'_x \\ \mu'_y \\ \mu'_z \end{bmatrix} = \mathrm{sgn}(\mu_z) \begin{bmatrix} \sqrt{1-\mu_s^2} \cos \Phi \\ \sqrt{1-\mu_s^2} \sin \Phi \\ \mu_s \end{bmatrix}, \quad \mu_z^2 \approx 1 \tag{9.113b}$$

在平面平行问题中，μ_z 是唯一需要跟踪的方向余弦，可以简单地更新 μ_z 为

$$\mu'_z = \mu_z\mu_s \mp \sqrt{1-\mu_z^2}\sqrt{1-\mu_s^2} \cos \Phi \tag{9.114}$$

作为一致性，任何转换都应该满足：

$$\mu_s = [\mu_x, \mu_y, \mu_z] \cdot [\mu'_x, \mu'_y, \mu'_z] \tag{9.115}$$

和

$$\sqrt{(\mu'_x)^2 + (\mu'_y)^2 + (\mu'_z)^2} = 1 \tag{9.116}$$

6. 非弹性散射

在非弹性散射中,给定波长处的一些光子消失了并重新发射较长波长的光子。在海洋光学中,关注的是液态水的拉曼散射,入射光和散射光的频率差被定义为拉曼位移 ν_r,有

$$\nu_r = \nu_s - \nu' \tag{9.117}$$

式中, ν_s 是散射光频率; ν' 是入射光频率。

拉曼散射量的大小可以用拉曼散射系数 $b_{r;q}(\mathrm{m}^{-1})$ 量化,它是频率 ν_s 的光每秒散射的光子与频率 ν' 的光每秒入射光子的比值,这个系数是固有的光学性质,并且

$$a + b + b_{r;q} = c \tag{9.118}$$

拉曼系数通常隐式地包含在 a 中。量 $b_{r;q}$ 与 b_r 的关系为

$$b_{r;q} = \left(\frac{\nu'}{\nu_s}\right) b_r \tag{9.119}$$

b_r 的波长为

$$b_r = \left(\frac{\lambda'_0}{\lambda'}\right)^4 b_r(\lambda'_0) \tag{9.120}$$

式中, λ'_0 是参考波长,对于 $\lambda'_0 = 488\ \mathrm{nm}$ 处的 $b_r = 2.4 \times 10^{-4}\ \mathrm{m}^{-1}$。

蒙特卡洛程序中处理非弹性散射的一种方法是模拟探测器在多个波长(激发波长和其他几个较长波长)上的光子计数;使用随机数来确定光子是否经历了非弹性散射(基于 b_r 量化的概率),如果经历了非弹性散射,则使用另一个随机数来确定频移。如果光子的新波长在被测波段之内,那么继续在新波长处跟踪光子。

将 $f = 0.55$ 代入式(9.102)可确定拉曼散射方向为

$$-0.154\ 9\mu_s^3 - 0.422\ 5\mu_s + 0.5 = q \tag{9.121}$$

必须对每个随机数 q 求解 μ_s,或将 μ 与 q 列表,然后从表中读取 μ。部分拉曼散射方向余弦 μ_s 与随机数 q 例值见表9.4。

表9.4   部分拉曼散射方向余弦 μ_s 与随机数 q 例值

q	μ_s
0	$-1.000\ 0$
0.111 1	$-0.819\ 5$
0.222 2	$-0.614\ 8$
0.333 3	$-0.384\ 1$
0.444 4	$-0.131\ 1$
0.555 6	$0.131\ 1$
0.666 7	$0.384\ 1$
0.777 8	$0.614\ 8$
0.888 9	$0.819\ 5$
1.000 0	$1.000\ 0$

波数的偏移可以用如下近似：偏移小于 2 975 cm⁻¹ 的为零概率，偏移为 2 975 ～ 3 175 cm⁻¹ 的概率线性增加，偏移为 3 175 ～ 3 425 cm⁻¹ 的概率均匀分布，偏移为 3 425 ～ 3 725 cm⁻¹ 的概率线性减小，偏移大于 3 725 cm⁻¹ 的为零概率。将该分段线性概率分布函数归一化，可得到表 9.5 所示的拉曼偏移的概率分布函数。

表 9.5　拉曼偏移的概率分布函数

波数 k/cm^{-1}	概率分布函数 $p(k)$
2 975	0
3 175	0.002
3 425	0.002
3 725	0

累积分布函数是通过对概率分布函数进行积分得到的，在实际应用中，它可以采用列表或解析函数近似，根据表 9.5 中概率分布函数计算的拉曼波数偏移的累积分布函数如图 9.25 所示。

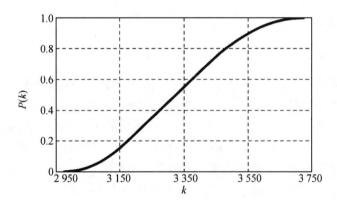

图 9.25　根据表 9.5 中概率分布函数计算的拉曼波数偏移的累积分布函数

图 9.25 给出的拉曼波数偏移的累积分布函数列表见表 9.6。

表 9.6　图 9.25 给出的拉曼波数偏移的累积分布函数列表

波数 k/cm^{-1}	累积分布函 $q = P(k)$
2 975	0
3 025	0.012 5
3 075	0.050 0
3 125	0.112 5
3 175	0.200 0
3 225	0.300 0
3 275	0.400 0
3 325	0.500 0
3 375	0.600 0

续表9.6

波数 k/cm^{-1}	累积分布函 $q = P(k)$
3 425	0.700 0
3 475	0.791 7
3 525	0.866 7
3 575	0.925 0
3 625	0.966 7
3 675	0.991 7
3 725	1.000 0

给定波数位移 Δk，激发波长 λ 的波长位移为

$$\Delta\lambda = \left(\frac{1}{\lambda} - \frac{\Delta k}{10^7}\right)^{-1} \tag{9.122}$$

式中，k 的单位为 cm^{-1}；波长 λ 的单位为 nm。

9.6.3 光源

1. 光源坐标体系

为了确定光子的初始方向余弦，首先确定光子相对于光源的参考系（或垂直于表面）极角 θ_s 和方位角 ϕ_s，然后将 θ_s 和 ϕ_s 转换为 μ_x、μ_y 和 μ_z。对于在与问题几何结构相同的参考系中描述的光源的特殊情况（如水平海面上的漫射照明），则 $\theta=\theta_s$ 和 $\phi=\phi_s$，并且方向余弦用式（9.68a）～（9.68c）计算。如果光源坐标系与地球轴不对齐，则必须计算光源 z 轴相对于地球参考系的方向。如果光源的 y 轴沿着地球的 $x-y$ 平面，那么光子的初始方向余弦与光源的方向余弦 μ_{xs}、μ_{ys}、μ_{zs} 之间的关系按照式（9.113a）、式（9.113b）为

$$\begin{bmatrix} \mu_x \\ \mu_y \\ \mu_z \end{bmatrix} = \begin{bmatrix} \dfrac{\mu_{xs}\mu_{zs}}{\sqrt{1-\mu_{zs}^2}} \\ \dfrac{\mu_{ys}\mu_{zs}}{\sqrt{1-\mu_{zs}^2}} \\ -\sqrt{1-\mu_{zs}^2} \end{bmatrix} \begin{bmatrix} \sin\Theta\cos\Phi \\ \sin\Theta\sin\Phi \\ \cos\Phi \end{bmatrix}, \quad \mu_{zs}^2 < 1 \tag{9.123a}$$

$$\begin{bmatrix} \mu_x \\ \mu_y \\ \mu_z \end{bmatrix} = \mathrm{sgn}(\mu_{zs}) \begin{bmatrix} \sin\Theta\cos\Phi \\ \sin\Theta\sin\Phi \\ \cos\Phi \end{bmatrix}, \quad \mu_{zs}^2 \approx 1 \tag{9.123b}$$

Θ 和 Φ 定义了光子相对于光源的 z 轴的方向。

设 $I(\Theta,\Phi)$ 表示光源函数，归一化为

$$\int_0^{2\pi}\int_0^{\pi/2} I(\Theta,\Phi)\sin\Theta\mathrm{d}\Theta\mathrm{d}\Phi = 1 \tag{9.124}$$

对于方位角独立的光源，有

$$2\pi\int_0^{\pi/2} I(\Theta,\Phi)\sin\Theta\mathrm{d}\Theta = 2\pi\int_0^1 I(\mu_s)\mathrm{d}\mu_s = 1 \tag{9.125}$$

对于方位角独立光源,方位角的累积分布函数为(类似于式(9.79))

$$\Phi = 2\pi q \tag{9.126}$$

因此极角的概率分布函数为

$$p(\Theta) = 2\pi I(\Theta)\sin\Theta, \quad 0 \leqslant \Theta \leqslant \pi/2 \tag{9.127}$$

或

$$p(\mu_s) = 2\pi I(\mu_s), \quad \mu_s = \cos\Theta, \quad 0 \leqslant \mu_s \leqslant 1 \tag{9.128}$$

为了确定蒙特卡洛模拟中的初始光子方向,将累积分布函数设置为随机数 q,则

$$P(\Theta) = 2\pi \int_0^{\theta_0} I(\Theta)\sin\Theta \mathrm{d}\Theta = q, \quad 0 \leqslant \Theta \leqslant \pi/2 \tag{9.129a}$$

$$P(\mu_s) = 2\pi \int_{\mu_0}^1 I(\mu_s)\mathrm{d}\mu_s = q, \quad 0 \leqslant \mu_s \leqslant 1 \tag{9.129b}$$

求解式(9.129),给出 Θ 或 μ_s。

对于内部光源,设 $I(\theta,\phi)$ 表示内部光源函数,归一化为

$$\int_0^{2\pi}\int_0^{\pi} I(\theta,\phi)\sin\theta \mathrm{d}\theta \mathrm{d}\phi = \int_0^{2\pi}\int_{-1}^1 I(\theta,\phi)\mathrm{d}\mu \mathrm{d}\phi = 1 \tag{9.130}$$

与表面光源一样,方位角为

$$\phi = 2\pi q \tag{9.131}$$

对于方位角独立问题,有

$$2\pi \int_0^{\pi} I(\theta,\phi)\sin\theta \mathrm{d}\theta = 2\pi \int_{-1}^1 I(\mu)\mathrm{d}\mu = 1 \tag{9.132}$$

这样可以将概率分布函数定义为

$$p(\theta) = 2\pi I(\theta)\sin\theta \tag{9.133}$$

$$p(\mu) = 2\pi I(\mu) \tag{9.134}$$

为了确定蒙特卡洛模拟中的初始光子方向,将累积分布函数设置为随机数 q,则

$$P(\theta) = 2\pi \int_0^{\theta_0} I(\theta)\sin\theta \mathrm{d}\theta = q, \quad 0 \leqslant \theta \leqslant \pi/2 \tag{9.135a}$$

$$P(\mu) = 2\pi \int_{\mu_0}^1 I(\mu)\mathrm{d}\mu = q, \quad 0 \leqslant \mu \leqslant 1 \tag{9.135b}$$

求解式(9.135),给出 θ 或 μ。

2. 理想准直光源

对于理想的准直光源(如激光束或直射阳光),可以将所有光子简单地初始化为在相同的位置和指向相同的方向,所有光子的权重为单位 1,但是对于实际的光源,其位置和方向应包含一定程度的变化。

3. 各向同性点光源

对于各向同性点光源,I 是常数,满足式(9.132),因此有

$$I(\theta_s) = I(\mu_s) = \frac{1}{4\pi} \tag{9.136}$$

且

$$p(\theta_s) = \frac{1}{2}\sin\theta_s, \quad p(\mu_s) = \frac{1}{2} \tag{9.137}$$

所以,类似于各向同性散射的结果,有

$$\cos \theta_s = \mu_s = 1 - 2q \tag{9.138}$$

4. 漫射照明

对于漫射照明,辐射在所有角度都是恒定的,满足式(9.125),则有

$$p(\mu_s) = \frac{1}{\pi} \mu_s \tag{9.139}$$

根据式(9.129b),有

$$P(\mu_s) = 2 \int_{\mu_s}^{1} \mu \mathrm{d}\mu = 1 - \mu_s^2 = q \tag{9.140}$$

因此

$$\mu_s = \sqrt{1 - q} \tag{9.141}$$

或简化为

$$\mu_s = \sqrt{q} \tag{9.142}$$

5. 初始光子位置

对于理想的光源,只需简单初始化为每个光子在光源的中心位置。对于高斯光束,相对辐照度 $E(r)(\mathrm{mm}^{-2})$ 随径向位置 r 的变化曲线为

$$E(r) = \frac{\mathrm{e}^{-r^2/b^2}}{\pi b^2} \tag{9.143}$$

式中,b 是高度为 $1/\mathrm{e}$ 处对应的半径。

将光束剖面表达为径向位置 r 函数的概率分布函数为

$$p(r) = \frac{\mathrm{e}^{-r^2/b^2}}{b^2} 2r, \quad \int_0^\infty p(r) \mathrm{d}r = 1 \tag{9.144}$$

累积分布函数为

$$P(r) = \int_0^r p(r') \mathrm{d}r' = 1 - \mathrm{e}^{-r^2/b^2} \tag{9.145}$$

将 $P(r)$ 设为随机数 q 并求解 r,得到

$$r = b\sqrt{-\ln(1-q)} \tag{9.146}$$

许多海洋大气问题可以归结为一维问题,因为问题结果往往只取决于海洋深度,在这种情况下,三维光源就简化到一个水平位置,并以每平方米上的强度来表示。

6. 光源函数的有偏取样

假设有一个各向同性的点光源和一个直接位于光源上方的探测器,如前所述,对于各向同性光源有 $p(\theta) = (1/2) \sin \theta$。希望在向上的方向上跟踪比在向下的方向上跟踪更多的光子,所以可以使用

$$p_b(\theta) = \frac{\sqrt{1 - \varepsilon^2}}{\pi(1 + \varepsilon \cos \theta)} \tag{9.147}$$

并指定初始光子权重为

$$w = \frac{\pi(1 + \varepsilon \cos \theta)}{\sqrt{1 - \varepsilon^2}} \frac{\sin \theta}{2} \tag{9.148}$$

方位角的偏置必须不同于极角偏置,方位角定义的范围在[0, 2π]上,而极角定义的范围在[0, π]上。此外,极角的概率分布函数包含一个由球面几何产生的正弦项,而方位角的概率分布函数则不是这样。

如果光源是方位对称的,那么适当的概率分布函数为

$$p(\phi) = \frac{1}{2\pi}, \quad 0 \leqslant \phi \leqslant 2\pi \tag{9.149}$$

假设希望偏置光子朝向 $\phi = 0$,这是沿着 x 轴方向的,在[0, 2π]上可以实现这一功能的函数为

$$p_b(\phi) = \frac{\sqrt{1-\varepsilon^2}}{2\pi(1-\varepsilon\cos\phi)}, \quad 0 \leqslant \phi \leqslant 2\pi \tag{9.150}$$

但是,由于反三角函数的返回值在[0, π]上,因此使用函数:

$$p_b(\phi) = \frac{\sqrt{1-\varepsilon^2}}{\pi(1-\varepsilon\cos\phi)}, \quad 0 \leqslant \phi \leqslant \pi \tag{9.151}$$

更方便,并在最后做些调整。在 $0 \leqslant \phi \leqslant \pi$ 上的适当的概率分布函数是 $1/\pi$,因此给光子分配的初始权重为

$$w(\phi) = \frac{1-\varepsilon\cos\phi}{\sqrt{1-\varepsilon^2}} \tag{9.152}$$

相应的累积分布函数为

$$P(\phi) = 2\left\{ \frac{\arctan\left(\sqrt{\frac{1+\varepsilon}{1-\varepsilon}}\tan\frac{\phi}{2}\right)}{\pi} \right\} \tag{9.153}$$

由此得到的 ϕ 和 q 之间的关系为

$$\phi(q) = 2\arctan\left(\sqrt{\frac{1-\varepsilon}{1+\varepsilon}}\tan\frac{q\pi}{2}\right) \tag{9.154}$$

如果问题本身(不仅仅是光源)关于 $\phi = 0$ 方向(即 x 轴)对称,可以在这里停下来并且让所有光子初始为 $0 \leqslant \phi \leqslant \pi$。否则,生成一个额外的随机数并令

$$\phi = \phi, \quad (q - 1/2) \geqslant 0 \tag{9.155a}$$

$$\phi = 2\pi - \phi, \quad (q - 1/2) < 0 \tag{9.155b}$$

9.6.4　探测器

1. 三维情形下的探测器

一般来说,需要测量的是被水吸收的光或者剩余的光场,被水吸收的光在蒙特卡洛代码中更容易实现,每次光子被吸收时,注意到它的位置,并根据吸收光子的权重增加该位置的计数;另外,为了测量光场,需要使用逻辑语句来确定每个光子路径是否以适当的方向穿过传感器的区域。

在三维问题中,蒙特卡洛通常把光子作为功率(W),下行和上行辐照度的测量为

$$E_d(z) \propto \frac{1}{AN}\sum_i w_i, \quad (\mu_z)_i \geqslant 0 \tag{9.156a}$$

$$E_u(z) \propto \frac{1}{AN} \sum_i w_i, \quad (\mu_z)_i < 0 \tag{9.156b}$$

式中，A 是探测器的面积；N 是跟踪的光子数。对于辐射探测器，收集在适当立体角内到达探测器的光子权重，并将结果除以传感器面积 A 和立体角 Ω。根据定义，$d\Omega = \sin\theta d\theta d\phi$，对于具有半角度 θ_f 的锥形视场（FOV）的传感器，其 FOV 的立体角为

$$\Omega = 2\pi \int_0^{\theta_f} \sin\theta d\theta = 2\pi(1 - \cos\theta_f) \tag{9.157}$$

上行辐射为

$$L_u(z) = \frac{1}{2\pi(1-\mu_f)} \frac{\sum_i w_i}{AN}, \quad (\mu_z)_i \geqslant \mu_f \tag{9.158}$$

式中，$\mu_f = \cos\theta_f$。

非垂直方向上的辐射和辐照度的计算方法相同，只是用于接收光子的逻辑检查改变为 μ_z 和视场之间关于探测器法线的比较。

2. 一维情形下的探测器

海洋常常被近似为无限宽的平面平行介质，其中唯一的变化是深度。在这种情况下，只需纯粹沿着 z 轴进行蒙特卡洛模拟，这种一维中的蒙特卡洛光子表示单位面积的能量（W/m²），而不是能量（W），可以将给定深度处的辐照度（W/m²）与在该深度处穿过 $x-y$ 平面的蒙特卡洛光子的权重数成比例。以 z 轴垂直向下进入海洋的方向为正方向，用表面输入通量对向下和向上辐照度进行归一化后的公式为

$$E_d(z) = \frac{1}{N} \sum_i w_i, \quad (\mu_z)_i \geqslant 0 \tag{9.159}$$

$$E_u(z) = \frac{1}{N} \sum_i w_i, \quad (\mu_z)_i < 0 \tag{9.160}$$

式中，N 是追踪的光子数；w_i 和 $(\mu_z)_i$ 是穿过深度 z 的光子的权重和 z 方向余弦。在不垂直于 z 轴的方向上测量辐照度需要光子权重的和除以法向到检测器的 z 方向余弦，即

$$E(\theta) = \frac{1}{N\cos\theta} \sum_i w_i \tag{9.161}$$

对于理想的标量（球形）辐照度探测器，探测器表面总是垂直于入射光子的行进方向，因此每个光子的权重应该除以它自己的方向余弦 $(\mu_z)_i$，如一维几何结构的下行标量辐照度为

$$E_{0d}(z) = \frac{1}{N} \sum_i \frac{w_i}{\mu_i}, \quad (\mu_z)_i \geqslant 0 \tag{9.162}$$

辐射测量（W/m²/sr）是通过只计算落在指定视场（FOV）内的光子，并将最终结果除以相应的立体角。对于上行辐射，传感器与 z 轴在一条直线上，有

$$L_u(z) = \frac{1}{2\pi(1-\mu_f)} \left(\frac{1}{N} \sum_i \frac{w_i}{\mu_i} \right), \quad \mu_i \geqslant \mu_f \tag{9.163}$$

式中，μ_f 是视场 FOV 半角的余弦，一般来说，视角 θ 处的辐射为

$$L(\theta) = \frac{E_d(\theta)}{2\pi\sin\theta\cos\theta\Delta\theta} \tag{9.164}$$

式中，$E_d(\theta)$ 是到达传感器视场内传感器平面的辐照度。

9.6.5　表面相互作用

1. 空气－海水交界面

（1）空气一侧。

当光子到达空气－海水交界面时，其中一部分会被交界面反射，其余的会透射继续传输。因此，需要计算反射的部分以及反射的方向和透射的方向，入射角相对于界面法向 $\hat{\boldsymbol{n}}$ 为

$$\theta_i = \arccos |\mu_z \cdot \hat{\boldsymbol{n}}| \tag{9.165}$$

相对于界面法向的反射角 θ_r 与入射角相同，即

$$\theta_r = \theta_i \tag{9.166}$$

透射角 θ_t 为

$$\theta_t = \arcsin\left(\frac{n_t}{n_i}\sin\theta_i\right) \tag{9.167}$$

式中，n_i、n_t 是界面入射侧（空气）和透射侧（海水）的折射率。

对于水平面的特殊情况，有

$$\theta_i = \arccos\mu_z \tag{9.168}$$

$$\theta_t = \arcsin\left(\frac{n_t}{n_i}\sqrt{1-\mu_z^2}\right) \tag{9.169}$$

非偏振光的反射率为

$$\rho(\theta_i,\theta_t) = \frac{1}{2}\left\{\left[\frac{\sin(\theta_i-\theta_t)}{\sin(\theta_i+\theta_t)}\right]^2 + \left[\frac{\tan(\theta_i-\theta_t)}{\tan(\theta_i+\theta_t)}\right]^2\right\}, \quad \theta_i \neq 0 \tag{9.170}$$

$$\rho(\theta_i) = \left(\frac{n_i-n_t}{n_i+n_t}\right)^2, \quad \theta_i = 0 \tag{9.171}$$

如果模拟偏振效应，可以使用

$$\rho_\perp(\theta_i,\theta_t) = \left(\frac{n_i\cos\theta_i - n_t\cos\theta_t}{n_i\cos\theta_i + n_t\cos\theta_t}\right)^2 \tag{9.172}$$

$$\rho_\parallel(\theta_i,\theta_t) = \left(\frac{n_t\cos\theta_i - n_i\cos\theta_t}{n_t\cos\theta_i + n_i\cos\theta_t}\right)^2 \tag{9.173}$$

$$\rho(\theta_i,\theta_t) = \left(\frac{\rho_\perp + \rho_\parallel}{2}\right) \tag{9.174}$$

为了追踪反射和透射的光子，必须确定光子每次到达表面时是反射还是透射。可以简单地引入一个随机数 q，当且仅当 $q \leqslant \rho(\theta_i,\theta_t)$ 时光子发生反射，当且仅当 $q > \rho(\theta_i,\theta_t)$ 时光子发生透射；另外，如果对水中反射的光子不感兴趣，可以把所有光子都当作是透射光子并将光子的权重乘 $1-\rho(\theta_i,\theta_t)$。在这两种情况下，光子从一个散射点到下一个散射点的总光程长度应等于用式（9.61）计算的 l 值。

（2）海水一侧。

相对于表面法向 $\hat{\boldsymbol{n}}$ 的入射角为

$$\theta_i = \arccos \left| \mu_z \cdot \hat{\boldsymbol{n}} \right| \tag{9.175}$$

反射角 θ_r（相对于表面法向）与入射角相同，即

$$\theta_r = \theta_i \tag{9.176}$$

透射角 θ_t 为

$$\theta_t = \arcsin \left(\frac{n_t}{n_i} \sin \theta_i \right) \tag{9.177}$$

式中，n_i、n_t 是界面入射侧（海水）和透射侧（空气）的折射率。

对于水平海面的特殊情况，有

$$\theta_i = \arccos \mu_z \tag{9.178}$$

$$\theta_t = \arcsin \left(\frac{n_t}{n_i} \sqrt{1 - \mu_z^2} \right) \tag{9.179}$$

因为 $n_i > n_t$（即从海水到空气的透射），有一个临界入射角 θ_c 有 100% 的反射，即

$$\theta_c = \arcsin^{-1} \frac{n_t}{n_i} \tag{9.180}$$

非偏振光的反射系数为

$$\rho(\theta_i, \theta_t) = \frac{1}{2} \left[\left(\frac{\sin(\theta_i - \theta_t)}{\sin(\theta_i + \theta_t)} \right)^2 + \left(\frac{\tan(\theta_i - \theta_t)}{\tan(\theta_i + \theta_t)} \right)^2 \right], \quad \theta_i < \theta_c, \theta_i \neq 0 \tag{9.181a}$$

$$\rho(\theta_i) = \left(\frac{n_i - n_t}{n_i + n_t} \right)^2, \quad \theta_i = 0 \tag{9.181b}$$

$$\rho(\theta_i, \theta_t) = 1, \quad \theta_i \geqslant \theta_c \tag{9.181c}$$

偏振光的反射率由式（9.172）～（9.174）给出。如果表面是水平的，可以通过 $\mu_c = \cos \theta_c$ 来检查光子是否超过临界角，即

$$\mu_c = \sqrt{1 - \left(\frac{n_t}{n_i} \right)^2} \tag{9.182}$$

同样，如果想追踪反射和透射的光子，那么必须确定光子每次到达表面时是否被内部反射。如果它到达的角度大于临界角度，那么它就会反射；如果不是，可以用一个随机数 q，只要 $q \leqslant \rho(\theta_i, \theta_t)$ 则光子为内部反射；另外，如果对透射的光子不感兴趣，可以把所有光子当作是在内部反射的，然后把光子的权重乘 $\rho(\theta_i, \theta_t)$。

2. 波浪表面

相对于水平海面的法向，设 θ_n 和 ϕ_n 表示垂直于波面的极角和方位角，θ_n 表示波浪的坡度，其中 $\theta_n = 0$ 表示水平面，ϕ_n 表示波浪的方向。

θ_n 的累积分布函数为

$$P(\theta_n) = 1 - e^{-\frac{1}{2\sigma^2} \tan^2 \theta} \tag{9.183a}$$

$$\sigma^2 = 0.003 + 0.005\,12U \tag{9.183b}$$

根据式（9.183a）和（9.57），得到

$$\tan \theta_n = \sigma \sqrt{-2\ln(1 - q)} \tag{9.184}$$

或者，由于 q 在区间 $[0,1]$ 上均匀分布，可以写为

$$\tan \theta_n = \sigma \sqrt{-2\ln q} \tag{9.185}$$

ϕ_n 的值来自不同的随机数,即

$$\phi_n = 2\pi q \tag{9.186}$$

波面沿 x 和 y 方向的斜率为

$$z_x = \frac{dz}{dx} = \tan\theta_n\cos\phi_n \tag{9.187}$$

$$z_y = \frac{dz}{dy} = \tan\theta_n\sin\phi_n \tag{9.188}$$

垂直于波面的单位矢量可以写为

$$\hat{\boldsymbol{n}} = \frac{[z_x, z_y, 1]}{\sqrt{z_x^2 + z_y^2 + 1}} \tag{9.189}$$

入射光子相对于波面的角度为

$$\cos\theta_i = [\mu_x, \mu_y, |\mu_z|] \cdot \hat{\boldsymbol{n}} \tag{9.190}$$

3. 海底

光与海底的相互作用通过双向反射分布函数(BRDF)来量化,双向反射分布函数是入射方向和反射方向的函数。在概念上,考虑光束在一个特定的方向(θ_i, ϕ_i)上传播,被反射到另一个特定的方向(θ_r, ϕ_r)。但是,由于任何光源都是有限发散的,任何探测器的视场都是有限的,所以可以将小立体角 $d\Omega_i$ 和 $d\Omega_r$ 分别与入射光束和反射光束联系起来,设 $L_i(\theta_i, \phi_i)$ 和 $L_r(\theta_r, \phi_r)$ 表示入射光束的辐射和反射辐射。方向(θ_r, ϕ_r)上的总反射辐射为

$$L_r(\theta_r, \phi_r) = \int\limits_{2\pi} L_i(\theta_i, \phi_i) r(\theta_i, \phi_i, \theta_r, \phi_r) d\Omega_i \tag{9.191}$$

BRDF 完全描述了在被测表面上(或下)发生的所有现象的净效应,例如,如果在海床上方 1 m 处的水体中测量 BRDF,则在该 BRDF 中考虑了光与 1 m 表面以下的草、沉积物和水相互作用的所有影响。而预测或计算草和沉积物的 BRDF 完全是另一回事。要做到这一点,人们必须了解光与草和沉积物粒子之间极其复杂的相互作用。

在蒙特卡洛模拟中,BRDF 被用作概率分布函数,具有权重 w_i 的光子包在(θ_i, ϕ_i)方向上入射到底部,计算反射光子包的权重 w_r 和方向(θ_r, ϕ_r)。给定(θ_i, ϕ_i)的定向半球反射率 ρ^{dh} 为

$$\rho^{dh}(\theta_i, \phi_i) = \int_0^{2\pi}\int_0^{\pi} BRDF(\theta_i, \phi_i, \theta_r, \phi_r)\cos\theta_r\sin\theta_r d\theta_r d\phi_r \tag{9.192}$$

为了确定光子新的方向,必须计算 ϕ_r 和 θ_r 的累积分布函数,方位角的累积分布函数 CDF_ϕ 为

$$CDF_\phi(\phi_r) = \frac{1}{\rho^{dh}(\theta_i, \phi_i)}\int_0^{\phi_r}\int_0^{\pi/2} BRDF(\theta_i, \phi_i, \theta, \phi)\cos\theta\sin\theta d\theta d\phi \tag{9.193}$$

设 CDF 等于在$[0, 1]$均匀分布的随机数 ρ,求解方程:

$$\rho = CDF_\phi(\phi_r) \tag{9.194}$$

以获得反射光子"包"随机确定的方位角 ϕ_r。θ_r 的累积分布函数为

$$\mathrm{CDF}_\theta(\theta_r) = \frac{\int_0^{\phi_r} \mathrm{BRDF}(\theta_i, \phi_i, \theta, \phi_r) \cos \theta \sin \theta d\theta}{\int_0^{\pi/2} \mathrm{BRDF}(\theta_i, \phi_i, \theta, \phi_r) \cos \theta \sin \theta d\theta} \tag{9.195}$$

当计算 θ 积分时,式(9.194)中确定的角 ϕ_r 用于式(9.195)中的 BRDF,最后通过另一个随机数值 ρ,并通过求解方程得到反射光子"包"的极角为

$$\rho = \mathrm{CDF}_\theta(\theta_r) \tag{9.196}$$

应用上述方程对每个光子包进行数值计算。

在许多应用中,可以忽略反射的方向依赖性,这相当于假设表面是朗伯面。根据定义,朗伯面是将辐射均匀地反射到各个方向。由于缺乏实际海底物质双向反射分布函数的测量和模型,通常假设海底是朗伯面。对于给定的入射光,朗伯面每个点反射的光子数与 $\cos \theta_r$ 成正比,这就是为什么朗伯面有时被称为"余弦反射器",然而,如果用具有固定视场的辐射检测器观察表面,观察到的表面面积与 $1/\cos \theta_r$ 成正比,因此进入探测器的光子数与 θ_r 无关,反射的辐射与方向无关。它的 BRDF 简单地等于常数 R_b/π,其中 R_b 被称为表面的反射率,在这种情况下,称为底部反照率。

对于具有反照率 R_b 的朗伯海底,当且仅当 $q < R_b$ 时光子反射,或者反射所有光子并将权重乘以 R_b。无论哪种情况,新的光子方向都是

$$\mu_z = -\sqrt{q} \tag{9.197a}$$

$$\phi = 2\pi q \tag{9.197b}$$

$$\mu_x = \sqrt{1 - \mu_z^2} \cos \phi \tag{9.197c}$$

$$\mu_y = \sqrt{1 - \mu_z^2} \sin \phi \tag{9.197d}$$

从底部反射的光子的新深度 z' 为

$$z' = -(z - z_b) \tag{9.198}$$

式中,z 是光子在没有底部的情况下到达的深度($z > z_b$)。

Minnaert 双向反射分布函数为

$$\mathrm{BRDF}(\theta_i, \phi_i, \theta_r, \phi_r) = \frac{\rho}{\pi} (\cos \theta_i \cos \theta_r)^k \tag{9.199}$$

对于 $k = 0$,式(9.199)就是朗伯双向反射分布函数。Minnaert 双向反射分布函数只在有限的角度范围内进行观测是有效的。

式(9.192) ~ (9.196)可用于 Minnaert 双向反射分布函数的分析,根据式(9.192)得到

$$\rho^{\mathrm{dh}} = \frac{2\rho}{k+2} \cos^k \theta_i \tag{9.200}$$

根据式(9.193)得到

$$\mathrm{CDF}_\phi(\phi_r) = \frac{\phi_r}{2\pi} \tag{9.201}$$

将式(9.201)代入式(9.194)并求出 ϕ_r 为

$$\phi_r = 2\pi\rho \tag{9.202}$$

因此方位角均匀分布在 2π 弧度上。式(9.195)给出 θ_r 的累积分布函数为

$$P(\theta_r) = 1 - \cos^{k+1}\theta_r \tag{9.203}$$

根据式(9.196)得到

$$\theta_r = \arccos \rho^{-(k+2)} \tag{9.204}$$

对于朗伯面,随机生成的 θ_r 角分布为 $\arccos \rho^{1/2}$,这种分布正是使单位固体角反射光子数与 $\cos\theta_r$ 成正比所必需的。

9.7　反向蒙特卡洛模拟

在模拟三维海洋大气问题时,通常需要使用反向蒙特卡洛模拟。反向蒙特卡洛模拟对于扩展源(如天空辐射到海面)和点(或小)探测器是最有用的,这在海洋光学中是普遍存在的,反向蒙特卡洛模拟适合模拟点大小的探测器。反向蒙特卡洛模拟通常是指在光子反方向上的射线追踪,即从探测器到光源而不是从光源到探测器的追踪。反向蒙特卡洛模拟非常有用,因为当极少的入射光子被模拟探测器实际收集到时,沿着模拟光子的正向追踪需要浪费大量的计算时间。反向技术只允许跟踪和模拟与最终结果相关的光子。此外,在前进方向上,不可能知道海面上有多大的区域能够接收入射光子,因为该区域取决于天空条件、水的固有光学性质以及模拟仪器的位置和方向等局部因素。

下面只讨论海面照明水体问题的反向蒙特卡洛模拟。为了实施反向蒙特卡洛模拟,在探测器的位置开始发射光子。光子的初始方向是通过从用来反映探测器辐射响应的累积分布函数中取样来确定的。在给定的光照条件下,光子将以完全相反的方向入射到海面上,到达空气－海水界面空气侧的光子按概率加权。例如,考虑一个用于测量 E_d 的向上的辐照度探测器,因为辐照度探测器对辐射有余弦响应,即

$$E_d = \int_0^1 \mu_z L(\mu)\,\mathrm{d}\mu \tag{9.205}$$

反向蒙特卡洛模拟中辐照度传感器发射光子的概率分布函数与 μ_z 成正比,累积分布函数与 $\mu_z{}^2$ 成正比,即

$$p(\mu_s) = \frac{1}{\pi}\mu_s \tag{9.206}$$

$$P(\mu_s) = 2\pi \int_{\mu_s}^0 p(\mu)\,\mathrm{d}\mu = 2\int_{\mu_s}^0 \mu\,\mathrm{d}\mu = -\mu_s^2 \tag{9.207}$$

因此,为反向蒙特卡洛模拟生成初始光子的方向为

$$\mu_z = -\sqrt{q} \tag{9.208}$$

$$\Phi = 2\pi q \tag{9.209}$$

表9.7所示为各种类型探测器生成反向蒙特卡洛模拟函数的示例,$\mu_z = 1$ 是向下的方向。对于非理想传感器,可以使用实验室测量构建累积分布函数。

表 9.7　各种类型探测器生成反向蒙特卡洛模拟函数

正向检测器	反向蒙特卡洛模拟函数
E_d	$\mu_z = -\sqrt{q}$
E_u	$\mu_z = \sqrt{q}$
E_{0d}	$\mu_z = -q$
E_{0u}	$\mu_z = q$
E_0	$\mu_z = 1 - 2q$
余弦响应传感器	$\mu_s = \sqrt{1 - q\sin^2\theta_f}$

9.8　应用程序示例

1. 非散射介质中的准直光源

下面的蒙特卡洛代码,是一个简单的 MATLAB 脚本,用于计算在非散射介质中距离准直光源指定距离处的光强度。光子在 $z=0$ 的位置发射,光子对于指定的衰减系数 c 和由 MATLAB 函数 rand 返回的随机数的传播的距离 s 由式(9.62)确定。对通过探测器位置 z_d 的光子进行计算,总测量强度 E 表示为源强度的一部分,理论结果是

$$E = e^{-\alpha_d} \tag{9.210}$$

式中,$c=0.5$ 和 $z_d=3$,产生的结果为 $E=0.2231$。在代码测试中,使用 $N=10^5$ 个光子,运行下列 MATLAB 脚本 10 次,返回的平均值为 0.2230,标准偏差为 0.0014。

```
N = 1e5;                              % 光子数量
zd = 3;                               % 探测器位置
c = 0.5;                              % 衰减系数
E = 0;                                % 初始化探测器响应
for i = 1:N
    z = 0;                            % 光子初始位置
    s = -log(rand)/c;                 % 几何路径长度
    z = z + s;                        % 光子运动
    if z > zd, E = E + 1; end         % 到达探测器的光子数
end
    E = E/N                           % 归一化探测器响应
```

2. 散射介质外顶部的辐照度

用于计算半无限介质各向同性散射返回强度的蒙特卡洛 MATLAB 脚本如下所示。用准直光束以极角 $\arccos\mu_z$ 照射半无限介质,每个光子在其第一次相互作用之前的移动距离由式(9.62)确定,此时光子的质量乘单次散射反照率 ω_0 并且光子以各向同性方式散射。如果光子通过散射介质的顶部离开,那么它的权重被加到计数中。由跟踪的光子数归一化的计数给出离开介质顶部的强度。表 9.8 给出了 MATLAB 脚本运行 10 次、每次 $N=10^5$ 的结果。

```
c = 1;                          % 衰减系数(单位 m⁻¹)
w0 = 0.8;                       % 单次散射率
N = 1e5;                        % 光子数量追踪
ns = 100;                       % 每个光子的最大散射次数
E = 0;                          % 探测器初始化
for i = 1:N
    z = 0;                      % 初始位置深度
    muz = 0.1;                  % 入射光方向(准直光)
    w = 1;                      % 初始光子权重
    for j = 1:ns
        s = -log(rand)/c;       % 几何路径长度
        z = z + muz * s;        % 光子运动
        if (z < 0) E = E + w; break, end   % 离开顶部光子数
        w = w * w0;             % 光子"包"的吸收部分
        muz = 1 - 2 * rand;     % 各向同性散射
    end
end
E = E/N                         % 归　化结果
```

表 9.8　MATLAB 脚本运行 10 次，每次 $N = 10^5$ 的结果

μ_0	ω_0	$E_u(0)$ 平均	标准差
1.0	0.8	0.285 425 5	0.000 811
1.0	0.4	0.083 598 1	0.000 350
0.1	0.8	0.490 718 4	0.001 170

3. 更新方向余弦

模拟各向异性散射(如水中的散射)方向余弦的更新 MATLAB 程序如下。

```
function [alp, bet, gam] = chgdir(alpha, beta, gamma, gammas, phis)
% 确定新的方向余弦(alp, bet, gam)
% 各向异性散射余弦(alpha, beta, gamma)
% (gammas),以及散射方位角(phis)
%
stheta = sqrt(1 - gamma * gamma);        % 前一光子方向的正弦
sthetas = sqrt(1 - gammas * gammas);     % 前一光子方向的 sin(theta)
alphas = sthetas * cos(phis);            % x 方向散射余弦
betas = sthetas * sin(phis);             % y 方向散射余弦
% 新的光子方向
if (stheta > 1 × 10⁻¹²)                  % 如果初始方向不是垂直向上或垂直向下
    B = [alpha * gamma/stheta, - beta/stheta, alpha;...
```

```
    beta * gamma/stheta, alpha/stheta, beta;...
      -stheta, 0, gamma];
  [alphas;betas;gammas];
  newdir = B * [alphas;betas;gammas];
  alp = newdir(1);
  bet = newdir(2);
  gam = newdir(3);
else                              % 垂直向上或向下的初始方向 sin(theta) = 0
  % 新的方向余弦等于 +/- 散射方向余弦
  s = sign(gamma);
  alp = s * alphas;
  gam = s * gammas;
bet = s * betas;
End
```

4. 点光源三维扩散

下列代码用于计算各向同性散射介质中远离点光源的指定半径处的吸收。

```
a = 1;                            % 吸收系数(单位 m^{-1})
c = 6;                            % 衰减系数(单位 m^{-1})
w0 = (c-a)/c;                     % 单次散射率
P0 = 1;                           % 光源强度(单位 W)
N = 1e4;                          % 追踪的光子数
ns = 30;                          % 追踪的散射数
Nd = 20;                          % 探测器数量
dd = 0.02;                        % 探测器间距(单位 m)
A = zeros(1,Nd);                  % 探测器初始化(所有光子)
for i = 1:N
  p = [0,0,0];                    % 初始位置(x,y,z)
  muz = 1 - 2 * rand;            % 各向同性源
  phi = 2 * pi * rand;           % 各向同性源
  mux = sqrt(1 - muz^2) * cos(phi);   % 初始 x 方向余弦
  muy = sqrt(1 - muz^2) * sin(phi);   % 初始 y 方向余弦
  r = 0;                         % 距光源的初始距离
  w = P0;                        % 初始光子权重
  for j = 1:ns
    s = -log(rand)/c;            % 几何路径长度
    p = p + s * [mux,muy,muz];   % 光子移动
    r = norm(p);                 % 径向位置
    index = ceil(r/dd);          % 探测器编号
```

```
    if (index <= Nd),                              % 光子在探测器网格内
        A(index) = A(index) + (1 - w0) * w;        % 吸收计数
    end
    w = w * w0;
    mu = 1 - 2 * rand;                             % 各向同性散射
    phis = 2 * pi * rand;                          % 各向同性散射
    [mux,muy,muz] = chgdir(mux,muy,muz,mu,phis);   % 新方向
  end
end
r = [1:Nd] * dd;                                   % 探测器半径
A = A/N;                                           % 归一化探测器响应
A1 = A1/N;                                         % 归一化探测器响应
A = A. /(dd * 4 * pi * r.^2);                      % 响应转化为 W/m³
ht = 3 * a * c * P0 * exp(-r * sqrt(3 * a * c)). /(4 * pi * r);   % 理论值
semilogy(r,ht,r,A,'*')
grid on
xlabel('r'), ylabel('W/m^3')
legend('theory','MC (total)','MC (positive xyz)')
```

5. 光学深水

均匀水体蒙特卡洛模拟的 MATLAB 程序，用于计算均匀海洋中上行和下行辐照度，散射用 Henyey-Greestein 散射相函数描述。

```
c = 1;                              % 衰减系数(单位 m⁻¹)
w0 = 0.8;                           % 单次散射率
g = 0.9;                            % 不对称散射因子
zd = 1.0;                           % 下行探测器深度
zu = 1.0;                           % 上行探测器深度
n = 1.34;                           % 水的相对折射率
N = 1e4;                            % 追踪的光子数
ns = 50;                            % 追踪的散射次数
muc = sqrt(1 - 1/n^2);             % 内反射临界角
Eu = 0; Ed = 0;                    % 探测器初始化
for i = 1:N
  z = 0;                            % 初始位置深度
  muz = sqrt(rand);                 % 漫射照明
  w = 1;                            % 初始光子权重
  if (muz == 1),
     ra = ((n-1)/(n+1))^2;          % 垂直于表面反射
  else
```

```
    ti = acos(muz);                    % 入射角
    tt = asin(sqrt(1 − muz^2)/n);      % 空气到水交界面折射角
    ra = ((sin(ti − tt)/sin(ti + tt))^2 + (tan(ti − tt)/tan(ti + tt))^2)/2;
    muz = cos(tt);                     % 新方向
  end
  w = w * (1 − ra);                    % 空气到水传输
  for j = 1:ns
    zold = z;                          % 前一位置
    s = −log(rand)/c;                  % 几何路径长度
    z = z + muz * s;                   % 光子运动
    if (z < zu) & (zold > zu),         % 光子通过 Eu 探测器
      Eu = Eu + w;                     % 更新上行传感器
    end
    if (z < 0)                         % 光子到达表面
      muz = − muz;                     % 变为正值
      z = − z;                         % 反射光子的新位置
      zold = 0;                        % 向下传播的光子
      if (muz > muc),                  % 部分传输
      if (muz == 1),                   % 垂直方向光子
        ra = ((n − 1)/(n + 1))^2;      % 垂直表面反射
      else
        ti = acos(muz);                % 入射角
        tt = asin(n * sqrt(1 − muz^2)) % 水到空气折射角
        rw = ((sin(ti − tt)/sin(ti + tt))^2 + (tan(ti − tt)/tan(ti + tt))^2)/2;
        w = w * rw;                    % 反射光子的权重
      end
    end
  end
  if (z > zd) & (zold < zd),           % 通过 Ed 探测器的光子
    Ed = Ed + w;                       % 更新下行探测器
  end
  w = w * w0;                          % 水中散射
  mu = (1 + g^2 − ((1 − g^2)/(1 + g − 2 * g * rand))^2)/(2 * g);   %HG 散射
  Phi = 2 * pi * rand;                 % 散射方位角
  muz = muz * mu − sqrt(1 − muz^2) * sqrt(1 − mu^2) * cos(Phi);   % new direction
  end
end
disp(sprintf('Eu at %g m: %g', zu, Eu/N));
```

```
disp(sprintf('Ed at %g m: %g',zd,Ed/N));
```

6. 点光源积分腔吸收仪分析

分析点光源积分腔吸收仪时,光子离开腔内壁返回腔壁而不是被腔内的水吸收的概率是非常有用的,对于给定水光学特性,在没有散射的情况下,使用下列 MATLAB 代码计算该概率。在没有散射的情况下,概率的理论结果为

$$P_s = \frac{1 - (1 + 2ar)e^{-2ar}}{2a^2 r^2} \tag{9.211}$$

式中,r 是空腔的内径。

```
a = 0.2;                 % 吸收系数
b = 50;                  % 散射系数
model = 1;               % 1 为各向同性散射,2 为 HG 散射,3 为 Petzold 散射
g = 0.92;                % 不对称散射因子(只有 HG 散射需要)
r = 0.05;                % 球半径(单位 m)
N = 1000;                % 追踪的光子数
minweight = 0.0001;      % 舍弃之前的最小光子权重
maxns = 10;              % 每个光子的最大散射次数
c = a + b;               % 衰减系数
w0 = b/c;                % 单次散射率
count = 0;
for i = 1:N,             % 一次追踪一个光子
  weight = 1;            % 在球底部(0,0,-r)处产生新的光子
  ns = 0;
  y = 0;
  z = -r;
  x = 0;
  val = (i - 0.5)/N;     % 区间(0,1)上的均匀步长
  mu = sqrt(1.0 - val);  % 漫射光方向
  gamma = mu;            % 方向余弦为 alpha, beta, gamma
  beta = 0;              % 在 x-z 平面内运动
  alpha = sqrt(1.0 - mu^2);   % 方向余弦的和等于 1
  while (ns <= maxns) & (weight > minweight)
                         % 继续追踪光子路径能达到多远?
    l = -(1/c) * log(1 - rand);   % 总路径长度
    z = z + gamma * l;            % 新方向
    x = x + alpha * l;
    y = y + beta * l;
    if ((x^2 + y^2 + z^2) > r^2);  % 是否到达边界
      count = count + weight;
```

```
        break                          % 如果光子撞击到边界,打破循环,不要将
其散射
        end
        % scatter photons
        weight = weight * w0;          %w0 给出散射相对于吸收的比例
        ns = ns + 1;                   % 光子散射的次数
        gammas = scat(model,g);        % 计算极性散射角
        phis = 2 * pi * (rand);
        [alpha,beta,gamma] = chgdir(alpha,beta,gamma,gammas,phis);
      end
    end
    F = count/N;
    disp(sprintf('The probability of photon survival from wall to wall is
%g',F))
```

第10章　海洋水色遥感

遥感是在不与物体发生物理接触的情况下提取物体信息,从更技术的意义上讲,遥感是指记录被观测物体发射或反射电磁辐射的技术。海洋遥感利用从近紫外波长 $300 \sim 400$ nm 到 1 cm $\sim$ 1 m 各种波段的电磁信号。在本书中,遥感是指利用飞机或卫星进行的光学测量,以获得有关自然水域成分、相应固有光学性质或海底深度和类型的信息。本章中讨论的海洋水色辐射测量,通常称为"海洋水色遥感",它使用可见光($400 \sim 700$ nm)和近红外($700 \sim 2\,000$ nm)波长以下的光。

10.1　水　　色

海洋水色遥感的应用范围广泛、多样,对理解和监测全球生态系统具有重要意义。海洋颜色数据的应用包括以下几点。

(1)绘制叶绿素浓度图。

(2)测量固有光学特性,如吸收和后向散射。

(3)浮游植物生理、植物群落结构和功能群的测定。

(4)海洋碳固定与循环研究。

(5)气候变化对生态系统变化的监测。

(6)渔业管理。

(7)珊瑚礁、海草床和海带林的测绘。

(8)浅海水底测绘。

(9)游憩水质监测。

(10)有害藻和污染事件的检测。

虽然遥感通常一次获取一个空间点的信息,但将来自许多点的测量组合起来可以构建图像,即在给定时间显示所需海洋信息的二维空间地图。在不同的时间获得图像,然后给出时间信息。遥感可以是主动的,也可以是被动的。主动遥感是指已知特征的信号从传感器平台(飞机或卫星)发送到海洋,然后再由平台到海洋的距离和光速确定的时间延迟之后检测返回信号。可见光波段主动遥感的一个例子是利用激光诱导荧光探测叶绿素、黄色物质或污染物,在激光荧光传感中,紫外光的激光脉冲被发送到海洋表面,紫外和可见光波长下的荧光光谱特征及强度给出了荧光物质在水体中的位置、类型和浓度的信息。主动遥感的另一个例子是激光雷达测深,这是指使用脉冲激光器向海洋发送一束激光,激光一部分从海面反射,另一部分稍晚从海底反射,用来推算海底深度$(c/2n)\Delta t$,其中 c 是真空中的光速,n 是水的折射率,Δt 是海洋表面反射光到达时间和海洋底部反射光到达时间之差。在被动遥感中,可观察到由水体自然发出或反射的光。夜间从飞机上探测生物发光是在可见光波段被动遥感的一个例子,被动遥感最常见的例子是使用在水内反向散射并返回到传感器的太阳光,该光可用于推断近地表水中叶绿素、CDOM 或矿物颗粒的浓度、浅层水中的底深度和类型以及其他生态系统信息,如净初级生产力、浮游植物功能群或浮游植物生理状态。卫星被动海洋颜色遥感始于 1978 年开始的海岸带彩色扫描仪,它是一种多光谱传感器,它只有很少的带宽为 10 nm 或更多的波段,许多多光谱传感器已经被开发和发射,这些传感器通常有一些带宽较窄的频段用于水体遥感的波段。

目前人们对高光谱传感器的使用非常感兴趣,它通常有 100 个或更多的频带,标称带宽为 5 nm 或更小。图 10.1 所示为各种水色遥感使用的波段,小型机载高光谱成像仪(Compact Airborne Spectrographic Imager,CASI)是一种商用高光谱传感器,广泛应用于沿海水域的机载遥感,它有 228 个稍微重叠的波段,每个波段的标称带宽为 1.9 nm,覆盖范围为 400 ~ 1 000 nm。海岸带扫描仪(Coastal Zone Color Scanner,CZCS)检测水色的波段有 5 个,分别以 443 nm、520 nm、550 nm 和 670 nm 为中心波段,它们的带宽都是 20 nm;第五波段宽以 750 nm 为中心,段宽为 100 nm。宽视场水色扫描仪(Sea-viewing Wide Field-of-view Sensor,SeaWiFS)共有 8 个波段,前 6 个波段中心波长分别为 412 nm、443 nm、490 nm、510 nm、555 nm 和 670 nm,7、8 通道位于近红外波段,中心波长分别为 765 nm 和 865 nm。中分辨率成像光谱仪(Moderate-resolution Imaging Spectroradiometer,MODIS)用于海洋水色遥感的有 8 个波段。激光雷达测深系统(Lidar)通常使用 488 nm 的蓝色激光或 532 纳米的绿色激光,它们具有很好的海水穿透能力,这些波长可以从高功率激光器获得。

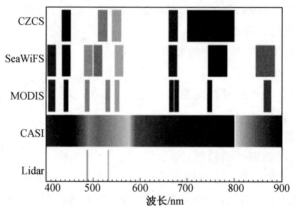

图 10.1 各种水色遥感使用的波段

被动海洋水色遥感概念简单,太阳光的光谱特性是已知的,进入水体后太阳光的光谱特性会改变,这取决于水体的吸收和散射特性,并且由特定水体各种成分的类型和浓度决定。一部分改变后的太阳光最终会从水中返回,并被飞机或卫星上的传感器探测到。如果知道不同的物质是如何改变太阳光的,如通过波长的吸收、散射或荧光,那么就可以从改变的太阳光推断出水中一定存在的物质及其浓度。从传感器到反演海洋特性的过程是一个充满困难的反问题,然而,这些困难是可以克服的,海洋水色遥感从局部到全球的空间尺度和每天到年代际的时间尺度已经彻底改变了人们对海洋的认知。

10.2　遥感术语

遥感和任何研究方向一样都有专门的术语,本章进行简单介绍。

10.2.1　数据分辨率

遥感数据的质量取决于空间、光谱、时间和辐射分辨率。

(1) 空间分辨率是指遥感设备所能分辨的最小目标的大小,是用来表征影像分辨地面目标细节的指标,通常用像元大小、像解率或视场角来表示。空间分辨率越高,遥感图像包含的地物形态信息就越丰富,能识别的目标就越小。目前已经商业化运行的光学遥感卫星的空间分辨率已经达到"亚米级",如 2016 年发射的美国 WorldView－4 卫星能够提供 0.3 m 分辨率的高清晰地面图像。近年来,随着我国空间技术的快速发展,特别是高分辨率对地观测系统重大专项的实施,我国的卫星遥感技术也迈入了亚米级时代,高分 2 号卫星全色谱段空间分辨率达到 0.8 m。

(2) 光谱分辨率是指遥感器接收目标辐射时能分辨的最小波长间隔,间隔越小,分辨率越高。所选用的波段数量的多少、各波段的波长位置及波长间隔的大小,这三个因素共同决定了光谱分辨率。光谱分辨率越高,专题研究的针对性越强,对物体的识别精度越高,遥感应用分析的效果也就越好。但是,面对大量多波段信息以及它所提供的这些微小的差异,人们要直接地将它们与地物特征联系起来,综合解译是比较困难的,而多波段的数据分析可以改善识别和提取信息特征的概率和精度。一般来说,识别某种波谱的范围窄,则相应光谱的分辨率高,传感器的波段数越多波段宽度越窄,地面物体的信息越容易区分和识别,目标针对性越强。例如,多光谱扫描仪的波段数为 5(指有 5 个通道),波段宽度为 100～2 000 nm,而成像光谱仪的波段数可达到几十甚至几百个波段,波段宽度则为 5～10 nm。成像光谱仪所得到的图像在对地表植被和岩石的化学成分分析中具有重要意义,因为高光谱遥感能提供丰富的光谱信息,足够的光谱分辨率可以区分出具有诊断性光谱特征的地表物质。对于特定的目标,选择的传感器并非波段越多,光谱分辨率越高,效果就越好,而要根据目标的光谱特性和必需的地面分辨率来综合考虑。在某些情况下,波段太多,分辨率太高,接收到的信息量太大,形成海量数据,反而会掩盖地物辐射特性,不利于快速探测和识别地物。所以要根据需要,恰当地利用光谱分辨率。多光谱传感器具有多个(典型的 5～10)波长带,每个典型波长 10～20 nm 宽。高光谱传感器有 30 个或更多波段,分辨率为 10 nm 或更高。典型的高光谱传感器有 100 多个波段,每个波段的宽度都小于 5 nm。

(3) 时间分辨率是关于遥感影像间隔时间的一项性能指标,遥感探测器按一定的时间周期重复采集数据,这种重复周期又称为回归周期,是指在同一区域进行的相邻两次遥感观测的最小时间间隔,这种重复观测的最小时间间隔称为时间分辨率,时间间隔大,时间分辨率低,它由飞行器的轨道高度、轨道倾角、运行周期、轨道间隔等参数所决定。

(4) 辐射分辨率是指传感器能分辨的目标反射或辐射的电磁辐射强度的最小变化量,它反映了传感器区分地物辐射能量细微变化的能力,即传感器的灵敏度。传感器的辐射分辨率越高,其对地物反射或发射辐射能量的微小变化的探测能力越强。

10.2.2 数据处理级别

处理遥感图像涉及许多步骤,以将由传感器测量的辐射转换为用户所期望的信息。这些处理步骤导致处理数据的不同"级别",通常被描述为如下几点。

(1) 0 级是指在完全分辨率下未处理的仪器数据。数据以"工程单位"表示,如伏特或数字计数。

(2)1a 级是指在全分辨率下未经处理的仪器数据,但附带有如辐射、几何校准系数和地理参数附加信息。

(3)1b 级数据是指通过应用校准系数将 1a 级数据处理为传感单位,如辐射单位。

(4) 大气校正将 1b 级的大气顶部辐射转换成 2 级的归一化离水反射率。

(5)2 级是指与 1 级数据相同的分辨率和位置归一化反射率及地球物理变量,如叶绿素浓度或底部深度。

(6)3 级是指把变量映射到均匀的空间一时间网格上,通常进行缺失点插值或标记,并且把多个轨道的区域拼接在一起,以创建大规模地图,如整个地球。

(7)4 级是指把卫星数据和模型相结合,得到输出结果。从输出(如海洋生态系统模型的输出)的组合获得的结果,或者来自低级别数据(不是仪器测量得到的变量而是从测量的数据推导来的)的分析结果。

10.2.3 验证

将遥感值与实地测量的已知值(通常是现场测量的)进行比较,产生了描述同一个量的遥感和实地值差异的各种方法。

1. 可靠性

可靠性是指遥感量值对实际测量值的确定,如果叶绿素浓度是需测量的量,则希望在迭代算法中得到的值仅是叶绿素的量度值,而不是由高浓度的矿物颗粒或溶解的物质改变光谱给出的错误值。不管水中的其他物质是什么,可靠的叶绿素提取算法都应该能给出叶绿素的值。(在某些领域,可靠性定义为再现测量值的能力。)

2. 参考值

参考值是用于与遥感值进行比较的量(通常在实地测量),其通常被认为是这一量的"真实值"。现场测量的值也会受到所用仪器和方法确定的误差的影响,因此也可能不是所测量量的真实值。

3. 误差

误差是测量值和参考值之间的差异,误差可以是系统的原因,也可以是随机的。随机误差是由诸如电子噪声之类的随机物理过程确定的测量值和参考值之间的差异。虽然可以确定误差的统计特性,但任何特定测量中的误差值是不能预测的。随机误差的统计分布通常被认为遵从高斯分布,但这通常只是为了数学上的方便,而不是对基础物理过程的正确描述。通过对相同量的重复测量,然后对结果进行平均,可以减少随机误差的影响。

系统误差是由不完善的仪器、方法或算法引起的测量值和参考值之间的偏差或偏移。例如,由于未能消除暗电流值而产生的附加偏移,或由于仪器校准不完善而产生的倍增误差。仪器校准的目的是从测量中消除系统误差。系统误差量化为参考值和重复测量的平均值之间的差异,通过额外的测量和平均结果并不能减少系统误差。

4. 精度

精度是指在重复测量同一个量时,仪器将给出相同的值。精度由重复测量确定,不考虑任何参考值。它可以通过测量值的标准差来确定。

最后,在开发数学模型或算法时,验证是指确保模型方程被正确地编程。然而,如果模型方程忽略了一个重要的物理过程,该模型仍然可以给出不正确的结果。验证是指参照参考值检查模型输出,以确保模型物理和计算机编程都是正确的。

10.3　逆向问题

辐射传输理论中辐射传输方程及其求解方法的发展,一直涉及辐射传输理论的正问题或直接问题,即假定水的固有光学性质和边界的物理性质,找到辐射在水中及离开水的分布,这个问题有唯一解,这意味着给定一组固有光学性质和边界条件产生一个唯一的辐射分布。计算辐射精度的唯一限制是指定固有光学性质和边界条件的精度,以及希望用于数值解的计算机时间。从这个意义上说,计算辐射的直接问题可以被认为是解决了的。

图 10.2 所示为解决辐射传输正向问题的理论过程,原则上,可以从海洋中的颗粒和溶解物质的基本物理性质入手,从物理性质导出水的固有光学性质(如利用米氏理论从粒子性质和尺寸分布计算体散射函数)。在海洋光学中,经常直接测量固有光学性质,然后应用合适的边界条件,并解决非常复杂的辐射传输方程,以获得辐射分布。任何其他量,如辐照度或表观光学性质,可以从辐射度计算出来。

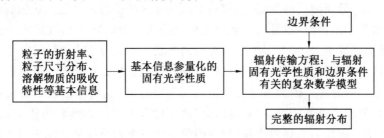

图 10.2　解决辐射传输正向问题的理论过程

辐射传输理论的逆向问题是给定水下或离水光场的辐射测量值,确定水的固有光学性质。逆向问题中既有理论上的限制,也有实践上的限制。

遥感涉及的是一个逆向问题,其面对的第一个问题是解的唯一性。考虑以下情况,具有一组固有光学性质和边界条件水体的水下辐射分布为 $L_1(z, \theta, \phi, \lambda)$,如果边界条件发生改变,可能是因为太阳移动,即使在固有光学性质保持不变的情况下,水体内也会有不同的辐射分布 $L_2(z, \theta, \phi, \lambda)$,能否正确地从两个不同的光场分布中恢复同一套固有光学性质,能否区分 $L_1(z, \theta, \phi, \lambda) \neq L_2(z, \theta, \phi, \lambda)$ 是因为边界条件的变化造成的,而不是因为固有光学性质的变化造成的。因为同一组固有光学性质可以产生不同的辐射分布,正如上面的情形,那么两组不同的固有光学性质和边界条件可否导致相同的辐射分布,换言之,上述逆向问题原则上是否有唯一解。

逆向求解常遇到的另一个问题是解的稳定性,或对测量辐射变量误差的敏感性。在正向问题中,通常情况下,固有光学性质或边界条件中的小误差(如 5%)导致计算辐射中相应的小误差。在逆向问题中,经常发现辐射量测量值的小误差会导致反演固有光学性质的大误差,甚至是没有物理意义的结果。反演方法对输入数据中的小误差的敏感性往往使反演算法在实践中无用,尽管它们在原理上显得相当完美。如果以完全精确的方式测量出全部辐射分布,则原则上辐射传输方程有唯一的逆向解来获得全套固有光学性质。但是从实际的角度来看,如果必须以高精度测量整个水体中的完整辐射分布来获得固有光学性质,那么可以同样容易地测量固有光学性质本身。逆向方法只有当它节省了时间或减小了难度时才是有用的,需要的是从一组有限的不完美的辐射测量中反演出一些固有光学性质。在遥感中,有非常有限的不完美的光场测量结果,即离水辐射或遥感反射率,要从中尽可能多地反演出关于水体的信息。输入测量值远远达不到测量全部的辐射分布,并且所做的测量可能因大气校正误差或辐射计校准不准确而包含大量误差,所以无法反演出一套完整的关于水的固有光学性质,并且反演出的信息中可能包含较大误差。因此,海洋遥感是一个非常困难的逆向问题。多年来人们开发了广泛的技术来解决遥感测量反演以获得关于海洋信息的固有困难,每一种技术都有它的长处和短处,都是不完善的,但每一种都对海洋光学有很大的价值。

反演总是建立在一个假设模型的基础上,这个模型把已知的和希望解决的问题联系起来,然后通过使用已知量作为模型的输入来实现反演,该模型的输出是期望量的估算。在某些情况下,模型很简单,例如,如果将叶绿素浓度与两个波长的遥感反射比相关的历史数据用于寻找 $\mathrm{Chl} = f[R_{rs}(\lambda_1) / R_{rs}(\lambda_2)]$ 模型的最佳拟合函数,模型就是这个函数。插入在波长 λ_1 和 λ_2 处新测量的反射率,然后给出叶绿素浓度的估算值。该估算值的精度将取决于原始数据中的散射,以及所研究的水体是否与用于确定该函数的水体相似。在其他情况下,模型是复杂的,具有多个层的神经网络是一个复杂的模型,其中特定输入与特定输出的关联常常是不明显的,神经网络反演的准确程度取决于神经网络所表示的特性和运行网络数据的好坏。因为遥感可获得的测量值有限,反演算法通常需要约束来限制从遥感反射率给出的可能的解,约束可以是"内置的",如对辐射传输方程的简化;也可以是外部的,通常是附加的需要的测量(如在图像中的一个点上测量离水辐射或底部深度);还可以是隐式约束,如用于预先确定逆模型中的某些参数的数据中找到反演值的限制。图 10.3 所示为求解遥感逆向辐射传输的概念过程,图中总结了反演遥感数据以获得海洋性质的估算所涉及的概念问题。

逆向问题有很多种,如介质表征问题,其目的是获取有关介质固有光学性质的信息,在海洋光学中介质是包含所有成分的水体,这是在本章中考虑的问题类型,也存在隐藏的物体表征问题,其目的是检测或获得嵌入在介质内的物体的信息,如水下潜艇,这里不讨论这类问题。逆向问题是可以在现场进行的光学测量,如获得吸收系数,而遥感利用的是

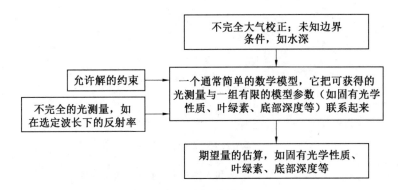

图 10.3　求解遥感逆向辐射传输的概念过程

在介质之外进行的测量,通常是从卫星或飞机上进行的。

另一类逆问题是从单个粒子散射的光中确定单个粒子的性质。这类问题通常从对粒子的相当了解开始(如粒子是球形的并具有已知的半径),然后寻求确定另一个特定的信息(如粒子折射率),相关的逆向算法通常假设检测到的光是单独散射的。这里不讨论这些"单个粒子"的逆向问题。在海洋中,多重散射是不可避免的,这使得问题复杂化。

逆向问题的求解方法分为显式和隐式两类。显式解是将期望的固有光学性质作为测量辐射量函数的公式,隐式解是通过求解一系列直接或前向问题而得到。在粗略的形式中,可以想象具有测量的遥感反射率(或一组水下辐射或辐照度测量),直接解决问题来预测许多不同固有光学性质集合中的每一个集合的反射率,将每个预测反射率与测量值进行比较;然后,将与预测反射率相关联的固有光学性质(与测量反射率最接近)作为逆向问题的解,用一个合理的方法将固有光学性质从一个直接解变为另一个直接解的固有光学性质,使得直接解的序列收敛到所测量的反射率或辐射率。

10.4　大气校正问题

从卫星或飞机上用仪器测量海洋的上行辐射,包括大气、水面和水体的贡献。大气贡献 L_a 来自太阳辐射,太阳辐射被大气气体和气溶胶散射一次或多次进入到传感器方向,地表反射辐射 L_r 是下行的太阳辐射由水面反射到达传感器,离开海面的光辐射 L_w 来自通过海面进入海洋的光辐射 L_t,在海洋中海水的成分通过吸收和散射使 L_t 发生改变,然后被散射到向上的方向即 L_u,并最终离开海面到达传感器,如图 10.4 所示。

海面反射的辐射包含海面波动状态的信息,这些信息可能对研究波浪本身有意义或者对其他方面的研究有意义,如探测海面浮油。海面与传感器之间路径上的大气对辐射的散射包含了大气气溶胶和其他大气参数的信息,然而,只有离开水面的辐射能携带水体和水底状况的信息。探测方向向下的传感器测量的是总辐射 $L_u = L_a + L_r + L_w$,但是探测器并不能区分各种不同过程对总辐射的贡献。大气校正是指从测量的总辐射量中去除大气散射的贡献,从而获得离水辐射的过程。

图 10.5 所示为传感器位于不同高度测量辐射 L_u 模拟示例,图中使用大气－海洋辐射传输数值模拟显示大气校正问题的性质,示例中传感器在不同高度处测量总辐射 L_u,

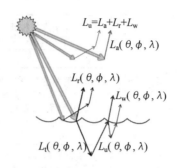

图 10.4　大气、水面和水体对上行辐射测量的贡献

模拟的输入参量为无云、中纬度、夏季大气、海洋气溶胶、海平面相对湿度 76％、太阳天顶角 50°、地面风速 6 m/s、水质均质、1 类水叶绿素浓度为 1 mg/m³、无限水深,这些大气条件提供了良好的遥感条件,海平面水平能见度为 63 km,在所有情况下,离水辐射和地表反射的辐射是相同的。运行的波长为 300～1 000 nm,带宽为 10 nm,太阳和观察几何体几乎没有太阳闪烁的光芒,然而,总是有地表反射的天空辐射。在地表(零海拔)光谱中显示为 750 nm 以外非零的 L_u 辐射,其中离水的辐射接近于零。这些曲线的差异仅仅是由于从海面到传感器的不同路径长度上的大气贡献,因为每条曲线的所有其他条件都是相同的;图中的模拟结果表明,即使在非常晴朗的大气中,距离地表只有几百米的传感器,大气对总辐射也有明显的贡献。机载传感器通常在 3 000～10 000 m 的高度飞行,即使在较低的高度,大气的贡献也大于离水的辐射。在 30 000 m 处,传感器有效地位于大气层顶之上,大气路径辐射通常为总辐射的 90％～95％。

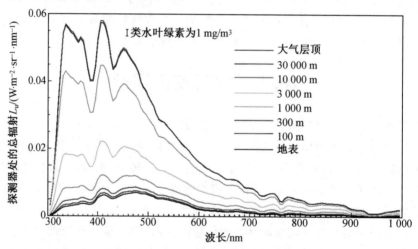

图 10.5　传感器位于不同高度测量辐射 L_u 模拟示例(见附录彩图)

图 10.6 所示为图 10.5 中 3 000 m 高度处传感器探测的辐射模拟,图中曲线分别为离水辐射、表面反射辐射和大气路径辐射的贡献,在数值模型中可以分离出各个辐射的贡献。3 000 m 是飞机获取高空间分辨率、高光谱图像的典型高度。

当考虑太阳和传感器观测方向、大气条件和表面波浪状态的影响时,大气校正问题变得更加重要。在下面的模拟中,所有的叶绿素值都是 0.05 mg/m³,这是非常清澈的 1 类

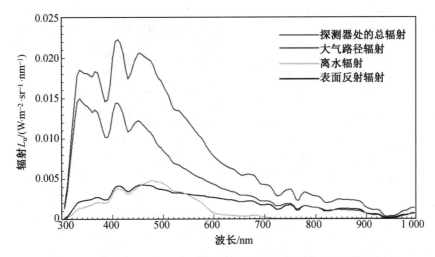

图 10.6　图 10.5 中 3 000 m 高度处传感器探测的辐射模拟(见附录彩图)

海水特征;大气条件要么是非常清晰的热带大气(海平面水平能见度为 100 km),或者是有相当大的霾(水平能见度为 10 km),风速为 0(海平面)或 10 m/s;传感器观察方向为最低点以东 30°、最低点以西 30°,太阳天顶角为 18°。图 10.7 所示为晴朗大气的辐射和辐照度,风速为 10 m/s,观测方向为最低点以东 30°,图中还显示了平面辐照度 E_d,由于水气和二氧化碳的吸收带中心位于 1 400 nm 和 1 900 nm,因此水气和二氧化碳的吸收使这些光谱区域的海平面辐照度 E_d 基本为零。

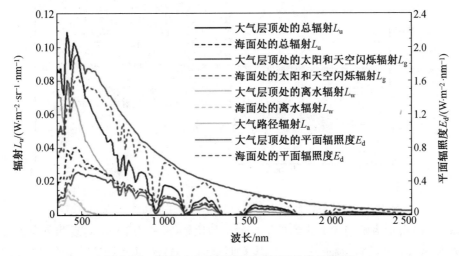

图 10.7　晴朗大气的辐射和辐照度(见附录彩图)

大多数遥感反演算法使用遥感反射率 $R_{rs} = L_w/E_d$ 或等效的无量纲反射率 $\rho = \pi L_w/E_d$,使用 R_{rs} 或 ρ 这样的表观光学特性,可以最大限度地减小外部环境条件(如太阳角)对光谱大小的影响。图 10.8 所示为采用无量纲反射系数 ρ 描绘与图 10.7 相同的信息。

图 10.9 所示为传感器位于不同观察方向各种反射率的比较,图中比较了天空晴朗、风速为 10 m/s 条件下,观察方向为最低点以东 30°、最低点和最低点以西 30° 的方向的反射率 ρ。对于不同的观察方向,ρ_g 有很大的不同,对于最低点以东 30° 的视角太阳几乎是

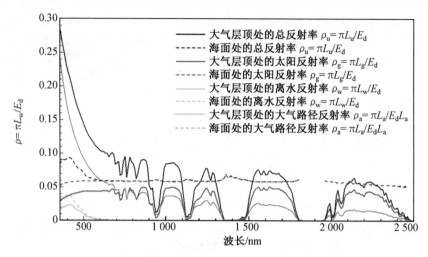

图 10.8　采用无量纲反射系数 ρ 描绘与图 10.7 相同的信息（见附录彩图）

正东高挂在天空中，因此可以看到许多太阳光，ρ_g 具有较大值；最低点以西 30° 方向看到非常少的太阳光，ρ_g 主要是天空反射率。由于太阳直射光束与观看方向之间的散射角不同，并且由于路径的长度在东、西与最低点方向之间的差异，因此大气路径辐射对于三个观看方向是明显不同的，离水反射率 ρ_w 几乎与观察方向无关。

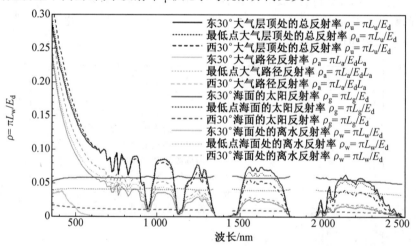

图 10.9　传感器位于不同观察方向各种反射率的比较（见附录彩图）

　　图 10.10 所示为晴朗和雾天条件下反射率的比较，风速为 10 m/s，观测方向为轨道最低点以西 30°。大气路径辐射在红外波段有明显的差异；海面太阳反射率有一定的差异，因为雾天的大气与晴天的大气相比较而言，雾天大气中含有更多的天空反射光和较少的太阳直射光；离水辐射在图中是不可区分的。

　　图 10.11 所示为晴朗天气和最低点观测情况下风速对反射率的影响。海面太阳反射率 ρ_g 的巨大差异是在 10 m/s 情况下，大量的太阳直接闪烁造成的。当表面是水平的时，只有天空闪烁。大气路径反射率 ρ_a 是不同的，因为不同的风速导致海洋边界层的气溶胶浓度不同。

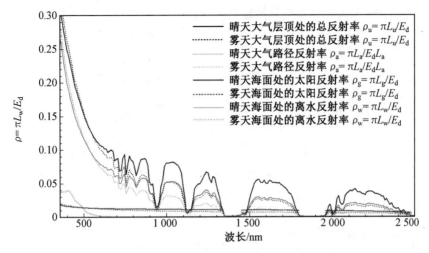

图 10.10　晴朗和雾天条件下反射率的比较（见附录彩图）

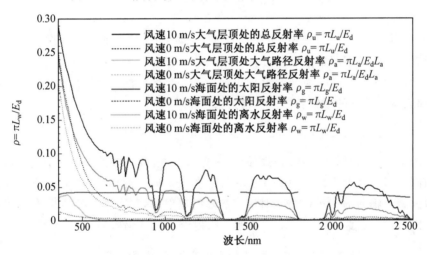

图 10.11　晴朗天气和最低点观测情况下风速对反射率的影响（见附录彩图）

大气校正是海洋水色遥感的核心问题。如果有准确的 ρ_w 可用，可以有许多反演算法能够反演出海洋属性如叶绿素、矿物、CDOM 浓度、底部深度和反射率等。

10.5　光子计数

海洋颜色遥感的基础是太阳光进入海洋，经过水体中无数成分的吸收和散射，然后从海洋中散射到探测器中，需要考虑的一个问题是，经过这个过程的光子有多少可以被卫星传感器探测到。

10.5.1　海面辐射

图 10.12 所示为晴空太阳天顶角为 30° 和 60° 海面上光谱下行平面辐照度。晴天条件下可见光波段到达海面的下行光谱平面辐照度的量级为 1 W/(m² · nm)，大部分辐照度

进入海洋,这也取决于太阳天顶角和风速等参数。在水中,辐照度反射系数 $R = E_u/E_d$ 通常为 $0.01 \sim 0.05$,这取决于水的成分和波长,在非常混浊、高散射的水中,R 可以达到 0.1。

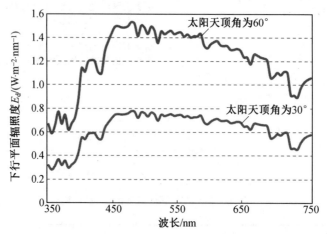

图 10.12　晴空太阳天顶角为 $30°$ 和 $60°$ 海面上光谱下行平面辐照度

假设进入海洋的下行辐照度量级为 $1\ W \cdot m^{-2} \cdot nm^{-1}$,下行辐照度被反向散射到向上方向的反射率为 $R = 0.03$。如果这些向上散射的光是各向同性地散射到 $2\pi\ (sr)$ 的向上半球中,那么海平面下的上行各向同性辐射为

$$L_u = \frac{0.03}{2\pi}\quad (1\ W \cdot m^{-2} \cdot nm^{-1}) \tag{10.1}$$

对于海水,上行辐射不是各向同性的。在海面下方,各向同性散射的上述值可以减少约 $1/2$ 的因子来估计近天顶方向的水下辐射。当光束通过海面时,在海面正下方的这一辐射将减少为总辐射的 t/n^2,t 是水对空气的辐射透射率,对于与遥感方向有关的几十度天顶角范围内,它接近于 1,$n \approx 1.34$ 是水的折射率。离水辐射为

$$L_w = \frac{0.03}{2n^2 \times 2\pi} \approx 0.001\ 3\ W \cdot m^{-2} \cdot sr \cdot nm^{-1} \tag{10.2}$$

在可见光波段,大气透射率为 $0.7 \sim 0.95$,因此大部分离水辐射将能够传输到大气层顶部,在那里卫星可以探测到。然而,在这一过程中,大气对太阳辐射的散射通常会使光束的辐射增加 $10 \sim 20$ 倍,因此卫星所观测到的大气层顶部辐射量级为 $10L_w \approx 0.01\ W \cdot m^{-2} \cdot sr \cdot nm^{-1}$。

10.5.2　检测到的光子

根据卫星上探测到的辐射,可以计算收集到的光子数量,并考虑相关的工程问题。首先计算在 $1\ s$ 的观测时间内从 $1\ m^2$ 的海面上探测到的光子数。传感器特性参数见表 10.1。

表 10.1　传感器特性参数

物理量	数值
高度 H/m	7.1×10^5
偏离最低点视角 $\theta/(°)$	20
倾斜范围 d/m	7.5×10^5
传感器孔径半径 r/m	0.09
带宽 $\Delta\lambda/\mathrm{nm}$	10
光学效率 OE	0.6
量子效率 QE	0.9

倾斜范围是指沿视线从卫星到海面上观测点的距离,这里取偏离最低点 20°;光学效率是指入射到传感器前端光学部分的光中最终到达传感器探测材料本身的那一部分光,其中损失的那部分光是透镜表面或衍射光栅的反射、滤光片的吸收等造成的;量子效率是指到达传感器探测材料的光中能够产生输出信号的那部分光,如产生一个光电子。

从地球表面看,传感器的立体角为

$$\Omega_{\mathrm{aperture}} = \frac{\pi r^2}{d^2} = \frac{\pi\,(0.09\ \mathrm{m})^2}{(7.5 \times 10^5\ \mathrm{m})^2} = 4.52 \times 10^{-14}\ \mathrm{sr} \tag{10.3}$$

从海面观察卫星,传感器探测到的来自海面 $1\ \mathrm{m}^2$ 的功率为

$$P_{\mathrm{detector}} = L \cdot \Omega_{\mathrm{aperture}} \cdot \mathrm{Area}_{\mathrm{surface}} \cdot \mathrm{OE} \cdot \Delta\lambda$$

$$= (0.01\ \mathrm{W} \cdot \mathrm{m}^{-2} \cdot \mathrm{sr}^{-1} \cdot \mathrm{nm}^{-1}) \times (4.5 \times 10^{-14}\ \mathrm{sr}) \times (1\ \mathrm{m}^2) \times (0.6) \times (10\ \mathrm{nm})$$

$$\approx 2.7 \times 10^{-15}\ \mathrm{W} \tag{10.4}$$

式(10.4)也可以从卫星观察地球的角度出发来表达,在这种情况下,相关立体角将是从卫星上看到的 $1\ \mathrm{m}^2$ 像素的立体角,面积因子将是传感器孔径的面积,二者是等价的。光学系统满足:

$$\Omega_{\mathrm{aperture}} \cdot \mathrm{Area}_{\mathrm{surface}} = \Omega_{\mathrm{surface}} \cdot \mathrm{Area}_{\mathrm{aperture}} \tag{10.5}$$

假设波长为 $\lambda = 550\ \mathrm{nm}$,则在时间 $t = 1\ \mathrm{s}$ 内探测器中释放的相应光电子数为

$$N_{\mathrm{detector}} = P_{\mathrm{detector}} \cdot t \cdot \mathrm{QE} \cdot \frac{\lambda}{hc}$$

$$= (2.7 \times 10^{-15}\ \mathrm{W}) \times (1\ \mathrm{s}) \times 0.9 \times \frac{550 \times 10^{-9}\ \mathrm{m}}{(6.63 \times 10^{-34}\ \mathrm{J} \cdot \mathrm{s}) \times (3 \times 10^8\ \mathrm{ms}^{-1})}$$

$$\approx 6\,800 \tag{10.6}$$

这 6 800 个光电子是大气层顶总辐射量中的绿光部分,在前面提到,大气层顶辐射中的 90% 是大气路径辐射,因此这些电子中只有 680 个对应于 $1\ \mathrm{m}^2$ 海面处的离水辐射。

开普勒第三行星运动定律和牛顿引力定律给出了卫星轨道周期 T 与其轨道半径 r 之间的关系,即

$$T^2 = \frac{4\pi^2 r^3}{GM} \tag{10.7}$$

式中,G 是牛顿重力常数,$G = 6.67 \times 10^{-11}\ \mathrm{m}^3 \cdot \mathrm{kg}^{-1} \cdot \mathrm{s}^{-2}$;$M$ 是地球的质量,$M = 5.96 \times$

10^{24} kg。

对于地球以上 7.1×10^5 m 高度的卫星,其平均半径约为 6.731×10^6 m,周期为 6 385 s,这相当于相对地面的速度为 $v = (2\pi r)/T = 7\ 318$ m/s,卫星运行 1 m 所需的时间是 1.37×10^{-4} s,对于 1 m 的空间分辨率,这么短的曝光时间检测到的光子数量将是上面计算的 1 s 收集的光子数量的 1.37×10^{-4} 倍。因此,在卫星通过 1 m^2 区域期间收集到的离开水的光子数量只有 0.093。实际情况可能更糟,因为传感器不是从一个像素收集光,而是从 1 000 个像素收集光,因为传感器要么来回扫描,要么旋转以观察卫星最低点两侧的大的场景。因此,在卫星向前移动 1 m^2 所需的 10^{-4} s 时间内,传感器必须收集 1 000 像素的光子,将每个像素的光子数减少到大约 0.000 1 个光电子,每像素只收集 0.000 1 个光电子不会产生质量很好的图像。

这些物理和轨道限制表明了轨道卫星无法获得米级海洋颜色图像的一个原因,即从 1 m^2 区域离开海洋表面的光子不足以形成图像。必须收集更多的光子,有几种方法可以做到这一点。

(1) 查看更大的表面积,这会增加探测离开水表面的光子数,并允许更长的积分时间。

(2) 增长观察表面积区域的时间,如一颗可以长时间盯着同一点的地球静止卫星(但地球静止卫星的高度为 3.6×10^7 m,这使得立体角小得多)。

(3) 靠近海面,如使用在海面上几公里处飞行的机载传感器,这大大增加了传感器的立体角,一个缓慢飞行的飞机允许更长的集分时间。

(4) 增加带宽。

(5) 增加接收光学系统的孔径。

(6) 无论是在同一次扫描还是连续扫描中使用多个探测器元件几乎同时观察同一地面像素,然后把从不同传感器收集到的光子结合起来。

假设采用表 10.1 中给出的传感器特性参数,对 1 km^2 的海洋表面进行成像,这将使离开成像区域像素的光子数量增加 10^6 倍,积分时间增加 10^3 倍,这样传感器可以从离水辐射中收集 93 000 个光电子。大气层顶辐射的总光电子数,包括大气路径辐射,将增加 10 倍约 10^6 个。实际中,这个数字会因为传感器的占空比时间而减少,旋转传感器只能看到大约三分之一时间的海洋,而扫描传感器需要时间停止和开始每次扫描。尽管如此,仍然可以为每个像素收集大约 10^6 个光电子,其中 10^5 个对应于离水辐射。

信噪比 SNR 通常表示为

$$\mathrm{SNR} = \frac{N_{\mathrm{PE}}}{\sqrt{N_{\mathrm{PE}}^2 + N_{\mathrm{DC}}^2 + N_{\mathrm{RO}}^2 + N_{\mathrm{QN}}^2}} \tag{10.8}$$

式中,N_{PE} 是计数的光电子数,分母中的项 N_{PE} 表示暗电流的噪声项,它源于传感器内光电子的自发发射;N_{RO} 表示传感器读出的噪声项,读出噪声源于从传感器读出收集到的光电子时传感器的前端—末端模拟电子器件;N_{QN} 表示量子化的噪声项,它源于模拟信号数字化时的不确定性。

式(10.8)将总噪声写成单个噪声项平方和的平方根,它基于假设单个噪声过程不相关。在给定时间间隔内计数的光电子数遵从泊松概率分布,其中噪声是分布的标准差,而

泊松概率分布又等于计数的光电子数 N_{PE}，暗电流光电子的发射也是一个泊松过程。因此，信噪比可以表示为

$$SNR = \frac{N_{PE}}{\sqrt{N_{PE} + N_{DC} + N_{RO}^2 + N_{QN}^2}} \tag{10.9}$$

如果没有暗电流或其他噪声，上面估计的光电子数将使信噪比为

$$SNR = \frac{10^6}{\sqrt{10^6}} = 1\,000 \tag{10.10}$$

由于暗电流、读出和量化噪声，实际的信噪比将稍小。这些简单的估计说明了任何海洋颜色传感器的设计都受到严重的限制。在实际应用中，卫星海洋颜色传感器的工程设计需要很高的复杂度才能达到所需的信噪比。

10.6　专题制图

专题制图是指确定和显示特定类型的信息，在陆地和海洋遥感中，一个共同的主题是地表物质的类型。在陆地上，专题地图可以显示森林、草地、水、农作物、裸土、路面等覆盖的陆地区域；在浅水区，专题地图可以区分泥、沙、岩、海草、珊瑚等覆盖的底面区域。近年来，对从高光谱图像中提取的水深、水底类型和固有光学性质的绘制做了大量的工作。本节主要比较用于地面专题制图的管理分类技术和光谱匹配技术。

同时反演水深、海底分类和水的固有光学性质比传统的专题制图要困难得多。在陆地专题制图中，只有地表类型才能从大气校正的图像光谱中推断出来，这种情况下不存在水的固有光学性质和深度的混杂影响。用于指导管理分类的陆地技术不太适合海洋问题，因为在陆地遥感中，海底深度和水光学特性都不存在，这两种特性都很复杂。

指导分类的目标是将给定的图像光谱与几个预先确定的光谱类别其中之一相联系。在陆地遥感中，这些类别通常被定义为土壤、草地、树木、水、路面等，然后，通过将每个图像像素的光谱分类为预先确定的类别之一，生成地球表面特征的专题地图。

管理分类的一种方法是计算每一类的平均谱和相应的协方差矩阵，该矩阵定义了每一类谱关于其平均值的"大小"；然后，仅将图像频谱与每个类别的平均频谱和大小进行比较，并且根据图像光谱与平均频谱之间的距离的某种度量以及用户指定的关于类别成员的统计特性的假设，将图像频谱与它最可能属于的类别进行统计关联。

1. 协方差和相关矩阵

考虑 N 个遥感反射光谱 R_{rs} 的集合，每个 R_{rs} 都对应于第 k 个波长，用 $R_n(\lambda_k)$ 表示，其中 $n=1,2,\cdots,N$ 和 $k=1,2,\cdots,K$。为了方便起见，删除 R_{rs} 上的下标 rs。光谱可视为列矢量，即

$$\boldsymbol{R}_n = \begin{bmatrix} R_n(\lambda_1) \\ R_n(\lambda_2) \\ R_n(\lambda_3) \\ \vdots \\ R_n(\lambda_K) \end{bmatrix} = \begin{bmatrix} R_n(\lambda_1) & R_n(\lambda_2) & R_n(\lambda_3) & \cdots & R_n(\lambda_K) \end{bmatrix}^T \tag{10.11}$$

式中,黑体 $\boldsymbol{R}_n$ 表示矢量或矩阵,上标 T 表示转置。在前面描述的光谱匹配技术中,这些光谱是数据库光谱;N 通常是 10^5 或更多。对于 $380 \sim 750$ nm 的光谱,若分辨率为 5 nm,则 K 值为 75。设

$$\boldsymbol{I} = [R(\lambda_1) \quad R(\lambda_2) \quad R(\lambda_3) \quad \cdots \quad R(\lambda_K)]^T \tag{10.12}$$

是要分类的图像光谱。

现在考虑整个数据库中定义各种光谱类的子集。在下面的说明性计算中,选择了四类光谱,分别是从 0.01 m 水中看到 10 个砂和沉积物光谱 R_{rs}、从 0.01 m 水中看到 10 个珊瑚光谱 R_{rs} 和从 10 m 水中看到相同的砂和珊瑚光谱 R_{rs}。水的固有光学性质测量是基于非常清澈的水,沙粒和沉积物的光谱范围从干净的砂到严重被生物膜覆盖、颜色较深的沙粒,珊瑚光谱是不同种类的珊瑚。图 10.13 显示了这四个类中的各个谱,为了使式 (10.13a) ~ (10.16b) 所示四类谱的协方差和相关矩阵打印输出的阵列最小化,将光谱再采样到 400 nm、450 nm、…、650 nm、700 nm 的波长,这样 $K=7$,取样光谱如图 10.14 所示。

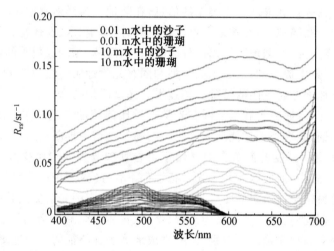

图 10.13　数据库定义了四个类的 R_{rs} 谱,每个类有 10 条谱线(见附录彩图)

$\boldsymbol{\Sigma}_{(0.01 \text{ m深的沙子})}$

$$= \begin{bmatrix} 2.462 \times 10^{-4} & 3.049 \times 10^{-4} & 3.612 \times 10^{-4} & 3.797 \times 10^{-4} & 4.141 \times 10^{-4} & 3.994 \times 10^{-4} & 3.625 \times 10^{-4} \\ 3.049 \times 10^{-4} & 4.547 \times 10^{-4} & 5.361 \times 10^{-4} & 5.447 \times 10^{-4} & 5.712 \times 10^{-4} & 5.639 \times 10^{-4} & 4.569 \times 10^{-4} \\ 3.612 \times 10^{-4} & 5.361 \times 10^{-4} & 6.338 \times 10^{-4} & 6.462 \times 10^{-4} & 6.787 \times 10^{-4} & 6.692 \times 10^{-4} & 5.449 \times 10^{-4} \\ 3.797 \times 10^{-4} & 5.447 \times 10^{-4} & 6.462 \times 10^{-4} & 6.658 \times 10^{-4} & 7.046 \times 10^{-4} & 6.912 \times 10^{-4} & 5.780 \times 10^{-4} \\ 4.141 \times 10^{-4} & 5.712 \times 10^{-4} & 6.787 \times 10^{-4} & 7.046 \times 10^{-4} & 7.546 \times 10^{-4} & 7.364 \times 10^{-4} & 6.340 \times 10^{-4} \\ 3.994 \times 10^{-4} & 5.639 \times 10^{-4} & 6.692 \times 10^{-4} & 6.912 \times 10^{-4} & 7.364 \times 10^{-4} & 7.230 \times 10^{-4} & 6.179 \times 10^{-4} \\ 3.625 \times 10^{-4} & 4.569 \times 10^{-4} & 5.449 \times 10^{-4} & 5.780 \times 10^{-4} & 6.340 \times 10^{-4} & 6.179 \times 10^{-4} & 5.856 \times 10^{-4} \end{bmatrix}$$

$$\tag{10.13a}$$

$$\boldsymbol{\rho}_{(0.01\,m深的沙子)} = \begin{bmatrix} 1.000 & 0.911 & 0.914 & 0.938 & 0.961 & 0.947 & 0.955 \\ 0.911 & 1.000 & 0.999 & 0.990 & 0.975 & 0.983 & 0.885 \\ 0.914 & 0.999 & 1.000 & 0.995 & 0.981 & 0.989 & 0.894 \\ 0.938 & 0.990 & 0.995 & 1.000 & 0.994 & 0.996 & 0.926 \\ 0.961 & 0.978 & 0.981 & 0.994 & 1.000 & 0.997 & 0.954 \\ 0.947 & 0.983 & 0.989 & 0.996 & 0.997 & 1.000 & 0.950 \\ 0.955 & 0.885 & 0.894 & 0.926 & 0.954 & 0.950 & 1.000 \end{bmatrix} \quad (10.13b)$$

$$\boldsymbol{\Sigma}_{(0.01\,m深的珊瑚)} =$$
$$\begin{bmatrix} 5.793\times10^{-5} & 4.952\times10^{-5} & 6.378\times10^{-5} & 1.143\times10^{-4} & 1.389\times10^{-4} & 1.129\times10^{-4} & 1.552\times10^{-4} \\ 4.952\times10^{-5} & 4.442\times10^{-5} & 6.222\times10^{-5} & 1.080\times10^{-4} & 1.299\times10^{-4} & 1.059\times10^{-4} & 1.417\times10^{-4} \\ 6.378\times10^{-5} & 6.222\times10^{-5} & 1.070\times10^{-4} & 1.712\times10^{-4} & 2.007\times10^{-4} & 1.655\times10^{-4} & 2.057\times10^{-4} \\ 1.143\times10^{-4} & 1.080\times10^{-4} & 1.712\times10^{-4} & 3.010\times10^{-4} & 3.578\times10^{-4} & 2.961\times10^{-4} & 3.775\times10^{-4} \\ 1.389\times10^{-4} & 1.299\times10^{-4} & 2.007\times10^{-4} & 3.578\times10^{-4} & 4.432\times10^{-4} & 3.774\times10^{-4} & 4.950\times10^{-4} \\ 1.129\times10^{-4} & 1.059\times10^{-4} & 1.655\times10^{-4} & 2.961\times10^{-4} & 3.774\times10^{-4} & 3.300\times10^{-4} & 4.306\times10^{-4} \\ 1.552\times10^{-4} & 1.417\times10^{-4} & 2.057\times10^{-4} & 3.775\times10^{-4} & 4.950\times10^{-4} & 4.306\times10^{-4} & 6.132\times10^{-4} \end{bmatrix}$$
$$(10.14a)$$

$$\boldsymbol{\rho}_{(0.01\,m深的珊瑚)} = \begin{bmatrix} 1.000 & 0.976 & 0.819 & 0.865 & 0.867 & 0.817 & 0.823 \\ 0.976 & 1.000 & 0.903 & 0.934 & 0.926 & 0.875 & 0.859 \\ 0.810 & 0.903 & 1.000 & 0.954 & 0.922 & 0.881 & 0.803 \\ 0.865 & 0.934 & 0.954 & 1.000 & 0.980 & 0.940 & 0.879 \\ 0.867 & 0.926 & 0.922 & 0.980 & 1.000 & 0.987 & 0.949 \\ 0.817 & 0.875 & 0.881 & 0.940 & 0.987 & 1.000 & 0.957 \\ 0.823 & 0.858 & 0.803 & 0.879 & 0.949 & 0.957 & 1.000 \end{bmatrix}$$
$$(10.14b)$$

$$\boldsymbol{\Sigma}_{(10\,m深的沙子)} =$$
$$\begin{bmatrix} 5.792\times10^{-7} & 2.174\times10^{-6} & 3.341\times10^{-6} & 1.880\times10^{-6} & 4.235\times10^{-8} & 2.783\times10^{-9} & 2.886\times10^{-12} \\ 2.174\times10^{-6} & 1.006\times10^{-5} & 1.542\times10^{-5} & 8.357\times10^{-6} & 1.805\times10^{-7} & 1.214\times10^{-8} & 1.047\times10^{-11} \\ 3.341\times10^{-6} & 1.542\times10^{-5} & 2.369\times10^{-5} & 1.288\times10^{-5} & 2.785\times10^{-7} & 1.872\times10^{-8} & 1.645\times10^{-11} \\ 1.880\times10^{-6} & 8.357\times10^{-5} & 1.288\times10^{-5} & 7.086\times10^{-6} & 1.545\times10^{-7} & 1.033\times10^{-8} & 9.641\times10^{-12} \\ 4.235\times10^{-8} & 1.805\times10^{-7} & 2.785\times10^{-7} & 1.545\times10^{-7} & 3.409\times10^{-9} & 2.267\times10^{-10} & 2.151\times10^{-13} \\ 2.783\times10^{-9} & 1.214\times10^{-8} & 1.872\times10^{-8} & 1.033\times10^{-8} & 2.267\times10^{-10} & 1.517\times10^{-11} & 1.457\times10^{-14} \\ 2.886\times10^{-12} & 1.047\times10^{-11} & 1.645\times10^{-11} & 9.641\times10^{-12} & 2.151\times10^{-13} & 1.457\times10^{-14} & 2.776\times10^{-17} \end{bmatrix}$$
$$(10.15a)$$

$$\boldsymbol{\rho}_{(10\ m深的沙子)}=\begin{bmatrix} 1.000 & 0.900 & 0.902 & 0.928 & 0.953 & 0.939 & 0.720 \\ 0.900 & 1.000 & 0.999 & 0.990 & 0.975 & 0.983 & 0.626 \\ 0.902 & 0.999 & 1.000 & 0.994 & 0.980 & 0.987 & 0.641 \\ 0.928 & 0.990 & 0.994 & 1.000 & 0.994 & 0.996 & 0.687 \\ 0.953 & 0.975 & 0.980 & 0.994 & 1.000 & 0.997 & 0.699 \\ 0.939 & 0.983 & 0.987 & 0.996 & 0.997 & 1.000 & 0.710 \\ 0.720 & 0.626 & 0.641 & 0.687 & 0.699 & 0.710 & 1.000 \end{bmatrix}$$

$$(10.15b)$$

$\boldsymbol{\Sigma}_{(10\ m深的珊瑚)}$

$$=\begin{bmatrix} 1.956\times10^{-7} & 5.520\times10^{-7} & 9.484\times10^{-7} & 9.105\times10^{-7} & 2.255\times10^{-8} & 1.305\times10^{-9} & 1.714\times10^{-12} \\ 5.520\times10^{-7} & 1.638\times10^{-6} & 3.068\times10^{-6} & 2.868\times10^{-6} & 7.055\times10^{-8} & 4.100\times10^{-9} & 4.858\times10^{-12} \\ 9.484\times10^{-7} & 3.068\times10^{-6} & 7.054\times10^{-6} & 6.135\times10^{-6} & 1.484\times10^{-7} & 8.731\times10^{-9} & 8.282\times10^{-12} \\ 9.105\times10^{-7} & 2.868\times10^{-6} & 6.135\times10^{-6} & 5.845\times10^{-6} & 1.424\times10^{-7} & 8.393\times10^{-9} & 9.001\times10^{-12} \\ 2.255\times10^{-8} & 7.055\times10^{-8} & 1.484\times10^{-7} & 1.424\times10^{-7} & 3.620\times10^{-9} & 2.197\times10^{-10} & 2.322\times10^{-13} \\ 1.305\times10^{-9} & 4.100\times10^{-9} & 8.731\times10^{-9} & 8.393\times10^{-9} & 2.197\times10^{-10} & 1.372\times10^{-11} & 1.359\times10^{-14} \\ 1.714\times10^{-12} & 4.858\times10^{-12} & 8.282\times10^{-12} & 9.001\times10^{-12} & 2.322\times10^{-13} & 1.359\times10^{-14} & 2.221\times10^{-17} \end{bmatrix}$$

$$(10.16a)$$

$$\boldsymbol{\rho}_{(10\ m深的珊瑚)}=\begin{bmatrix} 1.000 & 0.975 & 0.807 & 0.852 & 0.847 & 0.797 & 0.823 \\ 0.975 & 1.000 & 0.903 & 0.927 & 0.916 & 0.865 & 0.805 \\ 0.807 & 0.903 & 1.000 & 0.955 & 0.928 & 0.888 & 0.662 \\ 0.852 & 0.927 & 0.955 & 1.000 & 0.979 & 0.937 & 0.790 \\ 0.847 & 0.916 & 0.928 & 0.979 & 1.000 & 0.986 & 0.819 \\ 0.797 & 0.865 & 0.888 & 0.937 & 0.986 & 1.000 & 0.778 \\ 0.823 & 0.805 & 0.662 & 0.790 & 0.819 & 0.778 & 1.000 \end{bmatrix}$$

$$(10.16b)$$

这些光谱在波长上有明显的相关性。一个波长和另一个波长之间的相关量由协方差和相关矩阵量化,其计算如下:设 $m=1,\cdots,M$ 标记类,其中 M 是类的总数,这里 $M=4$;类 M 包含 N_m 个光谱,这里每类 $N_m=10$,每个类的平均或平均谱为

$$\bar{R}_m(\lambda_i)=\frac{1}{N_m}\sum_{n=1}^{N_m}R_n(\lambda_i) \qquad (10.17)$$

求和是对属于 m 类的谱进行的,这也可以用矢量表示为

$$\bar{\boldsymbol{R}}_m=\frac{1}{N_m}\sum_{n=1}^{N_m}\boldsymbol{R}_n \qquad (10.18)$$

图 10.14 中的粗线表示四类例子的平均谱。$K\times K$ 类协方差矩阵 $\boldsymbol{\Sigma}_m$ 的元素定义为

$$\boldsymbol{\Sigma}_m(i,j)=\frac{1}{N_m-1}\sum_{n=1}^{N_m}[R_n(\lambda_i)-\bar{R}_m(\lambda_i)][R_n(\lambda_j)-\bar{R}_m(\lambda_j)] \qquad (10.19)$$

式中,$\boldsymbol{\Sigma}_m(i,j)$ 表示波长 λ_i 处类谱与 λ_j 的协方差,$\boldsymbol{\Sigma}_m(i,i)$ 是 λ_i 类谱的方差。对于单位为 sr^{-1} 的遥感反射光谱 R_{rs},$\boldsymbol{\Sigma}_m(i,j)$ 的单位为 sr^{-2}。如果把 m 类的谱列矢量排列在 $K\times N_m$

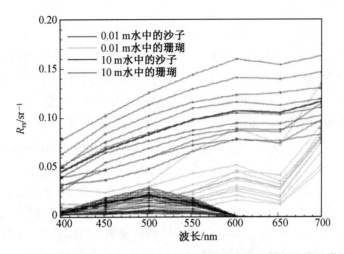

图 10.14　对图 10.13 中的光谱以 50 nm 的间隔重新采样（见附录彩图）

矩阵中，去掉 m 类的均值，有

$$
\boldsymbol{R}_n = \begin{bmatrix} R_1(\lambda_1) - \bar{R}_m(\lambda_1) & \cdots & R_{N_m}(\lambda_1) - \bar{R}_m(\lambda_1) \\ R_1(\lambda_2) - \bar{R}_m(\lambda_2) & \cdots & R_{N_m}(\lambda_2) - \bar{R}_m(\lambda_2) \\ R_1(\lambda_3) - \bar{R}_m(\lambda_3) & \cdots & R_{N_m}(\lambda_3) - \bar{R}_m(\lambda_3) \\ \vdots & & \vdots \\ R_1(\lambda_K) - \bar{R}_m(\lambda_K) & \cdots & R_{N_m}(\lambda_K) - \bar{R}_m(\lambda_K) \end{bmatrix}
\tag{10.20}
$$

然后 m 类的协方差矩阵可以简洁地写为

$$
\boldsymbol{\Sigma}_m = \frac{1}{N_m - 1} \boldsymbol{R}_m \boldsymbol{R}_m^{\mathrm{T}}
\tag{10.21}
$$

类 m 的 $K \times K$ 相关矩阵 $\boldsymbol{\rho}_m$ 的元素由类协方差矩阵 $\boldsymbol{\Sigma}_m$ 定义，即

$$
\boldsymbol{\rho}_m(i,j) = \frac{\boldsymbol{\Sigma}_m(i,j)}{\sqrt{\boldsymbol{\Sigma}_m(i,i)\boldsymbol{\Sigma}_m(j,j)}}
\tag{10.22}
$$

式（10.13a）～（10.16b）显示了由这些方程为图 10.14 中所示的四类谱计算的类协方差和相关矩阵，波长 1（400 nm）在每个阵列的左上方，波长 7（700 nm）在每个阵列的右下方，$\boldsymbol{\Sigma}$ 的单位为 sr^{-2}，$\boldsymbol{\rho}$ 为量纲为一的量。

这些具体的例子表明。

（1）对于给定的类，一个波长的 R_{rs} 与另一个波长的 R_{rs} 高度相关。

（2）每一类的协方差和相关矩阵是不同的，这些矩阵不仅取决于底部类型（砂与珊瑚），还取决于底部深度和水的固有光学性质，换言之，波长协方差携带关于海底类型、水深和固有光学性质的信息。

2. 光谱匹配与统计分类

比较两个光谱的一个度量标准是简单的欧几里得度量，它测量图像光谱 $\boldsymbol{I}$ 和数据库中每个 $\boldsymbol{R}_n$ 之间的平方距离（单位为 sr^{-2}），即

$$D_E^2(n) = \sum_{i=1}^{K} \left[I(\lambda_i) - R_n(\lambda_i) \right]^2 = [\boldsymbol{I} - \boldsymbol{R}_n]^T [\boldsymbol{I} - \boldsymbol{R}_n] \tag{10.23}$$

所有 N 个数据库谱中给出最小距离 $D_E^2(n)$ 的谱 $\boldsymbol{R}_n$ 决定了与图像谱 $\boldsymbol{I}$ 最接近的匹配,因为不涉及概率模型,所以这不是一个统计估计,还要注意的是,图像光谱是与数据库中的每个光谱进行比较,而不仅仅是与前面定义的类的平均光谱进行比较。

在传统的专题分类中,图像谱 $\boldsymbol{I}$ 仅与每一类的平均谱和"大小"进行比较,如类的平均 $\bar{\boldsymbol{R}}_m$ 和协方差 $\boldsymbol{\Sigma}_m$ 所表示的那样。这里使用"大小"是因为当 R_{rs} 谱的扩展较大时,$\boldsymbol{\Sigma}_m$ 中的方差和协方差较大,如把 0.01 m 处砂类的 $\boldsymbol{\Sigma}_m$ 元素与 10 m 处砂类的 $\boldsymbol{\Sigma}_m$ 元素相比,元素的光谱更加接近(尤其是在蓝色和红色波长处),因此协方差较小,类协方差矩阵定义了 K 维 R_{rs} 空间中表示类的质心(平均类谱)周围的"点群"的大小。根据统计模型(通常基于点群的多元正态分布假设)将图像频谱分配给特定类别,该模型确定图像频谱属于定义给定类别的特定点群的概率。类谱(K 维点群)通常是重叠的,因此不可能将 $\boldsymbol{I}$ 与给定类进行明确的非概率关联。

在最大似然估计中,距离度量是

$$D_{MLE}^2(m) = \ln |\boldsymbol{\Sigma}_m| + [\boldsymbol{I} - \bar{\boldsymbol{R}}_m]^T \boldsymbol{\Sigma}_m^{-1} [\boldsymbol{I} - \bar{\boldsymbol{R}}_m] \tag{10.24}$$

式中,$|\boldsymbol{\Sigma}_m|$ 表示 $\boldsymbol{\Sigma}_m$ 的行列式;$\boldsymbol{\Sigma}_m^{-1}$ 表示逆矩阵;$|\boldsymbol{\Sigma}_m|$ 和 $\boldsymbol{\Sigma}_m$ 是在进行频谱匹配之前为每个类预先计算的。

图像频谱 $\boldsymbol{I}$ 被分配给具有最小值 D_{MLE}^2 的 m 类,根据式(10.24)可知,现在图像谱只与类平均谱 $\bar{\boldsymbol{R}}_m$ 进行比较。将图像频谱分配给特定类别是基于其与类别平均值的接近程度和围绕平均值的"点群"的扩展。

通过图 10.14 和式(10.13a)~(10.16b)的具体例子可以看出,对于与海底遥感有关的不同类别,协方差矩阵是不同的。实际上,式(10.13a)~(10.16b)显示了 $\boldsymbol{\Sigma}_m$ 的元素可以随着水深的变化按数量级变化。对于海底类型的浅水制图,最大似然估计必须与每个类的不同协方差矩阵一起使用。

显然,应用于浅水的频谱匹配解决了一个比经典陆地专题制图复杂得多的问题,如果没有水存在,对应于海底类型的再现,即没有深度和固有光学性质的同时再现。由于海洋再现问题的复杂性更大,且难以定义有意义的类,浅水谱匹配不使用如最大似然估计等统计分类技术。此外,甚至不希望最大似然估计度量那样消除波长相关性的影响,因为波长相关性携带的信息对于将深度和固有光学性质效应与底部类型效应分离至关重要。

用于浅水底栖生物制图的频谱匹配方法,避免了定义预先确定的类,并从整个数据库中找到最接近的匹配,这提供了可能的最高分辨率如深度、底部类型和水固有光学性质的检索,此方法检索特定的底部反射光谱(表示特定的底部类型),而不仅仅是一般的底部类型,如沙子或珊瑚。如果希望将检索的底部类型的特定光谱分组为更广泛的类别,如珊瑚与沉积物,或将检索的固有光学性质分组为低、中、高吸收类别,则从全分辨率检索中很容易做到这一点。

10.7　大 气 校 正

海洋－大气系统的辐射传递,空间遥感所接收到的海洋向上光谱辐射,必然受到大气的作用和影响,因此海洋－大气系统的辐射传递问题,已成为海洋光学的重要研究内容。遥感传感器所接收到的辐射包括:① 大气散射光,② 海面反射光,③ 海洋水体的向上辐射。因为海洋水体的向上辐射是海洋遥感所关心的信息,所以必须从传感器接收到的信号中消除大气散射光和海面反射光的影响,这称为大气校正。一种有效的方法是利用传感器接收到的多光谱信号代入光谱辐射传递方程,解方程求出海洋水体向上的辐射。如果选取不同的海水体散射函数 $\beta(\theta, \lambda)$ 的模型,用蒙特卡洛方法可建立海洋水体向上的辐射和 $\beta(\theta, \lambda)$ 之间的关系,可由海洋水体的向上光谱辐射,估算出海洋水体悬浮物和溶解物的含量。

10.7.1　公式表达

由位于大气层顶部(TOA)的星载传感器测量的总辐射 L_t 来自大气散射的贡献 L_{atm},由海面向上反射并到达大气层顶部的太阳和天空的辐射 L_{surf}^{TOA},以及离开水到达大气层顶部的 L_w^{TOA}:

$$L_t = L_{atm} + L_{surf}^{TOA} + L_w^{TOA} \tag{10.25}$$

将这个方程扩展到更详细的层次需要定义许多不同的辐射,并且需要精确的符号来避免混淆。大气贡献 L_{atm} 通常被认为在大气层顶部,而表面－反射辐射或离水辐射可以是发生在海面或大气层顶部,对于这些辐射,上标 TOA 用于指定大气层顶部的值,因此,L_w 表示水面上方的辐射,L_w^{TOA} 表示 L_w 有多少到达大气层顶部。表 10.2 中给出本节使用的各种辐射的符号表示。

表 10.2　各种辐射的符号表示　　　$W \cdot m^{-2} \cdot nm^{-1} \cdot sr^{-1}$

符号	定义
L_t	大气层顶部的总上行辐射
L_{atm}	大气散射对大气层顶部辐射的总贡献
L_{surf}^{TOA}	表面反射辐射对大气层顶部辐射的总贡献
L_r	总瑞利辐射
L_r	大气层顶部的"标准化"瑞利辐射
L_a	仅由气溶胶散射产生的大气层顶部辐射
L_{aR}	气溶胶－分子散射引起的大气层顶部辐射
$L_A = L_a + L_{aR}$	大气层顶部的总大气总辐射
L_w	紧靠海水表面的离水辐射
L_w^{TOA}	离水辐射 L_w 中到达大气层顶部的部分
L_g	太阳在海面上方的直射辐射

续表10.2

符号	定义
L_g^{TOA}	太阳直射辐射 L_g 中到达大气层顶部的部分
L_{sky}	海面反射的背景天空辐射
L_{sky}^{TOA}	海面反射的背景天空辐射到达大气层顶部的部分
L_{wc}	海面上的浪和泡沫产生的辐射
L_{wc}^{TOA}	海面上的浪和泡沫产生的辐射到达大气层顶部的部分
L_u	海面下上行的水下辐射

式(10.25)中的大气贡献通常称为大气路径辐射,来自大气气体和气溶胶的散射,包括气体和气溶胶之间的多次散射。仅由大气气体分子散射产生的路径辐射通常称为瑞利辐射 L_r,因为分子散射是远小于光波长的粒子散射。在没有任何气溶胶的情况下,大气路径辐射等于瑞利辐射。如果大气仅由气溶胶粒子组成,发生的路径辐射用 L_a 表示气溶胶辐射贡献。用 L_{aR} 表示气溶胶和气体之间多次散射的贡献。总的表面反射可以分为太阳从水面的直射辐射 L_g^{TOA},水面反射的背景天空辐射 L_{sky}^{TOA} 和波浪及泡沫反射的太阳和天空的辐射 L_{wc}^{TOA}。因此,式(10.25)可以进一步表示为

$$L_t = L_R + [L_a + L_{aR}] + L_g^{TOA} + L_{sky}^{TOA} + L_{wc}^{TOA} + L_w^{TOA} \tag{10.26}$$

实际上,气溶胶和气体的贡献通常被组合在一起作为一项来处理,表示为 $L_A = L_a + L_{aR}$,通常称为气溶胶贡献。天空反射率项作为瑞利校正的一部分,它包含了海面的反射率。对于一些专门针对海洋颜色进行优化的传感器,通过将传感器指向远离太阳的方向,从而避免了太阳闪光(太阳的闪光模式)的最强部分,使得图像中几乎没有直接的闪光,然而太阳余晖量仍有修正。图10.15所示为各种过程对大气层顶部总辐射贡献的定性示意图,图中 N—N 代表一个氮分子或任何其他大气气体分子,斑点代表一个气溶胶粒子。

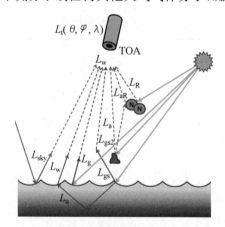

图10.15　各种过程对大气层顶部总辐射贡献的定性示意图

式(10.26)又可以表示为

$$L_t = L_R + [L_a + L_{Ra}] + TL_g + tL_{wc} + tL_w \tag{10.27}$$

式中,L_g、L_{wc} 和 L_w 都是在海平面测量的量;T 是海面和大气层顶部之间沿观察方向的直

接透射率，t 是观察方向的漫反射透射率。另外，式（10.27）可以表示为下面第三种形式：

$$L_t = [L_r + (L_a + L_{ra}) + t_{dv}L_{wc} + t_{dv}L_w]t_{gv}t_{gs}f_p \tag{10.28}$$

式中，t_{dv} 是沿着传感器观察路径的漫反射透射比；t_{gv} 是大气气体在观察方向上的透射率；t_{gs} 是大气气体在太阳方向上的透射率，这些透射率通常称为气体透射率；f_p 是已知的仪器偏振校正因子。

把式（10.27）和式（10.28）进行比较，可以看出

$$L_R = L_r t_{gv} t_{gs} f_p \tag{10.29}$$

因此，大气层顶部总瑞利辐射贡献 L_r 已被分解为涉及瑞利项 L_r 乘气体透射率和偏振校正因子项的乘积。L_r 项是使用标准大气计算的，并且仅使用非吸收气体 N_2 和 O_2，这允许将"标准"瑞利辐射 L_r 作为太阳和观察几何体的函数进行计算。气体透过率是通过吸收系数、路径长度和各种气体的浓度来计算的。根据大气和表面极化状态及传感器特定极化灵敏度随观察方向的变化，计算每个图像像素的 f_p 项。式（10.26）～（10.28）给出相同的大气层顶部总辐射度 L_t，在特定情况下使用哪种形式取决于方便性。

大气校正的目的是将测量到的大气顶层辐射量 L_t 转换成相应的海平面离水辐射量 L_w。由于只测量了 L_t，这就需要估算式（10.27）和式（10.28）中的各种大气和地表反射项，以便可以从 L_t 中减去它们，从而得到 L_w。

10.7.2　归一化反射

海洋颜色遥感算法通常与遥感反射或归一化离水反射相结合。离水辐射 L_w 与入射天空的辐射 E_d 之比是一种表观光学性质，它对太阳天顶角和天空条件等外部参数的依赖性很弱，但与水体固有光学性质有很强的相关性。然而，遥感反射率 $R_{rs} = L_w/E_d$ 仍然在一定程度上取决于测量时的大气和其他条件，严格地说，与观测的特定时间和地点有关。最好有一个表观光学性质，它可以完全消除太阳天顶角、观察方向、大气条件和海况的影响，同时保持对水体固有光学性质的强烈依赖，然后，可以比较在不同时间或位置进行测量得到的表观光学性质，从而提取关于不同测量的水体差异的信息。即使对于在同一时间和位置进行的测量，也需要对一组共同的条件进行标准化，如当比较具有不同观察方向的原位测量时，需要对一组常见条件进行标准化，这种表观光学性质是通过归一化离水反射率得到的。

1. 归一化辐射和反射

设水深 z 处的上行辐射为 $L_u(z, \theta_s, \theta_v, \phi)$，其中 θ_s 为太阳天顶角，(θ_v, ϕ) 为观察方向角。极轴观察方向 $\theta_v = 0$ 表示沿观察最低点的方向，检测向天顶移动的辐射；方位角 ϕ 是相对于太阳的方位方向测量的；$L_w(\theta_s, \theta_v, \phi)$ 表示相应的离水辐射，该辐射在紧靠海面上方测量，这些辐射强烈地依赖于波长。在实际中，L_u 是由水中的仪器测量的，L_w 可以通过大气层顶部测量的辐射的大气修正，从海平面上测量的海面辐射校正后的表面反射或者从水中测量获得的 L_u 向上通过海面外推而得到。

归一化的一个目标是无论太阳天顶角、观察方向、大气条件、卫星测量时的波动状态如何，可以将基于遥感的大气层顶部辐射测量值 L_t 转换成可以与海洋中的标准测量值进

行比较的量。让这个标准的现场测量值作为在最低视角测量的海面下辐射 $L_u(0^-,\theta_v=0)$，深度 $z=0^-$ 指的是紧靠海面下的水中位置；0^+ 指的是紧靠海面上方的空中位置。将 $L_u(0^-,\theta_v=0)$ 除以水中下行平面辐照度 $E_d(0^-)$，得到水中遥感比（Remote Sensing Ratio,RSR）为

$$\text{RSR}=\frac{L_u(0^-,\theta_v=0)}{E_d(0^-)} \tag{10.30}$$

$L_u(0^-,\theta_v=0)$ 除以 $E_d(0^-)$ 消除了太阳天顶角 θ_s 的"零级"效应和大气对 $L_u(0^-,\theta_v=0)$ 大小的"一级"效应（包括气溶胶效应）。

考虑太阳天顶角和大气衰减对 $L_w(\theta_s,\theta_v,\phi)$ 的影响，有

$$[L_w(\theta_v,\phi)]_N=\frac{L_w(\theta_s,\theta_v,\phi)}{\cos\theta_s t(\theta_s)} \tag{10.31}$$

式中，$t(\theta_s)$ 是给定大气条件下太阳方向辐照度的大气漫透射比。测量时包括地－日距离修正因子，即

$$[L_w(\theta_v,\phi)]_N=\left(\frac{R}{R_0}\right)\frac{L_w(\theta_s,\theta_v,\phi)}{\cos\theta_s t(\theta_s)} \tag{10.32}$$

式中，R 是测量时的地－日距离；R_0 是平均地－日距离。$(R/R_0)^2$ 因子将 L_w 测量值修正为在平均地－日距离处的值，$[L_w(\theta_v,\phi)]_N$ 称为归一化离水辐射。虽然 $(R/R_0)^2$、$\cos\theta_s$ 和 $t(\theta_s)$ 的因子在很大程度上消除了地－日距离、太阳天顶角和大气衰减对测量的 L_w 的影响，标准化的离水辐射仍然是指一个特定的观察方向，并且取决于观察时的天空角辐射分布。将 $[L_w(\theta_v,\phi)]_N$ 乘因子 (π/F_0)，其中 π 的单位为球面度，F_0 是平均地－日距离处的地外太阳辐照度，得到量纲为一的归一化离水反射率为

$$[\rho_w(\theta_v,\phi)]_N=\frac{\pi}{F_0}[L_w(\theta_v,\phi)]_N=\pi\frac{\left(\frac{R}{R_0}\right)^2 L_w(\theta_s,\theta_v,\phi)}{F_0\cos\theta_s t(\theta_s)} \tag{10.33}$$

遥感反射率 R_{rs} 通常定义为

$$R_{rs}((\theta_s,\theta_v,\phi))=\frac{L_w(\theta_s,\theta_v,\phi)}{E_d(0^+,\theta_s)} \tag{10.34}$$

在这个定义中，L_w 和 E_d 都是测量地球－太阳距离时的值，如果 L_w 和 E_d 都由平均地球－太阳距离 $(R/R_0)^2$ 因子校正，所得的结果与这个 R_{rs} 在数值上是相同的，因为 L_w 和 E_d 上的校正因子被取消。地球－太阳距离为 R 时的海面辐照度为

$$E_d(0^+,\theta_s)=F_0\left(\frac{R_0}{R}\right)^2\cos\theta_s t(\theta_s) \tag{10.35}$$

因此

$$[\rho_w(\theta_v,\phi)]_N=\pi\frac{\left(\frac{R}{R_0}\right)^2 L_w(\theta_s,\theta_v,\phi)}{F_0\cos\theta_s t(\theta_s)}=\pi\frac{L_w(\theta_s,\theta_v,\phi)}{E_d(\theta_s)}=\pi R_{rs}(\theta_v,\phi) \tag{10.36}$$

另一种观察 $[\rho_w]_N$ 的方法是将其视为海洋的双向反射分布函数（BRDF），用一个完全反射的朗伯面 BRDF 进行归一化。在实验室测量的表面 BRDF 是由表面反射的辐射除以入射到表面上的平面辐照度。辐照度反射率为 R 的朗伯面的 BRDF 为 R/π，单位为球面度的倒数（steradian^{-1}）。对于完美的朗伯面 $R=1$，因此有

$$[\rho_w]_N = \frac{BRDF_{ocean}}{BRDF_{Lamb}} = \frac{\left(\dfrac{L_w}{E_d}\right)}{\left(\dfrac{1}{\pi}\right)} = \pi R_{rs} \tag{10.37}$$

2. 双向反射分布函数(BRDF) 效应

如上所述，$[\rho_w(\theta_v,\phi)]_N$ 或 $R_{rs}(\theta_v,\phi)$ 的归一化消除了太阳天顶角、大气衰减和地—日距离对测量辐射 L_w 的影响。但是，$[\rho_w(\theta_v,\phi)]_N$ 仍然指特定的观看方向 (θ_v,ϕ)，这种依赖关系将 $[\rho_w(\theta_v,\phi)]_N$ 与上行水下辐射的角分布和通过海面从水到空气的透射率(这取决于风速)联系起来。上行的水下辐射又取决于入射天空辐射的角度分布、从空气到水表面透射率以及水体的吸收和散射特性(尤其是散射相位函数)。上行辐射分布与天空辐射分布、观测几何和水光学特性的关系通常称为 BRDF 效应。

考虑到 BRDF 效应，需要使用数值辐射传输模型来计算修正系数，修正系数将改变对特定太阳天顶角、观察方向、风速、大气条件的测量，涉及如下三个独立的修正因子 R、f 和 Q。

设 $R(\theta_v',W)$ 是一个量纲为一的因子，当 $E_d(0^+)$ 透过海面向下传播给出 $E_d(0^-)$ 以及 $L_u(0^-,\theta_v',\phi)$ 透过海面向上传输给出 $L_w(0^+,\theta_v',\phi)$ 时，该量纲为一的因子考虑了风吹海面的所有透射和反射效应。极角 θ_v'(从最低点测量) 是水下角度，θ_v 为经过水面折射到水面上离水辐射 $L_w(\theta_v,\phi_v)$ 的观察方向，W 是风速。$R(\theta_v',W)$ 取决于风速(即表面波状态)以及通过斯涅尔定律映射 θ_v' 和 θ_v 的水折射率，设 $R_0(W)$ 为 $R(\theta_v',W)$ 的参考值，对应于垂直于平均海面的传输 $\theta_v'=\theta_v=0$。$[L_w(\theta_v,\phi)]_N$ 乘 $[R_0(W)/R(\theta_v',W)]$ 修正了实际观察方向 θ_v' 和风速 W 的海面透射效应。

量纲为一的因子 f 的定义为 $f=[E_u(0^-)/E_d(0^-)]/(b_b/a)$，$a$ 和 b_b 分别为水的吸收系数和后向散射系数。该因子参数化了水中的下行辐照度如何通过后向散射转化为上行辐照度，并通过水的吸收被降低，也就是说，f 将水中的辐照度反射率与最相关的固有光学性质联系起来。

因子 $Q=E_u(0^-)/L_u(0^-)$ 描述了上行辐射的角分布，单位为 sr。$Q=\pi$ 对应于各向同性上行辐射分布；实际上水中辐射分布典型的 Q 值为 $3\sim6$ sr。

在实际中，f 和 Q 综合在一起给出一个比单个因子变化小的项。综合因子 $f/Q = [L_u(0^-,\theta_v',\phi)]/[E_d(0^-)(b_b/a)]$ 描述了紧靠海面下方 (θ_v',ϕ) 方向上的下行辐照度如何被反射回来作为上行辐照度。因此，项 f/Q 既描述了下行辐照度转换为上行辐照度的效率，也描述了产生离水辐射的水下上行辐射的角分布。f/Q 的值通常为 $0.07\sim0.15$。

用 $[(f_0/Q_0)/(f/Q)]$ 乘 $[L_w(\theta_v,\phi)]_N$ 修正了上行辐射的实际角分布的差异，以及太阳天顶角的分布、最低点和用于计算 f 和 Q 的特定大气和海洋条件。将这些 BRDF 修正应用于 $[L_w(\theta_v,\phi)]_N$，可以得到精确的归一化离水辐射为

$$[L_w]_N^{ex} = [L_w(\theta_v,\phi)]_N \frac{\mathfrak{R}_0(W)}{\mathfrak{R}(\theta_v',W)} \frac{f_0(ATM,W,IOP)}{Q_0(ATM,W,IOP)} \left[\frac{f(\theta_s,ATM,W,IOP)}{Q(\theta_s,\theta_v',\phi,ATM,W,IOP)}\right]$$

$$\tag{10.38}$$

参数"ATM" 和"IOP" 是指用于计算 f 和 Q 的特定大气条件和水的固有光学性质。因子

f_0/Q_0 的参量为 (ATM, W, IOP),因为这些值与 f/Q 因子对应的大气和海洋条件相同,不同之处在于 f_0/Q_0 对应于 $\theta_s = 0$ 和 $\theta'_v = 0$。乘积 $(R_0/R)(f_0/Q_0)(f/Q)$ 的值通常为 $0.6 \sim 1.2$,具体取决于 IOP、太阳天顶角、大气条件、风速和波长。

10.7.3 大气透射率

直接大气传输是只有一条特定的路径,或是一条连接着光源和探测器的几乎共线的窄束路径,这是镜面反射的情况,如图 10.16 所示。当传感器看到海面时,只有一小块海面被视为太阳的镜面反射或直接闪烁,如图中所示的传感器观察方向,图中点虚线和短虚线表示其他观察方向上闪烁的窄光束。在每一种情况下,反射的辐射都是沿着由太阳的位置和反射定律决定的一组非常窄的方向传播的。探测器沿探测方向的光可能受到两个散射的影响:观察光束中散射出去的光和其他方向的光散射到探测方向。设 τ 为沿垂直路径(传感器观察方向的最低点)的大气光学深度,该 τ 包括所有大气成分的大气吸收和衰减的影响。对于偏离最低点的观察方向角度为 θ_v,则直接透射率为

$$T_{\theta_v} = e^{\tau/\cos\theta_v} \tag{10.39}$$

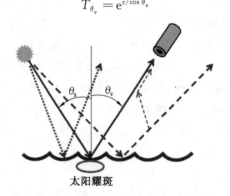

太阳耀斑

图 10.16 用直接透射率描述从大气层顶部上看到的辐射的示意图

对于离水辐射 L_w,海面上的每个点都在向上发射辐射 $L_w(\theta,\phi)$,如图 10.17 所示,从所有位置和各个方向发出的辐射只能通过一次散射到所需的方向,如图中的虚线所示,漫反射透射率不仅取决于大气特性和观察方向,而且还取决于通常未知的 L_w 的角分布。

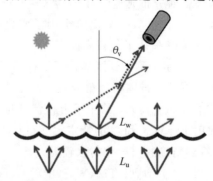

图 10.17 用漫反射透射描述从大气层顶部看到的离水辐射的示意图

水沿特定观察方向的漫反射透射率为

$$t(\theta_v,\phi_v,\lambda)=\frac{L_w^{TOA}(\theta_v,\phi_v,\lambda)}{L_w(\theta_v,\phi_v,\lambda)}\tag{10.40}$$

式中，L_w 是海面上的离水辐射；L_w^{TOA} 是到达大气层顶部的离水辐射。

计算 $t(\theta_v,\phi_v,\lambda)$ 的一种方法是执行耦合的海洋－大气辐射传输模型，以计算大范围大气和海洋条件、太阳和观测几何形状以及波长所需的 $L_w(\theta_v,\phi_v,\lambda)$ 和 $L_w^{TOA}(\theta_v,\phi_v,\lambda)$。

离水辐射为

$$L_w(\theta_v,\phi_v,\lambda)=\frac{L_w^{TOA}(\theta_v,\phi_v,\lambda)}{t(\theta_v,\phi_v,\lambda)}\tag{10.41}$$

10.7.4　大气校正算法

特定的大气校正算法，即用于消除对大气顶部辐射的各种不必要因素的算法。图 10.18 所示为大气校正过程流程图，图中显示了在整个过程中应用各种校正的顺序。

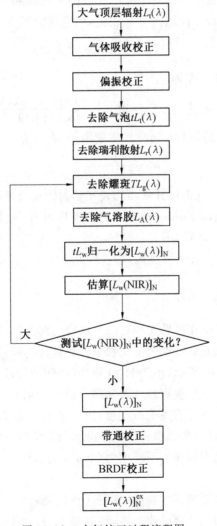

图 10.18　大气校正过程流程图

如何在操作基础上执行大气校正有严格的计算限制。常规处理数据量的要求需要进行各种近似以加快计算速度,有些修正需要辅助信息,如海平面压力、风速和臭氧浓度,而海洋颜色传感器本身并不收集这些信息,这些辅助数据可能不准确或丢失。辅助信息的质量直接影响大气校正的精度。

1. 非吸收性气体的瑞利修正

粗糙海面的背景天空反射率是瑞利校正的一部分,一些传感器可以倾斜以避免观察太阳镜面方向附近的耀斑闪光,如果传感器不倾斜,则必须考虑镜面反射。在一个大气压下(101.325 kPa)、温度为 288.15 K、CO_2 体积分数为 360×10^{-6}(空气中含有百万分之360 的二氧化碳)时,瑞利光学厚度为

$$\tau_{R_0}(\lambda) = 0.002\ 152\ 0 \left(\frac{1.045\ 599\ 6 - 341.290\ 61\lambda^{-2} - 0.902\ 308\ 50\lambda^2}{1.0 + 0.002\ 705\ 988\ 9\lambda^{-2} - 85.968\ 563\lambda^2} \right) \quad (10.42)$$

式中,λ 的单位为 μm,观测时的瑞利光学厚度取决于海面和大气层顶部之间大气气体分子的数量,分子的数量与海平面压力 p 成正比,因此任意压力 p 下的瑞利光学厚度为

$$\tau_R(p,\lambda) = \frac{p}{p_0} \tau_{R_0}(p_0,\lambda) \quad (10.43)$$

因此到大气层顶部的光学厚度为

$$L_R[\tau_R(p,\lambda)] = L_R[\tau_R(p_0,\lambda)] \frac{1 - \exp[-C(\lambda,M)\tau_R(p,\lambda)M]}{1 - \exp[-C(\lambda,M)\tau_R(p_0,\lambda)M]} \quad (10.44)$$

式中,M 是穿过大气的总路径的几何空气质量因子,表示为

$$M = \frac{1}{\cos \theta_v} + \frac{1}{\cos \theta_s} \quad (10.45)$$

$C(\lambda,M)$ 是一个系数,它由极其精确的大气辐射传输模型计算海平面压力 $p \neq p_0$ 时方程给出最佳的 $L_r[\tau_R(p,\lambda)]$ 拟合确定。数值模拟表明,该系数可以模拟为

$$C(\lambda,M) = a(\lambda) + b(\lambda)\ln M$$
$$= [-0.654\ 3 + 1.068\tau_R(p_0,\lambda)] + [0.819\ 2 - 1.254\ 1\tau_R(p_0,\lambda)]\ln M$$

$$(10.46)$$

2. 吸收性气体的修正

CO_2、CO、CH_4 和 N_2O 在可见光和近红外波段与海洋颜色遥感相关的吸收可以忽略不计,但是 H_2O、O_2、O_3 和 NO_2 在可见光和近红外波段有吸收带。H_2O 和 O_2 在潮湿热带大气的透射率如图 10.19 所示,由于 H_2O 和 O_2 的吸收带较窄,可以通过选择传感器的频带而加以回避。O_3 和 NO_2 垂直通过大气路径时的透射率分别如图 10.20 和图 10.21所示,它们具有广泛的、与浓度有关的吸收带,因此有必要考虑这两种气体的吸收。吸收气体的浓度通常以纵向浓度(即每单位面积的分子数)或多布森单位的等效值来测量,一多布森单位是指在标准温度和压力下厚度为 10 μm 的气体层,或者大约 2.69×10^{16} 个分子 $/cm^2$。

吸收气体会降低大气层顶部的辐射,修正这种损耗将增加大气层顶部的辐射或反射率。对于大气中高浓度的光学薄吸收气体(特别是 O_3),由于散射不显著,因此可以仅使用几何空气质量因子 M 来校正吸收。然而,对于靠近表面的气体(尤其是 NO_2),由稠密

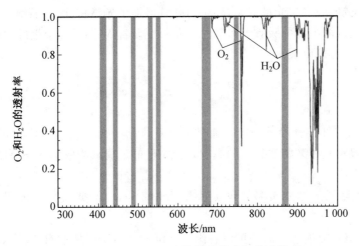

图 10.19　H_2O 和 O_2 在潮湿热带大气的透射率

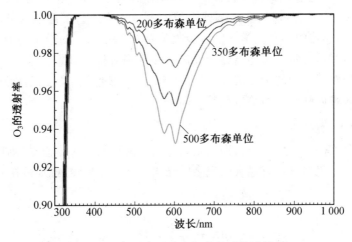

图 10.20　O_3 垂直通过大气路径时的透射率

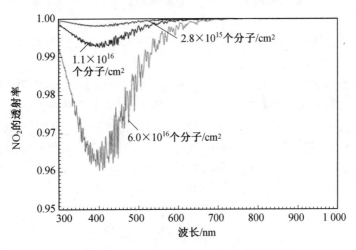

图 10.21　NO_2 垂直通过大气路径时的透射率

气体和气溶胶造成的多次光散射是显著的,并且增加了光路长度,从而增加了光吸收。因此,对于通过接近海平面的吸收气体的总光路长度而言 M 不是一个很好的近似。

臭氧的漫透射可以表示为

$$t_{O_3} = \exp\left[-\tau_{O_3}\left(\frac{1}{\cos\theta_v} + \frac{1}{\cos\theta_s}\right)\right]$$
$$= \exp[-\tau_{O_3}M] \tag{10.47}$$

式中,M 是几何空气质量因子;τ_{O_3} 是通过大气垂直路径的臭氧光学厚度,臭氧的散射可以忽略不计,但臭氧在某些波长上的吸收是很明显的。臭氧吸收的光学厚度 τ_{O_3} 为

$$\tau_{O_3}(\lambda) = [O_3]k_{O_3}(\lambda) \tag{10.48}$$

式中,$[O_3]$ 是臭氧的摩尔分数,单位为 mol/cm^{-2};k_{O_3} 是臭氧分子的吸收截面,单位为 cm^2/mol。

从 O_3 和 NO_2 的透射率图中可以看出,O_3 和 NO_2 的分子吸收截面可以在纳米尺度上随波长变化。为了完全分辨这种波长依赖对传感器信号的影响,辐射传输计算需要密集的高强度的"逐行"计算,然后在传感器频带上进行积分。为了避免这种高强度的计算,需要计算每个传感器的瑞利光学深度和吸收截面 k_{O_3} 和 k_{NO_2} 的带平均值,然后辐射传输计算使用带平均值,对每个传感器频带仅进行一次辐射传输计算。这些频带平均值取决于传感器,即使对于相同的标定波长频带(如 412 nm 蓝色频带),因为标称中心波长的带宽不同,并且频带内的传感器响应函数不同。

3. 太阳耀斑

对太阳耀斑有一个显式校正,即使是设计具有倾斜能力的传感器,使其能够定向不看太阳的闪光模式,仍然可以有显著的残余闪光辐射到达传感器,特别是在明显闪光区域的边缘附近。

对于公式:

$$L_t = L_R + [L_a + L_{Ra}] + TL_g + tL_{wc} + tL_w \tag{10.49}$$

式中,L_g 是太阳耀斑直射光,用归一化的太阳耀斑辐射 L_{GN} 表示 L_g 为

$$L_g(\lambda) = F_0(\lambda)T(\theta_s,\lambda)L_{GN} \tag{10.50}$$

式中,$F_0(\lambda)$ 是入射辐照度强度,$F_0(\lambda)=1\ W \cdot m^{-2} \cdot nm^{-1}$;$L_{GN}$ 是具有表面反射辐射的角分布,其单位是 sr^{-1},L_{GN} 与波长无关。

对于耀斑校正,大气衰减首先发生在沿着太阳直射光束路径上,因为太阳光束从大气层顶部照射到海面,相关的透射率为 $T(\theta_s,\lambda)$,然后,衰减沿着从海面到大气层顶部的观察方向发生,该透射率为 $T(\theta_v,\lambda)$。这两种情况都是直射光束传输,因为只有一条特定的路径将太阳与海面上的一个点连接起来,该点将直射光束反射到传感器中。总的双程透射率是透射率的乘积,从 L_t 中减去耀斑辐射的校正是

$$T(\theta_v,\lambda)L_g(\theta_v,\lambda) = F_0(\lambda)T(\theta_s,\lambda)T(\theta_v,\lambda)L_{GN} \tag{10.51}$$

式中

$$T(\theta_s,\lambda)T(\theta_v,\lambda) = \exp\left\{-[\tau_R(\lambda)+\tau_a(\lambda)]\left(\frac{1}{\cos\theta_v} + \frac{1}{\cos\theta_s}\right)\right\} \tag{10.52}$$

式中,$\tau_R(\lambda)$、$\tau_a(\lambda)$ 分别是瑞利和气溶胶光学厚度。

　　计算耀斑校正需要知道气溶胶光学厚度 $\tau_a(\lambda)$。气溶胶光学厚度是通过两步过程获得的,首先,利用实测的 $L_t(\lambda)$ 和风速 W 通过气溶胶校正算法得到气溶胶光学厚度的第一个估计值 $\tau_a^{(1)}(\lambda)$,再经耀斑校正的大气顶部辐射计算 $L_t'(\lambda)$,则

$$L_t'(\lambda) = L_t(\lambda) - F_0(\lambda)T(\theta_s,\lambda)T(\theta_v,\lambda)L_{GN} \tag{10.53}$$

这里给出了 $L_t'(\lambda)$ 的初步估计值 $L_t^{(1)'}(\lambda)$,接着在气溶胶光学厚度算法中再次使用该值来获得气溶胶光学厚度的第二个估计值 $\tau_a^{(2)}(\lambda)$;然后再次使用第二个估计值 $\tau_a^{(2)}(\lambda)$ 代入式(10.52)和式(10.53),以获得改进的估计值 $L_t^{(2)'}(\lambda)$。实际上,只有两次迭代才能给出气溶胶光学厚度 $\tau_a(\lambda) = \tau_a^{(2)}(\lambda)$,并因此给出耀斑校正大气顶部辐射的恰当的最终估计值。

4. 白浪

　　白浪和泡沫对大气顶部辐射的贡献取决于两个因素:白浪本身的反射率和被白浪覆盖的海面的比例。白浪和泡沫对大气顶部辐射的贡献是

$$t(\theta_v,\lambda)\rho_{wc}(\lambda) = [\rho_{wc}(\lambda)]_N t(\theta_s,\lambda)t(\theta_v,\lambda) \tag{10.54}$$

式中,$t(\theta_v,\lambda)$ 是观察方向的扩散大气透射;$t(\theta_s,\lambda)$ 是太阳方向的扩散透射;$[\rho_{wc}(\lambda)]_N$ 是量纲为一的归一化的白浪反射率,其定义式为

$$[\rho_{wc}(\lambda)]_N = \frac{\pi}{F_0}[L_{wc}]_N = \pi \frac{\left(\dfrac{R}{R_0}\right)^2 L_{wc}(\theta_s)}{F_0\cos\theta_s t(\theta_s)} \tag{10.55}$$

式中,L_{wc} 是白浪辐射,假设白浪是朗伯反射器,因此 L_{wc} 不依赖于方向 θ_v 和 ϕ。有效白浪辐照度反射率为 0.22,这一有效反射率与波长无关,即 $[\rho_{wc}(\lambda)]_N = 0.22F_{wc}$,$F_{wc}$ 是白浪的海面覆盖率,F_{wc} 的两个模型为

$$F_{wc} = 5.0 \times 10^{-5}(U_{10} - 4.47)^3, \quad \text{未开发的海域} \tag{10.56a}$$

$$F_{wc} = 8.75 \times 10^{-5}(U_{10} - 6.63)^3, \quad \text{开发的海域} \tag{10.56b}$$

式中,U_{10} 是 10 m 处的风速,单位为 m/s。

　　在这种模型下,$[\rho_{wc}]_N$ 为

$$[\rho_{wc}]_N(\lambda) = a_{wc}(\lambda) \times 0.22F_{wc} \tag{10.57}$$

式中,$a_{wc}(\lambda)$ 是归一化的白浪反射率,它用于描述在红色和近红外波段反射率的降低。

5. 气溶胶

　　气溶胶是固体或液体颗粒,比气体分子大得多,但小到足以在大气中悬浮数小时至数天或更长时间,典型的大小是 $0.1 \sim 10\ \mu m$。气溶胶的光学性质取决于它的组成,通常通过它的复折射率和它的粒子尺寸分布(PSD)来参数化。为了进行大气校正,气溶胶粒子大小分布模型化为"精细"(半径小于 $1\ \mu m$)和"粗糙"(半径大于 $1\ \mu m$)粒子的总和,每种都遵从对数正态分布,则总体积分布为

$$\frac{dV(r)}{d\ln r} = \sum_{i=1}^{2} \frac{V_{oi}}{\sqrt{2\pi}\sigma_i}\exp\left[-\left(\frac{\ln r - \ln r_{voi}}{\sqrt{2}\sigma_i}\right)^2\right] \tag{10.58}$$

式中,$V(r)$ 是尺寸小于或等于 r 的空间中每单位体积内的所有粒子的体积,单位为 $\mu m^3/cm^3$;r_{voi} 是体积几何平均半径;σ_i 是第 i 类几何标准偏差;V_{oi} 是每单位体积中第 i 类粒子的总体积。

PSD 分布为

$$n(r) = \frac{\mathrm{d}N(r)}{\mathrm{d}r} = \frac{1}{r} \frac{\mathrm{d}N(r)}{\mathrm{d}\ln r} \tag{10.59}$$

式中,$N(r)$ 是尺寸小于或等于 r 的空间每单位体积中的粒子数,其中 $n(r)\mathrm{d}r$ 是在 r 到 $r +$ $\mathrm{d}r$ 之间每单位体积的粒子数,$n(r)$ 的单位为粒子数 $/(\mathrm{m}^3 \cdot \mu \mathrm{m})$。

气溶胶的物理性质决定了它的光学性质,即与它的质量、粒子数量或体积相关的吸收系数 $a^*(\lambda)$ 和散射系数 $b^*(\lambda)$ 以及散射相位函数 $\tilde{\beta}(\psi, \lambda)$ 有关,ψ 是散射角。如果粒子是均匀的球体,米氏理论可用于依据物理性质计算光学性质。一旦吸收系数 $a^*(\lambda)$ 和散射系数 $b^*(\lambda)$ 已知,则可以给出作为海拔高度 z 函数的浓度分布 $C_{\mathrm{onc}}(z)$,可以计算消光系数 $c(z, \lambda) = C_{\mathrm{onc}}(z)[a^*(\lambda) + b^*(\lambda)]$。气溶胶光学厚度或气溶胶光学深度为

$$\tau_{\mathrm{a}}(\lambda) = \int_{z_0}^{\mathrm{TOA}} c(z, \lambda) \mathrm{d}z \tag{10.60}$$

式中,z_0 是表面高度,一般来说,平均海平面 $z_0 = 0$。

如果所有的因素是固定的,波长 λ 处的气溶胶光学厚度与参考波长 λ_0 处的气溶胶光学厚度值有关

$$\frac{\tau_{\mathrm{a}}(\lambda)}{\tau_{\mathrm{a}}(\lambda_0)} = \left(\frac{\lambda_0}{\lambda}\right)^{\alpha} \tag{10.61}$$

式中,参数 α 为埃氏指数或埃氏系数,较小(较大)的粒子通常具有较大(较小)的埃氏系数。

单一散射系数定义为

$$\omega_0(\lambda) = \frac{b^*(\lambda)}{c^*(\lambda)} \tag{10.62}$$

也可用于模拟气溶胶对辐射分布的光学效应。

6. 偏振

即使在入射到大气顶部的太阳光是非偏振的情况下,离开大气层顶部的辐射也会带有很强的偏振特性,这是因为大气成分的散射、海面的反射和水中的散射都能从非偏振辐射中产生各种偏振态。由于许多仪器对偏振敏感,因此它们测量的总大气顶部辐射率可能取决于大气顶部辐射的偏振状态和仪器相对于线偏振平面的方向,需要对这些影响进行校正,以便仪器能够对总大气层顶部辐射进行一致的测量。

偏振态由四分量斯托克斯矢量 $[I, Q, U, V]^{\mathrm{T}}$ 描述,上标 T 表示转置,I 是不考虑偏振状态的总辐射率,Q 规定了在平行和垂直于参考平面上分解的线性偏振,U 指与参考平面成 $45°$ 的平面中分解的偏振,V 指定右或左圆偏振。辐射度的传播方向由单位向量 $\hat{i}$ 给出,因此当需要指示其分量和方向时,斯托克斯矢量可以写成 $\boldsymbol{I} = [I, Q, U, V]^{\mathrm{T}} \hat{i}$,方向 $\hat{i}$ 可以由球面坐标系中的极坐标 (θ) 和方位坐标 (ϕ) 指定,如图 10.22 所示,在图中 $\hat{\boldsymbol{\theta}}$ 和 $\hat{\boldsymbol{\phi}}$ 都是由 θ 和 ϕ 增加方向指定的单位向量,图中阴影区表示通过蓝色单位向量定义的大气顶部斯托克斯矢量 $\boldsymbol{I}_t$ 的子午面,矩形阴影区表示测量通过红色单位向量定义的 $\boldsymbol{I}_{\mathrm{m}}$ 的传感器。

在地球物理背景下,通常根据垂直于海面的平面和辐射传播方向来定义斯托克斯矢

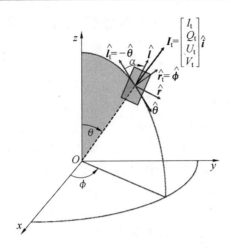

图 10.22　斯托克斯矢量使用的角度和方向。

量分量 Q 和 U，这个平面被称为子午面，如图 10.22 中阴影部分所示；令 $\hat{r}_t=\hat{\phi}$ 是垂直于子午面的参考方向，$\hat{l}_t=-\hat{\theta}$ 是平行于子午面的参考方向，然后需要测量的辐射的传播方向为 $\hat{i}=\hat{r}_t\times\hat{l}_t$，在这些方向上分解的总大气顶部辐射表示为 $I=[I,Q,U,V]^T\hat{i}$，该辐射度由图中矩形所示的传感器测量。该传感器测量的斯托克斯矢量具有沿垂直($\hat{l}$)和平行($\hat{r}$)方向的 Q 和 U 分量，这些方向的选择相对于传感器的方向方便而定，该传感器将测量大气顶部辐射作为斯托克斯矢量 $I_m=[I_m,Q_m,U_m,V_m]^T\hat{i}$。对于入射亮度 I，包括传感器本身和相关光学部件(反射镜、透镜等)的光学系统将把入射辐亮度转换为给出的测量值 $I_m=MI$，其中 M 是描述传感器光学系统光学特性的 4×4 穆勒矩阵。

M 是相对于传感器参考方向 $\hat{r}$ 和 $\hat{l}$ 而定义的，为了让 M 对大气顶部辐射 I_t 产生作用，I_t 是由参考方向 $\hat{r}_t$ 和 $\hat{l}_t$ 定义的，I_t 必须从基于子午线的 $\hat{r}_t$、$\hat{l}_t$ 体系转换(旋转)到基于传感器的 $\hat{r}$、$\hat{l}$ 体系。设 $\alpha=\arccos(\hat{l}_t\cdot\hat{l})$ 为 I_t 和传感器的平行参考方向之间的角度，迎着光的方向观察从 $\hat{l}_t$ 到 $\hat{l}$ 顺时针旋转，则定义 α 选择为正；变换由 4×4 旋转矩阵给出，即

$$R(\alpha)=\begin{bmatrix}1 & 0 & 0 & 0\\ 0 & \cos2\alpha & \sin2\alpha & 0\\ 0 & -\sin2\alpha & \cos2\alpha & 0\\ 0 & 0 & 0 & 1\end{bmatrix}\qquad(10.63)$$

因此，传感器测得的辐亮度为

$$I_m=MR(\alpha)I_t\qquad(10.64)$$

由式(10.64)可以看出，由传感器测量的辐亮度 I_m 取决于真实的辐亮度 I_t、传感器光学特性 M 以及传感器相对于局部径向平面的方向 α。对于一个给定的传感器，M 是固定的，但是由于传感器在不同的位置和方向上运行及观察大气顶部辐射，因此 I_t 和 α 会随时间的变化而变化。由于传感器光学表面的退化，经历较长时间后 M 会有变化，这些变化在轨道上进行监测，并通过交叉校准技术进行校正。

测量的大气顶部辐射量是由斯托克斯矢量的第一个元素给出的,把式(10.63)应用于式(10.64)可以得到

$$I_m = M_{11} I_t + M_{12} [\cos(2\alpha) Q_t + \sin(2\alpha) U_t] +$$
$$M_{13} [-\sin(2\alpha) Q_t + \cos(2\alpha) U_t] + M_{14} V_t \qquad (10.65)$$

很明显,如果 $M_{11} = 1$ 而 $\boldsymbol{M}$ 中除 M_{11} 之外的所有元素都为零,那么传感器对偏振状态不敏感并有 $I_m = I_t$。物理依据和数值模拟表明大气顶部辐射的圆偏振很小,$V_t \leqslant 10^{-3} I_t$,因此在目前的校正算法中忽略了这一项。通常用 $m_{ij} = M_{ij}/M_{11}$ 对穆勒矩阵的元素进行简化,同样可以采用 $q_t = Q_t/I_t$ 和 $u_t = U_t/I_t$ 对斯托克斯矢量元素进行简化,式(10.65)可化简为

$$I_m = I_t \{ 1 + m_{12} [\cos(2\alpha) q_t + \sin(2\alpha) u_t] +$$
$$m_{13} [-\sin(2\alpha) q_t + \cos(2\alpha) u_t] \} \qquad (10.66)$$

式中,m_{12} 和 m_{13} 定义了仪器的偏振灵敏度,它们是已知的。角度 α 由传感器的轨道和指向几何结构决定。

大气顶部总偏振辐射可以分解为

$$\boldsymbol{I}_t = \boldsymbol{I}_R + \boldsymbol{I}_a + \boldsymbol{I}_{Ra} + T\boldsymbol{I}_g + t\boldsymbol{I}_{wc} + t\boldsymbol{I}_w \qquad (10.67)$$

式中,I_R、I_a 和 I_{Ra} 分别表示大气顶部的瑞利辐射、气溶胶和瑞利气溶胶辐射;I_g、I_{wc} 和 I_w 分别表示海面的太阳耀斑、白浪和离水辐射,海面的辐射值通过适当的直接透射(T)和漫透射(t)传输到大气顶部。根据式(10.64),为了预测传感器对给定大气顶部辐射的测量,这些辐射度中的每一个必须确定,从而确定考虑传感器偏振效应所需的校正。

海面耀斑和大气偏振对大气顶部信号的贡献需要分别计算,海面耀斑可以是高度偏振的,在粗糙菲涅耳反射海面的瑞利散射大气条件下,用矢量辐射传输算法计算海面耀斑对大气顶部信号的贡献。海面离水辐射最多为大气顶部总量的10%,而白浪的贡献一般更少,因此,这两项通常被忽略。气溶胶和瑞利—气溶胶相互作用的影响取决于气溶胶的尺寸分布和浓度,这在大气校正中是未知的。数值模拟表明,瑞利对大气顶部偏振的贡献通常远大于与气溶胶有关的贡献,因此,气溶胶的贡献也被忽略,偏振校正是基于大气顶部瑞利辐射的,因此总大气顶部斯托克斯矢量建模为耀斑和瑞利贡献之和。

可以通过 $p_c = I_m/I_t$ 定义偏振校正,则

$$p_c = \frac{1}{1 - m_{12} [\cos(2\alpha) Q_t + \sin(2\alpha) U_t]/I_m - m_{13} [-\sin(2\alpha) Q_t + \cos(2\alpha) U_t]/I_m}$$
$$(10.68)$$

在大气校正中,未知的总大气顶部辐射分量 Q_t 和 U_t 被相应的大气顶部瑞利分量 Q_R 和 U_R 代替。在给定的大气条件和观测几何条件下,实际测量值 I_m 与瑞利辐射一起使用,最后给出的结果为

$$I_t = I_m - m_{12} [\cos(2\alpha) Q_R + \sin(2\alpha) U_R]$$
$$- m_{13} [-\sin(2\alpha) Q_R + \cos(2\alpha) U_R] \qquad (10.69)$$

7. 以实验为依据的线性拟合

一般来说,需要一种大气校正技术。

(1) 适用于任何水体(类型1或2水体,深或浅水体)。

(2) 适用于任何大气(包括吸收气溶胶)。

（3）在特定波长不需要零离水辐射。

为了满足这些需要，可以采用以实验为依据的经验线性拟合技术对大气进行校正，经验线性拟合技术的实质如下。

（1）在图像采集的同时，在成像区域内的各个点上，对遥感反射率 $R_{rs}(\lambda)$（或离水辐射 $L_w(\lambda)$，或量纲为一的反射率 $\rho_w(\lambda)$，或再现算法所需的任何条件）进行现场测量。

（2）将成像区域中不同点处的 $R_{rs}(\lambda)$ 测量值与传感器测量对应图像像素进行相关，传感器的光谱可以是辐照度、计数点等任意单位，相关函数将传感器光谱转换为海面 $R_{rs}(\lambda)$ 值是经验线性拟合，每个波长都有不同的经验线性拟合。

（3）假设图像中的每个像素的大气条件、表面波和照明都相同。

（4）经验线性拟合是从一些图像像素发展而来的，然后用于将原位传感器测量值转换为图像中每个像素的海面 $R_{rs}(\lambda)$ 光谱。

经验线性拟合技术的优点如下。

（1）计算任何大气条件下的大气路径辐射，而不需要知道这些条件是什么。不需要大气测量。

（2）该技术适用于浅水或类型 2 水体，其中 $L_w(\lambda)$ 不为零。

经验线性拟合技术的缺点如下。

（1）$R_{rs}(\lambda)$ 的现场测量必须在图像采集时进行，这是一项耗时且高强度的过程。

（2）一组经验线性拟合仅对用于其生成的一个图像有效。一幅图像的经验线性拟合不能应用于同一区域的不同图像，也不能应用于不同区域，因为大气条件、太阳和观察几何体在其他位置和时间上会有所不同。

（3）现场测量总是包含误差，这会在经验线性拟合中引入未知量的误差，从而误差进入最终的 $R_{rs}(\lambda)$ 光谱。

（4）相同的经验线性拟合应用于所有图像像素，即使大气和水的条件以及观察几何可能因图像的一部分而不同（对于机载传感器，图像的一部分和另一部分之间的观测几何和大气路径辐射会有很大的不同）。

10.8　高光谱遥感概述

高光谱遥感是光谱学和遥感两个不同技术领域的融合，推动了"高光谱遥感"或"成像光谱学"的发展，用于捕获数据的相应传感器称为高光谱传感器或成像光谱仪，图 10.23 所示为典型的推扫式成像光谱仪结构示意图。通过成像光谱仪来记录带有地物光谱信息的太阳辐射信号，在可见光、近红外、短红外、中红外等电磁波谱范围内，利用狭窄的光谱间隔成像来获得近似连续的光谱特征曲线。高光谱传感器观测到的光谱区域是整个电磁波谱的一小部分，通常范围为 $0.4 \sim 2.5~\mu m$，这与地球的大气条件有关，大气传输和吸收特定范围的波长，透射波长到达地球表面并被其反射，高光谱传感器记录反射的辐射。不同的材料（物体）以不同的比例反射和发射电磁辐射，来自表面的反射光以独特的方式与每种材料（物体）相互作用，甚至微小的变化都通过高光谱图像进行量化和记录。这种光与物体相互作用的结果称为光谱特征，并被视为每个物体的光谱"指纹"。高光谱遥感中的大多数方法和技术完全基于成像光谱仪记录的详细光谱特征。

高光谱数据集通常由相对较窄带宽($5 \sim 10$ nm)的 $100 \sim 200$ 个光谱带组成,而多光谱数据集通常由相对较大带宽($70 \sim 400$ nm)的 $5 \sim 10$ 个光谱带组成。从高光谱传感器记录的数据具有三维结构,也称为数据立方体或立方体,其示意图如图 10.24 所示,空间信息收集在 $x-y$ 平面,光谱信息表示在 z 方向,因此高光谱遥感是一种同时提供空间和光谱信息的技术,确切而言,每一个光谱波段对应一幅二维图像,不同波段图像相同位置的像素构成一条光谱曲线。每个空间像素是一个矢量,包含光谱信息,即反射辐射或反射的值,高光谱数据单个像素和单一波长物理意义示意图如图 10.25 所示。如果选择一个像素矢量,并将其值绘制为相应波长的函数,结果将是像素地面区域内所有材料和物体的平均光谱特征。由于不同地物的光谱特征各不相同,光谱曲线也不尽相同,因此高光谱遥感图像能够为大气科学、海洋科学和陆地科学研究提供可靠信息,因而具有巨大的应用价值。

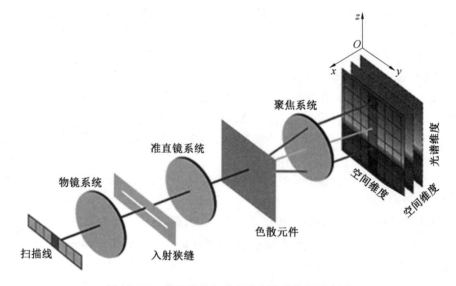

图 10.23　典型的推扫式成像光谱仪结构示意图

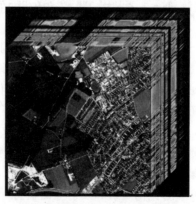

图 10.24　高光谱数据立方体示意图

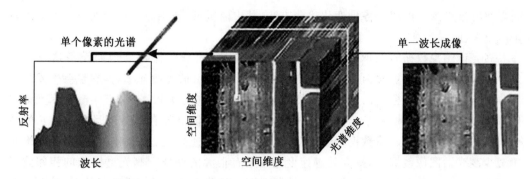

图 10.25　高光谱数据单个像素和单一波长物理意义示意图

有许多方法和技术从高光谱图像中提取信息,考虑到数据的复杂性以及每个应用程序的不同目标,没有一种信息提取技术在任何实际情况下都优于所有其他技术。选择的技术主要取决于问题的性质及可用的辅助和地面真实数据。高光谱图像融合了空间、光谱和时间信息,因此需要利用灵活和自适应的处理策略。从高光谱图像中提取信息的主要方法如下。

(1) 分类。分类主要是一个基于像素的过程,其中每个像素被分类在一个特定的类别中。根据像素的光谱特征从研究中的高光谱图像自动提取的参考光谱类库,对像素进行分类。该过程的输出是一个分类图,其中每个像素被分配给一个类别标签。分类技术可以基于各种数学概念,如统计分析(包括神经网络)、基于形态学的方法、分层分割等。此外,有几种分类方法将问题处理为基于分段或基于聚类的过程,而不是基于像素的过程,这些类型的方法针对像素进行聚类或分割图像。分类过程在对簇(段)中的像素进行分组后进行,并将它们中的每一个视为单个实体,即来自同一簇(段)的所有像素分配给同一类别。

(2) 混合光谱分解技术。光谱分解是基于光谱混合分析的反演问题,对混合光谱进行分解,以提取亚像素级信息。它首先检测和提取高光谱图像中的纯光谱特征,根据光谱(空间)分辨率,这些特征可能对应于物质或土地覆盖类别。对于每个像素,每个纯光谱特征对其形成的贡献通过丰度分数进行量化,丰度分数的估计是光谱分解的主要任务。

(3) 目标(异常)检测。目标(异常)检测旨在识别场景中相对较少的具有固定形状或光谱的对象。基于特定技术,可以在图像场景中检测感兴趣的目标(目标检测)或异常(异常检测)。使用匹配滤波,可以无监督的方式直接从图像生成所需的目标知识;另外,探测器搜索"异常目标"。在高光谱图像分析中,光谱匹配和标记对应于相互比较光谱特征或向光谱库比较光谱特征的过程。在更专业的术语中,匹配和标记是指根据一组已知光谱特征计算未知光谱特征的相似性值,并使用数学度量为该未知特征提供标签或身份识别的过程。高光谱图像分析中的光谱学是量化物体光谱与参数之间关系的过程,这种关系的量化取决于利用光谱带与参数之间的相关性。利用相关性的基础是应用光谱预处理算法、选择光谱波段和回归算法。参数可以是数字或标签,如果参数为数字,则光谱指的是参数量化,在参数为标签的情况下,光谱实际上是指细微的光谱辨别。

(4) 变化检测。在遥感应用中,特别是在高光谱遥感的情况下,变化可被视为地表成分的变化。高光谱遥感图像的时间分析通常面临一些困难,其中需要处理的数据量大,时间观测的数量少。出现了各种变化检测方法,其中随机场、核函数和神经网络的方法得到了广泛关注。

高光谱图像数据的获取主要是通过星载传感器、机载传感器和地面设备这三种方式。虽然高光谱图像能够为给定像素提供 $0.4 \sim 2.5 \mu m$ 的连续光谱,但它也会生成处理和分析所需的大量数据。由于高光谱图像的性质(即窄波段), $0.4 \sim 2.5 \mu m$ 微米光谱中的许多数据是冗余的。一个急需解决的问题是,怎样才能高效存储管理呈几何增长的高分辨率的高光谱遥感影像数据,从而实现遥感数据的快速处理、检索和可视化,而降维对于减少高光谱图像数据量,提高处理速度与效果有很大的好处。高光谱图像的相邻波段间存在着较高的相关性,并不是每一个波段对图像的分类处理都有重要的贡献,故此可以通过选择出最优波段,重新组合成新的高光谱图像空间,实现对数据的降维。在选择最优波段组合时要尽可能不丢失高光谱图像分类诊断的特征信息。目前广泛采用的方法是依据图像信息量进行波段选择。

高光谱图像处理往往是多波段数据的处理,在图像统计特征分析时,不仅要考虑单波段的统计特征,也要考虑波段间的关联性。多波段图像的统计特征不仅是影像分析的重要参数,而且也是图像合成方案的主要依据之一。在处理图像中最佳波段的选择时,要考虑波段间的相关性。协方差和相关系数是两个基本的统计量,一般来说协方差越大,波段之间的相关性就越强;反之,协方差小的波段,独立性较好,在波段选择时是必选的波段。相关系数越大,波段之间的相关性就越强;反之,相关系数小的波段,独立性较好,在波段选择时是必选的波段。在实际应用中,选择出来的最优波段组合未必是最优的。因为对一定位置的波段来说,图像方差是不变的,不相邻的波段相关系数肯定要比相邻的小,而且波段之间相隔越远相关系数就越小,这样组合图像并不能获得最大的信息量。针对高光谱图像数据采用适合于高光谱图像的基于子空间分解的自适应波段选择方法,基于子空间分解的自适应波段选择方法其基本思想是,首先对整个数据空间进行子空间分解,将整个数据空间合理划分为一系列子空间(数据源),然后在每个子空间内进行自适应波段选择,选择出信息量大的波段组合作为特征图像保留。这样处理,不但考虑到了各波段空间相关性和谱间相关性,保证在每个子空间内选择出信息量大、具有代表性的波段组合,同时还保证了在每个子空间均有相应的波段可被选择,确保了选择的波段按子空间顺序合理分布于整个数据空间,避免了局部细节诊断信息的丢失。

参 考 文 献

[1] JERLOV N G. Marine optics[M]. 2nd ed. Amsterdam: Elsevier, 1976.

[2] KIRK J T O. Light and photosynthesis in aquatic ecosystems[M]. 2nd ed. Cambridge:Cambridge University Press, 1994.

[3] MOBLEY C D. Light and water: Radiative transfer in natural waters[M]. San Diego: Academic Press, 1994.

[4] DUCKLOW H W, DONEY S C, STEINBERG D K. Contributions of long-term research and time-series observations to marine ecology and biogeochemistry[J]. Annu. Rev. Mar. Sci. , 2009, 1: 279-302.

[5] KARL D M. Oceanic ecosystem time-series programs: Ten lessons learned[J]. Oceanography, 2010, 23(3): 104-125.

[6] CHURCH M J, LOMAS M W, MULLER F. Sea change: Charting the course for biogeochemical ocean time-series research in a new millennium[J]. Deep-Sea Res. II, 2013, 93: 2-15

[7] MCCLAIN C R. A decade of satellite ocean color observations[J]. Annu. Rev. Mar. Sci. , 2009, 1: 19-42

[8] MOBLEY C D, BOSS E. Improved irradiances for use in ocean heating, primary production, and photo-oxidation calculations[J]. Appl. Opt. , 2012, 51: 6549-6560.

[9] GOWER J F R. Remote sensing of the marine environment: Manual of remote sensing[C]. Maryland: American Society for Photogrammetry and Remote Sensing, 2006.

[10] MISHCHENKO M I, TRAVIS L D, LACIS A A. Scattering, absorption, and emission of light by small particles[M]. Cambridge: Cambridge University Press, 2002.

[11] MISHCHENKO M I. Multiple scattering, radiative transfer, and weak localization in discrete random media: Unified microphysical approach[J]. Rev. Geophys. , 2008, 46:1-33.

[12] MOREL A, PRIEUR L. Analysis of variations in ocean color[J]. Limnol. Oceanogr. , 1977, 22(4):709-722.

[13] GORDON H R, Morel A. Remote assessment of ocean color for interpretation of satellite visible imagery: A Review. lecture notes on coastal and estuarine studies[M]. Berlin: Springer-Verlag, 1983.

[14] O'REILLY J E, MARITORENA S,MITCHELL B G,et al. Ocean chlorophyll algorithms for SeaWiFS[J]. J. Geophys. Res. , 1998, 103(C11): 24937-24953.

[15] MOBLEY C D, SUNDMAN L K, DAVIS C O, et al. Interpretation of

hyperspectral remote-sensing imagery by spectrum matching and look-up-tables[J]. Appl. Optics, 2005, 44(17):3576-3592.

[16] MOBLEY C D. Estimation of the remote-sensing reflectance from above-surface measurements[J]. Appl. Optics, 1999, 38(36): 7442-7455.

[17] TOOLE D A, SIEGEL D A, MENZIES D W, et al. Remote-sensing reflectance determinations in the coastal ocean environment: Impact of instrumental characteristics and environmental variability[J]. Appl. Optics, 2000, 39(3): 456-469.

[18] MOBLEY C B, ROESLER C. Ocean optics web book [EB/OL]. [2010-08-01]. https://www.oceanopticsbook.info/.

[19] FOURNIER G, FORAND J L. Analytic phase function for ocean water[J]. In Ocean Optics XII SPIE Vol. 2258, 1994: 194-201.

[20] BOHREN C F, Huffman D R. Absorption and scattering of light by small particles[M]. New York: John Wiley & Sons, 1983.

[21] HULST V D, CHRISTOFFEL C. Multiple light scattering: Tables, formulas, and applications[M]. Mishchenko: Academic Press, 1980.

[22] KATTAWAR G W, ADAMS C N. Stokes vector calculations of the submarine light field in an atmosphere-ocean with scattering according to a Reyleigh phase matrix: Effect of interface refractive index on radiance and polarization[J]. Limnol. Oceanogr, 1989, 34(8): 1453-1472.

[23] SPINRAD R W, CARDER K L, PERRY M J. Ocean optics[M]. New York: Oxford Press, 1994.

[24] WEI J W, LEE Z P, SHANG S L. A system to measure the data quality of spectral remote-sensing reflectance of aquatic environments[J]. J. Geophys. Res. : Oceans, 2016, 121(11): 8189-8207.

[25] WERDELL P J, BAILEY S W, FRANZ B A. et al. On-orbit vicarious calibration of ocean color sensors using an ocean surface reflectance model[J]. Appl. Optics, 2007, 46(23): 5649-5666.

[26] XU Z, YUE D P. Analytical solution of beam spread function for ocean light radiative transfer[J]. Optics Express, 2015, 23(14):17966-17978.

[27] ZHANG X, STRAMSKI D, REYNOLDS R A, et al. Light scattering by pure water and seawater: The depolarization ratio and its variation with salinity[J]. Appl. Opt. , 2019, 58(4): 991-1004.

[28] SULLIVAN J M, TWARDOWSKI M S. The hyper-spectral temperature and salinity dependent absorption of pure water, salt water and heavy salt water (D2O) in the visible and near-IR wavelengths (400-750 nm) [J]. Appl. Opt. , 2005, 45(21): 5294-5309.

[29] WOZZNIAK B, DERA J. Light absorption in sea water[M]. Berlin:

Springer, 2007.

[30] LONBORG C, YOKOKAWA T, HERNDL G J. Production and degradation of fluorescent dissolved organic matter in surface waters of the eastern north atlantic ocean[J]. Deep Sea Research Part I Oceanographic Research Papers, 2015, 95:28-37.

[31] HALTRIN V I. Chlorophyll-based model of seawater opticalproperties[J]. Appl. Opt. , 1999, 38(33):5825-5832.

[32] FALKOWSKI P G, Raven J A. Aquatic photosynthesis[M]. Princeton: Princeton University Press, 2007.

[33] JEFFREY S W, MANTOURA R C, WRIGHT S W. Phytoplankton pigments in oceanography: Guidelines to modern methods[M]. Paris: UNESCO Publishing, 1997.

[34] R R BIDIGARE, ONDRUSEK M E, MORROW J H, et al. In vivo absorption properties of algal pigments[J]. Ocean Optics X Proc. SPIE, 1990, 1302: 290-302.

[35] BRICAUD A, STRAMSKI D. Spectral absorption coefficients of living phytoplankton and nonalgal biogenous matter: A comparison between the Peru upwelling area and the Sargasso Sea[J]. Limnol. Oceanogr, 1990, 35(3): 552-582.

[36] CIOTTI A M, LEWIS M R, CULLEN J J. Assessment of the relationships between dominant cell size in natural phytoplankton communities and the spectral shape of the absorption coefficient[J]. Limnol. Oceanogr. 2002, 47(2): 404-417.

[37] KIRKPTRICK G J, MILLIE D F, MOLINE M A, et al. Optical discrimination of a phytoplankton species in natural mixed populations[J]. Limnol. Oceanogr. 2000, 45(2): 457-471.

[38] SUBRAMANIAM A, BROWN C W, HOOD R R, et al. Detecting trichodesmium blooms in SeaWiFS imagery[J]. Deep-Sea Res. , Part II, 2002, 49(1-3): 107-121.

[39] BRICAUD A, MOREL A, PRIEUR L. Optical-efficiency factors of some phytoplankters[J]. Limnol. Oceanogr, 1983, 28(5): 815-832.

[40] VOLTEN H, HAAN J F, HOOVENIER J W. Laboratory measurements of angular distributions of light scattered by phytoplankton and silt[J]. Limnol. Oceanogr, 1998, 43(6): 1180-1197.

[41] SULLIVAN J M, TWARDOWSKI M S. Angular shape of the oceanic particulate volume scattering function in the backward direction[J]. Appl. Opt. , 2009, 48(35): 5811-5819.

[42] VAILLANCOURT R D, BROWN C W, GUILLARD R R L, et al. Light

backscattering properties of marine phytoplankton: Relationships to cell size, chemical composition and taxonomy[J]. J. Plankton Res. , 2004, 25(2):191-212.

[43] BABIN M, ROESLER C S, CULLEN J J. Real-time coastal observing systems for ecosystem dynamics and harmful algal blooms[M]. Paris: UNESCO Publishing, 2008.

[44] HUOT Y, BROWN C A, CULLEN J J. New algorithms for MODIS sun-induced chlorophyll fluorescence and a comparison with present data products[J]. Limnol. Oceanogr: Methods, 2005, 3(2): 108-130.

[45] BRICAUD A, BABIN M, MOREL A, et al. Variability in the chlorophyll-specific absorption coefficients of natural phytoplankton: Analysis and parameterization[J]. Journal of Geophysical Research: Oceans, 1995, 100(C7): 13321-13332.

[46] MISHCHENKO M I, DLUGACH J M, YURKIN M A, et al. First principles modeling of electromagnetic scattering by discrete and discretely heterogeneous random media[J]. Physics Reports, 2016, 632: 1-75.

[47] SABBAH S, SHASHAR N. Underwater light polarization and radiance fluctuations induced by surface waves[J]. Appl. Optics, 2006, 45(19): 4726-4739.

[48] YOU Y, TONIZZO A, GILERSON A A, et al. Measurements and simulations of polarization states of underwater light in clear oceanic waters[J]. Appl. Optics, 2011, 50(24): 4873-4893.

[49] TONIZZO A, TWARDOWSKI M, MCLEAN S, et al. Closure and uncertainty assessment for ocean color reflectance using measured volume scattering functions and reflective tube absorption coefficients with novel correction for scattering[J]. Appl. Optics, 2017, 56(1): 130-146.

[50] MEASURES R M. Laser remote sensing: Fundamentals and applications[M]. Florida: Krieger Publishing Company, 1992.

[51] VOSS K J. Simple empirical model of the oceanic point spread function[J]. Appl. Optics, 1991, 30(18): 2647-2651.

[52] MCLEAN J W, VOSS K J. Point spread function in ocean water: Comparison between theory and experiment[J]. Appl. Optics, 1991, 30(15): 2027-2030.

[53] GORDON H R. Equivalence of the point and beam spread function of scattering media: A formal demonstration[J]. Appl. Optics, 1994, 33(6): 1120-1122.

[54] MCLEAN J W, FREEMAN J D, WALKER R E. Beam spread function with time dispersion[J]. Appl. Optics, 2008, 37(21): 4701-4711.

[55] DOLIN L S. Theory of lidar method for measurement of the modulation transfer function of water types[J]. Appl. Optics, 2013, 52(2): 199-207.

[56] SANCHEZ R, MCCORMICK N. Analytic beam spread function for ocean optics applications[J]. Appl. Optics, 2002, 41(30): 6276-6288.

[57] MAFFIONE R A, HONEY R C. Instrument for measuring the volume scattering function in the backward direction[J]. Proceeding. SPIE, 1992, 1750: 15-26.

[58] LI C, CAO W, YU J, et al. An instrument for in situ measuring the volume scattering function of water: Design, calibration and primary experiments[J]. Sensors, 2012, 12(4): 4514-4533.

[59] LEATHERS R A, DOWNES T V, et al. Monte carlo radiative transfer simulations for ocean optics: A practical guide[R]. Washington: Naval Research Laboratory, 2004.

[60] MARCHUK G I, MIKHAILOV G A, NAZARALIEV M A, et al. The monte carlo methods in atmospheric optics[M]. New York: Springer-Verlag, 1980.

[61] SCHUELER C F, YODER J, ANTOINE D, et al. Assessing the requirements for sustained ocean color research and operations[M]. Los Angeles: National Academies Press, 2011.

[62] MELIN F, VANTREPOTTE V. How optically diverse is the coastal ocean? [J]. Rem. Sens. Environ. 2015, 160:235-251.

[63] HAPKE B. Theory of reflectance and emittance spectroscopy[M]. Cambridge: Cambridge Univ. Press, 1993.

[64] ZIPH-SCHATZBERG L. Hyperspectral imaging enables industrial applications[EB/OL]. [2014-10-01]. https://www. photonics. com/Article. aspx? AID= 56804.

[65] YE H, LI J, LI T, et al. Spectral classification of the Yellow Sea and implications for coastal ocean color remote sensing[J]. Remote Sensing, 2016, 8(4):321.

[66] VANDERMEULEN R A, MANNINO A, CRAIG S E, et al. 150 shades of green: Using the full spectrum of remote sensing reflectance to elucidate color shifts in the ocean[J]. Rem. Sens. Environ. , 2020, 247: 111900.

附录　　部分彩图

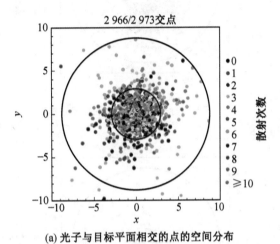

(a) 光子与目标平面相交的点的空间分布

图 9.5　类型 1 对于 10^4 个发射光子追踪，到达 $z_T = 5$ 处的目标平面的光子分布

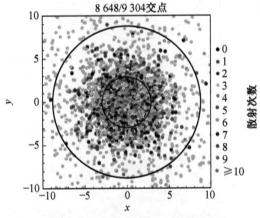

(a) 光子与目标平面相交的点的空间分布

图 9.6　类型 2 对于 10^4 个发射光子追踪，到达 $z_T = 5$ 处的目标平面的光子分布

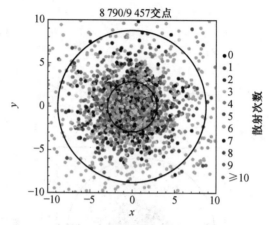

(a) 光子与目标平面相交的点的空间分布

图 9.7 类型 3 对于 10^4 个发射光子追踪,到达 $z_T = 5$ 处的目标平面的光子分布

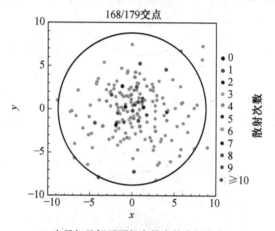

(a) 光子与目标平面相交的点的空间分布

图 9.8 类型 1 对于 10^4 个发射光子追踪,到达 $z_T = 15$ 处的目标平面的光子分布

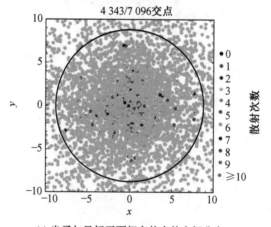

(a) 光子与目标平面相交的点的空间分布

图 9.9 类型 2 对于 10^4 个发射光子追踪,到达 $z_T = 15$ 处的目标平面的光子分布

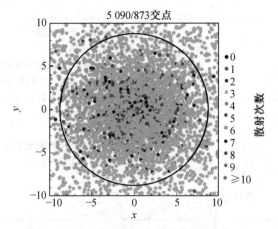

(a) 光子与目标平面相交的点的空间分布

图 9.10 类型 3 对于 10^4 个发射光子追踪，到达 $z_T = 15$ 处的目标平面的光子分布

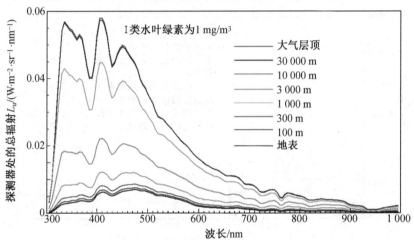

图 10.5 传感器位于不同高度测量辐射 L_u 模拟示例

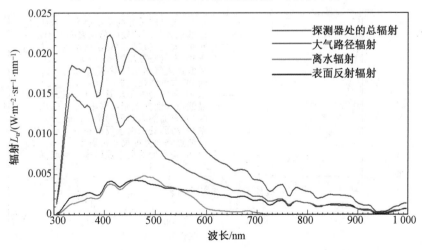

图 10.6 图 10.5 中 3 000 m 高度处传感器探测的辐射模拟

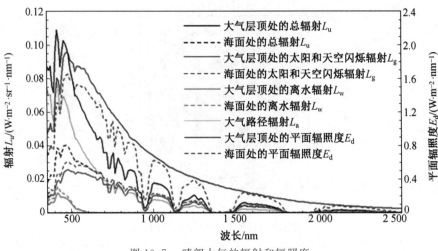

图 10.7 晴朗大气的辐射和辐照度

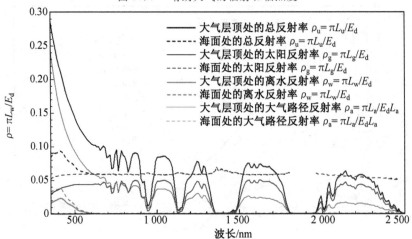

图 10.8 采用无量纲反射系数 ρ 描绘与图 10.7 相同的信息

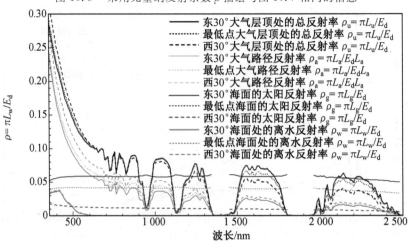

图 10.9 传感器位于不同观察方向各种反射率的比较

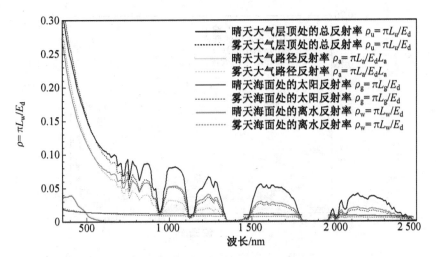

图 10.10 晴朗和雾天条件下反射率的比较

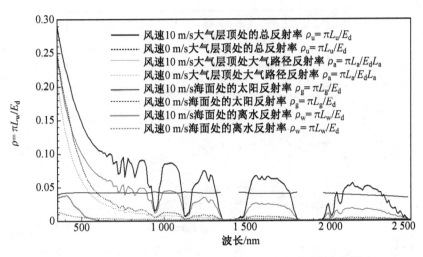

图 10.11 晴朗天气和最低点观测情况下风速对反射率的影响

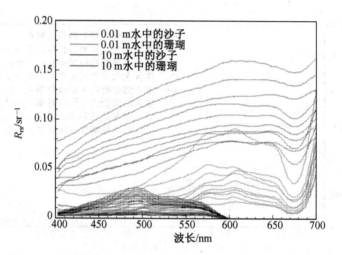

图 10.13　数据库定义了四个类的 R_{rs} 谱，每个类有 10 条谱线

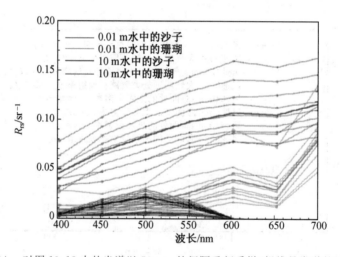

图 10.14　对图 10.13 中的光谱以 50 nm 的间隔重新采样（粗线是类谱的平均谱）